K

Algebraische Grundlagen der Informatik

Aus dem Programm
Mathematik/Informatik

Algebra
von G. Wüstholz

Algebra für Einsteiger
von J. Bewersdorff

Diskrete Mathematik
von M. Aigner

Diskrete Mathematik für Einsteiger
von A. Beutelspacher und M.-A. Zschiegner

Lineare Algebra
von A. Beutelspacher

Mathematik für Informatiker
von P. Hartmann

Kryptografie in Theorie und Praxis
von A. Beutelspacher, H. B. Neumann und Th. Schwarzpaul

Moderne Verfahren der Kryptographie
von A. Beutelspacher, J. Schwenk und K.-D. Wolfenstetter

Einführung in die Computergraphik
von H.-J. Bungartz, M. Griebel und Ch. Zenger

Grundkurs Theoretische Informatik
von G. Vossen und K.-U. Witt

Grundlegende Algorithmen
von V. Heun

vieweg

Kurt-Ulrich Witt

Algebraische Grundlagen der Informatik

Strukturen – Zahlen – Verschlüsselung – Codierung

3., überarbeitete und erweiterte Auflage

Bibliografische Information Der Deutschen Nationalbibliothek
Die Deutsche Nationalbibliothek verzeichnet diese Publikation in der
Deutschen Nationalbibliografie; detaillierte bibliografische Daten sind im Internet über
<http://dnb.d-nb.de> abrufbar.

Prof. Dr. Kurt-Ulrich Witt
Fachhochschule Bonn-Rhein-Sieg
Fachbereich Informatik
Grantham-Allee 20
53757 Sankt Augustin

E-Mail: kurt-ulrich.witt@fh-bonn-rhein-sieg.de
Online-Service: www.inf.fh-bonn-rhein-sieg.de/witt.html

1. Auflage Juni 2001
2., überarbeitete Auflage Januar 2005
3., überarbeitete und erweiterte Auflage Januar 2007

Alle Rechte vorbehalten
© Friedr. Vieweg & Sohn Verlag | GWV Fachverlage GmbH, Wiesbaden 2007

Lektorat: Ulrike Schmickler-Hirzebruch | Petra Rußkamp

Der Vieweg Verlag ist ein Unternehmen von Springer Science+Business Media.
www.vieweg.de

Umschlaggestaltung: Ulrike Weigel, www.CorporateDesignGroup.de

Gedruckt auf säurefreiem und chlorfrei gebleichtem Papier.

ISBN 978-3-8348-0120-3

Vorwort zur 1. Auflage

Die professionelle Konzeption, Implementierung und Anwendung von Informations- und Kommunikationstechnologien ist heutzutage mehr denn je ohne mathematische Grundlagen undenkbar. Professioneller und privater Einsatz und Gebrauch von Medien und Geräten wie z. B. das Internet, Handys, Audio- und Video-CDs, digitaler Rundfunk und digitales Fernsehen, sind nur deshalb in der vorhandenen Qualität möglich, weil mathematisch abgesicherte Verfahren zu deren Sicherstellung zur Verfügung stehen und eingesetzt werden.

Dieses Buch vermittelt Einsichten in grundlegende mathematische Konzepte und Methoden, auf denen diese Verfahren beruhen. Das Buch richtet sich an Studierende der Informatik sowie an Studierende der Mathematik in Haupt- oder Nebenfach. Es gibt eine Einführung in grundlegende mathematische Begriffe und Prinzipien wie Mengen, Logik, Relationen und Funktionen sowie in Induktion und Rekursion, und es beschäftigt sich darauf aufbauend intensiv mit zahlentheoretischen und algebraischen Grundlagen.

An zwei Themen, die für die eingangs genannten Anwendungen von großer Bedeutung sind, nämlich an der Verschlüsselung und Signatur sowie an der Codierung von Informationen, wird gezeigt, wie diese mathematischen Konzepte und Methoden eingesetzt werden, um Qualitäten wie Sicherheit, Vertraulichkeit, Verbindlichkeit und Fehlertoleranz zu erreichen.

Das Studium dieses Buches vermittelt Ihnen nicht nur die erwähnten Einsichten, sondern die Auseinandersetzung mit seinen Inhalten schult Ihre Fähigkeiten, abstrakt und logisch zu denken, sich klar und präzise auszudrücken, neue Probleme anzugehen und zu wissen, wann Sie ein Problem noch nicht vollständig gelöst haben. Es liefert Ihnen ein zeitinvariantes methodisches Rüstzeug für die Beschreibung und die Lösung von Problemen.

Ich habe versucht, die mathematischen Darstellungen durch informelle Zwischentexte zu motivieren und zu erläutern, so dass das Buch nicht nur als Begleitung und Ergänzung von mathematischen Lehrveranstaltungen nützlich, sondern insbesondere auch zum Selbststudium geeignet ist.

Das Schreiben und das Publizieren eines solchen Buches ist nicht möglich ohne die Hilfe und ohne die Unterstützung von vielen Personen, von denen ich an dieser

Stelle allerdings nur einige nennen kann: Als Erstes erwähne ich die Autoren der Lehrbücher, die ich im Literaturverzeichnis aufgeführt habe. Alle dort aufgeführten Bücher habe ich für den einen oder anderen Aspekt verwendet. Ich kann sie Ihnen allesamt für weitere ergänzende Studien empfehlen. Zu Dank verpflichtet bin ich auch vielen Studierenden, deren kritische Anmerkungen in meinen Lehrveranstaltungen zu Themen dieses Buches ich beim Schreiben berücksichtigt habe. Namentlich erwähnen möchte ich hier cand. inf. Harald Deuer, der mir nicht nur wertvolle inhaltliche Hinweise gegeben hat, sondern der mir auch jederzeit bei Problemen der Textverarbeitung hilfreich zur Seite gestanden hat. Trotz dieser Hilfen wird das Buch Fehler und Unzulänglichkeiten enthalten. Diese verantworte ich allein — für Hinweise zu deren Beseitigung bin ich dankbar.

Die Publikation eines Buches ist nicht möglich ohne einen Verlag, der es herausgibt. Ich danke dem Vieweg-Verlag für die Bereitschaft der Publikation und insbesondere Frau Schmickler-Hirzebruch für ihre Unterstützung und ihre Geduld bei der Entstehung des Buches.

Mein größter und herzlichster Dank gilt allerdings meiner Familie für den Freiraum, den sie mir für das Schreiben dieses Buches gegeben hat.

Bedburg, im Mai 2001

K.-U. W.

Vorwort zur 2. Auflage

Zunächst möchte ich all denjenigen Leserinnen und Lesern der 1. Auflage danken, von denen ich kritische Rückmeldungen erhalten habe. Leider hatten sich doch eine Reihe Fehler eingeschlichen, teilweise sogar von fataler Art. Ich habe versucht, mithilfe der Rückmeldungen diese alle zu beseitigen.

Daneben hat das Buch aber auch inhaltliche Überarbeitungen und Veränderungen erfahren. Zum einen habe ich die ersten dreizehn Kapitel über elementare mathematische Grundlagen, die eher einen Vorkurscharakter haben, herausgenommen. Die Kenntnis und das Verständnis dieser ist natürlich Voraussetzung für das Studium dieses Buches. Bei Bedarf finden Sie diese Kapitel unter „Vorkurse" auf der Seite

http://www.inf.fh-bonn-rhein-sieg.de/witt.html

Zum anderen behandele ich als weitere algebraische Strukturen Integritätsbereiche und endliche Körper. Der Grund dafür ist, dass wichtige Rechenstrukturen wie ganze Zahlen und Polynome Integritätsbereiche bilden, und in Integritätsbereichen der für weitergehende Betrachtungen und Anwendungen wesentliche Begriff der Teilbarkeit eingeführt werden kann und dessen Eigenschaften dort untersucht werden können. Die Betrachtungen endlicher Körper in diesem Buch vermitteln nicht nur erste nachhaltige Eindrücke über die Existenz, die Struktur und die Beschreibungsmöglichkeiten endlicher Mengen, in denen uneingeschränkt gerechnet werden kann. Endliche Körper bieten auch die Möglichkeit zur Konstruktion von Codes mit guten Fehlererkennungs- und Fehlerkorrektureigenschaften, wie sie bei der Codierung von CDs und DVDs verwendet werden. Die grundsätzlichen Konzepte und Methoden hierzu werden einführend ebenfalls in dieser Auflage betrachtet.

Bedburg, im November 2004

K.-U. W.

Vorwort zur 3. Auflage

Ich freue mich sehr darüber, dass dieses Buch weiterhin viel Interesse und Nachfrage sowohl bei Studierenden als auch bei Kolleginnen und Kollegen findet, was ich wieder durch viele Rückmeldungen erfahren habe – dafür vielen Dank an alle. Diese Rückmeldungen haben dazu geführt, dass ich weitere Fehler orthografischer oder logischer Art korrigiert habe. Außerdem habe ich einige Umstellungen vorgenommen sowie weitere Querweise eingefügt. Dadurch ist der inhaltliche Aufbau „logischer" geworden, und es soll noch deutlicher werden, dass die geeignete Verknüpfung von Ideen und Konzepten zu neuen theoretischen Kenntnissen und Lösungen von praktischen Problemen führt.

Des Weiteren habe ich eine Reihe weiterer Beweise zu wichtigen Sätzen angegeben, wie z.B. zum Satz, dass die Faktorisierung von Carmichael-Zahlen quadratfrei ist und mindestens drei Primfaktoren enthält, sowie zum Satz, dass der Miller-Rabin-Algorithmus, ein verbreitet angewendeter randomisierter Primzahltest, in einer Runde eine Irrtumswahrscheinlichkeit von höchstens ein Viertel hat. Außerdem habe ich das bisher nur erwähnte effiziente Verfahren zum Potenzieren durch wiederholtes Quadrieren ausführlich mithilfe von Beispielen erklärt; ebenso das Verfahren, mit dem auf der Basis des Chinesischen Restsatzes die Arithmetik sehr großer Zahlen auf das Rechnen mit sehr kleinen Zahlen zurückgeführt werden kann, und ich habe die Lösbarkeit und im gegebenen Fall ein Verfahren für die Berechnung der Lösung von linearen Kongruenzgleichungen für den allgemeinen Fall $ax = b\,(m)$ und nicht nur für den Spezialfall $b = 1$ angegeben.

Durch das Schließen dieser Lücken ist das Buch weiter „abgerundet" worden. Es würde mich sehr freuen, wenn das Buch dadurch noch interessanter für das Studium algebraischer und zahlentheoretischer Grundlagen und deren Anwendung in der Informatik geworden ist.

Bedburg, im Januar 2007

K.-U. W.

Inhaltsverzeichnis

Abbildungsverzeichnis

Tabellenverzeichnis

Teil I

Algebraische Strukturen

Aus der Schule und dem täglichen Leben kennen wir das Rechnen mit Zahlen, d.h. wir haben gelernt, wie die üblichen arithmetischen Operationen Addition, Subtraktion, Multiplikation und Division auf natürliche, ganze oder rationale Zahlen ausgeführt werden. Möglicherweise lernt man auch irrationale Zahlen wie π und $\sqrt{2}$ oder komplexe Zahlen wie $3 + 4i$ kennen, wobei die imaginäre Zahl i durch die Eigenschaft $i^2 = -1$ festgelegt ist.

Beim Rechnen mit Zahlen nutzen wir bisweilen Eigenschaften der Rechenoperationen aus. So erlaubt uns etwa das Distributivgesetz der Addition und Multiplikation mit ganzen Zahlen einen gemeinsamen Faktor auszuklammern. Durch dessen Anwendung auf die Berechnung von $3 \cdot 4 + 3 \cdot 5$ können wir die Ausführung einer Multiplikation sparen, indem wir stattdessen $3 \cdot (4 + 5)$ ausrechnen.

Des Weiteren nutzen wir Eigenschaften von Zahlen und Operationen aus, um z.B. Gleichungen zu lösen. Suchen wir etwa eine rationale Zahl x, deren Dreifaches gleich der um eins erhöhten Zahl ist, so können wir das durch die Gleichung

$$3x = x + 1$$

ausdrücken. Da zu jeder rationalen Zahl a das additive Inverse $-a$ mit der Eigenschaft $a + (-a) = 0$ existiert, können wir auf beiden Seiten der Gleichung $-x$ addieren und erhalten die Gleichung

$$3x - x = 1$$

Die Anwendung des Distributivgesetzes liefert

$$(3 - 1)x = 2x = 1$$

Da zu jeder rationalen Zahl a außer der 0 das multiplikative Inverse $a^{-1} = \frac{1}{a}$ mit der Eigenschaft $a^{-1} \cdot a = 1$ existiert, können wir beide Seiten der Gleichung mit $\frac{1}{2}$ multiplizieren und erhalten die Lösung

$$x = \frac{1}{2}$$

Im Übrigen wird beim letzten Schritt klar, dass die Gleichung für ganze Zahlen keine Lösung besitzt. Denn die Zahl 2 besitzt in der Menge $\mathbb{Z}$ kein multiplikatives Inverses: Es gibt keine ganze Zahl a mit der Eigenschaft $a \cdot 2 = 1$.

In diesem Teil abstrahieren wir von konkreten Elementen einer Rechenstruktur sowie von vorausgesetzten Bedeutungen von Operationen. Stattdessen führen wir Operationen auf Mengen ein, geben für diese Operationen bestimmte Eigenschaften (Axiome) vor und untersuchen, welche weiteren Eigenschaften sich daraus ableiten lassen. Die erwähnten uns bekannten Rechenstrukturen ergeben sich dann als Spezialfälle dieser abstrakten Strukturen, und wir erhalten zudem Strukturen, die uns aus unserem täglichen Leben in der Regel nicht bekannt sind, die aber vielfältige Anwendungen – insbesondere auch in der Informatik – finden. Auf einige dieser Anwendungen gehen wir in späteren Kapiteln noch näher ein.

Des Weiteren wird sich herausstellen, dass manche Rechenstrukturen, die auf den ersten Blick verschieden sind, weil ihnen verschiedene Mengen zugrunde liegen oder weil die Operationen die Elemente dieser Mengen unterschiedlich verknüpfen, im Prinzip doch ähnlich oder sogar identisch sind. Dazu dienen spezielle Abbildungen, sogenannte Homo- bzw. Isomorphismen. Wir werden sehen, dass damit uns bekannte Rechenstrukturen quasi als Protoypen oder Referenzstrukturen für bestimmte Eigenschaften angesehen werden können.

Kapitel 1

Einführung

In diesem Kapitel führen wir grundlegende Begriffe ein, die wir in den folgenden Kapiteln benötigen, um dort algebraische Strukturen mithilfe dieser Begriffe zu definieren und zu untersuchen. In der Informatik werden oft *mehrsortige Operationen* betrachtet, d.h. Operationen der Art

$$op : M_1 \times M_2 \times \ldots \times M_k \to M$$

wobei einige oder alle der Mengen M_i verschieden voneinander sein können und die Operation *op* nicht total definiert sein muss. Beispiel ist eine Funktion, die das Gehalt einer Angestellten berechnet, etwa in Abhängigkeit von der Tarifgruppe, dem Alter, der Anzahl der Kinder usw. Wir werden im Folgenden fast ausschließlich einsortige Operationen betrachten, d.h. nur solche Operationen, bei denen die Mengen M_i alle identisch sind.

Eine (*einsortige*) *algebraische Struktur* $\mathcal{A} = (M, O)$ besteht im Allgemeinen aus einer Menge M, auch *Trägermenge* von $\mathcal{A}$ genannt, sowie aus einer endlichen Folge von Operationen $O = (op_1, \ldots, op_n)$, $n \geq 1$:

$$op_i : M^{k_i} \to M, \; k_i \geq 0, \; 1 \leq i \leq n$$

Die Operationen op_i sind k_i-stellige, totale Operatoren, d.h. es gilt für alle i: $Def(op_i) = M^{k_i}$. Deshalb nennt man $\mathcal{A}$ auch *abgeschlossen* unter op_i. In den meisten Fällen gilt im Folgenden $k_i = 1$ oder $k_i = 2$, d.h. die betrachteten Operationen sind *unär* bzw. *binär*. Nullstellige Operationen entsprechen Konstanten.

Bei der Aufzählung der Operationen in einsortigen Strukturen lassen wir im Weiteren die Klammern weg. Wir notieren also $\mathcal{A} = (M, op_1, \ldots, op_n)$ anstelle von $\mathcal{A} = (M, (op_1, \ldots, op_n))$.

Beispiel 1.1 Beispiele für algebraische Strukturen sind uns bekannte Rechenstrukturen wie $(\mathbb{N}_0, +, \cdot)$, $(\mathbb{Z}, +, -, \cdot)$ und $(\mathbb{Q}, +, -, \cdot, :)$ sowie $(\mathcal{P}(M), \cup, \cap, \mathcal{C})$, die

Teilmengen einer Menge M mit den Mengenverknüpfungen Vereinigung, Durchschnitt und Komplement als Operatoren, und $(\mathbb{B}, \vee, \wedge, \neg)$, die Wahrheitswerte mit den logischen Verknüpfungen Konjunktion, Disjunktion und Negation als Operatoren.

Es sei $\mathbb{G}$ die Menge der geraden ganzen Zahlen sowie $\mathbb{U}$ die Menge der ungeraden ganzen Zahlen, dann sind $(\mathbb{G}, +)$, $(\mathbb{G}, \cdot)$ und $(\mathbb{U}, \cdot)$ algebraische Strukturen, wohingegen $(\mathbb{U}, +)$ keine algebraische Struktur bildet, da die Addition auf den ungeraden Zahlen nicht abgeschlossen ist, denn die Summe von zwei ungeraden Zahlen ist nicht ungerade.

Weitere algebraische Strukturen sind die Struktur $(\mathbb{N}_0, max, min)$, wobei *max* und *min* das Maximum bzw. das Minimum von zwei natürlichen Zahlen bestimmen, die Struktur $(\mathbb{N}_0, (), [\,])$, wobei (m, n) größter gemeinsamer Teiler und $[m, n]$ kleinstes gemeinsames Vielfaches von zwei Zahlen $a, b \in \mathbb{N}_0$ bedeuten, sowie die Menge der bijektiven Abbildungen einer Menge M auf sich selbst mit der Komposition von Funktionen als Operator: $(\{\, f \mid f : M \to M \text{ bijektiv} \,\}, \circ)$.

Die Menge Σ^* der Wörter über einem Alphabet Σ bildet mit der Konkatenation von Wörtern ebenfalls eine algebraische Struktur: $(\Sigma^*, \circ)$.   □

Falls bei einer algebraischen Struktur $\mathcal{A} = (M, op)$ die Trägermenge M nicht zu groß und op zweistellig ist, $op : M \times M \to M$, kann diese auch dargestellt werden durch eine Verknüpfungstafel (-tabelle).

Beispiel 1.2 Die algebraische Struktur $(\{\, 1, 3, 4, 12, 16 \,\}, (\,))$ wird durch die Verknüpfungstabelle

( )	1	3	4	12	16
1	1	1	1	1	1
3	1	3	1	3	1
4	1	1	4	4	4
12	1	3	4	12	4
16	1	1	4	4	16

dargestellt.   □

Falls wir keine konkreten Strukturen betrachten, sondern allgemeine Definitionen für solche Strukturen formulieren oder deren Eigenschaften untersuchen, benutzen wir für Operatoren das Symbol $*$. Wir notieren also $\mathcal{A} = (M, *_1, \ldots, *_n)$ oder, falls $n = 1$ ist, $\mathcal{A} = (M, *)$. In diesem Fall nennen wir die Operation $*$ auch *Multiplikation*.

Um die Zugehörigkeit eines Elementes a zu einer Struktur $\mathcal{A} = (M, *)$ auszudrücken, schreiben wir sowohl (formal korrekt) $a \in M$ als auch $a \in \mathcal{A}$.

Eigenschaften von Operatoren

Wir listen nun grundlegende Eigenschaften von algebraischen Strukturen auf, die wir in folgenden Kapiteln benutzen, um spezielle Strukturen zu definieren. Dabei sei eine algebraische Struktur $\mathcal{A} = (M, *)$ gegeben, in der $* : M \times M \to M$ irgendein zweistelliger Operator ist, den wir infix notieren, d.h. für $a, b \in M$ schreiben wir $a * b$ anstelle von $*(a, b)$.

Kommutativität

Gilt für alle $a, b \in M$

$$a * b = b * a \text{ bzw. in Präfixnotation } *(a, b) = *(b, a)$$

dann heißt $\mathcal{A}$ *kommutativ*.

Assoziativität

Gilt für alle $a, b, c \in M$

$$a * (b * c) = (a * b) * c \text{ bzw. in Präfixnotation } *(a, *(b, c)) = *(*(a, b), c)$$

dann heißt $\mathcal{A}$ *assoziativ*.

Beispiel 1.3 a) Die Rechenstrukturen $(\mathbb{N}_0, +)$, $(\mathbb{Z}, +)$, $(\mathbb{Q}, +)$ und $(\mathbb{R}, +)$ sind kommutativ und assoziativ.

b) Die Menge $(\{ f \mid f : M \to M \text{ bijektiv} \}, \circ)$ der bijektiven Abbildungen einer Menge M auf sich selbst mit der Komposition von Funktionen als Operator ist im Allgemeinen nicht kommutativ, aber assoziativ.

c) $(\Sigma^*, \circ)$ ist für $|\Sigma| = 1$ kommutativ und assoziativ, für $|\Sigma| \geq 2$ nicht kommutativ, aber assoziativ.

d) Die Struktur $(\mathbb{R}, *)$ mit $a * b = a^2 + b^2$ ist kommutativ, aber nicht assoziativ, da im Allgemeinen $a^2 + (b^2 + c^2)^2 \neq (a^2 + b^2)^2 + c^2$ ist für $a, b, c \in \mathbb{R}$. ☐

Die Assoziativität einer algebraischen Struktur $\mathcal{A} = (M, *)$ ermöglicht die schrittweise Berechnung von

$$a_1 * a_2 * \ldots * a_n, \, n \geq 2$$

ohne eine Reihenfolge der Auswertung zu beachten. Gilt $a = a_i$ für $1 \leq i \leq n$, dann schreibt man im Allgemeinen auch

$$a^n \text{ für } \underbrace{a * a * \ldots * a}_{n\text{-mal}}, n \geq 1 \tag{1.1}$$

Im Speziellen, insbesondere bei Strukturen, deren Trägermengen Zahlenmengen sind, wird diese Potenzschreibweise nur bei der Multiplikation verwendet, in der Regel nicht bei der Addition. So schreibt man z.B. in $(\mathbb{N}_0, +)$ für die n-malige Addition einer Zahl $a \in \mathbb{N}_0$ mit sich selbst nicht a^n, sondern na, obwohl in $(\mathbb{N}_0, +)$ die Multiplikation nicht existiert; na steht hier für a^n.

Neutrales Element

$e \in M$ heißt *neutrales Element* (*Einselement*) von $\mathcal{A}$ bezüglich $*$, falls für alle $a \in M$ gilt

$$a * e = e * a = a \qquad (1.2)$$

Beispiel 1.4 Die folgende Tabelle zeigt zu gängigen Rechenstrukturen die neutralen Elemente.

Operation	Menge	neutrales Element
$+$	$\mathbb{N}_0, \mathbb{Z}, \mathbb{Q}, \mathbb{R}$	0
$\cdot$	$\mathbb{N}_0, \mathbb{Z}, \mathbb{Q}, \mathbb{R}$	1
$\cap$	$\mathcal{P}(M)$	M
$\cup$	$\mathcal{P}(M)$	$\emptyset$
$\circ$	Σ^*	ε (leeres Wort)
$\circ$	$\{\, f \mid f : M \to M, \text{ bijektiv} \,\}$	id_M (identische Abbildung)

Die Operation „größter gemeinsamer Teiler" ( ) hat in $\mathbb{N}_0$ kein neutrales Element e, denn es gibt kein $e \in \mathbb{N}_0$ mit $(n, e) = n$ für alle $n \in \mathbb{N}_0$. $\qquad\square$

Für den Fall, dass eine algebraische Struktur $\mathcal{A} = (M, *)$ ein neutrales Element e besitzt, vereinbaren wir: $a^0 = e$ für alle $a \in \mathcal{A}$.

Folgerung 1.1 Besitzt eine algebraische Struktur $\mathcal{A} = (M, *)$ ein Einselement, dann ist dieses eindeutig.

Beweis Wir nehmen an, dass es zwei Einselemente e_1 und e_2 gibt. Die Gleichung (1.2) muss sowohl für $e = e_1$ und $a = e_2$ als auch für $e = e_2$ und $a = e_1$ gelten, woraus unmittelbar $e_1 = e_1 * e_2 = e_2$ folgt, d.h. eine algebraische Struktur kann keine verschiedenen Einselemente besitzen. $\qquad\square$

Inverses Element

Sei $\mathcal{A} = (M, *)$ algebraische Struktur mit Einselement e. Gibt es zu $a \in M$ ein $b \in M$ mit

$$a * b = b * a = e \qquad (1.3)$$

dann heißt a *invertierbar* in $\mathcal{A}$, und b heißt *invers* (*inverses Element*, *Inverse*) zu a. Man schreibt für das Inverse von a im Allgemeinen a^{-1}. Bei der Addition wird das Inverse eines Elementes a in der Regel mit $-a$ notiert.

Beispiel 1.5 Die folgende Tabelle zeigt zu gängigen Rechenstrukturen die inversen Elemente.

Operation	Menge	Inverse zu a bzw. f
+	$\mathbb{N}_0, \mathbb{Z}, \mathbb{Q}, \mathbb{R}$	$-a$
$\cdot$	$\mathbb{Q} - \{0\}, \mathbb{R} - \{0\}$	$\frac{1}{a} = a^{-1}$
$\circ$	$\{f \mid f : M \to M, \text{ bijektiv}\}$	f^{-1}

In $(\mathbb{N}_0, \cdot)$ besitzt nur die Eins ein Inverses: 1 ist invers zu sich selbst, da $1 \cdot 1 = 1$ gilt.

In $(\mathbb{Z}_0, \cdot)$ sind 1 und -1 invers zu sich selbst, alle anderen ganzen Zahlen besitzen kein Inverses.

In $(\mathcal{P}(M), \cap)$ hat keine echte Teilmenge $A \subset M$ ein Inverses, M ist invers zu sich selbst. In $(\mathcal{P}(M), \cup)$ hat keine nicht leere Teilmenge A ein Inverses, $\emptyset$ ist invers zu sich selbst. $\qquad\square$

Folgerung 1.2 a) Sei $\mathcal{A} = (M, *)$ eine algebraische Struktur mit Einselement e, dann ist e invers zu sich selbst, d.h. es gilt $e^{-1} = e$.

b) Sei $\mathcal{A} = (M, *)$ eine assoziative algebraische Struktur mit Einselement e. Besitzt $a \in M$ ein Inverses, dann ist dieses eindeutig und a ist invers zu a^{-1}, d.h. es gilt $(a^{-1})^{-1} = a$.

Beweis a) Wegen Gleichung (1.2) gilt

$$e^{-1} * e = e^{-1}$$

und wegen (1.3) gilt

$$e^{-1} * e = e$$

woraus unmittelbar die Behauptung $e^{-1} = e$ folgt.

b) Es seien a_1^{-1} und a_2^{-1} zwei Inverse von a. Dann gilt wegen (1.2) und (1.3)

$$a_1^{-1} = a_1^{-1} * e = a_1^{-1} * (a * a_2^{-1}) = (a_1^{-1} * a) * a_2^{-1} = e * a_2^{-1} = a_2^{-1}$$

Des Weiteren gilt

$$(a^{-1})^{-1} = (a^{-1})^{-1} * e = (a^{-1})^{-1} * (a^{-1} * a) = ((a^{-1})^{-1} * a^{-1}) * a = e * a = a$$

Womit beide Aussagen gezeigt sind. $\qquad\square$

Ist $*$ assoziativ und a invertierbar, dann schreiben wir auch

$$a^{-n} \text{ für } \underbrace{a^{-1} * a^{-1} * \ldots * a^{-1}}_{n\text{-mal}}, n \geq 1$$

Erzeugendensystem

$E \subseteq M$ heißt ein *Erzeugendensystem* von $\mathcal{A} = (M, *)$, falls es zu jedem $a \in M$ Elemente $b_1, b_2, \ldots, b_k \in E$ sowie Exponenten $n_1, n_2, \ldots, n_k \in \mathbb{N}_0$, $k \geq 1$, gibt mit

$$a = b_1^{n_1} * b_2^{n_2} * \ldots * b_k^{n_k} \tag{1.4}$$

Jedes Element von $\mathcal{A}$ kann also durch Verknüpfung von Elementen aus E dargestellt werden. Diese Darstellung wird auch *Faktorisierung* genannt. Dabei müssen die Elemente b_i, $1 \leq i \leq k$, nicht alle verschieden sein.

Ist $\mathcal{A}$ kommutativ, dann können die Potenzen mit gleicher Basis zusammengefasst werden:

$$a = b_1^{\pi_a(b_1)} * b_2^{\pi_a(b_2)} * \ldots * b_l^{\pi_a(b_l)}$$

Dabei ist $\pi_a(b_i)$ die Anzahl des Vorkommens des Faktors b_i in der Faktorisierung (1.4) von a. Man schreibt $\mathcal{A} = L(E)$ oder $\mathcal{A} = Span(E)$: $\mathcal{A}$ wird von E *erzeugt* oder *aufgespannt*. Falls $E = \{ b_1, \ldots, b_n \}$, d.h. endlich ist, schreibt man auch $\mathcal{A} = \langle b_1, b_2, \ldots, b_n \rangle$.

Beispiel 1.6 a) $\mathbb{N}_2$ sei die Menge der natürlichen Zahlen größer gleich 2. Für die Struktur $(\mathbb{N}_2, \cdot)$ bildet die Menge $\mathbb{P}$ der Primzahlen ein Erzeugendensystem, denn jede natürliche Zahl $n \geq 2$ lässt sich als Produkt von Primzahlpotenzen darstellen (siehe Satz 6.9).

b) Für $(\mathbb{N}, +)$ ist $\{1\}$ ein Erzeugendensystem, denn jede natürliche Zahl n ergibt sich durch n-fache Addition der 1.

c) Für $(\Sigma^*, \circ)$ bildet Σ ein Erzeugendensystem.

d) Für $(\mathcal{P}(M), \cup)$ bildet die Menge $\{ A \subseteq M \mid |A| \leq 1 \}$ der einelementigen Teilmengen einer endlichen Menge M zusammen mit der leeren Menge ein Erzeugendensystem.

e) Sei die Struktur $(\{ u, v, w, x, y \}, *)$ definiert durch:

$*$	u	v	w	x	y
u	u	v	w	x	w
v	v	w	v	w	v
w	w	v	w	v	w
x	x	w	v	u	v
y	w	v	w	v	y

Diese Struktur ist kommutativ und assoziativ, besitzt aber kein neutrales Element. $E = \{ x, y \}$ ist ein Erzeugendensystem, denn es gilt: $x = x$, $y = y$, $u = x^2$, $v = x * y$ sowie $w = x^2 * y$. Innerhalb des Erzeugendensystems E gelten außer den trivialen Identitäten $x = x$ und $y = y$ weitere Identitäten, z.B. $x^3 = x$, $y^2 = y$ und $x^2 * y = (x * y)^6$.

f) Für ein gleichseitiges Dreieck betrachten wir die folgenden beiden Operationen: Die Operation a wird als Drehung um $\frac{360^0}{3} = 120^0$ um den Schwerpunkt des Dreiecks, und die Operation b wird als Klappung, die eine Ecke festlässt und die beiden anderen vertauscht, aufgefasst. Die drei Ecken eines gleichseitigen Dreiecks können auf $3! = 6$ Möglichkeiten mit A, B und C benannt werden. Angewendet auf ein Ausgangsdreieck $\triangle ABC$ erhält man diese Dreiecke durch Anwendung der folgenden Operationen: $1, a, a^2, b, a * b, a^2 * b$. Dabei bedeutet 1, dass keine der beiden Operationen ausgeführt wird, und $x * y$ bedeutet, dass zuerst die Operation x und dann die Operation y ausgeführt wird. Die Struktur $D_3 = (\{1, a, a^2, b, ab, a^2b\}, *)$ ist assoziativ, und 1 ist das Einselement. Des Weiteren ist $a^3 = 1$, also $a^{-1} = a^2$, und b ist invers zu sich selbst: $b^2 = 1$. a und b sind die erzeugenden Elemente dieser Struktur, und es gilt die Identität $b * a = a^2 * b$, denn eine Klappung mit anschließender Drehung führt zu dem selben Ergebnis wie eine zweimalige Drehung mit anschließender Klappung. D_3 ist die sogenannte *Diedergruppe* der Ordnung 3, sie ist auffassbar als Symmetriegruppe des gleichseitigen Dreiecks.

g) Analog betrachten wir Drehungen und Klappungen des regelmäßigen Fünfecks: Dabei interpretieren wir a als eine Drehung um $\frac{360^0}{5} = 72^0$ und b als eine Klappung des Fünfecks auf sich, d.h. um eine fest gewählte Symmetrieachse (Senkrechte von einer Ecke auf die gegenüberliegende Seite). Die Potenzen a^i, $0 \leq i \leq 4$, repräsentieren dann die fünf möglichen Drehungen, und a^ib, $0 \leq i \leq 4$, stellen die fünf Klappungen an den fünf Symmetrieachsen dar. Die so entstehende Diedergruppe D_5 der Ordnung 5 ist auffassbar als die Symmetriegruppe des regelmäßigen Fünfecks. Sie hat zehn Elemente, die von a und b erzeugt werden, und in ihr gelten die Identitäten $a^5 = 1$, $b^2 = 1$ und $b * a = a^4 * b$.

In Kapitel 21.4 werden wir D_5 bei Prüfzeichencodierungen anwenden. $\square$

Ein Erzeugendensystem ohne Identitäten heißt *freies Erzeugendensystem*.

Beispiel 1.7 a) Die Menge $\mathbb{P}$ der Primzahlen ist ein freies Erzeugendensystem für $(\mathbb{N}_2, \cdot)$.

b) Die Menge $\{A \subseteq M \mid |A| \leq 1\}$ der einelementigen Teilmengen einer endlichen Menge M zusammen mit der leeren Menge bildet ein freies Erzeugendensystem für $(\mathcal{P}(M), \cup)$.

c) Jedes Alphabet Σ ist ein freies Erzeugendensystem für $(\Sigma^+, \circ)$. $\square$

Falls ein Erzeugendensystem nicht frei ist, kann es ein Ziel sein, ein minimales Erzeugendensystem zu finden. Anwendungsbeispiele sind etwa Rubik's Cube, der Programmiersprachen-Entwurf oder Hyperlink-Strukturen in Dokumenten. Beim Rubik's Cube besteht Interesse an einer Basismenge von Drehungen, die ausreicht, um den Würfel von jedem Zustand in den gewünschten Endzustand, z.B. jede Seite einfarbig, zu transformieren. Im Hinblick auf die Implementierung einer Programmiersprache ist die Menge der Maschinenbefehle interessant, mit denen alle anderen programmierbaren Befehlsfolgen dargestellt und ausgeführt werden können (Instruction set). In Hypermedia-Dokumenten oder im World Wide Web ist es oft der Fall, dass der Zugriff auf ein Dokument über viele unterschiedliche Wege möglich ist. Hier besteht etwa Interesse an den kostengünstigsten Zugriffen.

Kapitel 2

Halbgruppen und Monoide

Wir beschäftigen uns zunächst mit Strukturen, in denen nur eine Operation definiert ist. Dabei fordern wir für die Operation bzw. für die Elemente der Trägermenge nach und nach die in Kapitel 1 definierten Eigenschaften und untersuchen dann daraus ableitbare elementare und – insbesondere im Hinblick auf Anwendungen – wichtige Eigenschaften dieser Strukturen.

2.1 Definitionen und Beispiele

Definition 2.1 Eine algebraische Struktur $\mathcal{H} = (M, *)$ heißt *Halbgruppe*, falls die Operation $*$ assoziativ auf M ist. $\qquad\square$

Beispiel 2.1 Die Strukturen $(\mathbb{N}_0, +)$, $(\mathbb{N}_0, \cdot)$, $(\mathbb{Z}, +)$, $(\mathbb{Z}, \cdot)$, $(\mathbb{B}, \vee)$, $(\mathbb{B}, \wedge)$ und $(\mathcal{P}(M), \cup)$, $(\mathcal{P}(M), \cap)$ sowie $(\{\, f \mid f : M \to M \text{ bijektiv}\,\}, \circ)$ für jede Menge M sind Halbgruppen. $\qquad\square$

Definition 2.2 Gibt es in einer Halbgruppe $\mathcal{H} = (M, *)$ ein neutrales Element, dann heißt $\mathcal{H}$ ein *Monoid*. $\qquad\square$

Beispiel 2.2 Alle in Beispiel 2.1 aufgeführten Halbgruppen sind auch Monoide. Die Halbgruppe $(\Sigma^+, \circ)$ ist kein Monoid. Fügt man zu Σ^+ das leere Wort hinzu, $\Sigma^* = \Sigma^+ \cup \{\varepsilon\}$, dann bildet $(\Sigma^*, \circ)$ ein Monoid. $\qquad\square$

Es ist einsichtig, dass jede Halbgruppe durch Ergänzung mit einem neutralen Element zu einem Monoid erweitert werden kann.

Ist $\mathcal{H} = (M, *)$ eine Halbgruppe (Monoid) und $*$ kommutativ, dann heißt $\mathcal{H}$ *kommutativ* (oder *abelsch*[1]). Alle Halbgruppen in Beispiel 2.1 sind kommutativ, $(\Sigma^+, \circ)$ ist für $|\Sigma| \geq 2$ nicht kommutativ.

---

[1] Benannt nach Niels Henrik Abel (1802 - 1829), norwegischer Mathematiker. Abel beschäftigte sich unter anderem mit der Auflösbarkeit algebraischer Gleichungen und begründete eine Theorie über Integrale algebraischer Funktionen.

Definition 2.3 Besitzt eine Halbgruppe $\mathcal{H} = (M, *)$ ein einelementiges Erzeugendensystem $E = \{b\}$, $b \in M$, gilt also $\mathcal{H} = \langle b \rangle$, dann heißt $\mathcal{H}$ *zyklisch*. b ist ein *erzeugendes Element* von $\mathcal{H}$. $\qquad\qquad\square$

Ist b erzeugendes Element einer zyklischen Halbgruppe $\mathcal{H}$, dann gilt: Für alle $a \in \mathcal{H}$ existiert ein $n \in \mathbb{N}_0$ mit $a = b^n$.

Beispiel 2.3 Die Halbgruppe $(\mathbb{N}, +)$ besitzt das erzeugende Element 1, denn für jedes $n \in \mathbb{N}$ gilt (siehe Bemerkung zur Notation im Anschluss an Gleichung 1.1):

$$n = 1^n = \underbrace{1 + 1 + \ldots + 1}_{n\text{-mal}}$$

$(\mathbb{N}, +)$ ist also eine zyklische Halbgruppe, und es gilt $\mathbb{N} = \langle 1 \rangle$. $\qquad\square$

Der folgende Satz besagt, dass die Potenzen von Halbgruppenelementen jeweils wieder Halbgruppen, sogar zyklische Halbgruppen bilden.

Satz 2.1 Sei $\mathcal{H} = (M, *)$ eine Halbgruppe. Dann ist für jedes $a \in \mathcal{H}$ die algebraische Struktur $\langle a \rangle = (\{ a^k \mid k \in \mathbb{N} \}, *)$ definiert durch

$$a^m * a^n = a^{m+n}$$

eine Halbgruppe.

Beweis Es seien $x, y, z \in \langle a \rangle$. Dann gibt es Exponenten $p, q, r \in \mathbb{N}$ mit $x = a^p$, $y = a^q$ bzw. $z = a^r$. Es folgt:

$$\begin{aligned}
x * (y * z) &= a^p * (a^q * a^r) \\
&= a^p * a^{q+r} \\
&= a^{p+(q+r)} \\
&= a^{(p+q)+r} \\
&= a^{p+q} * a^r \\
&= (a^p * a^q) * a^r \\
&= (x * y) * z
\end{aligned}$$

Die notwendige Assoziativität folgt also aus der Assoziativität der Addition der natürlichen Zahlen, d.h. aus der Tatsache, dass $(\mathbb{N}, +)$ eine Halbgruppe ist. $\qquad\square$

Definition 2.4 Sei $\mathcal{H} = (M, *)$ eine Halbgruppe und $a \in \mathcal{H}$. Dann heißt $\langle a \rangle$ *die von a erzeugte zyklische Halbgruppe.* $\qquad\qquad\square$

Beispiel 2.4 a) Sei $\mathcal{H} = (\mathbb{N}_0, +)$. Dann ist $\langle 2 \rangle$, die von der Zahl 2 erzeugte zyklische Halbgruppe, nämlich die Halbgruppe $(\mathbb{G}_+, +)$ der Menge der geraden positiven Zahlen mit der Addition: Es ist $\mathbb{G}_+ = \langle 2 \rangle$.

b) Für $m \in \mathbb{N}$ und die Halbgruppe $\mathcal{H} = (\mathbb{Z}, +)$ ist

$$m\mathbb{Z} = (\{\, m \cdot k \mid k \in \mathbb{Z} \,\}, +)$$

die Menge der Vielfachen von m, die von m erzeugte zyklische Halbgruppe (siehe auch Kapitel 2.4 und 6.1). Es ist $m\mathbb{Z} = \langle m \rangle$, d.h. für $m = 2$ ist $2\mathbb{Z} = \langle 2 \rangle = \mathbb{G}$.

c) Sei $\mathcal{H} = (\mathbb{N}_0, \cdot)$. Dann ist $\langle 2 \rangle$ die Halbgruppe der Zweierpotenzen. Allgemein enthält die Halbgruppe $\langle m \rangle$ alle Potenzen m^k, $k \geq 0$, von m. $\qquad\square$

Der im Beweis von Satz 2.1 deutlich gewordene wichtige Zusammenhang zwischen Halbgruppen im Allgemeinen und der uns vertrauten Halbgruppe der natürlichen Zahlen mit Addition wird im Satz 2.4 noch deutlicher werden.

2.2 Unterhalbgruppen

Die jeweiligen Trägermengen der im Beispiel 2.4 betrachteten (zyklischen) Halbgruppen sind echte Teilmengen von $\mathbb{N}_0$ bzw. von $\mathbb{Z}$, die mit der Addition bzw. mit der Multiplikation Unterhalbgruppen, also wieder Halbgruppen, bilden.

Definition 2.5 Sei $\mathcal{H} = (M, *)$ eine Halbgruppe und $U \subseteq M$, so dass U abgeschlossen bezüglich $*$ ist, d.h. für alle $a, b \in U$ ist $a * b \in U$. Dann heißt $(U, *)$ eine *Unterhalbgruppe* von H. $\qquad\square$

Damit eine echte Untermenge einer Halbgruppe $\mathcal{H}$ eine Halbgruppe bildet, ist die Abgeschlossenheit bezüglich der Halbgruppenoperation nicht nur notwendig sondern auch hinreichend. Denn die Assoziativität der Operation muss in jedem Fall in der Untermenge gelten, sonst würde sie schon in $\mathcal{H}$ nicht gelten und $\mathcal{H}$ wäre damit gar keine Halbgruppe.

Folgerung 2.1 a) Jede Halbgruppe ist trivialerweise Untergruppe von sich selbst.

b) Besitzt eine Halbgruppe $\mathcal{H}$ ein Einselement e, dann bildet $U = \{e\}$ eine Unterhalbgruppe von $\mathcal{H}$.

c) Eine Unterhalbgruppe eines Monoids muss nicht das neutrale Element enthalten. Enthält sie das neutrale Element, nennt man sie *Untermonoid*.

d) Sei $\mathcal{H} = (M, *)$ eine Halbgruppe und $A \subseteq M$. Wir definieren die Menge A^* wie folgt: (i) Es sei $e \in A^*$, (ii) ist $a \in A$, dann ist auch $a \in A^*$, und (iii) sind $x, y \in A^*$, dann ist auch $x * y \in A^*$. Dann bildet A^* eine Unterhalbgruppe von $\mathcal{H}$ (*die von A erzeugte Unterhalbgruppe*). $\qquad\square$

Beispiel 2.5 a) Die Menge aller Produkte, die mit beliebig (natürlich endlich) oftmaliger Verwendung der Faktoren 2 und 3 erzeugt werden können, bildet ein Untermonoid von $(\mathbb{N}, \cdot)$, d.h. die Menge $A = \{2, 3\}$ erzeugt das Untermonoid $A^* = (\{\, 2^i 3^j \mid i, j \geq 0 \,\}, \cdot)$ von $(\mathbb{N}, \cdot)$.

b) $(\mathbb{G}_+, \cdot)$ bildet eine Unterhalbgruppe und kein Untermonoid von $(\mathbb{N}_0, \cdot)$. $\qquad\square$

2.3   Halbgruppen- und Monoidhomomorphismen

Wir betrachten die beiden Monoide $\mathcal{H}_1 = (\mathbb{N}_0, +)$ und $\mathcal{H}_2 = (\{|\}^*, \circ)$. Wenn wir den Elementen $n \in \mathbb{N}_0$ die Elemente $|^n \in \{|\}^*$ zuordnen, können wir in beiden Strukturen dasselbe Rechnen, nämlich natürliche Zahlen addieren: $m + n$ in $\mathcal{H}_1$ entspricht der Rechnung $|^m \circ |^n = |^{m+n}$ in $\mathcal{H}_2$. Mit dieser Zuordnung stellen $\mathcal{H}_1$ und $\mathcal{H}_2$ quasi dieselben Rechenstrukturen dar, sie sind strukturidentisch (isomorph). Die folgende Definition formalisiert Konzepte für Strukturgleichheit und Strukturidentität.

Definition 2.6 Seien $\mathcal{H}_1 = (M_1, *_1)$ und $\mathcal{H}_2 = (M_2, *_2)$ Halbgruppen. Eine Funktion $\varphi : M_1 \to M_2$ mit

$$\varphi(a *_1 b) = \varphi(a) *_2 \varphi(b) \tag{2.1}$$

für alle $a, b \in M_1$ heißt (*Halbgruppen-*) *Homomorphismus* von $\mathcal{H}_1$ nach $\mathcal{H}_2$ (auch: von $\mathcal{H}_1$ in $\mathcal{H}_2$). Anstelle von $\varphi : M_1 \to M_2$ schreibt man auch $\varphi : \mathcal{H}_1 \to \mathcal{H}_2$.

Sind $\mathcal{H}_1$ und $\mathcal{H}_2$ Monoide und $e_1 \in M_1$ Einselement von $\mathcal{H}_1$ sowie $e_2 \in M_2$ Einselement von $\mathcal{H}_2$, dann muss zusätzlich $\varphi(e_1) = e_2$ gelten, damit φ ein Monoidhomomorphismus ist.

Ist der Homomorphismus φ zudem bijektiv, dann heißt φ *Isomorphismus*, und $\mathcal{H}_1$ und $\mathcal{H}_2$ heißen *isomorph*. Sind $\mathcal{H}_1$ und $\mathcal{H}_2$ isomorph, so schreibt man auch: $\mathcal{H}_1 \cong \mathcal{H}_2$ □

Das folgende, sogenannte „kommutative Diagramm" veranschaulicht die definierende Eigenschaft für Homomorphismen:

$$
\begin{array}{ccccc}
a & & b & & a *_1 b \\
M_1 & \times & M_1 & \longrightarrow & M_1 \\
\varphi \downarrow & & \downarrow & & \downarrow \\
M_2 & \times & M_2 & \longrightarrow & M_2 \\
& & & & \varphi(a *_1 b) = \\
\varphi(a) & & \varphi(b) & & \varphi(a) *_2 \varphi(b)
\end{array}
$$

Isomorphe Halbgruppen (Monoide) sind bis auf die Benennung ihrer Elemente identisch. Gilt $\mathcal{H}_1 \cong \mathcal{H}_2$, dann erhält man die Verknüpfungstafel von $\mathcal{H}_2$, indem man in der Verknüpfungstafel von $\mathcal{H}_1$ jedes a durch $\varphi(a)$ ersetzt und möglicherweise noch entsprechende Vertauschungen der Spalten und Zeilen durchführt.

Beispiel 2.6 a) Sei wie in der Einleitung dieses Abschnitts $\mathcal{H}_1 = (\mathbb{N}_0, +)$ sowie $\mathcal{H}_2 = (\{|\}^*, \circ)$. Wir definieren $\varphi : \mathbb{N}_0 \to \{|\}^*$ durch $\varphi(k) = |^k$. Diese Abbildung ist ein Monoidisomorphismus, denn φ ist bijektiv, und es gilt

$$\varphi(m + n) = |^{m+n} = |^m \circ |^n = \varphi(m) \circ \varphi(n)$$

sowie

$$\varphi(0) = |^0 = \varepsilon$$

b) Sei M eine Menge sowie $\mathcal{H}_1 = (\mathcal{P}(M), \cup)$ und $\mathcal{H}_2 = (\mathcal{P}(M), \cap)$ (siehe Beispiel 1.4). Wir definieren $\varphi : \mathcal{P}(M) \rightarrow \mathcal{P}(M)$ durch

$$\varphi(A) = C_M(A) = M - A$$

φ ist bijektiv, und es gilt:

$$\varphi(A \cup B) = C_M(A \cup B) = C_M(A) \cap C_M(B) = \varphi(A) \cap \varphi(B)$$

sowie

$$\varphi(\emptyset) = C_M(\emptyset) = M$$

$(\mathcal{P}(M), \cup)$ und $(\mathcal{P}(M), \cap)$ sind also isomorph zueinander.

c) Sei $\mathcal{H}_1 = (\{0,1\}^*, +_2)$ und $\mathcal{H}_2 = (\mathbb{N}_0, +)$. Wir definieren $\varphi : \{0,1\}^* \rightarrow \mathbb{N}_0$ mit $\varphi(x) = k$ genau dann, wenn $wert(x) = k$ ist. Dabei betrachten wir $x \in \{0,1\}^*$ als Dualzahl, $wert(x)$ gibt den Wert von x als natürliche Zahl im Dezimalsystem an, und $+_2$ sei die Dualaddition. Es gilt:

$\varphi(x +_2 y) = k$

    gdw. $wert(x +_2 y) = k$

    gdw. $\exists m, n \in \mathbb{N}_0 : wert(x) = m$ und $wert(y) = n$ und $k = m + n$

    gdw. $\varphi(x) = m$ und $\varphi(y) = n$ und $\varphi(x +_2 y) = m + n$

    gdw. $\varphi(x +_2 y) = \varphi(x) + \varphi(y)$

φ ist also ein Homomorphismus von $\mathcal{H}_1$ nach $\mathcal{H}_2$. φ ist nicht injektiv, da z.B. $\varphi(10) = \varphi(010)$ gilt. $\mathcal{H}_1$ und $\mathcal{H}_2$ sind also nicht isomorph. Wenn wir alle Elemente aus $x, y \in \{0,1\}^*$ mit $\varphi(x) = \varphi(y)$, das sind in diesem Beispiel alle Dualzahlen, die sich nur durch die Anzahl der führenden Nullen unterscheiden, zusammenfassen und quasi als eine Zahl auffassen, dann könnten wir aus φ, da die duale Addition unabhängig von der Anzahl der führenden Nullen ist, einen Isomorphismus zwischen $\mathcal{H}_1$ und $\mathcal{H}_2$ konstruieren. Hierauf gehen wir in Kapitel 2.5 noch näher ein und kommen dort im Beispiel 2.8 auf die obige Abbildung φ zurück. $\qquad \square$

Satz 2.2 Sind $\mathcal{H}_1 = (M_1, *_1)$ und $\mathcal{H}_2 = (M_2, *_2)$ Monoide mit den Einselementen e_1 bzw. e_2, und ist φ ein Monoidhomomorphismus von $\mathcal{H}_1$ nach $\mathcal{H}_2$, dann gilt:

a) Ist $(U_1, *_1)$ ein Untermonoid von $\mathcal{H}_1$, dann ist $(\varphi(U_1), *_2)$ ein Untermonoid von $\mathcal{H}_2$, d.h. das Bild eines Homomorphismus eines Untermonoids ist ein Untermonoid.

b) Ist $(U_2, *_2)$ ein Untermonoid von $\mathcal{H}_2$, dann ist $(\varphi^{-1}(U_2), *_1)$ ein Untermonoid von $\mathcal{H}_1$, d.h. das Urbild eines Homomorphismus eines Untermonoids ist ein
Untermonoid.

Beweis a) Zunächst ist gemäß Definition 2.5 zu zeigen, dass $(\varphi(U_1), *_2)$ abgeschlossen gegenüber $*_2$ ist: Ist also $x, y \in \varphi(U_1)$, dann muss auch $x *_2 y \in \varphi(U_1)$
gelten. Sei also $x, y \in \varphi(U_1)$. Dann gibt es $a, b \in U_1$ mit $a *_1 b \in U_1$ sowie mit $\varphi(a) = x$ und $\varphi(b) = y$. Es gilt: $\varphi(a *_1 b) \in \varphi(U_1)$, und damit ist
$\varphi(a) *_2 \varphi(b) \in \varphi(U_1)$, d.h. $x * y \in \varphi(U_1)$. $\varphi(U_1)$ ist also eine Unterhalbgruppe von
$\mathcal{H}_2$. Da U_1 ein Monoid ist, ist außerdem $e_1 \in U_1$ und damit $e_2 = \varphi(e_1) \in \varphi(U_1)$.
Somit ist $\varphi(U_1)$ ein Monoid, also ein Untermonnoid von $\mathcal{H}_2$.

b) Der Beweis erfolgt analog dem Beweis von a). $\square$

Der nächste Satz besagt, dass die Komposition von Homomorphismen wieder ein
Homomorphismus ist.

Satz 2.3 Sei $\mathcal{H}$ eine Halbgruppe sowie φ und ψ Homomorphismen von $\mathcal{H}$ in sich
selbst. Dann ist auch $\psi \circ \varphi$ ein Homomorphismus von $\mathcal{H}$ in sich selbst.

Beweis Wir zeigen schrittweise, dass $\psi \circ \varphi(x * y) = \psi \circ \varphi(x) * \psi \circ \varphi(y)$ gilt:

$$\psi \circ \varphi(x * y) = \psi(\varphi(x * y))$$
$$= \psi(\varphi(x) * \varphi(y))$$
$$= \psi(\varphi(x)) * \psi(\varphi(y))$$
$$= \psi \circ \varphi(x) * \psi \circ \varphi(y) \qquad \square$$

Zwischen zwei Monoiden $\mathcal{H}_1$ und $\mathcal{H}_2$ gibt es immer einen (trivialen) Homomor-
phismus: $\varphi : \mathcal{H}_1 \rightarrow \mathcal{H}_2$ definiert durch $\varphi(a) = e_2$ für alle $a \in \mathcal{H}_1$. Denn für φ
gilt

$$\varphi(x *_1 y) = e_2 = e_2 *_2 e_2 = \varphi(x) *_2 \varphi(y)$$

für alle $x, y \in \mathcal{H}_1$.

Die uns vertraute Halbgruppe $(\mathbb{N}, +)$ der natürlichen Zahlen mit Addition kann
als eine Art „Prototyp" für Halbgruppen gelten. Auf diese Bedeutung von $(\mathbb{N}, +)$
haben wir schon am Ende von Kapitel 2.1 mit Bezug auf Satz 2.1 hingewiesen.

Satz 2.4 Sei $\mathcal{H} = (M, *)$ eine Halbgruppe, dann gibt es für jedes Element a in $\mathcal{H}$
einen Homomorphismus $\varphi_a : \mathbb{N} \rightarrow M$ mit $\varphi_a(1) = a$.

Beweis Wir setzen $\varphi_a(k) = a^k$, dann gilt $\varphi_a(1) = a^1 = a$ sowie

$$\varphi_a(m + n) = a^{m+n} = a^m * a^n = \varphi_a(m) * \varphi_a(n)$$

womit für φ_a die Strukturgleichung (2.1) erfüllt ist. $\square$

Für die Homomorphismen φ_a, $a \in \mathcal{H}$, gilt $\mathcal{W}(\varphi_a) = \langle a \rangle$, d.h. der Wertebereich
von φ_a ist die von a erzeugte zyklische Unterhalbgruppe $\langle a \rangle$ von $\mathcal{H}$.

Satz 2.5 Zu jedem Monoid $\mathcal{H}$ existiert ein Untermonoid des Monoids der Abbildungen von $\mathcal{H}$ auf sich, so dass ein Homomorphismus von $\mathcal{H}$ nach diesem Untermonoid existiert.

Beweis Sei $\mathcal{H} = (M, *)$ ein Monoid mit Einselement e. Es sei $\mathcal{F}(M) = \{ f \mid f : M \to M \}$ die Menge aller totalen Abbildungen von M in sich sowie $\mathcal{H}_{\mathcal{F}(M)} = (\mathcal{F}(M), \circ)$ das Monoid dieser Abbildungen unter Komposition, Einselement ist die identische Abbildung id_M. Wir definieren die Abbildung $\phi : M \to \mathcal{F}(M)$, die jedem $a \in M$ die Abbildung $f_a : M \to M$ zuordnet, die definiert ist durch $f_a(x) = a * x$ für alle $x \in M$. Es gilt also

$$\phi(a)(x) = f_a(x) = a * x$$

Wir zeigen, dass die Abbildung ϕ die Homomorphieeigenschaft (2.1) besitzt, d.h., dass $\phi(a * b) = \phi(a) \circ \phi(b)$ gilt:

$$\begin{aligned}
\phi(a * b)(x) &= f_{a*b}(x) \\
&= (a * b) * x \\
&= a * (b * x) \\
&= a * f_b(x) \\
&= f_a(f_b(x)) \\
&= f_a \circ f_b(x) \\
&= \phi(a) \circ \phi(b)(x)
\end{aligned}$$

Außerdem gilt $\phi(e) = f_e$ mit $f_e(x) = e * x = x$ für alle $x \in M$, d.h. es ist $f_e(x) = x$ für alle $x \in M$; es gilt also $f_e = id_M$. Das Einselement von $\mathcal{H}$ wird also dem Einselement von $\mathcal{F}(M)$, der identischen Abbildung id_M von M, zugeordnet. Da nach Satz 2.2 a) $\phi(\mathcal{H}) = (\phi(M), \circ)$ ein Untermonoid von $\mathcal{F}(M)$ ist, folgt insgesamt, dass $\phi(\mathcal{H})$ das im Satz postulierte Untermonoid von $\mathcal{F}(M)$ ist. $\qquad\square$

2.4 Kongruenzrelationen

Wir setzen für $m \in \mathbb{N}$ (siehe Beispiel 2.4 b)

$$m\mathbb{Z} = \{ y \mid y = m \cdot k, \, k \in \mathbb{Z} \}$$

sowie für $x \in \mathbb{Z}$

$$\begin{aligned}
x + m\mathbb{Z} &= \{ y \mid y = x + m \cdot k, \, k \in \mathbb{Z} \} \qquad (2.2) \\
&= \{ y \mid y - x = m \cdot k, \, k \in \mathbb{Z} \}
\end{aligned}$$

Wir betrachten das Monoid $(\mathbb{Z}, +)$. Für $m \in \mathbb{N}$ sei die Relation $\equiv_m \subseteq \mathbb{Z} \times \mathbb{Z}$ definiert durch $x \equiv_m y$ genau dann, wenn x und y bei Division durch m denselben Rest haben, d.h. wenn es ganze Zahlen (Quotienten) q_x und q_y sowie eine natürliche Zahl (Rest) r mit $0 \leq r \leq m - 1$ gibt, so dass $x = m \cdot q_x + r$ und $y = m \cdot q_y + r$ gelten. Man nennt x und y *kongruent modulo* m und schreibt $x = y\,(m)$.

$\equiv_m$ bildet für jedes $m \in \mathbb{N}$ eine Äquivalenzrelation mit dem Index m. Die m Äquivalenzklassen werden durch die Reste 0, 1, 2, ..., $m - 1$ bestimmt, die bei der Division durch m auftreten können:

$$[0]_{\equiv_m} = \{\, x \in \mathbb{Z} \mid x = m \cdot q,\ q \in \mathbb{Z} \,\}$$
$$[1]_{\equiv_m} = \{\, x \in \mathbb{Z} \mid x = m \cdot q + 1,\ q \in \mathbb{Z} \,\}$$
$$[2]_{\equiv_m} = \{\, x \in \mathbb{Z} \mid x = m \cdot q + 2,\ q \in \mathbb{Z} \,\}$$
$$\vdots$$
$$[m - 1]_{\equiv_m} = \{\, x \in \mathbb{Z} \mid x = m \cdot q + (m - 1),\ q \in \mathbb{Z} \,\}$$

Diese Äquivalenzklassen heißen *Restklassen modulo* m. Mit $\mathbb{Z}/\equiv_m$ bezeichnen wir die Menge dieser Restklassen:

$$\mathbb{Z}/\equiv_m = \{\, [0]_{\equiv_m}, [1]_{\equiv_m}, [2]_{\equiv_m}, \ldots, [m - 1]_{\equiv_m} \,\}$$

Mit der Festlegung (2.2) folgt

$$[x]_{\equiv_m} = x + m\mathbb{Z} \tag{2.3}$$

und damit gilt

$$\mathbb{Z}/\equiv_m = \{\, m\mathbb{Z}, 1 + m\mathbb{Z}, 2 + m\mathbb{Z}, \ldots, (m - 1) + m\mathbb{Z} \,\}$$

Wegen der Gleichheit (2.3) wird die Menge $\mathbb{Z}$ der ganzen Zahlen sowohl durch die Äquivalenzrelation $\equiv_m$ als auch durch die Mengen $x + m\mathbb{Z}$, $0 \leq x \leq m$, in dieselben m Äquivalenzklassen partitioniert. Deshalb ist es auch üblich, $\mathbb{Z}/m\mathbb{Z}$ anstelle von $\mathbb{Z}/\equiv_m$ zu schreiben, was wir im Folgenden auch tun werden.

Aus den obigen Festlegungen folgt unmittelbar

Folgerung 2.2 a) Folgende fünf Aussagen sind äquivalent:

(1) $x \equiv_m y$,

(2) $x = y\,(m)$,

(3) zu x und y gibt es ein $q \in \mathbb{Z}$ mit $x = y + m \cdot q$,

(4) x und y lassen bei Division durch m denselben Rest,

(5) $m \mid x - y$, d.h. m ist ein Teiler von $x - y$, d.h. es gibt eine ganze Zahl q mit $x - y = m \cdot q$.

b) Für jede Restklasse $[x]_{\equiv_m}$ gilt:

$$[x]_{\equiv_m} = \{\, y \mid x = y\,(m)\,\}$$
$$= \{\, y \mid y = x + m \cdot q,\ q \in \mathbb{Z}\,\}$$
$$= x + m\mathbb{Z} \qquad\qquad\qquad \square$$

Die beiden nächsten Folgerungen legen die Grundlagen für das „Rechnen modulo m", d.h. die Grundlagen für das Addieren und Multiplizieren von Äquivalenzklassen, welches in der Informatik eine wichtige Rolle spielt, was wir in späteren Kapiteln noch sehen werden.

Folgerung 2.3 Sind $a \equiv_m b$ und $c \equiv_m d$, dann gilt:

a) $-a \equiv_m -b$,

b) $a + c \equiv_m b + d$ sowie

c) $a \cdot c \equiv_m b \cdot d$.

Beweis a) Es gilt nach Voraussetzung $m \mid a - b$. Dann gilt auch $m \mid (-1)(a - b)$, d.h. $m \mid -a - (-b)$, und das bedeutet $-a \equiv_m -b$.

b) Es gilt $m \mid a - b$ und $m \mid c - d$. Daraus folgt $m \mid (a - b) + (c - d)$ und damit $m \mid (a + c) - (b + d)$, also gilt $a + c \equiv_m b + d$.

c) Es gilt $m \mid a - b$ und $m \mid c - d$. Daraus folgt $m \mid a(c - d) + (a - b)d$ und damit $m \mid ac - bd$, also gilt $a \cdot c \equiv_m b \cdot d$. $\qquad\square$

Mithilfe des Modulo-Rechnens lassen sich Rechnungen mit großen Zahlen vereinfachen. Davon gibt das folgende Beispiel einen ersten Eindruck, und wir werden in späteren Kapiteln noch weitere Möglichkeiten und Beispiele dazu kennen lernen.

Beispiel 2.7 Die *Fermat-Zahlen* sind definiert durch $F_n = 2^{2^n} + 1$. F_1, F_2, F_3 und F_4 sind Primzahlen. Ist $F_5 = 2^{2^5} + 1 = 4\,294\,967\,297$ auch eine Primzahl? Ein naiver Primzahltest, etwa indem man alle Zahlen von 2 bis $\sqrt{4\,294\,967\,297}$ darauf testet, ob sie ein Teiler dieser Zahl sind, ist sehr aufwändig. Wir zeigen mithilfe der „modulo-Rechnung" durch Anwenden der Rechenregeln aus Folgerung 2.3, dass 641 ein Teiler dieser Zahl ist. Es gilt

$$641 = 640 + 1 = 5 \cdot 2^7 + 1 \text{ und damit } 5 \cdot 2^7 = -1\,(641)$$

Mit Folgerung 2.3 c) folgt

$$(5 \cdot 2^7)^4 = (-1)^4\,(641) \text{ und damit } 5^4 \cdot 2^{28} = 1\,(641) \qquad (2.4)$$

Außerdem gilt

$$641 = 625 + 16 = 5^4 + 2^4 \text{ und damit } 5^4 = -2^4\,(641)$$

In der Kongruenz (2.4) können wir also 5^4 durch -2^4 ersetzen. Damit gilt

$$-2^{32} = 1\,(641) \text{ und damit } 2^{2^5} + 1 = 0\,(641)$$

Hieraus folgt, dass $641 \mid F_5$ gilt.   □

Aus Folgerung 2.3 folgt unmittelbar

Folgerung 2.4 Sind $[a]_{\equiv_m} = [b]_{\equiv_m}$ und $[c_{\equiv m}] = [d]_{\equiv_m}$, dann ist $[a+c]_{\equiv_m} = [b+d]_{\equiv_m}$ sowie $[a \cdot c]_{\equiv_m} = [b \cdot d]_{\equiv_m}$.   □

Diese Eigenschaft von Restklassen, dass, wenn man mit zwei Elementen einer Restklasse zwei Elemente einer anderen Restklasse verknüpft, das Ergebnis in derselben Restklasse liegt, heißt *Substitutionseigenschaft* (siehe auch Definition 2.7 im nächsten Abschnitt).

Wir können wegen dieser Eigenschaften eine Additionsoperation $\oplus$ bzw. eine Multiplikationsoperation $\otimes$ auf der Menge $\mathbb{Z}/m\mathbb{Z}$ der Restklassen modulo m definieren:

$$[x]_{\equiv_m} \oplus [y]_{\equiv_m} = [x+y]_{\equiv_m} \tag{2.5}$$
$$[x]_{\equiv_m} \otimes [y]_{\equiv_m} = [x \cdot y]_{\equiv_m} \tag{2.6}$$

Mit der Gleichung (2.3) folgt aus diesen beiden Festlegungen unmittelbar:

$$x + m\mathbb{Z} \oplus y + m\mathbb{Z} = (x+y) + m\mathbb{Z} \tag{2.7}$$
$$x + m\mathbb{Z} \otimes y + m\mathbb{Z} = (x \cdot y) + m\mathbb{Z} \tag{2.8}$$

Der folgende Satz besagt, dass wir mit den Restklassen $\mathbb{Z}/m\mathbb{Z}$ quasi wie mit ganzen Zahlen rechnen können

Satz 2.6 a) $(\mathbb{Z}/m\mathbb{Z}, \oplus)$ und $(\mathbb{Z}/m\mathbb{Z}, \otimes)$ sind kommutative Monoide mit den Einselementen $m\mathbb{Z}$ bzw. $1 + m\mathbb{Z}$.

b) Alle Elemente von $(\mathbb{Z}/m\mathbb{Z}, \oplus)$ sind invertierbar, und es gilt:

$$-(x + m\mathbb{Z}) = (m-x) + m\mathbb{Z}$$

Wir nennen dieses Element das *additive Inverse* von $x + m\mathbb{Z}$.

c) In $(\mathbb{Z}/m\mathbb{Z}, \otimes)$ sind $1 + m\mathbb{Z}$ und sein additives Inverses $(m-1) + m\mathbb{Z}$ invertierbar, sie sind invers zu sich selbst.

d) Die Abbildung $\varphi : \mathbb{Z} \to \mathbb{Z}/m\mathbb{Z}$ definiert durch $\varphi(x) = x + m\mathbb{Z}$ (oder durch $\varphi(x) = [x]_{\equiv_m}$) legt sowohl einen Homomorphismus von $(\mathbb{Z}, +)$ nach $(\mathbb{Z}/m\mathbb{Z}, \oplus)$ als auch einen Homomorphismus von $(\mathbb{Z}, \cdot)$ nach $(\mathbb{Z}/m\mathbb{Z}, \otimes)$ fest.

Beweis a) Diese Behauptung folgt unmittelbar aus den Gleichungen (2.7) und (2.8) und der Folgerung 2.4.

b) Es gilt

$$x + m\mathbb{Z} \oplus (m - x) + m\mathbb{Z} = (x + (m - x)) + m\mathbb{Z} = m + m\mathbb{Z} = m\mathbb{Z}$$

womit die Behauptung gezeigt ist.

c) $1 + m\mathbb{Z}$ ist das Einselement der Multiplikation (siehe a), und Einselemente sind immer selbstinvers.

Mit Gleichung (2.8) gilt

$$\begin{aligned}
(m - 1) + m\mathbb{Z} \otimes (m - 1) + m\mathbb{Z} &= ((m - 1) \cdot (m - 1)) + m\mathbb{Z} \\
&= (m^2 - 2m + 1) + m\mathbb{Z} \\
&= m^2 + m\mathbb{Z} \oplus -2m + m\mathbb{Z} \oplus 1 + m\mathbb{Z} \\
&= m\mathbb{Z} \oplus m\mathbb{Z} \oplus 1 + m\mathbb{Z} \\
&= 1 + m\mathbb{Z}
\end{aligned}$$

womit die zweite Behauptung auch gezeigt ist.

d) Wir zeigen mithilfe der Gleichung (2.7), dass die Abbildung φ die Strukturgleichung (2.1) für die Addition erfüllt:

$$\varphi(x + y) = ((x + y) + m\mathbb{Z}) = x + m\mathbb{Z} \oplus y + m\mathbb{Z} = \varphi(x) \oplus \varphi(y)$$

Der Nachweis für die Multiplikation erfolgt analog. □

Für $m \in \mathbb{N}$, $m \geq 2$, sei $\mathbb{Z}_m = \{0, 1, \ldots, m - 1\}$ die Menge der Reste, die bei der Division ganzer Zahlen durch m bleiben. Wir definieren auf dieser Menge die Addition $+_m$ und die Multiplikation $\cdot_m$ durch:

$$x +_m y = x + y \, (m) \tag{2.9}$$

$$x \cdot_m y = x \cdot y \, (m) \tag{2.10}$$

Dabei ist für $a \in \mathbb{Z}$ mit $a\,(m)$ der Rest r, $0 \leq r < m$, gemeint, der bei Division von a durch m bleibt.

Aus Folgerung 2.3 folgt unmittelbar

Satz 2.7 a) Für alle $m \in \mathbb{N}$ mit $m \geq 2$ bilden die Strukturen $(\mathbb{Z}_m, +_m)$ und $(\mathbb{Z}_m, \cdot_m)$ Monoide mit den Einselementen 0 bzw. 1.

b) Alle Elemente von $(\mathbb{Z}_m, +_m)$ sind invertierbar, und es ist $-x = m - x$.

c) In $(\mathbb{Z}_m, \cdot_m)$ sind 1 und $m - 1$, dass additive Inverse von 1, selbstinvers.

d) Die Abbildung $\varphi : \mathbb{Z} \to \mathbb{Z}_m$ definiert durch $\varphi(x) = x\,(m)$ ist sowohl ein Homomorphismus von $(\mathbb{Z}, +)$ nach $(\mathbb{Z}_m, +_m)$ als auch ein Homomorphismus von $(\mathbb{Z}, \cdot)$ nach $(\mathbb{Z}_m, \cdot_m)$. □

Die Sätze 2.6 und 2.7 lassen vermuten, dass die additiven Monoide $(\mathbb{Z}/m\mathbb{Z}, \oplus)$ und $(\mathbb{Z}, +_m)$ sowie die multiplikativen Monoide $(\mathbb{Z}/m\mathbb{Z}, \otimes)$ und $(\mathbb{Z}, \cdot_m)$ jeweils isomorph zueinander sind. Hierauf kommen wir am Ende des folgenden Abschnitts, in dem wir die Betrachtungen dieses Abschnittes verallgemeinern, zurück.

2.5   Der Homomorphiesatz für Halbgruppen

Im vorigen Abschnitt haben wir für eine spezielle Halbgruppe, nämlich für die Menge $\mathbb{Z}$ der ganzen Zahlen, eine Äquivalenzrelation definiert, die die Substitutionseigenschaft bezüglich der Addition und bezüglich der Multiplikation von ganzen Zahlen besitzt. Solche Relationen nennt man *Kongruenzrelationen*. Mithilfe dieser Relation haben wir dann neue Rechenstrukturen auf Äquivalenzklassen eingeführt, und wir haben gesehen, dass es einen Homomorphismus zwischen $\mathbb{Z}$ und diesen neuen Strukturen gibt. In diesem Kapitel verallgemeinern wir dieses Vorgehen, indem wir mithilfe einer Kongruenzrelation auf einer Halbgruppe eine neue Halbgruppe auf den Äquivalenzklassen, die sogenannte *Quotientenhalbgruppe*, festlegen, und es ergibt sich ein Homomorphismus der Halbgruppe in die Quotientenhalbgruppe. Umgekehrt lässt sich durch einen gegebenen Homomorphismus zwischen zwei Halbgruppen eine Kongruenzrelation konstruieren, so dass die dadurch festgelegte Quotientenhalbgruppe unter einer bestimmten Voraussetzung sogar isomorph zur zweiten Halbgruppe ist. Wir werden sehen, dass sich die Definitionen und Ergebnisse für ganze Zahlen im vorigen Abschnitt als Spezialfälle dieser allgemeineren Betrachtungen ergeben.

Definition 2.7 Sei $\mathcal{H} = (M, *)$ eine Halbgruppe und R eine Äquivalenzrelation auf M. Gilt für R die *Substitutionseigenschaft*, d.h., wenn aRb und cRd gilt, dann gilt auch $(a * c)R(b * d)$ für alle $a, b, c, d \in M$, dann heißt R eine *Kongruenz(relation)* auf $\mathcal{H}$. $\square$

In Folgerung 2.4 haben wir gesehen, dass die Relation $\equiv_m$ auf den Halbgruppen $(\mathbb{Z}, +)$ und $(\mathbb{Z}, \cdot)$ die Substitutioneigenschaft besitzt, also auf diesen Strukturen eine Kongruenzrelation ist.

Wir definieren auf der Menge M/R der Klassen der Äquivalenzrelation R die Operation $*_R$ durch (vgl. Festlegungen (2.5) und (2.6))

$$[a]_R *_R [b]_R = [a * b]_R \tag{2.11}$$

Die Definition der Operationen $\oplus$ und $\otimes$ auf den Äquivalenzklassen $\mathbb{Z}/m\mathbb{Z}$ der Kongruenz $\equiv_m$ (siehe Gleichungen (2.5) und (2.6) bzw. (2.7) und (2.8)) ist ein Beispiel für die allgemeine Festlegung (2.11).

Satz 2.8 a) Die Menge der Äquivalenzklassen bildet mit der Operation $*_R$ eine Halbgruppe, die sogenannte *Quotientenhalbgruppe* $\mathcal{H}/R = (M/R, *_R)$ von $\mathcal{H}$ nach der Kongruenz R.

b) Die Abbildung $\varphi_R : M \to M/R$ definiert durch $\varphi_R(a) = [a]_R$ ist dann ein Homomorphismus von $\mathcal{H}$ nach $\mathcal{H}/R$, der sogenannte *natürliche Homomorphismus*.

Beweis   a) Die Abgeschlossenheit und Assoziativität von $*_R$ auf M/R folgt unmittelbar aus der Gleichung (2.11).

b) Es gilt mit Gleichung (2.11):

$$\varphi_R(a * b) = [a *_R b]_R = [a]_R * [b]_R = \varphi_R(a) *_R \varphi_R(b) \qquad \square$$

Die Aussagen a) und d) des Satzes 2.6 sind Beispiele für die Aussagen a) und b) des obigen Satzes.

In der nächsten Folgerung betrachten wir einerseits wesentliche Eigenschaften einer Kongruenzrelation R auf einer Halbgruppe $\mathcal{H}$ sowie des dadurch festgelegten natürlichen Homomorphismus φ_R. Andererseits gehen wir umgekehrt wie oben vor. Dort wird von einer Kongruenzrelation ausgegangen, woraus ein natürlicher Homomorphismus resultiert. Jetzt gehen wir von einem Homomorphismus aus, und wir werden sehen, dass dieser eine Kongruenzrelation festlegt.

Folgerung 2.5 a) Sei R eine Kongruenzrelation auf der Halbgruppe $\mathcal{H} = (M, *)$, φ_R der natürliche Homomorphismus von R und sei $A \in M/R$ (d.h. $A \subseteq M$ ist eine Äquivalenzklasse von R), dann ist φ_R konstant auf A, d.h. für alle $a, b \in A$ gilt: $\varphi_R(a) = \varphi_R(b)$. Jede Kongruenzrelation in einer Halbgruppe bestimmt also einen Homomorphismus, so dass die Äquivalenzklassen der Relation genau die Teilmengen der Halbgruppe sind, auf denen der natürliche Homomorphismus jeweils konstant ist.

b) Sei φ ein Homomorphismus von der Halbgruppe $\mathcal{H}_1 = (M_1, *_1)$ in die Halbgruppe $\mathcal{H}_2 = (M_2, *_2)$, dann ist die Relation $R_\varphi \subseteq M_1 \times M_1$ definiert durch $a R_\varphi b$ genau dann, wenn $\varphi(a) = \varphi(b)$ ist, eine Kongruenz auf $\mathcal{H}_1$. Umgekehrt zu a) werden hier die Elemente in Relation gesetzt, für die φ denselben Wert liefert. Insgesamt folgt also, dass jeder Homomorphismus einer Halbgruppe $\mathcal{H}_1$ in eine Halbgruppe $\mathcal{H}_2$ eine Kongruenz auf $\mathcal{H}_1$ festlegt.

c) Ist dieser Homomorphismus surjektiv, d.h. für jedes $y \in M_2$ existiert ein $x \in M_1$ mit $\varphi(x) = y$, dann ist die Abbildung $\phi : \mathcal{H}_1/R_\varphi \rightarrow \mathcal{H}_2$ definiert durch $\phi([a]_{R_\varphi}) = \varphi(a)$ eine Bijektion zwischen $\mathcal{H}_1/R_\varphi$, den Äquivalenzklassen von R_φ auf $\mathcal{H}_1$, und den Elementen von $\mathcal{H}_2$.

d) Die Abbildung ϕ ist zudem ein Homomorphismus, d.h. insgesamt ein Isomorphismus.

Beweis a) Sei A eine Äquivalenzklasse von R sowie $a, b \in A$. Dann gilt $A = [a]_R = [b]_R$ und damit $\varphi_R(a) = \varphi_R(b)$.

b) Dass R_φ eine Äquivalenzrelation ist, ist offensichtlich, weil sie auf der Gleichheitsrelation basiert. Weiterhin gilt: Ist $a R_\varphi b$ und $c R_\varphi d$ für $a, b, c, d \in M_1$, dann gilt $\varphi(a) = \varphi(b)$ und $\varphi(c) = \varphi(d)$ für $a, b, c, d \in M_1$. Daraus folgt

$$\varphi(a *_1 c) = \varphi(a) *_2 \varphi(c) = \varphi(b) *_2 \varphi(d) = \varphi(b *_1 d)$$

Also gilt: $(a *_1 c) R_\varphi (b *_1 d)$, d.h. R_φ erfüllt die Substitutionseigenschaft und ist damit eine Kongruenzrelation auf $\mathcal{H}_1$.

c) Die von φ vorausgesetzte Surjektivität bedingt die Surjektivität von ϕ. Die Totalität ist offensichtlich, da ϕ für jede Äquivalenzklasse von R_φ definiert ist. Wir zeigen noch die Injektivität: Sei $\phi([a]_{R_\varphi}) = \phi([b]_{R_\varphi})$. Dann gilt $\varphi(a) = \varphi(b)$ und damit $a R_\varphi b$, woraus $[a]_{R_\varphi} = [b]_{R_\varphi}$ und damit die Injektivität von ϕ folgt.

d) Gemäß c) ist die Abbildung ϕ bijektiv. Wir zeigen noch die Homomorphieeigenschaft (2.1) für ϕ:

$$\phi\left([a]_{R_\varphi} *_{1_{R_\varphi}} [b]_{R_\varphi}\right) = \phi\left([a *_1 b]_{R_\varphi}\right)$$
$$= \varphi(a *_1 b)$$
$$= \varphi(a) *_2 \varphi(b)$$
$$= \phi\left([a]_{R_\varphi}\right) *_2 \phi\left([b]_{R_\varphi}\right) \qquad \square$$

Aus den obigen Folgerungen folgt unmittelbar der nächste Satz.

Satz 2.9 (Homomorphiesatz für Halbgruppen) Ist φ ein surjektiver Homomorphismus von einer Halbgruppe $\mathcal{H}_1$ in eine Halbgruppe $\mathcal{H}_2$ sowie R_φ die dadurch festgelegte Kongruenz auf $\mathcal{H}_1$, so gilt: $\mathcal{H}_1/R_\varphi \cong \mathcal{H}_2$ $\qquad \square$

Beispiel 2.8 Sei $\Sigma = \{0, 1\}$ sowie $A = \Sigma^+$ die Menge aller nicht leeren Dualfolgen und $B = \{0\} \cup \{x_n \ldots x_1 \mid x_i \in \Sigma, 1 \le i \le n - 1, x_n = 1, n \ge 1\}$ die Menge aller Dualfolgen ohne führende Nullen. Wir betrachten die Halbgruppen $\mathcal{H}_A = (A, +)$ und $\mathcal{H}_B = (B, +)$, wobei $+$ der Additionsoperator für Dualfolgen ist.

Die Abbildung $\varphi : A \to B$ definiert durch

$$\varphi(x) = y \text{ genau dann, wenn } wert(x) = wert(y)$$

ist ein surjektiver Homomorphismus von $\mathcal{H}_A$ nach $\mathcal{H}_B$ (siehe Beispiel 2.6 c).

Die von φ induzierte Relation R_φ definiert durch:

$$x R_\varphi y \text{ genau dann, wenn } \varphi(x) = \varphi(y)$$

d.h. genau dann, $wert(x) = wert(y)$, ist eine Kongruenz auf $\mathcal{H}_A$.

Die Voraussetzungen des Homomorphiesatzes (Satz 2.9) sind also erfüllt. Somit folgt: $\mathcal{H}_A/R_\varphi \cong \mathcal{H}_B$, d.h. das Addieren von Dualfolgen mit oder ohne führende Nullen ist gleichwertig. $\qquad \square$

Wir kommen nun auf die Bemerkungen am Ende des Kapitels 2.4 zurück. Im Satz 2.7 d) haben wir festgestellt, dass die Abbildung $\varphi : \mathbb{Z} \to \mathbb{Z}_m$ definiert durch $\varphi(x) = x\,(m)$ ein Homomorphismus sowohl von der Halbgruppe $(\mathbb{Z}, +)$ nach der Halbgruppe $(\mathbb{Z}_m, +_m)$ als auch von der Halbgruppe $(\mathbb{Z}, \cdot)$ nach der Halbgruppe $(\mathbb{Z}_m, \cdot_m)$ ist. Gemäß Folgerung 2.5 b) wissen wir, dass die Relation $R_\varphi \subseteq \mathbb{Z} \times \mathbb{Z}$

festgelegt durch $x R_\varphi y$ genau dann, wenn $\varphi(x) = \varphi(y)$ gilt, eine Kongruenz ist. $\varphi(x) = \varphi(y)$ bedeutet aber, dass $x = y\,(m)$ gilt, d.h. die Relation R_φ ist identisch mit der Relation $\equiv_m$. Wir erhalten also als Quotientenhalbgruppe $(\mathbb{Z}/m\mathbb{Z}, \oplus)$ bzw. $(\mathbb{Z}/m\mathbb{Z}, \otimes)$. Da φ surjektiv ist, folgt mit Satz 2.9 die schon am Ende des Kapitels 2.4 vermutete Isomorphie $\mathbb{Z}/m\mathbb{Z} \cong \mathbb{Z}_m$.

Wir werden deshalb im Folgenden nicht mehr zwischen $\mathbb{Z}/m\mathbb{Z}$ und $\mathbb{Z}_m$ und damit auch nicht zwischen den Operationen $\oplus$ und $+_m$ bzw. zwischen $\otimes$ und $\cdot_m$ unterscheiden. Je nach dem jeweiligen Zusammenhang werden wir die Notation $\mathbb{Z}/m\mathbb{Z}$ oder die Notation $\mathbb{Z}_m$ verwenden; für die Addition werden wir in jedem Fall das „normale" Additionssymbol $+$ verwenden und für die Multiplikation entsprechend in jedem Fall das Symbol $\cdot$.

In den Sätzen 2.6 und Satz 2.7 haben wir gesehen, dass in den additiven Strukturen $\mathbb{Z}/m\mathbb{Z}$ bzw. $\mathbb{Z}_m$ jedes Element ein Inverses besitzt, während in den entsprechenden multiplikativen Strukturen neben dem Einselement 1, welches per se invers zu sich selbst ist, noch das additive Inverse der 1, also $-1 = m - 1$, auch immer multiplikativ invertierbar und ebenfalls invers zu sich selbst ist. In späteren Kapiteln, insbesondere in den Kapiteln 4 und 8, werden wir sehen, unter welchen Voraussetzungen weitere Elemente von $\mathbb{Z}/m\mathbb{Z}$ bzw. von $\mathbb{Z}_m$ multiplikative Inverse besitzen.

2.6 Übungen

2.1 Sei $M = \{a, b\}$. Geben Sie eine Verknüpfungstafel für die Operation $\cap$ auf $\mathcal{P}(M)$ an.

2.2 Seien die Funktionen $id, nid, rez, nrez : \mathbb{R} - \{0\} \to \mathbb{R} - \{0\}$ definiert durch: $id(x) = x$, $nid(x) = -x$, $rez(x) = \frac{1}{x}$ sowie $nrez(x) = -\frac{1}{x}$.

  (1) Geben Sie eine Verknüpfungstafel für die Operation $\circ$ (Komposition von Funktionen) auf $\{id, nid, rez, nrez\}$ an.

  (2) Besitzt die algebraische Struktur $(\{id, nid, rez, nrez\}, \circ)$ eine echte Teilmenge als Erzeugendensystem? Falls ja, dann geben Sie es an, und geben Sie an, ob es frei ist.

2.3 Es sei $\mathbb{R}_+$ die Menge der positiven reellen Zahlen einschließlich 0. Zeigen Sie, dass die algebraische Struktur $(\mathbb{R}_+, *)$ definiert durch

$$a * b = \sqrt[3]{a^3 + b^3}$$

kommutativ und assoziativ ist sowie ein neutrales Element besitzt.

2.4 Geben Sie einen Homomorphismus der Halbgruppe $(\mathbb{R}, +)$ in die Halbgruppe $(\mathbb{R}_+ - \{0\}, \cdot)$ an.

2.5 Beweisen Sie:

a) Die Monoide $(\mathbb{N}_0, +)$ und $(\mathbb{G}_+, +)$ sind isomorph.

b) Das Monoid $(\mathbb{Z}, +)$ ist isomorph zum Monoid $(k\mathbb{Z}, +)$ für jedes $k \in \mathbb{N}$.

2.6 Beweisen Sie Satz 2.2 b).

2.7 Sei φ ein Isomorphismus vom Monoid $\mathcal{H}_1 = (M_1, *_1)$ auf das Monoid $\mathcal{H}_2 = (M_2, *_2)$. Beweisen Sie, dass φ^{-1} ein Isomorphismus von $\mathcal{H}_2$ auf $\mathcal{H}_1$ ist.

2.8 Zeigen Sie, dass die Relation $\equiv_m\, \subseteq \mathbb{Z} \times \mathbb{Z}$ definiert durch

$$x \equiv_m y \text{ genau dann, wenn } m \mid x - y$$

eine Äquivalenzrelation ist.

2.9 Beweisen Sie Satz 2.7.

2.10 Es sei $\Sigma = \{\, 0, 1\, \}$. Zeigen Sie, dass die Abbildung, die jedem Wort w über Σ die Anzahl der in w vorkommenden Einsen zuordnet, ein Homomorphismus von der Halbgruppe $(\Sigma^*, \circ)$ in die Halbgruppe $(\mathbb{N}_0, +)$ ist.

Geben Sie die dadurch induzierte Kongruenzrelation an, und erklären Sie, was der Homomorphiesatz für Halbgruppen für dieses Beispiel aussagt.

Kapitel 3

Gruppen

Halbgruppen sind sehr elementare Rechenstrukturen, sie erfordern nur die Erfüllung der Assoziativität. Sie erlauben aber nicht die Lösung von Gleichungen $a * x = b$, da für die Elemente keine Inversen existieren müssen. Wir betrachten in diesem Kapitel eine algebraische Struktur, die Gruppe, die das Lösen solcher Gleichungen erlaubt.

Definition 3.1 Sei $\mathcal{G} = (M, *)$ ein Monoid und e Einselement von $\mathcal{G}$. $\mathcal{G}$ heißt *Gruppe*, falls zu jedem $a \in M$ ein inverses Element $b \in M$ existiert mit $a * b = b * a = e$. Anstelle von b notiert man in der Regel das Inverse von a mit a^{-1}. Ist $\mathcal{G}$ zudem kommutativ, dann heißt $\mathcal{G}$ *kommutative* oder *abelsche Gruppe*. Ist $\mathcal{G} = (M, *)$ endlich, d.h. $|M| = n \in \mathbb{N}$, dann heißt $ord_\mathcal{G} = n$ die *Ordnung* von G. $\qquad\square$

Beispiel 3.1 a) Die Struktur $(\mathbb{Z}, +)$ der ganzen Zahlen mit Addition bildet eine abelsche Gruppe. Die Zahl 0 ist das Einselement und das Inverse a^{-1} von a ist gleich $-a$.

b) Die Gruppe $(\{\, f : M \rightarrow M \mid f \text{ bijektiv} \,\}, \circ)$ der bijektiven Funktionen einer Menge M auf sich selbst ist eine Gruppe. Das Einselement ist die identische Funktion id_M, und das Inverse zur Funktion f ist die zugehörige Umkehrfunktion f^{-1}. Diese Gruppe ist nicht abelsch, da im Allgemeinen für Funktionen g und h über M gilt: $g \circ h \neq h \circ g$.

c) Das Monoid $(\mathbb{Z}_m, +)$ (siehe Satz 2.6) bildet für alle $m \in \mathbb{N}$ eine endliche Gruppe (mit der Ordnung m), denn zu jedem $z \in \mathbb{Z}_m$ gibt es das additive Inverse $m - z$.

c) Die Monoide $(\mathbb{Z}_m, \cdot)$ bilden für kein $m \in \mathbb{N}$, $m \geq 2$, eine Gruppe, denn die 0, das additive Einselement, besitzt kein Inverses bezüglich der Multiplikation. Es wäre sonst einerseits $0 \cdot 0^{-1} = 0$ und andererseits $0 \cdot 0^{-1} = 1$, was einen

Widerspruch darstellt. Deshalb entfernen wir bei Betrachtung der Multiplikation die 0 aus $\mathbb{Z}_m$ und setzen $\mathbb{Z}_m^+ = \mathbb{Z} - \{0\}$.

Dann bildet etwa das Monoid $(\mathbb{Z}_3^+, \cdot)$ eine Gruppe, denn diese Struktur ist abgeschlossen und ihre Elemente 1 und 2 sind zu sich selbst invers.

$(\mathbb{Z}_4^+, \cdot)$ hingegen bildet nicht einmal eine algebraische Struktur, da $2 \cdot 2 = 0$ ist, d.h. $(\mathbb{Z}_4^+, \cdot)$ ist nicht abgeschlossen. In Folgerung 6.10 wird geklärt, für welche m die multiplikativen Strukturen $(\mathbb{Z}_m^+, \cdot)$ Gruppen bilden. Entfernt man aus $\mathbb{Z}_4^+$ auch noch das Element 2, erhält man für die beiden verbleibenden Elemente 1 und 3 folgende Multiplikationstafel modulo 4:

$$\begin{array}{c|cc} \cdot & 1 & 3 \\ \hline 1 & 1 & 3 \\ 3 & 3 & 1 \end{array}$$

Man sieht, dass diese Struktur nun eine multiplikative Gruppe bildet: Die Multiplikation ist abgeschlossen, und die beiden Elemente sind selbstinvers. Wie bereits Ende des vorigen Kapitels erwähnt, werden wir in den Kapiteln 4 und 8 sehen, unter welchen Voraussetzungen welche Elemente von $\mathbb{Z}_m^+$ multiplikative Inverse besitzen. □

Satz 3.1 Für eine Gruppe $\mathcal{G} = (M, *)$ gelten folgende Eigenschaften:

a) Eindeutigkeit des Einselements: $\mathcal{G}$ besitzt genau ein neutrales Element.

b) Eindeutigkeit der Inversen: Zu jedem Element von $\mathcal{G}$ gibt es genau ein Inverses.

c) Das neutrale Element ist invers zu sich selbst.

d) Doppelinversion: Für alle Elemente a in $\mathcal{G}$ ist: $(a^{-1})^{-1} = a$.

e) *Kürzungsregeln*: Gilt in $\mathcal{G}$ $a*b = a*c$, dann ist $b = c$. Ebenso gilt: Ist $b*a = c*a$, dann ist $b = c$.

f) Rechenregel für Inverse: Es gilt $(a * b)^{-1} = b^{-1} * a^{-1}$ für alle $a, b \in M$.

g) Lösbarkeit von Gleichungen: In $\mathcal{G}$ sind für bekannte Elemente $a, b, c, d \in M$ die Gleichungen $a * x = b$ und $y * c = d$ eindeutig lösbar (x bzw. y sind die Unbekannten in diesen Gleichungen).

Beweis a, b, c, d) Diese Eigenschaften haben wir in Folgerungen 1.1 und 1.2 bereits allgemein für algebraische Strukturen mit Einselement bzw. mit Inversen bewiesen.

e) Wir multiplizieren die Gleichung $a * b = a * c$ auf beiden Seiten von links mit a^{-1}: $a^{-1} * (a * b) = a^{-1} * (a * c)$. Daraus folgt $(a^{-1} * a) * b = (a^{-1} * a) * c$ und daraus $b = c$. Der Beweis der anderen Kürzungsregel folgt analog durch Rechtsmultiplikation mit a^{-1}.

f) Es gilt:

$$(a * b) * (a * b)^{-1} = e$$

sowie

$$(a * b) * (b^{-1} * a^{-1}) = a * (b * b^{-1}) * a^{-1} = e$$

Hieraus folgt $(a * b) * (a * b)^{-1} = (a * b) * (b^{-1} * a^{-1})$, und daraus mit der Kürzungsregel: $(a * b)^{-1} = (b^{-1} * a^{-1})$.

g) Durch Linksmultiplikation mit a^{-1} folgt: $x = a^{-1} * b$ ist eine Lösung für die erste Gleichung. Diese Lösung ist eindeutig: Sei x' eine weitere Lösung, dann gilt $a * x = a * x'$, woraus mit der Kürzungsregel $x = x'$ folgt. Der Beweis für die andere Gleichung erfolgt analog durch Rechtsmultiplikation mit c^{-1}. $\qquad \Box$

Die Kürzungsregel ist ein wesentliches Unterscheidungsmerkmal zwischen Halbgruppen und Gruppen. Betrachten wir z.B. die Halbgruppe $(\mathcal{P}(\{1, 2, 3, 4\}), \cup)$. In dieser gilt zwar $\{2, 3\} \cup \{1\} = \{2, 3\} \cup \{1, 2\}$, aber es ist $\{1\} \neq \{1, 2\}$, d.h. die Kürzungsregel gilt nicht.

Die Kürzungsregel ist äquivalent zur Existenz der Inversen, d.h. anstelle der Forderung nach der Existenz des Inversen zu jedem Element, kann in der Definition einer Gruppe die Gültigkeit der Kürzungsregel gefordert werden.

Definition 3.2 Seien $\mathcal{G}_i = (M_i, *_i)$, $1 \leq i \leq n$, n Gruppen. Dann bildet

$$\mathcal{G} = \mathcal{G}_1 \times \ldots \times \mathcal{G}_n = (M_1 \times \ldots \times M_n, *)$$

mit

$$x * y = (x_1 *_1 y_1, \ldots, x_n *_n y_n)$$

für $x = (x_1, \ldots, x_n) \in \mathcal{G}$ und $y = (y_1, \ldots, y_n) \in \mathcal{G}$ das *direkte Produkt* von $\mathcal{G}_1, \ldots, \mathcal{G}_n$. $\qquad \Box$

Das direkte Produkt von Gruppen bildet selbst wieder eine Gruppe.

3.1 Gruppenisomorphismen

Die Strukturgleichheit bzw. die Strukturidentität spielt genau wie bei Halbgruppen auch bei Gruppen eine wichtige Rolle.

Definition 3.3 Seien $\mathcal{G}_1 = (M_1, *_1)$ und $\mathcal{G}_2 = (M_2, *_2)$ zwei Gruppen. Eine Abbildung $\varphi : \mathcal{G}_1 \to \mathcal{G}_2$ mit $\varphi(a *_1 b) = \varphi(a) *_2 \varphi(b)$ heißt *Homomorphismus* von $\mathcal{G}_1$ nach (auch: in) $\mathcal{G}_2$.

Ist ein Homomorphismus φ von $\mathcal{G}_1$ nach $\mathcal{G}_2$ bijektiv, dann heißt φ *Isomorphismus* zwischen $\mathcal{G}_1$ und $\mathcal{G}_2$. Die Gruppen $\mathcal{G}_1$ und $\mathcal{G}_2$ heißen *isomorph* genau dann, wenn es einen Isomorphismus zwischen $\mathcal{G}_1$ und $\mathcal{G}_2$ gibt. Sind $\mathcal{G}_1$ und $\mathcal{G}_2$ isomorph, so schreiben wir $\mathcal{G}_1 \cong \mathcal{G}_2$.

Ist φ ein Isomorphismus einer Gruppe $\mathcal{G}$ auf sich selbst, so heißt φ ein *Automorphismus* von $\mathcal{G}$.   □

Im Gegensatz zu Monoiden muss bei Homomorphismen zwischen Gruppen nicht explizit gefordert werden, dass die Einselemente aufeinander abgebildet werden müssen. In der nächsten Folgerung wird gezeigt, dass sich dies aus der Existenz der Inversen ergibt.

Folgerung 3.1 Sei $\varphi : \mathcal{G}_1 \to \mathcal{G}_2$ ein Homomorphismus von der Gruppe $\mathcal{G}_1 = (M_1, *_1)$ mit dem Einselement e_1 in die Gruppe $\mathcal{G}_2 = (M_2, *_2)$ mit dem Einselement e_2. Dann gilt:

a) $\varphi(e_1) = e_2$ sowie

b) $\varphi(a^{-1}) = (\varphi(a))^{-1}$.

Beweis a) Es sei $\varphi(a_1) = a_2$, dann gilt:

$$a_2 *_2 e_2 = a_2 = \varphi(a_1) = \varphi(a_1 *_1 e_1) = \varphi(a_1) *_2 \varphi(e_1) = a_2 *_2 \varphi(e_1)$$

Hieraus folgt mithilfe der Kürzungsregel $e_2 = \varphi(e_1)$.

b) Es gilt einerseits

$$e_2 = \varphi(a) *_2 (\varphi(a))^{-1}$$

und andererseits mit a)

$$e_2 = \varphi(e_1) = \varphi(a *_1 a^{-1}) = \varphi(a) *_2 \varphi(a^{-1})$$

woraus folgt, dass $\varphi(a) *_2 (\varphi(a))^{-1} = \varphi(a) *_2 \varphi(a^{-1})$ ist. Hieraus folgt mithilfe der Kürzungsregel die Behauptung $\varphi(a^{-1}) = (\varphi(a))^{-1}$.   □

Beispiel 3.2 a) Eine Gruppe mit einem Element kann nur das Einselement enthalten. Abgesehen von dessen Benennung, d.h. also abgesehen von Isomorphie, gibt es also nur eine Gruppe mit einem Element.

b) Eine Gruppe mit zwei Elementen e und a, von denen eines das Einselment sein muss, kann nur folgende Verknüpfungstafel besitzen (dabei sei e das Einselement):

$*$	e	a
e	e	a
a	a	e

Die erste Zeile und die erste Spalte sind klar, weil e Einselement ist, und es muss $a*a = e$ sein, sonst wäre a nicht invertierbar. Bis auf Isomorphie gibt es also genau eine Gruppe mit zwei Elementen (vgl. auch die beiden multiplikativen Gruppen mit zwei Elementen in Beispiel 3.1 c).

c) Wir betrachten nun Möglichkeiten für Gruppen mit drei Elementen e (Einselement), a und b. Da e Einselement ist, sind die erste Zeile und die erste Spalte der Verknüpfungstabelle festgelegt:

$*$	e	a	b
e	e	a	b
a	a	?	?
b	b	?	?

Es gibt zwei Möglichkeiten: a und b sind beide selbstinvers, oder a und b sind zueinander invers. Mit der ersten Möglichkeit wäre die Diagonale der Tabelle festgelegt:

$*$	e	a	b
e	e	a	b
a	a	e	?
b	b	?	e

Man sieht, dass diese Belegung nicht korrekt ist, denn jede Belegung der Fragezeichen mit a oder b führt zu Widersprüchen. Es gibt also nur die folgende Verknüpfungstafel:

$*$	e	a	b
e	e	a	b
a	a	b	e
b	b	e	a

Es gibt also bis auf Isomorphie nur ein Gruppe mit drei Elementen.

d) Nun betrachten wir die additive Verknüpfungstafel von $\mathbb{Z}_4$:

$+$	0	1	2	3
0	0	1	2	3
1	1	2	3	0
2	2	3	0	1
3	3	0	1	2

$\mathbb{Z}_4$ ist eine additive abelsche Gruppe mit Einselement 0, und

$$y = 4 - x \,(4)$$

ist das additive Inverse zu x.

Des Weiteren betrachten wir die multiplikative Verknüpfungstafel von $\mathbb{Z}_5^+$:

$\cdot$	1	2	3	4
1	1	2	3	4
2	2	4	1	3
3	3	1	4	2
4	4	3	2	1

$\mathbb{Z}_5^+$ ist bezüglich der Multiplikation eine abelsche Gruppe mit Einselement 1. 1 und 4 sind invers zu sich selbst, 2 und 3 sind invers zueinander.

Die Struktur $\mathbb{K}_4 = (\{\, 0, 1, a, b \,\}, \diamond)$ sei definiert durch die Verknüpfungstafel:

$\diamond$	0	1	a	b
0	0	1	a	b
1	1	0	b	a
a	a	b	0	1
b	b	a	1	0

$\mathbb{K}_4$ ist eine abelsche Gruppe mit Einselement 0, und jedes Element ist invers zu sich selbst.

Welche dieser Gruppen sind zueinander isomorph? Für zwei Mengen mit je 4 Elementen gibt es $4! = 24$ Möglichkeiten, diese bijektiv aufeinander abzubilden. Da bei Isomorphismen die Strukturerhaltung gefordert wird, und insbesondere die Einselemente aufeinander abgebildet werden müssen, reduziert sich die mögliche Anzahl von Isomorphismen auf $3! = 6$.

Wir betrachten zunächst $(\mathbb{Z}_4, +)$ und $(\mathbb{Z}_5^+, \cdot)$ und probieren die Abbildung $\varphi(0) = 1, \varphi(1) = 4, \varphi(2) = 3, \varphi(3) = 2$. Für diese Wahl gilt

$$\varphi(3+3) = \varphi(2) = 3 \neq 4 = 2 \cdot 2 = \varphi(3) \cdot \varphi(3)$$

und damit ist φ kein Isomorphismus. Wählen wir $\varphi(0) = 1, \varphi(1) = 2, \varphi(2) = 4,$ $\varphi(3) = 3$, dann ist φ ein Isomorphismus. Damit sind die beiden Gruppen bis auf die Benennung ihrer Elemente identische algebraische Strukturen: Alle Eigenschaften der einen gelten entsprechend für die andere Gruppe.

Ist die Gruppe $\mathbb{K}_4$ ebenfalls isomorph zu $(\mathbb{Z}_4+)$ und damit isomorph zur multiplikativen Struktur $(\mathbb{Z}_5^+, \cdot)$? Wir betrachten noch einmal die Verknüpfungstafel von $\mathbb{K}_4$ und stellen fest, dass jedes Element invers zu sich selbst ist: $x \diamond x = 0$ für alle $x \in \{\, 0, 1, a, b \,\}$. In $(\mathbb{Z}_4, +)$ sind nur die Elemente 0 und 2 invers zu sich selbst. Deshalb kann es keinen Isomorphismus zwischen $(\mathbb{Z}_4, +)$ und $\mathbb{K}_4$ geben.

Wir haben also zwei vierelementige Gruppen gefunden, die nicht isomorph zueinander sind. $\qquad\qquad\qquad\qquad\qquad\qquad\qquad\qquad\qquad\qquad\qquad\qquad\quad$ $\square$

Der folgende Satz besagt, dass $(\mathbb{Z}_4, +)$ und $\mathbb{K}_4$ quasi die einzigen, d.h. bis auf Isomorphie die einzigen, vierelementigen Gruppen sind.

Satz 3.2 Ist $\mathcal{G} = (M, *)$ eine Gruppe mit $ord_\mathcal{G} = 4$. Dann gilt entweder $\mathcal{G} \cong \mathbb{K}_4$ oder $\mathcal{G} \cong (\mathbb{Z}_4, +)$. $\qquad\qquad\qquad\qquad\qquad\qquad\qquad\qquad\qquad\qquad\qquad\qquad\quad$ $\square$

Für die grundsätzliche Untersuchung vierelementiger Gruppen reicht es also aus, die Gruppe $(\mathbb{Z}_4, +)$ und die Gruppe $\mathbb{K}_4$, die sogenannte *Kleinsche Vierergruppe*,[1] zu betrachten.

---

[1]Benannt nach dem deutschen Mathematiker Felix Klein (1849 - 1925), der unter anderem grundlegende Arbeiten zur Geometrie verfasste.

3.2 Zyklische Gruppen

Wir betrachten nun grundlegende Eigenschaften zyklischer Gruppen, wobei wir die Definition 2.3 für zyklische Halbgruppen für Gruppen übernehmen.

Folgerung 3.2 a) Sei $\mathcal{G} = (M, *)$ eine zyklische Gruppe mit erzeugendem Element a. Dann ist $\mathcal{G}$ abelsch.

b) Sei $\mathcal{G} = (M, *)$ eine zyklische Gruppe mit dem erzeugenden Element a. Gibt es kein $k \in \mathbb{N}$ mit $a^k = e$, dann gilt $a^i \neq a^j$ für alle $i, j \in \mathbb{Z}$ mit $i \neq j$ sowie $M = \{a^s \mid s \in \mathbb{Z}\}$. $\mathcal{G}$ heißt in diesem Fall *unendlich zyklisch*.

c) Sei $\mathcal{G} = (M, *)$ eine zyklische Gruppe mit dem erzeugenden Element a. Gibt es ein $k \in \mathbb{N}$ mit $a^k = e$, und ist n die kleinste Zahl mit dieser Eigenschaft, dann gilt $a^i \neq a^j$ für $0 \leq i, j \leq n-1, i \neq j$, sowie $M = \{e, a, a^2, \ldots, a^{n-1}\}$.

Beweis a) Seien $x = a^r$ und $y = a^s$ Elemente von $\mathcal{G}$, mit $r \geq s$, und es sei $r = s + q, q \geq 0$. Dann gilt:

$$x * y = a^r * a^s = a^{s+q} * a^s = a^{(s+q)+s} = a^{s+(q+s)} = a^s * a^{s+q} = a^s * a^r = y * x$$

Woraus die Kommutativität von $\mathcal{G}$ folgt.

b) Wir nehmen an, es gibt $i, j \in \mathbb{Z}, i \neq j$ mit $a^i = a^j$. Es sei $j > i$ sowie $k = j - i$ und damit $k > 0$. Dann gilt

$$a^k = a^{j-i} = a^j * a^{-i} = a^j * (a^i)^{-1} = a^j * (a^j)^{-1} = e$$

Dies ist ein Widerspruch zur Voraussetzung, dass es kein $k > 0$ gibt mit $a^k = e$.

Da $\mathcal{G}$ von a erzeugt wird und alle Potenzen von a verschieden sind, ist klar, dass $M = \{a^s \mid s \in \mathbb{Z}\}$ ist.

c) Wir nehmen an, es gibt i, j mit $0 \leq i, j < n, i \neq j$, so dass $a^i = a^j$ ist. Es sei $j > i$ sowie $k = j - i$ und damit $k > 0$. Dann gilt

$$a^k = a^{j-i} = a^j * a^{-i} = a^j * (a^i)^{-1} = a^j * (a^j)^{-1} = e$$

Da $k \leq j < n$ ist, gibt es somit eine Zahl k, die echt kleiner als n ist mit der Eigenschaft $a^k = e$, was einen Widerspruch dazu darstellt, dass n die kleinste Zahl mit dieser Eigenschaft ist.

Jede Zahl $x \in \mathbb{Z}$ lässt sich eindeutig darstellen als $x = q \cdot n + r$ mit $q \in \mathbb{Z}$ und $0 \leq r < n$ (Satz 6.1). Also gilt für jedes Element a^x von G:

$$a^x = a^{q \cdot n + r} = a^{q \cdot n} * a^r = (a^n)^q * a^r = e^q * a^r = a^r$$

Da $0 \leq r < n$ ist, folgt, dass $M = \{e, a, a^2, \ldots, a^{n-1}\}$ ist. □

Gibt es also für eine zyklische Gruppe $\mathcal{G} = (\langle a \rangle, *)$ mit Einselement $e = a^0$ eine Zahl $k \in \mathbb{N}$ mit $a^k = e$, dann ist $\mathcal{G}$ endlich. Ist n die kleinste Zahl mit dieser Eigenschaft, dann ist $M = \langle a \rangle = \{e, a, a^2, \ldots, a^{n-1}\}$, d.h. es ist $ord_{\mathcal{G}} = n$.

3.3 Untergruppen

Definition 3.4 Sei $\mathcal{G} = (M, *)$ eine Gruppe. Sei $U \subseteq M$, so dass für alle $a, b \in U$ gilt $a * b \in U$ (d.h. U ist abgeschlossen gegenüber $*$) sowie dass für alle $a \in U$ auch $a^{-1} \in U$ ist (d.h. U ist abgeschlossen gegenüber Invertierung), dann heißt $\mathcal{G}_U = (U, *)$ eine *Untergruppe* von $\mathcal{G}$. Ist $\mathcal{G}_1$ eine Untergruppe von $\mathcal{G}_2$, dann schreibt man auch $\mathcal{G}_1 \leq \mathcal{G}_2$. □

Beispiel 3.3 **a)** $(\mathbb{G}, +)$ ist eine Untergruppe von $(\mathbb{Z}, +)$.

b) $(k\mathbb{Z}, +)$ ist eine Untergruppe von $(\mathbb{Z}, +)$ für jedes $k \geq 0$ (siehe Übung 3.1).

c) $(\{0, 1\}, \diamond)$ bildet eine Untergruppe der Kleinschen Vierergruppe $\mathbb{K}_4$. □

Folgerung 3.3 Sei $\mathcal{G} = (M, *)$ eine Gruppe mit dem Einselement e.

a) $\mathcal{G}_M$ und $\mathcal{G}_{\{e\}}$ sind (die trivialen) Untergruppen von $\mathcal{G}$.

b) e ist Einselement jeder Untergruppe von $\mathcal{G}$.

c) $*$ ist assoziativ in jeder Untergruppe von $\mathcal{G}$, damit ist jede Untergruppe einer Gruppe selbst eine Gruppe.

d) Ist $\mathcal{G}$ abelsch, dann ist auch jede Untergruppe von $\mathcal{G}$ abelsch.

Beweis **a)** gilt offensichtlich, denn es ist $\mathcal{G}_M = (M, *)$ und $\mathcal{G}_{\{e\}} = (\{e\}, *)$.

b) Für jedes $a \in U$ ist $a^{-1} \in U$ und damit auch $e = a * a^{-1} \in U$, denn U ist abgeschlossen gegenüber $*$.

c) Wäre $*$ in U nicht assoziativ, dann wäre $*$ auch in $\mathcal{G}$ nicht assoziativ, was einen Widerspruch dazu darstellt, dass $\mathcal{G}$ eine Gruppe ist.

d) Ist eine Untergruppe von $\mathcal{G}$ nicht abelsch, dann kann auch die Gruppe $\mathcal{G}$ selbst nicht abelsch sein. □

Der folgende Satz kombiniert die beiden Kriterien für Untergruppen aus der obigen Definition: Abgeschlossenheit gegenüber $*$ und Abgeschlossenheit gegenüber Inversenbildung wird in einem Schritt überprüft.

Satz 3.3 Sei $\mathcal{G} = (M, *)$ eine Gruppe mit dem Einselement e und $U \subseteq M$, dann gilt: $\mathcal{G}_U = (U, *)$ ist eine Untergruppe von $\mathcal{G}$ genau dann, wenn für alle $a, b \in U$ auch $a^{-1} * b \in U$ gilt.

Beweis „$\Rightarrow$": Folgt sofort aus Definition 3.4.

„$\Leftarrow$": Es sei also $a^{-1} * b \in U$ für alle $a, b \in U$.

Wir wählen $b = a$, dann ist $a^{-1} * a = e \in U$, d.h. das Einselement ist ein Element von U.

Wir wählen nun $b = e$, dann ist $a^{-1} * e = a^{-1} \in U$, d.h. für jedes Element $a \in U$ ist ist auch $a^{-1} \in U$.

Sei nun $x, y \in U$, dann gilt also $x^{-1}, y \in U$. Wenn wir jetzt $a = x^{-1}$ und $b = y$ wählen, muss nach Voraussetzung $a^{-1} * b \in U$, d.h. $(x^{-1})^{-1} * y = x * y \in U$ sein.

Damit sind alle Voraussetzungen der Definition 3.4 erfüllt, d.h. $\mathcal{G}_U$ ist Untergruppe. □

Folgerung 3.4 Anstelle $a^{-1} * b \in U$ kann auch $a * b^{-1} \in U$ geprüft werden. Denn, wenn $a * b^{-1} \in U$ gilt, muss auch $(a * b^{-1})^{-1} \in U$ und damit gemäß Satz 3.1 f) auch $a^{-1} * b \in U$ sein. □

Satz 3.4 Seien $\mathcal{G}_1 = (M_1, *_1)$ und $\mathcal{G}_2 = (M_2, *_2)$ zwei Gruppen und $\mathcal{G}_{1_U} = (U, *_1)$ Untergruppe von $\mathcal{G}_1$ sowie $\varphi : M_1 \rightarrow M_2$ ein Homomorphismus zwischen $\mathcal{G}_1$ und $\mathcal{G}_2$. Dann ist $\mathcal{G}_{2_{\varphi(U)}} = (\varphi(U), *_2)$ Untergruppe von $\mathcal{G}_2$.

Beweis Wenn wir zeigen, dass für $a, b \in \varphi(U)$ gilt, dass $a^{-1} *_2 b \in \varphi(U)$ ist, dann ist die Behauptung wegen Satz 3.3 bewiesen. Sei also $a, b \in \varphi(U)$. Dann gibt es $x, y \in U$ mit $\varphi(x) = a$ bzw. $\varphi(y) = b$. Da $\mathcal{G}_{1_U}$ Untergruppe ist, ist $x^{-1} *_1 y \in U$. Damit ist $\varphi(x^{-1} *_1 y) \in \varphi(U)$, und, da

$$\varphi(x^{-1} *_1 y) = \varphi(x^{-1}) *_2 \varphi(y) = (\varphi(x))^{-1} *_2 \varphi(y) = a^{-1} *_2 b$$

ist, gilt: $a^{-1} *_2 b \in \varphi(U)$. □

Folgerung 3.5 Sei φ ein Homomorphismus zwischen den Gruppen $\mathcal{G}$ und $\mathcal{G}'$. Dann bildet die Bildmenge $Bild(\varphi) = \{ y \in \mathcal{G}' \mid \exists x \in \mathcal{G} : \varphi(x) = y \}$ von φ eine Untergruppe von $\mathcal{G}'$. □

Wir bezeichnen im Folgenden diese Untergruppe mit $Bild(\varphi)$ und nennen sie die *Bildgruppe* von φ.

3.3.1 Permutationsgruppen

Es gibt $n!$ Permutationen einer Menge mit n Elementen. Wir betrachten die Menge $[1, n] = \{1, \ldots, n\}$, dann beschreibt jede bijektive Abbildung $f : [1, n] \rightarrow [1, n]$ genau eine Permutation. Es gibt also genau $n!$ bijektive Abbildungen der Menge $[1, n]$ auf sich selbst.

Beispiel 3.4 Folgende Tabelle listet alle $3! = 6$ bijektiven Abbildungen der Menge $[1, 3]$ in sich selbst auf:

	1	2	3
f_0	1	2	3
f_1	2	3	1
f_2	3	1	2
f_3	1	3	2
f_4	3	2	1
f_5	2	1	3

□

Offensichtlich gilt der folgende Satz.

Satz 3.5 Die algebraische Struktur

$$\mathcal{S}_n = (\{\, f : [1,n] \rightarrow [1,n] \mid f \text{ bijektiv}\,\}, \circ) = (\{\, f_0, f_1, f_2, \ldots, f_{n!-1}\,\}, \circ)$$

wobei die Funktionen f_i, $0 \leq i \leq n! - 1$, die Permutationen von $[1,n]$ sind, ist eine Gruppe der Ordnung $n!$ mit dem Einselement $f_0 = id_{[1,n]}$. $\qquad\square$

Definition 3.5 Die Gruppe $\mathcal{S}_n$ heißt die *vollständige symmetrische Gruppe der Ordnung n*. $\qquad\square$

Beispiel 3.5 Die Tabelle in Beispiel 3.4 enthält alle Elemente von $\mathcal{S}_3$. Die folgende Tabelle stellt die Verknüpfungstafel von $\mathcal{S}_3$ dar.

$\circ$	f_0	f_1	f_2	f_3	f_4	f_5
f_0	f_0	f_1	f_2	f_3	f_4	f_5
f_1	f_1	f_2	f_0	f_4	f_5	f_3
f_2	f_2	f_0	f_1	f_5	f_3	f_4
f_3	f_3	f_5	f_4	f_0	f_2	f_1
f_4	f_4	f_3	f_5	f_1	f_0	f_2
f_5	f_5	f_4	f_3	f_2	f_1	f_0

$\square$

Definition 3.6 Jede Untergruppe einer vollständigen symmetrischen Gruppe $\mathcal{S}_n$ heißt *Permutationsgruppe*. $\qquad\square$

Beispiel 3.6 $(\{f_0\}, \circ), (\{f_0, f_1, f_2\}, \circ), (\{f_0, f_5\}, \circ)$ sind z.B. Permutationsgruppen von $\mathcal{S}_3$. $\qquad\square$

Der folgende Satz besagt, dass die Permutationsgruppen „Prototypen" für endliche Gruppen darstellen.

Satz 3.6 (Satz von Cayley)[2] Jede endliche Gruppe ist isomorph zu einer Permutationsgrupppe.

Beweis Sei $\mathcal{G} = (M, *)$ eine endliche Gruppe der Ordnung n mit Einselement e. Wir definieren für jedes $a \in M$ die Abbildung $f_a : M \rightarrow M$ durch $f_a(x) = a * x$. Jede dieser Abbildungen bildet eine Permutation auf M, d.h. ist eine bijektive Abbildung von M auf sich selbst (siehe Übung 3.18).

Die Struktur $\mathcal{F}(\mathcal{G}) = (\{\, f_a \mid a \in M \,\}, \circ)$ bildet eine Gruppe: (1) $\circ$ ist assoziativ, (2) das Einselement ist $id_M = f_e$, da $f_e(x) = e * x = x$ für alle $x \in M$ ist, und

---

[2]Der britische Mathematiker Arthur Cayley (1821 - 1895) begründete die algebraische Geometrie, erfand den Matrizenkalkül und formulierte als Erster eine abstrakte Gruppentheorie.

(3) $f_{a^{-1}}$ ist invers zu f_a: $f_a^{-1} = f_{a^{-1}}$. Dazu zeigen wir, dass $f_a \circ f_{a^{-1}} = f_e$ gilt:

$$f_a \circ f_{a^{-1}}(x) = f_a(f_{a^{-1}}(x))$$
$$= f_a(a^{-1} * x)$$
$$= a * (a^{-1} * x)$$
$$= (a * a^{-1}) * x$$
$$= e * x$$
$$= f_e(x)$$

Hieraus folgt $f_a^{-1} = f_{a^{-1}}$.

Wir definieren nun $\phi : M \to \mathcal{F}(\mathcal{G})$ durch $\phi(a) = f_a$. Wir zeigen, dass ϕ ein Isomorphismus zwischen $\mathcal{G}$ und $\mathcal{F}(\mathcal{G})$ ist:

(1) ϕ ist bijektiv: ϕ ist offensichtlich total und surjektiv. Es bleibt noch zu zeigen, dass ϕ auch injektiv ist. Sei $\phi(a) = \phi(b)$. Dann ist $f_a(x) = f_b(x)$, d.h. $a*x = b*x$ für alle $x \in M$, woraus mit der Kürzungsregel $a = b$ folgt. Aus $\phi(a) = \phi(b)$ folgt also $a = b$, d.h. ϕ ist injektiv.

(2) Wir müssen nun noch zeigen, dass ϕ die Homomorphieeigenschaft besitzt: Für alle $x \in M$ gilt:

$$\phi(a * b)(x) = f_{a*b}(x)$$
$$= (a * b) * x$$
$$= a * (b * x)$$
$$= f_a(b * x)$$
$$= f_a(f_b(x))$$
$$= f_a \circ f_b(x)$$
$$= \phi(a) \circ \phi(b)(x)$$

ϕ ist also ein Homomorphismus, denn es gilt $\phi(a * b) = \phi(a) \circ \phi(b)$.

Aus (1) und (2) folgt, dass ϕ ein Isomorphismus zwischen $\mathcal{G}$ und $\mathcal{F}(\mathcal{G})$ ist, es gilt also: $\mathcal{G} \cong \mathcal{F}(\mathcal{G})$. $\qquad\square$

3.3.2 Der Satz von Lagrange

Definition 3.7 Sei $\mathcal{G} = (M, *)$ eine Gruppe und $\mathcal{G}_U = (U, *)$ eine Untergruppe von $\mathcal{G}$. Für jedes $a \in M$ heißt

$$a * U = \{ a * x \mid x \in U \}$$

Linksnebenklasse, und

$$U * a = \{ x * a \mid x \in U \}$$

heißt *Rechtsnebenklasse* von U. Wir bezeichnen mit

$$\mathcal{G}/U = \{\, a * U \mid a \in \mathcal{G} \,\}$$

die Menge aller Linksnebenklassen sowie mit

$$U \backslash \mathcal{G} = \{\, U * a \mid a \in \mathcal{G} \,\}$$

die Menge aller Rechtsnebenklassen von U in $\mathcal{G}$.   □

Beispiel 3.7 a) Die Untergruppen $(k\mathbb{Z}, +)$, $k \in \mathbb{N}$, von $(\mathbb{Z}, +)$ besitzen die folgenden k Linksnebenklassen:

$$0 + k\mathbb{Z} = \{\, x \mid x = ky + 0,\ y \in \mathbb{Z} \,\} = k\mathbb{Z}$$
$$1 + k\mathbb{Z} = \{\, x \mid x = ky + 1,\ y \in \mathbb{Z} \,\}$$
$$2 + k\mathbb{Z} = \{\, x \mid x = ky + 2,\ y \in \mathbb{Z} \,\}$$
$$\vdots$$
$$(k - 1) + k\mathbb{Z} = \{\, x \mid x = ky + (k - 1),\ y \in \mathbb{Z} \,\}$$

Diese sind identisch zu den entsprechenden Rechtsnebenklassen: $x + k\mathbb{Z} = k\mathbb{Z} + x$, $0 \leq x \leq k - 1$, da die Addition auf $\mathbb{Z}$ kommutativ ist.

b) Die Untergruppe $(\{-1, 1\}, \cdot)$ von $(\mathbb{Q} - \{0\}, \cdot)$ besitzt unendlich viele Nebenklassen: $\{-x, x\}$ für alle $x \in \mathbb{Q}_+$ mit $x > 0$.

c) Wir betrachten die Untergruppe $(\{f_0, f_1, f_2\}, \circ)$ von $\mathcal{S}_3$ (siehe Beispiel 3.5). Es gilt natürlich

$$\{f_0, f_1, f_2\} \circ f = \{f_0, f_1, f_2\} \text{ für alle } f \in \{f_0, f_1, f_2\}$$

da $(\{f_0, f_1, f_2\}, \circ)$ eine Gruppe ist. Wir verknüpfen nun auch die anderen Elemente von $\mathcal{S}_3$ mit dieser Untergruppe:

$$\{f_0, f_1, f_2\} \circ f_3 = \{f_3, f_5, f_4\}$$
$$\{f_0, f_1, f_2\} \circ f_4 = \{f_4, f_5, f_3\}$$
$$\{f_0, f_1, f_2\} \circ f_5 = \{f_5, f_4, f_3\}$$

Die Ergebnisse sind Spaltenwerte in den Zeilen von f_3, von f_4 bzw. von f_5.

Wir stellen fest: Alle Nebenklassen von $\{f_0, f_1, f_2\}$ mit den anderen Elementen von $\mathcal{S}_3$ sind identisch. Außerdem gilt in diesem Beispiel, dass beide Nebenklassen von $\{f_0, f_1, f_2\}$, nämlich die Untergruppe $\{f_0, f_1, f_2\}$ selbst sowie $\{f_3, f_5, f_4\}$, dieselbe Anzahl von Elementen haben.   □

Dass alle Nebenklassen einer Untergruppe einer endlichen Gruppe dieselbe Anzahl von Elementen besitzen, gilt nicht nur für das Beispiel 3.7 c), sondern für alle endlichen Gruppen. Dies lässt bereits der Satz 3.6 von Cayley vermuten. Zeitlich früher hat das bereits Lagrange gezeigt.

Satz 3.7 (Satz von Lagrange)[3] Sei $\mathcal{G} = (M, *)$ eine endliche Gruppe und $\mathcal{G}_U = (U, *)$ eine Untergruppe von $\mathcal{G}$. Die Relation $\sim \,\subseteq M \times M$ sei definiert durch: $a \sim b$ genau dann, wenn $b * a^{-1} \in U$ (d.h. $b \in U * a$) ist. Dann gilt:

a) $\sim$ ist eine Äquivalenzrelation auf M.

b) Für jedes $a \in M$ ist $U * a = [a]_\sim$, d.h. die Äquivalenzklasse, die a enthält, ist gleich der Rechtsnebenklasse $U * a$.

c) $ord_{\mathcal{G}_U} \mid ord_{\mathcal{G}}$, d.h. die Ordnung der Untergruppe $\mathcal{G}_U$ von $\mathcal{G}$ ist ein Teiler der Ordnung von $\mathcal{G}$.

Beweis **a)** Wir zeigen, $\sim$ ist (i) reflexiv, (ii) symmetrisch und (iii) transitiv:

(i) Für alle $a \in \mathcal{G}$ gilt: $a * a^{-1} = e \in U$, d. h. für alle $a \in \mathcal{G}$ ist $a \sim a$. $\sim$ ist also reflexiv.

(ii) Es gilt: Aus $a \sim b$ folgt, dass $b * a^{-1} \in U$ ist, daraus folgt, dass $(b * a^{-1})^{-1} = a * b^{-1} \in U$ ist, und daraus folgt, dass $b \sim a$ ist. $\sim$ ist also symmetrisch.

(iii) Es sei $a \sim b$ und $b \sim c$, d.h. es ist $b * a^{-1} \in U$ und $c * b^{-1} \in U$. Es folgt $c * b^{-1} * b * a^{-1} \in U$ und damit $c * a^{-1} \in U$, d.h. es ist $a \sim c$. $\sim$ ist also transitiv.

b) Wir zeigen zunächst: $b \in U * a$ genau dann, wenn $a \sim b$ gilt. Sei also $b \in U * a$. Dann gibt es ein $x \in U$ mit $b = x * a$. Damit gilt $b * a^{-1} = x$, woraus $b * a^{-1} \in U$, d.h. $a \sim b$, folgt. Sei umgekehrt $a \sim b$, d.h. $x = b * a^{-1} \in U$. Damit ist $b * a^{-1} * a = b \in U * a$.

Damit haben wir gezeigt, dass $b \in U * a$ genau dann ist, wenn $a \sim b$ gilt.

Da $a \sim b$ genau dann gilt, wenn $b \in [a]_\sim$ ist, gilt nun auch $U * a = [a]_\sim$. Damit sind durch $U * a$, $a \in M$, alle Äquivalenzklassen von $\sim$ festgelegt.

c) Sei $a \in \mathcal{G}$ und $x, y \in U$ mit $x \neq y$, dann gilt $a * x \neq a * y$, sonst wäre wegen der Gültigkeit der Kürzungsregel $x = y$. Es folgt also: Wenn alle Elemente von U mit a multipliziert werden, sind die Ergebnisse alle verschieden. Hieraus folgt: $|U * a| = |U|$.

Für jedes $a \in \mathcal{G}$ gilt also $|U * a| = |U|$, d.h. für $a, b \in \mathcal{G}$ gilt $|U * a| = |U|$ und $|U * b| = |U|$, also auch $|U * a| = |U * b|$.

Damit gilt, dass jede Äquivalenzklasse von $\sim$ dieselbe Anzahl von Elementen enthält, nämlich $|U|$ Stück. Da die Äquivalenzklassen eine Partition von M, d.h. eine disjunkte, überdeckende Zerlegung von M, bilden, gibt es somit eine Zahl $r \in \mathbb{N}$, nämlich die Anzahl $|U \backslash \mathcal{G}|$ der Rechtsnebenklassen von $\mathcal{G}_U$ (welche gleich der Anzahl der Äquivalenzklassen von $\sim$, also gleich dem Index von $\sim$ ist), mit

---

[3]Joseph Louis de Lagrange (1736 - 1813), französischer Mathematiker italienischer Herkunft, lieferte wesentliche Beiträge zur Analysis und zur (Himmels-) Mechanik.

$|M| = r \cdot |U|$. Das bedeutet aber, dass $|U|$ ein Teiler von $|M|$ sein muss, womit die Behauptung $ord_{\mathcal{G}_U} | ord_{\mathcal{G}}$ gezeigt ist. $\square$

Wir heben noch einige Ergebnisse des obigen Beweises als Folgerungen hervor.

Folgerung 3.6 Sei $\mathcal{G} = (M, *)$ eine endliche Gruppe, $\mathcal{G}_U = (U, *)$ eine Untergruppe von $\mathcal{G}$ sowie $a, b \in M$.

a) Dann gilt entweder $U * a = U * b$ oder $U * a \cap U * b = \emptyset$. Die Nebenklassen einer Untergruppe legen also eine Äquivalenzrelation auf der Gruppe fest.

b) Alle Rechtsebenklassen von $\mathcal{G}_U$ haben dieselbe Anzahl von Elementen. $\square$

Durch analoge Überlegungen lässt sich zeigen, dass alle obigen Behauptungen und Eigenschaften auch für Linksnebenklassen gelten, obwohl im Allgemeinen die Linksnebenklasse $a * U$ nicht gleich der Rechtsnebenklasse $U * a$ sein muss. Allerdings folgt aus den obigen Überlegungen, dass $|a * U| = |U * a|$ für alle $a \in \mathcal{G}$ gilt.

Des Weiteren folgt, dass die Anzahl der Links- und die Anzahl der Rechtsneben-klassen von $\mathcal{G}_U$ gleich ist: $|\mathcal{G}/U| = |U \backslash \mathcal{G}|$. Diese Anzahl heißt *Index* von U in $\mathcal{G}$. Diese Bezeichnung ist in dem Sinne konsequent, als dass die Nebenklas-sen Äquivalenzklassen entsprechen und die Anzahl von Äquivalenzklassen einer Äquivalenzrelation ebenfalls Index genannt wird. Der Index der Untergruppe $\mathcal{G}_U$ in der Gruppe $\mathcal{G}$ wird mit $[\mathcal{G} : \mathcal{G}_U]$ bezeichnet. Der Satz von Lagrange besagt also, dass

$$|\mathcal{G}| = [\mathcal{G} : \mathcal{G}_U] \cdot |\mathcal{G}_U| \qquad (3.1)$$

gilt.

Folgerung 3.7 Sei $\mathcal{G}_U$ eine nicht triviale Untergruppe der endlichen Gruppe $\mathcal{G}$, dann gilt

$$\frac{|\mathcal{G}|}{2} \geq |\mathcal{G}_U|$$

Beweis: Ist $\mathcal{G}_U$ nicht trivial, dann gilt $|\mathcal{G}_U| \geq 2$ und damit $[\mathcal{G} : \mathcal{G}_U] \geq 2$. Hieraus folgt mit Gleichung (3.1) die Behauptung. $\square$

Für den speziellen Fall, dass die Ordnung der Gruppe prim ist, gilt der folgende Satz.

Satz 3.8 Sei $\mathcal{G} = (M, *)$ eine endliche Gruppe mit der Ordnung $p \in \mathbb{P}$. Dann

a) besitzt $\mathcal{G}$ außer den trivialen Untergruppen keine weiteren Untergruppen.

b) ist $\mathcal{G}$ zyklisch und damit (nach Folgerung 3.2 a) auch kommutativ.

Beweis a) Da gemäß dem Satz von Lagrange, die Ordnungen der Untergruppen Teiler der Gruppenordnung sind, kann eine Gruppe mit der Ordnung $p \in \mathbb{P}$ nur eine Gruppe mit einem Element sowie eine Gruppe mit p Elementen als Untergruppen besitzen. Hieraus folgt unmittelbar die Behauptung.

b) Da die Ordnung von $\mathcal{G}$ eine Primzahl ist, besitzt die Ordnung keine Teiler. Damit kann gemäß dem Satz 3.7 von Lagrange $\mathcal{G}$ keine nicht trivialen Untergruppen besitzen. Damit sind die von jedem Element $a \in M$, $a \neq e$, erzeugten zyklischen Untergruppen $\langle a \rangle$ keine echten Untergruppen von $\mathcal{G}$, sondern müssen identisch zu $\mathcal{G}$ sein, d.h. $\mathcal{G}$ ist selbst zyklisch. □

3.3.3 Normalteiler

Wie oben erwähnt muss im Allgemeinen nicht $a*U = U*a$ gelten. Wir betrachten nun Untergruppen, deren Links- und Rechtsnebenklassen übereinstimmen.

Definition 3.8 Sei $\mathcal{G} = (M, *)$ eine Gruppe und $\mathcal{G}_U = (U, *)$ eine Untergruppe von $\mathcal{G}$. $\mathcal{G}_U$ heißt *Normalteiler* von $\mathcal{G}$ oder *normal* in $\mathcal{G}$ genau dann, wenn $a * U = U * a$ für alle $a \in \mathcal{G}$ gilt. □

Eine spezielle Eigenschaft von Normalteilern einer Gruppe ist, dass die Menge der Nebenklassen eines Normalteilers selbst wieder eine Gruppe bildet. Dazu definieren wir zunächst die Multiplikation von zwei Teilmengen einer Gruppe. Sei $\mathcal{G} = (M, *)$ eine Gruppe sowie $A, B \subseteq M$, dann sei $A * B = \{ a * b \mid a \in A, b \in B \}$.

Folgerung 3.8 Es sei $\mathcal{G} = (M, *)$ eine Gruppe mit Einselement e und $\mathcal{G}_U = (U, *)$ ein Normalteiler von $\mathcal{G}$. Dann gilt:

a) $U * U = U$ sowie

b) $(a*U)*(b*U) = (a*b)*U$ (vgl. die speziellen Festlegungen (2.7) und (2.8)).

Beweis a) Sei $x \in U$, dann gilt $x = x*e$ und damit $x \in U*U$, da $e \in U$ ist. Also gilt $U \subseteq U * U$. Sei $x \in U$ und $y \in U$, dann gilt $x * y \in U$, da U abgeschlossen ist. Also gilt $U * U \subseteq U$. Insgesamt gilt also $U = U * U$.

b) Es gilt mithilfe der Normalteilereigenschaft $a * U = U * a$ für alle $a \in U$ sowie mit der Eigenschaft a) und der Assoziativität von $*$:

$$(a*U)*(b*U) = (a*U)*(U*b) = a*(U*U)*b = a*U*b = (a*b)*U$$

Satz 3.9 Es sei $\mathcal{G} = (M, *)$ eine Gruppe mit Einselement e und $\mathcal{G}_U = (U, *)$ ein Normalteiler von $\mathcal{G}$. Dann bildet $(\mathcal{G}/U, *)$ eine Gruppe, die *Faktorgruppe* (oder *Quotientengruppe*) von $\mathcal{G}$ nach $\mathcal{G}_U$.

Beweis Die Struktur ist abgeschlossen, denn für $a, b \in \mathcal{G}$ ist $a * b \in \mathcal{G}$, und damit gilt mithilfe von Folgerung 3.8 b): $(a * U) * (b * U) = (a * b) * U \in \mathcal{G}/U$.

Die Struktur ist assoziativ, denn es gilt (mithilfe Folgerung 3.8 b):

$$(a * U) * ((b * U) * (c * U)) = (a * U) * ((b * c) * U)$$
$$= (a * (b * c)) * U$$
$$= ((a * b) * c) * U$$
$$= ((a * b) * U) * (c * U)$$
$$= ((a * U) * (b * U)) * (c * U)$$

$e * U = U$ ist das Einselement, denn es gilt

$$U * (a * U) = (e * U) * (a * U) = (e * a) * U = a * U$$

für alle $a * U \in \mathcal{G}/U$.

$a^{-1} * U$ ist invers zu $a * U$, d.h. es ist $(a * U)^{-1} = a^{-1} * U$, denn es gilt mit Folgerung 3.8 b):

$$(a * U) * (a^{-1} * U) = (a * a^{-1}) * U = e * U = U$$

$\square$

Beispiel 3.8 Wir betrachten die additive Gruppe $(\mathbb{Z}, +)$ der ganzen Zahlen und deren Untergruppe $(k\mathbb{Z}, +)$ für ein $k \in \mathbb{N}$ (siehe Beispiel 3.7 a). Die Menge der Linksnebenklassen dieser Untergruppe ist

$$\mathbb{Z}/k\mathbb{Z} = \{ k\mathbb{Z}, 1 + k\mathbb{Z}, \ldots, (k-1) + k\mathbb{Z} \}$$

und die Menge der Rechtsnebenklassen ist

$$k\mathbb{Z}\backslash\mathbb{Z} = \{ k\mathbb{Z}, k\mathbb{Z} + 1, \ldots, k\mathbb{Z} + (k-1) \}$$

Beide Mengen sind gleich, d.h. $(k\mathbb{Z}, +)$ ist ein Normalteiler von $(\mathbb{Z}, +)$, und gemäß Satz 3.9 ist $(\mathbb{Z}/k\mathbb{Z}, +)$ die Quotientengruppe von $(\mathbb{Z}, +)$ nach $(k\mathbb{Z}, +)$ (siehe auch Satz 2.6). Am Ende von Kapitel 2.5 haben wir bereits als Folgerung aus dem Homomorphiesatz für Halbgruppen (der auch für Gruppen gilt, denn jede Gruppe ist auch Halbgruppe) überlegt, dass der Normalteiler $(\mathbb{Z}/m\mathbb{Z}, +)$ isomorph zu der additiven Gruppe $(\mathbb{Z}_m, +)$ der Reste modulo m ist.

Aus Folgerung 3.8 b) folgt, dass für die Elemente der Menge der Links- bzw. Rechtsnebenklassen $(\mathbb{Z}/k\mathbb{Z}, +)$ des Normalteilers $(k\mathbb{Z}, +)$ die Gleichung

$$(x + k\mathbb{Z}) + (y + k\mathbb{Z}) = (x + y) + k\mathbb{Z}$$

gilt. Dies haben wir bereits in Gleichung (2.7) in anderem Zusammenhang festgestellt.

$\square$

3.3.4 Kerne von Homomorphismen

Bei einem Isomorphismus zwischen zwei Gruppen werden genau die Einselemente aufeinander abgebildet (siehe Folgerung 3.1 a). Bei nicht injektiven Homomorphismen ist dies nicht der Fall.

Definition 3.9 Sei $\varphi : \mathcal{G}_1 \to \mathcal{G}_2$ ein Homomorphismus von Gruppe $\mathcal{G}_1$ nach Gruppe $\mathcal{G}_2$. Dann heißt

$$kern(\varphi) = \{\, x \in \mathcal{G}_1 \mid \varphi(x) = e_2 \,\}$$

der *Kern* von φ. □

Der Kern enthält also alle Elemente von $\mathcal{G}_1$, die auf das Einselement von $\mathcal{G}_2$ abgebildet werden, oder anders dargestellt, gilt $\varphi^{-1}(e_2) = kern(\varphi)$: Der Kern ist das Urbild des Einselementes von $\mathcal{G}_2$ unter φ.

Folgerung 3.9 Es sei $\varphi : \mathcal{G}_1 \to \mathcal{G}_2$ ein Homomorphismus von der Gruppe $\mathcal{G}_1$ in die Gruppe $\mathcal{G}_2$.

a) Es gilt immer $e_1 \in kern(\varphi)$.

b) Falls $|kern(\varphi)| > 1$ ist, dann ist der Homomorphismus φ nicht injektiv und damit kein Isomorphismus.

c) Falls der Homomorphismus φ injektiv ist, dann gilt $kern(\varphi) = \{e_1\}$.

d) Ist $|kern(\varphi)| = 1$, d.h. $|kern(\varphi)| = \{e_1\}$, dann ist φ injektiv.

e) φ ist injektiv genau dann, wenn $|kern(\varphi)| = 1$, d.h. $kern(\varphi) = \{e_1\}$ ist.

Beweis a) Gilt unmittelbar wegen Folgerung 3.1 a).

b) Da $|kern(\varphi)| > 1$ ist, gibt es neben $e_1 \in kern(\varphi)$ ein davon verschiedenes $x \in kern(\varphi)$ mit $\varphi(e_1) = e_2$ und $\varphi(x) = e_2$. Damit ist $\varphi(e_2) = \varphi(x)$ für $e_1 \neq x$, also ist φ nicht injektiv.

c) Folgt unmittelbar durch Umkehrung von b) unter Beachtung von a).

d) Wir nehmen an, φ sei nicht injektiv. Dann existieren $x, y \in \mathcal{G}_1$ mit $x \neq y$ und $\varphi(x) = \varphi(y)$. Daraus folgt $\varphi(x) *_2 (\varphi(y))^{-1} = e_2$ und daraus $\varphi(x) *_2 \varphi(y^{-1}) = e_2$ und daraus $\varphi(x *_1 y) = e_2$. Hieraus folgt nun $x *_1 y \in kern(\varphi)$. Da $x \neq y$ ist, ist $x *_1 y^{-1} \neq e_1$. Das bedeutet, dass $kern(\varphi)$ außer e_1 noch das Element $x *_1 y^{-1}$ enthält, was einen Widerspruch zur Voraussetzung darstellt.

e) folgt unmittelbar aus c) und d). □

Der Kern bildet eine Untergruppe, sogar einen Normalteiler von $\mathcal{G}_1$.

Satz 3.10 Der Kern eines Homomorphismus φ zwischen zwei Gruppen $\mathcal{G}_1$ und $\mathcal{G}_2$ bildet einen Normalteiler in $\mathcal{G}_1$.

Beweis Wir zeigen zunächst mithilfe von Satz 3.3, dass $kern(\varphi)$ eine Untergruppe von $\mathcal{G}_1$ bildet. Sei also $a, b \in kern(\varphi)$, d.h. es ist $\varphi(a) = e_2$ und $\varphi(b) = e_2$. Dann gilt $\varphi(a^{-1} *_1 b) = \varphi(a)^{-1} *_2 \varphi(b) = e_2 * e_2 = e_2$. Es folgt, dass $a^{-1} *_1 b \in kern(\varphi)$ ist.

Jetzt zeigen wir noch, dass $kern(\varphi)$ normal in $\mathcal{G}_1$ ist, d.h., dass $a *_1 kern(\varphi) = kern(\varphi) *_1 a$ für alle $a \in \mathcal{G}_1$ ist. Sei $x \in a *_1 kern(\varphi)$, d.h. es gibt ein $k \in kern(\varphi)$ mit $x = a *_1 k$. Wir müssen zeigen, dass $x \in kern(\varphi) *_1 a$ ist. Dazu setzen wir

$$x = a *_1 k *_1 a^{-1} *_1 a = \overline{k} *_1 a$$

mit $\overline{k} = a *_1 k *_1 a^{-1}$. Es gilt $\overline{k} \in kern(\varphi)$, denn es ist:

$$\begin{aligned}
\varphi(\overline{k}) &= \varphi(a *_1 k *_1 a^{-1}) \\
&= \varphi(a) *_2 \varphi(k) *_2 \varphi(a^{-1}) \\
&= \varphi(a) *_2 e_2 *_2 \varphi(a^{-1}) \\
&= \varphi(a) *_2 \varphi(a)^{-1} \\
&= e_2
\end{aligned}$$

Damit folgt also $x \in kern(\varphi) *_1 a$ und damit $a *_1 kern(\varphi) \subseteq kern(\varphi) *_1 a$. Die Umkehrung kann analog gezeigt werden. □

Aus den Sätzen 3.9 und 3.10 folgt unmittelbar

Folgerung 3.10 Sei φ ein Homomorphismus zwischen den Gruppen $\mathcal{G}$ und $\mathcal{G}'$, dann ist $\mathcal{G}/kern(\varphi)$ eine Gruppe, die Faktorgruppe von $\mathcal{G}$ nach dem Kern von φ. □

Mit Definition 3.9 und Satz 3.10 wissen wir, dass das Urbild $\varphi^{-1}(e_2)$ von e_2 unter dem Homomorphismus φ der Kern von φ ist und dass dieser ein Normalteiler, also insbesondere eine Nebenklasse ist. Da durch $a *_1 kern(\varphi)$ für $a \in \mathcal{G}_1$ alle Nebenklassen von $kern(\varphi)$ bestimmt sind, besagt der folgende Satz, dass die Nebenklassen von $kern(\varphi)$ gerade alle Urbilder von φ sind.

Satz 3.11 Sei φ ein Homomorphismus der Gruppe $\mathcal{G}_1$ nach der Gruppe $\mathcal{G}_2$ sowie $\varphi(a) = c$. Dann gilt $\varphi^{-1}(c) = a *_1 kern(\varphi)$.

Beweis Es gilt

$$\begin{aligned}
b \in \varphi^{-1}(c) \quad &\text{genau dann, wenn} \quad \varphi(b) = c \\
&\text{genau dann, wenn} \quad \varphi(b) = \varphi(a) \\
&\text{genau dann, wenn} \quad \varphi(a)^{-1} *_2 \varphi(b) = e_2 \\
&\text{genau dann, wenn} \quad \varphi(a^{-1} *_1 b) = e_2 \\
&\text{genau dann, wenn} \quad a^{-1} *_1 b \in kern(\varphi) \\
&\text{genau dann, wenn} \quad b \in a *_1 kern(\varphi)
\end{aligned}$$

Damit haben wir gezeigt, dass $\varphi^{-1}(c) = a *_1 kern(\varphi)$ ist. □

Aus Folgerung 3.5 wissen wir, dass die Bildmenge eines Homomorphismus eine Gruppe bildet. Die nächste Folgerung zeigt Zusammenhänge zwischen dem Kern und der Bildgruppe eines Gruppenhomomorphismus auf.

Folgerung 3.11 Sei $\varphi : \mathcal{G} \to \mathcal{G}'$ ein Homomorphismus von der Gruppe $\mathcal{G}$ in die Gruppe $\mathcal{G}'$.

a) Dann gilt

$$[\mathcal{G} : kern(\varphi)] = |Bild(\varphi)| \qquad (3.2)$$

b) sowie

$$|\mathcal{G}| = |kern(\varphi)| \cdot |Bild(\varphi)| \qquad (3.3)$$

Beweis a) Aus Satz 3.11 folgt unmittelbar, dass die Anzahl der Nebenklassen von $kern(\varphi)$, d.h. der Index von $kern(\varphi)$ in $\mathcal{G}$, gleich der Anzahl der Bilder von φ ist.

b) Unmittelbar aus dem Satz von Lagrange (Satz 3.7), insbesondere in der Form von Gleichung (3.1) folgt für die Untergruppe $kern(\varphi)$:

$$|\mathcal{G}| = [\mathcal{G} : kern(\varphi)] \cdot |kern(\varphi)|$$

Hieraus folgt mit Gleichung (3.2) aus a) unmittelbar die Behauptung. $\square$

3.3.5 Der Homomorphiesatz für Gruppen

Satz 3.11 und die daraus folgende Gleichung (3.2) lassen vermuten, dass die Faktorgruppe $\mathcal{G}/kern(\varphi)$ isomorph zur Bildgruppe $Bild(\varphi)$ eines Homomorphismus φ ist. Diese Vermutung wird durch den folgenden Satz, den Homomorphiesatz für Gruppen, bestätigt.

Satz 3.12 Sei $\varphi : \mathcal{G} \to \mathcal{G}'$ ein Homomorphismus von der Gruppe $\mathcal{G}$ in die Gruppe $\mathcal{G}'$. Dann ist die Abbildung

$$\phi : \mathcal{G}/kern(\varphi) \to Bild(\varphi)$$

definiert durch

$$\phi(a * kern(\varphi)) = \varphi(a) \qquad (3.4)$$

ein Isomorphismus zwischen den Gruppen $\mathcal{G}/kern(\varphi)$ und $Bild(\varphi)$, es gilt also $\mathcal{G}/kern(\varphi) \cong Bild(\varphi)$.

Beweis Die Abbildung ϕ ist offensichtlich total und surjektiv. Zum Nachweis der Injektivität sei $\phi(a * kern(\varphi)) = \phi(b * kern(\varphi))$ für $a, b \in \mathcal{G}$. Wegen Gleichung (3.4) gilt dann $\varphi(a) = \varphi(b)$. Es folgt (siehe Beweis von Satz 3.11) $a \in b * kern(\varphi)$ und damit $a * kern(\varphi) = b * kern(\varphi)$, womit die Injektivität von ϕ gezeigt ist.

Wir müssen noch zeigen, dass ϕ die Homomorphieeigenschaft (Definition 3.3) erfüllt:

$$\begin{aligned} \phi(a * kern(\varphi) * b\, kern(\varphi)) &= \phi((a * b) * kern(\varphi)) \\ &= \varphi(a * b) \\ &= \varphi(a) *' \varphi(b) \\ &= \phi(a * kern(\varphi)) *' \phi(b * kern(\varphi)) \end{aligned}$$ $\square$

3.3.6 Elementordnungen

Definition 3.10 Sei $\mathcal{G} = (M, *)$ eine Gruppe mit Einselement e und a ein Element von $\mathcal{G}$. Im Falle ihrer Existenz heißt die kleinste Zahl $k \in \mathbb{N}$ mit $a^k = e$ *Ordnung von* a. Schreibweise: $ord_\mathcal{G}(a) = k$. □

Folgerung 3.12 a) Das Einselement einer Gruppe hat immer die Ordnung 1.

b) Die Ordnung eines Elementes a ist gleich der Ordnung der durch das Element a erzeugten zyklischen Untergruppe $\langle a \rangle$: $ord_\mathcal{G}(a) = ord_{\langle a \rangle}$. □

Beispiel 3.9 a) Das Element f_3 von $\mathcal{S}_3$ hat die Ordnung 2, denn es ist: $f_3^2 = f_0 = e$.

b) Das Element 1 von $(\mathbb{Z}_5, +)$ hat die Ordnung 5, denn es gilt: $1+1+1+1+1 = 0$.

c) Das Element 4 von $(\mathbb{Z}_7^+, \cdot)$ hat die Ordnung 3, denn es gilt: $4^1 = 4$, $4^2 = 2$ und $4^3 = 1$.

d) In der Gruppe $(\mathbb{Q}^+, \cdot)$ hat -1 die Ordnung 2, denn es ist $(-1)^2 = 1$, während alle rationalen Zahlen a ungleich 1 und ungleich -1 keine (endliche) Ordnung haben, denn es gibt kein $k \in \mathbb{N}$ mit $a^k = 1$. □

Satz 3.13 Sei $\mathcal{G}$ eine Gruppe, $a \in \mathcal{G}$ und $s \in \mathbb{Z}$. Es gilt $a^s = e$ genau dann, wenn $ord_\mathcal{G}(a)|s$ ist.

Beweis Sei $k = ord_\mathcal{G}(a)$.

„$\Leftarrow$": Sei $k|s$, d.h. es gibt ein q mit $s = qk$. Es gilt:

$$a^s = a^{qk} = (a^k)^q = e^q = e$$

„$\Rightarrow$": Sei $a^s = e$. Zu s gibt es ein q und ein r mit $s = qk + r$ und $0 \leq r < k$. Es gilt

$$a^r = a^{s-qk} = a^s(a^k)^{-q} = e$$

Da k kleinste Zahl mit $a^k = e$ ist, und weil $0 \leq r < k$ ist, muss $r = 0$ und damit $s = kq$ sein, d.h. $k|s$. □

Folgerung 3.13 Sei $\mathcal{G}$ Gruppe und $a \in \mathcal{G}$, dann gilt $a^p = a^q$ genau dann, wenn $p = q \,(ord_\mathcal{G}(a))$ ist. □

Der folgende Satz gibt eine Formel an, mit der man aus der Ordnung eines Gruppenelementes die Ordnungen der Potenzen dieses Elementes berechnen kann.

Satz 3.14 Sei $\mathcal{G}$ eine Gruppe, $a \in \mathcal{G}$ habe die Ordnung k und n sei eine ganze Zahl. Dann ist $(k, n) \cdot ord_\mathcal{G}(a^n) = k$, d.h. $ord_\mathcal{G}(a^n) = \frac{k}{(k,n)}$.

Beweis Es ist

$$(a^n)^{\frac{k}{(k,n)}} = (a^k)^{\frac{n}{(k,n)}} = e^{\frac{n}{(k,n)}} = e \tag{3.5}$$

Mit Satz 3.13 folgt hieraus:

$$ord_{\mathcal{G}}(a^n) \mid \frac{k}{(k,n)} \tag{3.6}$$

Es gilt:

$$e = (a^n)^{ord_{\mathcal{G}}(a^n)} = a^{n \cdot ord_{\mathcal{G}}(a^n)}$$

Hieraus und aus (3.5) folgt

$$a^{n \cdot ord_{\mathcal{G}}(a^n)} = a^{\frac{nk}{(k,n)}}$$

woraus mit Folgerung 3.13 gilt

$$k \mid n \cdot ord_{\mathcal{G}}(a^n) - \frac{nk}{(k,n)}$$

und hieraus folgt, dass

$$k \mid n \cdot ord_{\mathcal{G}}(a^n)$$

und hieraus

$$\frac{k}{(k,n)} \mid \frac{n}{(k,n)} \cdot ord_{\mathcal{G}}(a^n)$$

Da

$$\left(\frac{k}{(k,n)}, \frac{n}{(k,n)} \right) = 1$$

ist (siehe Übung 6.5), folgt

$$\frac{k}{(k,n)} \mid ord_{\mathcal{G}}(a^n) \tag{3.7}$$

Mit (3.6) und (3.7) folgt nun die Behauptung. $\qquad \square$

Satz 3.15 Sei $\mathcal{G} = (M, *)$ eine endliche Gruppe mit Ordnung n. Dann gilt für jedes Element $a \in \mathcal{G}: 1 \leq ord_G(a) \leq n$.

Beweis Sei e Einselement und a irgendein Element von $\mathcal{G}$. Bilden wir der Reihe nach die Elemente $e = a^0, a = a^1, a^2, \ldots, a^n, \ldots$, dann müssen schon unter den ersten $n + 1$ davon, d.h. unter $e = a^0, a = a^1, a^2, \ldots, a^n$, da $\mathcal{G}$ nur n Elemente hat, mindestens zwei Elemente identisch sein. Es gibt also i, j mit $0 \leq i, j \leq n$, $i \neq j$, und $a^i = a^j$. Wir nehmen an, dass $j > i$ ist und setzen $k = j - i$. Dann ist $0 < k \leq j \leq n$ sowie

$$a^k = a^{j-i} = a^j * a^{-i} = a^j * (a^i)^{-1} = a^j * (a^j)^{-1} = e$$

a besitzt also eine (endliche) Ordnung k mit $1 \leq k \leq n$. $\qquad \square$

Satz 3.16 Sei $\mathcal{G} = (M, *)$ eine endliche Gruppe mit Ordnung n und Einselement e. Dann gilt für jedes $a \in M$: $a^n = e$.

Beweis Sei k die Ordnung von a. Dann ist k auch die Ordnung der von a erzeugten zyklischen Untergruppe $\langle a \rangle$ (siehe Folgerung 3.12 b). Mit dem Satz von Lagrange (Satz 3.7) gilt dann $k|n$, d.h. es gibt eine Zahl r mit $n = k \cdot r$. Somit gilt für $a \in M$:

$$a^n = a^{k \cdot r} = (a^k)^r = e^r = e \qquad \square$$

Aus diesem Satz und dem Satz von Lagrange bzw. dem Satz 3.13 folgt unmittelbar

Folgerung 3.14 Ist $\mathcal{G} = (M, *)$ eine endliche Gruppe mit Ordnung n und a ein Element von G, dann gilt: $ord_G(a)|n$. $\qquad \square$

3.4 Übungen

3.1 Zeigen Sie: Die algebraische Struktur $(k\mathbb{Z}, +)$ bildet eine abelsche Gruppe für jedes $k \geq 0$.

3.2 Zeigen Sie, dass $(\mathbb{Q}^+, \cdot)$, die Menge der rationalen Zahlen ohne Null, mit der Multiplikation eine abelsche Gruppe bildet.

3.3 Gehen Sie von folgender Gruppendefinition aus: Eine algebraische Struktur $\mathcal{G} = (M, *)$ ist eine Gruppe, falls folgende Axiome erfüllt sind:

(i) *Abgeschlossenheit:* für alle $a, b \in M$ ist $a * b \in M$;

(ii) *Assoziativität:* für alle $a, b, c \in M$ gilt $(a * b) * c = a * (b * c)$;

(iii) *rechtsneutrales Element:* es gibt ein Element $e \in M$ mit $a * e = a$ für alle $a \in M$;

(iv) *rechtsinverses Element:* zu jedem $a \in M$ existiert ein $a^{-1} \in M$ mit $a * a^{-1} = e$.

Zeigen Sie, dass dann eine Gruppe folgende Eigenschaften erfüllt. Für alle $a \in M$ gilt:

(1) Das rechtsinverse Element ist auch *linksinvers:* $a * a^{-1} = a^{-1} * a$,

(2) Das rechtsneutrale Element ist auch *linksneutral:* $a * e = e * a$,

(3) Doppelinversion: $(a^{-1})^{-1} = a$.

Benutzen Sie für Ihre Beweise nur die Axiome (i) – (iv) und die von (1) - (2) bereits bewiesenen Eigenschaften.

3.4 Es sei $\mathcal{G} = (M, *)$ eine Gruppe mit Einselement e, in der $a * a = e$ für alle $a \in \mathcal{G}$ gelte (alle Elemente von $\mathcal{G}$ sind also selbstinvers). Zeigen Sie, dass $\mathcal{G}$ dann abelsch ist.

3.5 Beweisen Sie Satz 3.2.

3.6 Zeigen Sie, dass die Struktur $\mathbb{Q}^{(-1)} = (\mathbb{Q} - \{-1\}, *)$ mit $a * b = a \cdot b + a + b$ eine abelsche Gruppe bildet.

3.7 Auf $\mathbb{Q}^4$ sei die Operation $*$ definiert durch

$$(a, b, c, d) * (e, f, g, h) = (ae + bg, af + bh, ce + dg, cf + dh)$$

Zeigen Sie, dass $(\mathbb{Q}^4, *)$ ein Monoid bildet. Welche Bedingungen müssen $a, b, c, d \in \mathbb{Q}$ erfüllen, damit (a, b, c, d) ein Inverses bezüglich $*$ besitzt?

3.8 Zeigen Sie, dass die algebraische Struktur $\mathbb{C}^* = (\mathbb{R} \times \mathbb{R} - \{(0, 0)\}, \cdot)$ mit

$$(a, b) \cdot (c, d) = (ac - bd, ad + bc)$$

eine abelsche Gruppppe ist.

3.9 Zeigen Sie, dass die Gleichung $x^2 = (-1, 0)$ in $\mathbb{C}^*$ die Lösung $x = (0, 1)$ hat.

3.10 Zeigen Sie: $E = (\{(1, 0), (-1, 0), (0, 1), (0, -1)\}, \cdot)$ ist eine Untergruppe von $\mathbb{C}^*$. Ist diese isomorph zu $(\mathbb{Z}_4, +)$ oder zu $\mathbb{K}_4$?

3.11 Zeigen Sie, dass die Gruppe $(\mathbb{Z}, +)$ isomorph ist zu jeder Gruppe $(k\mathbb{Z}, +)$, $k \geq 1$, ist.

3.12 Zeigen Sie, dass, wenn die Gruppe $\mathcal{G} = (M, *)$ kommutativ ist, die Abbildung $\varphi : \mathcal{G} \to \mathcal{G}$ definiert durch $\varphi(x) = x^{-1}$ ein Isomorphismus von $\mathcal{G}$ auf sich selbst ist.

3.13 Sei $\mathcal{G} = (M, *)$ eine Gruppe. Zeigen Sie, für jedes Element $a \in \mathcal{G}$ ist die Abbildung $\varphi_a : \mathcal{G} \to \mathcal{G}$ definiert durch $\varphi_a(x) = a * x * a^{-1}$ ein Isomorphismus von $\mathcal{G}$ auf sich selbst.

3.14 Ein Isomorphismus einer Gruppe $\mathcal{G}$ auf sich selbst heißt auch ein *Automorphismus* von $\mathcal{G}$. Es sei $\mathcal{AUT}(\mathcal{G})$ die Menge der Automorphismen von $\mathcal{G}$. Zeigen Sie, dass $(\mathcal{AUT}(\mathcal{G}), \circ)$ eine Gruppe bildet. $\mathcal{AUT}(\mathcal{G})$ heißt *Automorphismengruppe von $\mathcal{G}$*.

3.15 Sei $\mathcal{G} = (M, *)$ eine Gruppe. Zeigen Sie: Sind $\mathcal{G}_{U_1} = (U_1, *)$ und $\mathcal{G}_{U_2} = (U_2, *)$ Untergruppen von $\mathcal{G}$, dann ist auch $\mathcal{G}_{U_1 \cap U_2} = (U_1 \cap U_2, *)$ Untergruppe von $\mathcal{G}$, d.h. der Durchschnitt von zwei Untergruppen von $\mathcal{G}$ bildet stets wieder eine Untergruppe von $\mathcal{G}$.

3.16 Geben Sie Permutationsgruppen von S_4 an, die zu S_3 isomorph sind.

3.17 Geben Sie die Ordnung der Permutation $f \in S_4$ mit $f(1) = 4$, $f(2) = 1$, $f(3) = 2$, $f(4) = 3$ an sowie die davon erzeugte zyklische Untergruppe $\langle f \rangle$.

3.18 Sei $G = (M, *)$ eine endliche Gruppe. Zeigen Sie, dass für jedes $a \in M$ die Abbildung $f_a : M \to M$ definiert durch $f_a(x) = a * x$ eine Permutation von M ist, d.h. eine bijektive Abbildung von M auf M.

3.19 Geben Sie die Nebenklassen der Untergruppe $(\mathbb{Z}, +)$ der Gruppe $(\mathbb{Q}, +)$ an.

3.20 Zeigen Sie, dass das direkte Produkt von $(\mathbb{Z}_2, +)$ mit sich selbst isomorph zur Kleinschen Vierergruppe $\mathbb{K}_4$ ist.

3.21 Es sei $M = \{ (a, b, c, d) \in \mathbb{Z}^4 \mid ad - bc = 1 \}$. Auf dieser Menge sei für Elemente (a, b, c, d) und (e, f, g, h) eine Multiplikation $*$ wie folgt definiert:

$$(a, b, c, d) * (e, f, g, h) = (ae + bg, af + bh, ce + dg, cf + dh)$$

Zeigen Sie, dass

(1) $\mathcal{G} = (M, *)$ eine kommutative Gruppe bildet,

(2) $U = \{ (1, a, 0, 1) \mid a \in \mathbb{Z} \}$ eine Untergruppe von $\mathcal{G}$ bildet,

(3) $(\mathbb{Z}, +)$ und $(\mathcal{G}_U, *)$ isomorph sind.

3.22 Sei $\mathcal{G}$ eine zyklische Gruppe mit Ordnung k. Zeigen Sie, dass dann $\mathcal{G}$ und $(\mathbb{Z}_k, +)$ isomorph sind.

3.23 Es sei $\mathcal{G}$ eine Gruppe. Dann heißt

$$\mathcal{Z}(\mathcal{G}) = \{ a \in \mathcal{G} \mid x = a^{-1} * x * a, \, x \in \mathcal{G} \}$$
$$= \{ a \in \mathcal{G} \mid a * x = x * a, \, x \in \mathcal{G} \}$$

das *Zentrum* von $\mathcal{G}$. Zeigen Sie, dass $\mathcal{Z}(\mathcal{G})$ ein Normalteiler von $\mathcal{G}$ ist.

3.24 Es sei $\mathcal{G}$ eine Gruppe. Aus den Aufgaben 3.13 und 3.14 wissen wir, dass für alle $a \in \mathcal{G}$ gilt: $\varphi_a \in \mathcal{AUT}(\mathcal{G})$. Zeigen Sie, dass

(1) die Menge $\mathcal{IN}(\mathcal{G}) = \{ \varphi_a \mid a \in \mathcal{G} \}$ dieser Automorphismen eine Untergruppe von $\mathcal{AUT}(\mathcal{G})$ bildet;

(2) die Abbildung $\phi : \mathcal{G} \to \mathcal{AUT}(\mathcal{G})$ definiert durch $\phi(a) = \varphi_a$ ein Homomorphismus ist;

(3) $kern(\phi) = \mathcal{Z}(\mathcal{G})$ ist;

(4) $\mathcal{G}/\mathcal{Z}(\mathcal{G}) \cong \mathcal{IN}(\mathcal{G})$ gilt.

3.25 Die Struktur $(\mathbb{Z}^2, +)$, wobei die Addition auf $\mathbb{Z}^2$ komponentenweise definiert ist durch $(a, b) + (c, d) = (a + c, b + d)$, bildet eine additive abelsche Gruppe.

Die Abbildung $\varphi : \mathbb{Z}^2 \to \mathbb{Z}$ sei definiert durch

$$\varphi(a, b) = a + b$$

(1) Zeigen Sie: φ ist ein Homomorphismus von $(\mathbb{Z}^2, +)$ nach $(\mathbb{Z}, +)$.

(2) Bestimmen Sie $kern(\varphi)$.

(3) Ist φ ein Isomorphismus? Begründen Sie Ihre Antwort.

(4) $kern(\varphi)$ ist ein Normalteiler von $(\mathbb{Z}^2, +)$. Geben Sie die Nebenklasse von $kern(\varphi)$ an, von der $(3, 7)$ ein Repräsentant ist.

(5) Geben Sie die Nebenklasse von $kern(\varphi)$ an, von der $(a, b) \in \mathbb{Z}^2$ ein Repräsentant ist.

Kapitel 4

Ringe, Körper und Integritätsbereiche

Bisher haben wir algebraische Strukturen – Halbgruppen, Monoide und Gruppen – betrachtet, die nur eine Verknüpfungsoperation enthalten. Wir wollen uns nun mit Strukturen beschäftigen, die zwei Operationen – einen additive und eine multiplikative – enthalten.

4.1 Grundlegende Definitionen

In diesem Kapitel geben wir die grundlegenden Definitionen für Rechenstrukturen mit zwei Operationen. Beispiele solcher Strukturen sind die uns aus Schule und täglichem Leben wohl bekannten Zahlenmengen $\mathbb{Z}$ der ganzen, $\mathbb{Q}$ der rationalen und $\mathbb{R}$ der reellen Zahlen.

4.1.1 Ringe

Zunächst betrachten wir Ringe. Ein Ring ist eine algebraische Struktur mit zwei Operationen, die bezüglich einer Operation eine Gruppe und bezüglich der anderen Operation eine Halbgruppe bildet.

Definition 4.1 a) Eine algebraische Struktur $\mathcal{R} = (M; *_1, *_2)$ heißt *Ring*, falls
(1) $(M, *_1)$ eine abelsche Gruppe bildet,
(2) $(M, *_2)$ eine Halbgruppe bildet und
(3) für alle $a, b, c \in M$ die folgenden *Distributivgesetze* für $*_1$ und $*_2$ gelten:

$$a *_2 (b *_1 c) = (a *_2 b) *_1 (a *_2 c)$$
$$(b *_1 c) *_2 a = (b *_2 a) *_1 (c *_2 a)$$

b) Ist die Operation $*_2$ ebenfalls kommutativ, dann heißt $\mathcal{R}$ ein *kommutativer Ring*.

c) Existiert bezüglich $*_2$ ebenfalls ein Einselement, dann heißt $\mathcal{R}$ ein *Ring mit Einselement*. □

Beispiel 4.1 a) $(\mathbb{Z}; +, \cdot)$ ist ein kommutativer Ring mit Einselement.

b) $(\mathbb{Z}/m\mathbb{Z}; \oplus, \otimes)$ und $(\mathbb{Z}_m; +, \cdot)$ bilden für jedes $m \in \mathbb{N}$ ebenfalls einen kommutativen Ring mit Einselement, diese (isomorphen) Ringe heißen *Restklassenringe modulo m*.

c) Für jedes $n \in \mathbb{N}$ bildet die Menge der reellwertigen $n \times n$-Matrizen mit den Operationen Matrizenaddition und Matrizenmultiplikation einen Ring mit Einselement (siehe Kapitel 16.1). □

Der Ring der ganzen Zahlen, den wir im Folgenden schlicht mit dem Symbol $\mathbb{Z}$ für die Menge der ganzen Zahlen bezeichnen wollen, und die Restklassenringe modulo m, die wir im Folgenden mit $\mathbb{Z}_m$ notieren wollen, sind quasi „Prototypen" für Ringe. Deshalb nennt man im Allgemeinen bei einem Ring $\mathcal{R}$ die Operation $*_1$ die *additive Operation* oder *Addition* und die Operation $*_2$ die *multiplikative Operation* oder *Multiplikation* von $\mathcal{R}$. Wir werden deshalb im Folgenden in der Regel diese Operationen auch allgemein mit $+$ anstelle $*_1$ bzw. mit $\cdot$ anstelle $*_2$ notieren.

Wir vereinbaren, dass die Multiplikation stärker bindet (höhere Priorität hat) als die Addition. Es soll also gelten

$$a + b \cdot c = a + (b \cdot c)$$

Mithilfe dieser Prioritätsfestlegung können Klammern weggelassen werden. So können die Distributivgesetze ohne Klammern formuliert werden:

$$a \cdot (b + c) = a \cdot b + a \cdot c$$
$$(b + c) \cdot a = b \cdot a + c \cdot a$$

Bevor wir uns weiter mit Ringen beschäftigen, wollen wir zunächst eine weitere algebraische Struktur einführen, die Körper.

4.1.2 Körper

Ein Körper ist eine algebraische Struktur mit zwei Operationen, die bezüglich beider Operationen eine abelsche Gruppe bildet, d.h. ein Körper ist ein Ring, der auch mit der Multiplikation eine abelsche Gruppe bildet.

Definition 4.2 Eine algebraische Struktur $\mathcal{K} = (M; *_1, *_2)$ heißt *Körper*, falls
(1) $(M, *_1)$ eine abelsche Gruppe mit Einselement e_1 bildet,
(2) $(M - \{e_1\}, *_2)$ eine abelsche Gruppe mit Einselement e_2 bildet, und
(3) für alle $a, b, c \in M$ das folgende Distributivgesetz für $*_1$ und $*_2$ gilt:

$$a *_2 (b *_1 c) = a *_2 b *_1 a *_2 c$$

Wegen der Kommutativität beider Operationen folgt sofort auch die Gültigkeit der Rechtsdistributivität. $\square$

Beispiel 4.2 $(\mathbb{Q}; +, \cdot)$ und $(\mathbb{R}; +, \cdot)$ sind Körper. $\square$

Wir wollen diese Körper im Folgenden mit $\mathbb{Q}$ bzw. mit $\mathbb{R}$ bezeichnen. In beiden Körpern ist das Einselement bezüglich der Addition $+$ die Zahl 0 und das Einselement bezüglich der Multiplikation $\cdot$ die Zahl 1.

$\mathbb{Q}$ und $\mathbb{R}$ sind – wie die ganzen Zahlen für Ringe – Prototypen für Körper. Deshalb werden wir im Folgenden auch bei Körpern allgemein die Operationen mit $+$ anstelle mit $*_1$ bzw. mit $\cdot$ anstelle mit $*_2$ notieren und diese Addition bzw. Multiplikation nennen. Weiterhin bezeichnen wir das Einselement bezüglichlich der Addition auch allgemein mit 0 ($e_1 = 0$) sowie das Einselement bezüglichlich der Multiplikation auch allgemein mit 1 ($e_2 = 1$). Wir nennen diese neutralen Elemente auch das *additive Einselement* bzw. das *multiplikative Einselement*. Des Weiteren schreiben wir das Inverse zu einem Körperelement a bezüglich $+$ nicht als a^{-1} sondern als $-a$, während wir das Inverse von a bezüglich $\cdot$ weiterhin a^{-1} oder $\frac{1}{a}$, $a \neq 0$, schreiben. Bei Verwendung der Bruchschreibweise schreiben wir $\frac{a}{b}$ anstelle von $a \cdot \frac{1}{b}$.

Um die Potenzen bezüglich der beiden Operationen zu unterscheiden, schreiben wir die Potenzen bezüglich der Multiplikation $\cdot$ weiterhin in Exponentialschreibweise: a^k für jedes $a \in \mathbb{R}$ und $k \in \mathbb{Z}$ (falls $k < 0$ ist, muss $a \neq 0$ sein). Den Potenzen a^k bezüglich der Addition $+$ entsprechen die Multiplikationen $k \cdot a$ für jedes $a \in \mathbb{R}$ und $k \in \mathbb{Z}$.

Bei Multiplikationen lassen wir, falls dadurch keine Missverständnisse entstehen oder das Lesen der Ausdrücke nicht erschwert wird, das Multiplikationssymbol weg: Wir schreiben dann also ab anstelle von $a \cdot b$.

Der folgende Satz listet Regeln auf, die für das Rechnen in Körpern gelten und die wir aus den uns bekannten Rechenstrukturen $\mathbb{Q}$ und $\mathbb{R}$ schon kennen.

Satz 4.1 Es sei $\mathcal{K}$ ein Körper und $a, b, c, d \in \mathcal{K}$, dann gilt:

a) $a \cdot 0 = 0$

b) Ist $ab = 0$, dann ist $a = 0$ oder $b = 0$.

c) $ab + (-a)b = 0$

d) $(-a)b = -(ab)$

e) $(-a)(-b) = ab$

f) $\frac{1}{a} \cdot \frac{1}{b} = \frac{1}{ab}$

g) $\frac{a}{b} \cdot \frac{c}{d} = \frac{ac}{bd}$

h) $\frac{a}{b} + \frac{c}{d} = \frac{ad+bc}{bd}$

i) $a^n \cdot b^n = (ab)^n$

j) $a^m \cdot a^n = a^{m+n}$

k) $(a^m)^n = a^{m \cdot n}$

l) $(a+b)^n = \sum_{i=0}^{n} \binom{n}{k} a^k \cdot b^{n-k}$

m) $(a+b)(a-b) = a^2 - b^2$

n) Die Gleichung $a + x = b$ ist eindeutig lösbar.

o) Die Gleichung $ax + b = c$ mit $a \neq 0$ ist eindeutig lösbar.

Beweis a) Es gilt $a \cdot 0 = a(0+0) = a \cdot 0 + a \cdot 0$, woraus durch Addition von $-(a \cdot 0)$ auf beiden Seiten die Behauptung folgt.

b) Sei $a \neq 0$ und $ab = 0$, dann ist $b = (a^{-1} \cdot a) \cdot b = a^{-1} \cdot (a \cdot b) = a^{-1} \cdot 0 = 0$, wobei die letzte Gleichheit aus Regel a) folgt.

c) Es gilt:

$$
\begin{aligned}
ab + (-a)b &= (a + (-a)) \cdot b && \text{wegen Distributivgesetz} \\
&= 0 \cdot b \\
&= 0 && \text{wegen a)}
\end{aligned}
$$

d) Folgt sofort aus c).

e) Es gilt:

$$
\begin{aligned}
(-a)(-b) &= -(a \cdot (-b)) && \text{wegen c)} \\
&= -((-b) \cdot a) && \text{wegen Kommutativität der Multiplikation} \\
&= -(-(ba)) && \text{wegen d)} \\
&= ba \\
&= ab
\end{aligned}
$$

f) Es gilt: $(a \cdot b) \cdot (\frac{1}{a} \cdot \frac{1}{b}) = (a \cdot \frac{1}{a}) \cdot (b \cdot \frac{1}{b}) = 1 \cdot 1 = 1$. $\frac{1}{a} \cdot \frac{1}{b}$ ist also invers zu $a \cdot b$, d.h. $\frac{1}{a} \cdot \frac{1}{b} = \frac{1}{ab}$.

g) Es gilt:

$$
\frac{a}{b} \cdot \frac{c}{d} = a \cdot \frac{1}{b} \cdot c \cdot \frac{1}{d} = ac \cdot \frac{1}{b} \cdot \frac{1}{d} = ac \cdot \frac{1}{bd} = \frac{ac}{bd}
$$

h) Es gilt

$$
\frac{a}{b} + \frac{c}{d} = \frac{a}{b} \cdot \frac{d}{d} + \frac{b}{b} \cdot \frac{c}{d} = \frac{ad}{bd} + \frac{bc}{bd} = (ad + bc) \cdot \frac{1}{bd} = \frac{ad + bc}{bd}
$$

i) Folgt sofort wegen der Kommutativität der Multiplikation.

j) und **k)** folgen sofort aus der Definition der Potenzschreibweise (wurde außerdem für (Halb-) Gruppen bereits bewiesen).

l) folgt mithilfe kombinatorischer Überlegungen und wegen des Distributivgesetzes.

m) Mit dem Distributivgesetz wird ausgerechnet:

$$(a+b)(a-b) = a(a-b) + b(a-b) = a^2 - ab + ab - b^2 = a^2 - b^2$$

n) Durch Addition von $-a$ auf beiden Seiten ergibt sich die Lösung zu: $x = b + (-a)$. Sei x' eine weitere Lösung, dann ist: $a + x = a + x'$, woraus sofort $x = x'$ folgt.

o) Durch Addition von $-b$ auf beiden Seiten ergibt sich $ax = c - b$. Da $a \neq 0$, können wir beide Seiten mit $\frac{1}{a}$ multiplizieren. Insgesamt ergibt sich die Lösung $x = \frac{c-b}{a}$. Sei x' eine weitere Lösung, dann ist: $ax + b = ax' + b$, woraus sofort $x = x'$ folgt. □

Aus der Eigenschaft a) folgt unmittelbar $a \cdot 0 = b \cdot 0$ für alle $a, b \in \mathcal{K}$. Würde die 0, dass additive Einselement, ein multiplikatives Inverses besitzen, dann würde $a = b$ für alle $a, b \in \mathcal{K}$ gelten, d.h. insbesondere auch $0 = 1$. Jeder Körper $\mathcal{K}$ würde dann nur ein einziges Element enthalten, was offensichtlich unsinnig wäre. Deshalb wird in der Definiton von Körpern gefordert, dass das additive Einselement kein multiplikatives Inverses besitzt.

4.1.3   Unterringe, Unterkörper, Ring- und Körperhomomorphismen

Definition 4.3 Sei $\mathcal{R}$ ein Ring sowie $\mathcal{K}$ ein Körper.

a) $U \subseteq \mathcal{R}$ heißt *Unterring* von $\mathcal{R}$, falls U selbst einen Ring bildet.

b) $U \subseteq \mathcal{K}$ heißt *Unterkörper* von $\mathcal{K}$, falls U selbst einen Körper bildet. □

Beispiel 4.3 a) Für jedes $k \geq 2$ ist $k\mathbb{Z}$ ein Unterring von $\mathbb{Z}$.

b) $\mathbb{Q}$ ist ein echter Unterkörper von $\mathbb{R}$. □

Die Übertragung des Homo- und des Isomorphiebegriffes auf Ringe und Körper ist offensichtlich: Die Strukturerhaltungseigenschaft muss für beide Verknüpfungen gefordert werden:

Definition 4.4 Es seien $\mathcal{R}_1 = (R_1; +_1, \cdot_1)$ und $\mathcal{R}_2 = (R_2; +_2, \cdot_2)$ zwei Ringe. Eine Abbildung $\varphi : R_1 \to R_2$, für die

$$\varphi(a +_1 b) = \varphi(a) +_2 \varphi(b) \text{ und } \varphi(a \cdot_1 b) = \varphi(a) \cdot_2 \varphi(b)$$

für alle $a, b \in \mathcal{R}_1$ gilt, heißt *Ringhomomorphismus* von $\mathcal{R}_1$ nach $\mathcal{R}_2$. Ist φ außerdem bijektiv, dann heißt φ *Ringisomorphismus* zwischen $\mathcal{R}_1$ und $\mathcal{R}_2$, und $\mathcal{R}_1$ und $\mathcal{R}_2$ heißen *isomorph* zueinander. Sind die Ringe $\mathcal{R}_1$ und $\mathcal{R}_2$ isomorph so schreiben wir wie bei Gruppen: $\mathcal{R}_1 \cong \mathcal{R}_2$.

Die Definitionen gelten analog für Körper. □

Folgerung 4.1 Seien $\mathcal{K}_1$ und $\mathcal{K}_2$ zwei Körper und $\varphi : \mathcal{K}_1 \to \mathcal{K}_2$ ein Homomorphismus, dann ist φ injektiv.

Beweis Da φ ein Homomorphismus bezüglich der Multiplikation ist, muss (siehe Folgerung 3.1) $\varphi(1_{\mathcal{K}_1}) = 1_{\mathcal{K}_2}$ gelten. Wir nehmen an, dass φ nicht injektiv ist. Dann gilt für den Kern von φ bezüglich der Addition (siehe Folgerung 3.9): $|kern(\varphi)| > 1$. Sei also $a \in kern(\varphi)$ mit $a \neq 0_{\mathcal{K}_1}$. Für a gilt also $\varphi(a) = 0_{\mathcal{K}_2}$. Damit können wir rechnen

$$1_{\mathcal{K}_2} = \varphi(1_{\mathcal{K}_1}) = \varphi(a \cdot_1 a^{-1}) = \varphi(a) \cdot_2 \varphi(a^{-1}) = 0_{\mathcal{K}_2} \cdot_2 \varphi(a^{-1}) = 0_{\mathcal{K}_2}$$

was den offensichtlichen Widerspruch $1_{\mathcal{K}_2} = 0_{\mathcal{K}_2}$ beweisen würde.   □

Im Unterschied zu Gruppenhomomorphismen sind Körperhomomorphismen also immer injektiv.

Beispiel 4.4 Die Ringe $(\mathbb{Z}_m; +, \cdot)$ und $(\mathbb{Z}/m\mathbb{Z}; \oplus, \otimes)$ sind isomorph (siehe auch Bemerkungen am Ende von Kapitel 2.5). Deshalb werden wir im Folgenden nicht mehr zwischen diesen Strukturen unterscheiden. Als gemeinsame Bezeichung für diese Strukturen wählen wir $\mathbb{Z}_m$, und wir nennen $\mathbb{Z}_m$ den *Restklassenring modulo m*.   □

4.1.4 Körpererweiterungen

Fragen wir im Körper $\mathbb{Q}$ der rationalen Zahlen nach einer Lösung der Gleichung $x^2 = 2$, stellen wir fest, dass dort keine Lösung existiert. Es stellt sich die Frage nach der Erweiterung von $\mathbb{Q}$ um Elemente, so dass die Gleichung in dem erweiterten Körper lösbar ist.

Definition 4.5 Sei $\mathcal{K}$ ein Körper und $\alpha \notin \mathcal{K}$. Bildet $\mathcal{K}(\alpha) = \{ a + b \cdot \alpha \mid a, b \in \mathcal{K} \}$ ebenfalls einen Körper, dann heißt $\mathcal{K}(\alpha)$ *Erweiterungskörper* von $\mathcal{K}$ oder der um α *adjungierte* Körper.   □

Beispiel 4.5 $\mathbb{Q}(\sqrt{2})$ ist ein Erweiterungskörper von $\mathbb{Q}$. Die neutralen Elemente von $\mathbb{Q}$ bleiben erhalten, denn 0 und 1 sind auch neutrale Elemente in $\mathbb{R}$, also auch für $\sqrt{2}$.

Weiterhin gilt: $\sqrt{2} \cdot \sqrt{2} = 2 \in \mathbb{Q}$. Deshalb kommen zu $\mathbb{Q}$ nur die Produkte $b\sqrt{2}$ und damit die Summen $a + b\sqrt{2}$ für $a, b \in \mathbb{Q}$ hinzu. Die Trägermenge von $\mathbb{Q}(\sqrt{2})$ ist also: $\{ a + b\sqrt{2} \mid a, b \in \mathbb{Q} \}$.

Es lässt sich leicht nachrechnen, dass $\mathbb{Q}(\sqrt{2})$ abgeschlossen gegenüber Addition und Multiplikation ist:

$$(a + b\sqrt{2}) + (c + d\sqrt{2}) = (a + c) + (b + d)\sqrt{2} \in \mathbb{Q}(\sqrt{2})$$

sowie

$$(a + b\sqrt{2}) \cdot (c + d\sqrt{2}) = (ac + 2bd) + (ad + bc)\sqrt{2} \in \mathbb{Q}(\sqrt{2})$$

Wir müssen noch zeigen, dass zu jedem Element aus dieser Menge sowohl das additive als auch das multiplikative Inverse ebenfalls Elemente der Menge sind. Dann wissen wir, dass $\mathbb{Q}(\sqrt{2})$ einen Körper bildet, da alle anderen Axiome gelten, weil $\mathbb{Q}$ und $\mathbb{R}$ Körper sind.

Das additive Inverse zu $a + b\sqrt{2}$ ist offensichtlich

$$-(a + b\sqrt{2}) = (-a) + (-b)\sqrt{2} = -a - b\sqrt{2} \in \mathbb{Q}(\sqrt{2})$$

Wir zeigen noch die Existenz des multiplikativen Inversen: $c + d\sqrt{2}$ ist invers zu $a + b\sqrt{2}$ für $a, b \in \mathbb{Q}$ mit $b \neq 0$, falls $(a + b\sqrt{2}) \cdot (c + d\sqrt{2}) = 1$ ist. Dies ist der Fall, falls

$$ac + bc\sqrt{2} + ad\sqrt{2} + 2bd = 1$$

ist, und dies gilt, falls die Gleichungen

$$
\begin{align}
ac + 2bd &= 1 \tag{4.1}\\
bc + ad &= 0 \tag{4.2}
\end{align}
$$

gelten. Wir lösen Gleichung (4.2) nach c auf:

$$c = -\frac{ad}{b} \tag{4.3}$$

Wir setzen diesen Term für c in Gleichung (4.1) ein und erhalten

$$-\frac{a^2 d}{b} + 2bd = \frac{2b^2 - a^2}{b}d = 1$$

woraus

$$d = \frac{b}{2b^2 - a^2} \tag{4.4}$$

folgt. Einsetzen von (4.4) in (4.3) liefert

$$c = -\frac{a}{2b^2 - a^2} \tag{4.5}$$

Aus (4.5) und (4.4) folgt, dass

$$-\frac{a}{2b^2 - a^2} + \frac{b}{2b^2 - a^2}\sqrt{2}$$

das multiplikative Inverse zu $a + b\sqrt{2}$ ist. Diese Zahlen existieren für alle $a, b \in \mathbb{Q}$ mit $b \neq 0$, denn die Nenner werden genau dann 0, wenn $b^2 = 2a^2$ ist, und diese Gleichung ist für kein $a, b \in \mathbb{Q}$ mit $b \neq 0$ lösbar. $\qquad\square$

Eine wichtige Erweiterung des Körpers $\mathbb{R}$ ist die Menge der *komplexen Zahlen*

$$\mathbb{C} = \mathbb{R}(i) = \{\, a + bi \mid a, b \in \mathbb{R},\ i^2 = -1 \,\}$$

$\mathbb{C}$ bildet einen Körper mit dem additiven Einselement 0 und dem multiplikativen Einselement 1 (siehe auch Übung 3.8). Im Rahmen dieses Buches gehen wir nicht weiter auf $\mathbb{C}$ ein.

In Kapitel 22.3 werden wir hinsichtlich Anwendungen bei der Codierung von Daten detaillierter auf Erweiterungen endlicher Körper eingehen.

4.2   Integritätsbereiche

In Körpern gilt: Ist $ab = 0$, dann ist $a = 0$ oder $b = 0$ (siehe Satz 4.1 b). In Ringen muss dies nicht so sein. Betrachten wir z.B. den kommutativen Ring mit Einselement $\mathbb{Z}_6$. In diesem gibt es auch von 0 verschiedene Elemente, deren Produkt 0 ergibt. So gilt z.B. $2 \cdot 3 = 0$. Elemente eines Ringes mit dieser Eigenschaft heißen Nullteiler.

Definition 4.6 Sei $\mathcal{R}$ ein Ring. $a \in \mathcal{R}$ mit $a \neq 0$ heißt *Nullteiler* von $\mathcal{R}$ genau dann, wenn es ein $b \in \mathcal{R}$ mit $b \neq 0$ gibt, so dass $ab = 0$ oder $ba = 0$ gilt. Besitzt $\mathcal{R}$ keine Nullteiler, dann heißt $\mathcal{R}$ *nullteilerfrei*.   □

Aus Satz 4.1 b) folgt unmittelbar

Folgerung 4.2 Ein Körper $\mathcal{K}$ besitzt keine Nullteiler.   □

Beispiel 4.6 a) $\mathbb{Z}$ ist nullteilerfrei, denn es gibt keine von 0 verschiedenen ganzen Zahlen, deren Produkt 0 ist.

b) $\mathbb{Z}_6$ besitzt die Nullteiler 2, 3 und 4, denn es gilt $2 \cdot 3 = 0$ bzw. $3 \cdot 4 = 0$.

c) $\mathbb{Z}_7$ ist nullteilerfrei.   □

Satz 6.13 beantwortet die Frage, für welche Moduln m die Restklassenringe $\mathbb{Z}_m$ nullteilerfrei sind.

In Ringen, die keine Körper sind, besitzen nicht alle Elemente bezüglich der Multiplikation ein Inverses. So sind z.B. in $\mathbb{Z}$ nur die Elemente 1 und -1 invertierbar, alle anderen nicht. $\mathbb{Z}$ ist aber nullteilerfrei. Das bedeutet, dass für zwei ganze Zahlen a und b mit $ab = 0$ wie in Körpern folgen muss, dass $a = 0$ oder $b = 0$ ist.

Wichtig für das Rechnen mit ganzen Zahlen ist allerdings, dass, obwohl die ganzen Zahlen außer 1 und -1 nicht invertierbar sind, wegen der Nullteilerfreiheit trotzdem die Kürzungseigenschaft gilt. Betrachten wir die Gleichung $ac = bc$, dann gilt $(a - b)c = 0$, woraus mit der Nullteilerfreiheit folgt $a - b = 0$ oder $c = 0$. Nehmen wir $c \neq 0$ an, dann muss also $a - b = 0$ und damit $a = b$ gelten. Diese Argumentation lässt sich auf alle Ringe übertragen. Damit haben wir den Beweis für den folgenden Satz geliefert.

Satz 4.2 Sei $\mathcal{R}$ ein nullteilerfreier Ring. Dann gilt für $a, b, c \in \mathcal{R}$ mit $c \neq 0$: Aus $ac = bc$ folgt $a = b$. □

Wegen dieser für das Rechnen mit nullteilerfreien Strukturen vorteilhaften Eigenschaft definieren wir für Strukturen, die keine Körper sind, also nicht für alle Elemente ein multiplikatives Inverses besitzen, aber nullteilerfrei sind, eine eigene algebraische Struktur, den sogenannten Integritätsbereich.

Definition 4.7 Ein kommutativer Ring $\mathcal{R}$ mit Einselement heißt *Integritätsbereich* genau dann, wenn er keine Nullteiler besitzt. □

Körper sind also spezielle Integritätsbereiche. Es gibt Integritätsbereiche, wie z.B. $\mathbb{Z}$, die keine Körper sind. Für endliche Integritätsbereiche gilt jedoch

Satz 4.3 Sei $\mathcal{R}$ ein endlicher Integritätsbereich. Dann ist $\mathcal{R}$ ein Körper.

Beweis Es sei $\mathcal{R} = \{\, a_1, \dots, a_n \,\}$ ein Integritätsbereich. Wir müssen zeigen, dass jedes Element $a_i \neq 0$ ein Inverses besitzt. Es sei $a_1 \neq 0$. Dann gilt $a_1 a_i \neq a_1 a_j$ für $i \neq j$. Denn, wäre $a_1 a_i = a_1 a_j$ für ein $i \neq j$, dann ergäbe sich mit der Kürzungsregel $a_i = a_j$, ein Widerspruch. Es gibt also insgesamt n verschiedene Produkte $a_1 a_i$, $1 \leq i \leq n$. Da $\mathcal{R}$ abgeschlossen ist und n Elemente hat, kommt jedes Element von $\mathcal{R}$ als genau ein solches Produkt vor, also auch das multiplikative Einselement 1. Es gibt also ein Element a_k in $\mathcal{R}$ mit $a_1 a_k = 1$, d.h. a_1 besitzt das Inverse a_k. Diese Überlegungen können nun für alle anderen Elemente von $\mathcal{R}$ (außer für die 0) angestellt werden, womit die Behauptung folgt. □

Beispiel 4.7 $\mathbb{Z}_7$ ist ein endlicher Integritätsbereich und damit ein Körper. □

4.3 Polynomringe

Bei der Codierung von Daten spielen Polynome über endlichen Körpern eine wichtige Rolle. Wir werden in diesem Kapitel sehen, dass Polynome addiert und multipliziert werden können und dass die so entstehende algebraische Struktur einen Integritätsbereich bildet. Mit Polynomen kann man also genau wie mit ganzen Zahlen rechnen.

Definition 4.8 a) Sei $\mathcal{K}$ ein Körper, dann heißt

$$P(x) = a_n x^n + a_{n-1} x^{n-1} + \dots + a_2 x^2 + a_1 x + a_0 = \sum_{i=0}^{n} a_i x^i$$

mit $a_i \in \mathcal{K}$, $0 \leq i \leq n$, ein *Polynom* über $\mathcal{K}$ mit der *Unbekannten* (*Unbestimmten*, *Variablen*) x. Falls die Bezeichnung der Unbekannten keine Rolle spielt, schreibt man anstelle von $P(x)$ auch P. Die a_i, $0 \leq i \leq n$, heißen die *Koeffizienten* von P.

b) Ist $k = max\{\, i \mid 0 \leq i \leq n,\, a_i \neq 0 \,\}$, dann heißt a_k der *führende Koeffizient* von P und $grad(P) = k$ heißt *Grad* von P. Ist $a_k = 1$, dann heißt P *normiert* oder *monisch*.

c) Mit $\mathcal{K}[x]$ bezeichnen wir die Menge aller Polynome über $\mathcal{K}$.

d) Seien $P, Q \in \mathcal{K}[x]$ mit $P = \sum_{i=0}^{m} a_i x^i$ und $Q = \sum_{i=0}^{n} b_i x^i$ zwei Polynome über $\mathcal{K}$ mit $grad(P) = m$ und $grad(Q) = n$. Dann heißt

$$P + Q = \sum_{i=0}^{s} c_i x^i$$

mit $s = max\{\, m, n \,\}$ und $c_i = a_i + b_i$ für $0 \leq i \leq min\{\, m, n \,\}$ sowie $c_i = a_i$ für $n < i \leq m$, falls $n < m$, bzw. $c_i = b_i$ für $m < i \leq n$, falls $m < n$ die *Summe* von P und Q, und

$$P \cdot Q = \sum_{i=0}^{s} d_i x^i$$

mit $d_i = \sum_{k=0}^{i} a_k b_{i-k}$, $0 \leq i \leq m + n$, wobei $a_k = 0$ für $k > m$, falls $m > n$, bzw. $b_k = 0$ für $k > n$, falls $n > m$, heißt das *Produkt* von P und Q.

e) P und Q heißen *gleich*, falls $m = n$ und $a_i = b_i$, $0 \leq i \leq m$, ist. $\qquad\qquad\square$

Beispiel 4.8 a) Es seien $P = x^2 + 3x - 1$ und $Q = 2x^3 - 5x^2 + 7$ Polynome über $\mathbb{R}$, dann gilt

$$P + Q = 2x^3 - 4x^2 + 3x + 6$$
$$P \cdot Q = 2x^5 + x^4 - 17x^3 + 12x^2 + 21x - 7$$

b) Es seien $P = x^3 + x + 1$ und $Q = x^3 + x^2 + 1$ Polynome über $\mathbb{Z}_2$, dann gilt

$$P + Q = x^2 + x$$
$$P \cdot Q = x^6 + x^5 + x^4 + x^3 + x^2 + x + 1 \qquad\qquad\square$$

Folgerung 4.3 Es sei $\mathcal{K}$ ein Körper und $P, Q \in \mathcal{K}[x]$, dann gilt:

a) $grad(P + Q) \leq max\{\, grad(P), grad(Q) \,\}$.

b) $grad(P \cdot Q) \leq grad(P) + grad(Q)$.

c) Polynomaddition und -multiplikation sind kommutative Operationen. Sie erfüllen die Assoziativgesetze für Addition bzw. für Multiplikation sowie das Distributivgesetz. Das *Nullpolynom* 0 ist das Einselement bezüglich der Addition und das *Einspolynom* 1 ist das Einselement bezüglich der Multiplikation. Zum Polynom P ist das Polynom $-P = -1 \cdot P$ additiv invers.

d) Die Konstanten $a \in \mathcal{K}$ heißen *konstante Polynome* in $\mathcal{K}[x]$. Für $a \neq 0$ sind diese alle invertierbar. Alle nicht konstanten Polynome über $\mathcal{K}$ besitzen kein Inverses. $\mathcal{K}[x]$ bildet also keinen Körper. $\qquad\qquad\square$

Satz 4.4 Sei $\mathcal{K}$ ein Körper. Dann bildet $(\mathcal{K}[x], +, \cdot)$ einen Integritätsbereich.

Beweis Dass $\mathcal{K}[x]$ einen kommutativen Ring mit Einselement bildet, besagt Folgerung 4.3 c). Wir müssen noch zeigen, dass $\mathcal{K}[x]$ nullteilerfrei ist. Dazu betrachten wir Polynome $P, Q \in \mathcal{K}[x]$ mit $P \cdot Q = 0$. Wir müssen zeigen, dass dann $P = 0$ oder $Q = 0$ sein muss. Mit Definition 4.8 d) und e) folgt $P \cdot Q = 0$ genau dann, wenn alle Koeffizienten dieses Produktpolynoms 0 sind, d.h. wenn gilt:

$$a_0 b_0 = 0$$
$$a_0 b_1 + a_1 b_0 = 0$$
$$a_0 b_2 + a_1 b_1 + a_2 b_0 = 0$$
$$\vdots$$
$$a_m b_n = 0$$

Da $\mathcal{K}$ keine Nullteiler besitzt, erhält man durch sukzessives Ausrechnen $a_i = 0$, $1 \leq i \leq m$, oder $b_j = 0$, $1 \leq j \leq n$, d.h. es muss $P = 0$ oder $Q = 0$ sein. $\square$

4.4 Ideale

Bei Gruppen haben wir Quotientengruppen und Faktorgruppen betrachtet. Diese ergeben sich, wenn man Kongruenzrelationen bzw. spezielle Nebenklassen, Normalteiler, in Gruppen betrachtet. In Ringen spielen sogenannte Ideale eine vergleichbare Rolle. Wir betrachten im Folgenden kommutative Ringe mit Einselement, die nicht nullteilerfrei, d.h. keine Integritätsbereiche, sein müssen.

Definition 4.9 Sei $\mathcal{R}$ ein kommutativer Ring mit Einselement und I eine additive Untergruppe von $\mathcal{R}$. I heißt *Ideal* in $\mathcal{R}$ genau dann, wenn $xI \subseteq I$ für alle $x \in \mathcal{R}$ gilt. $\square$

Beispiel 4.9 a) Die Menge $\mathbb{G} \cong 2\mathbb{Z}$ der geraden Zahlen bildet ein Ideal in $\mathbb{Z}$, denn sie bildet eine additive Untergruppe von $\mathbb{Z}$ und jedes Vielfache einer geraden Zahl ist wieder eine gerade Zahl.

b) Allgemein bildet $m\mathbb{Z}$ für jedes $m \in \mathbb{N}$ ein Ideal in $\mathbb{Z}$. Man sagt, dass $m\mathbb{Z}$ das *von m erzeugte Ideal* in $\mathbb{Z}$ ist, und schreibt dafür auch (m).

c) Sei $\mathcal{K}$ ein Körper, und $R \in \mathcal{K}[x]$. Dann ist die Menge (R) aller Vielfachen von R definiert durch

$$(R) = \{ P \cdot R \mid P \in \mathcal{K}[x] \}$$

ein Ideal in $\mathcal{K}[x]$. Wir müssen zeigen, dass (1) (R) eine additive Untergruppe von $\mathcal{K}[x]$ bildet, und (2) $Q \cdot (R) \subseteq (R)$ für alle $Q \in \mathcal{K}[x]$ gilt. Zu (1) zeigen wir gemäß Satz 3.3, dass für $A, B \in (R)$ auch $A - B \in (R)$ gilt: Zu $A \in (R)$ existiert ein $P_A \in \mathcal{K}[x]$ mit $A = P_A \cdot R$ und zu $B \in (R)$ existiert ein $P_B \in \mathcal{K}[x]$ mit

$B = P_B \cdot R$. Daraus folgt $A - B = P_A \cdot R - P_B \cdot R = (P_A - P_B) \cdot R$ und damit $A - B \in (R)$. Zu (2): Sei $A \in Q \cdot (R)$. Dann gibt es ein $P \in \mathcal{K}[x]$ mit $A = Q \cdot P \cdot R$. Da $Q \cdot P \in \mathcal{K}[x]$ ist, folgt $A \in (R)$. $\square$

Da die Addition in einem Ring $\mathcal{R}$ kommutativ ist, gilt $x + I = I + x$ für jedes Ideal I in $\mathcal{R}$ und jedes Ringelement x, d.h. ein Ideal ist auch ein Normateiler bezüglich der Addition und damit $\mathcal{R}/I$ eine Gruppe (siehe Satz 3.9). Bereits in den Kapiteln 2.4 und 2.5 haben wir mit Klassenstrukturen bzw. Quotientenhalbgruppen gerechnet. Diese Ansätze werden jetzt mithilfe von Idealen verallgemeinert.

Satz 4.5 Sei $\mathcal{R}$ ein kommutativer Ring mit Einselement und I ein Ideal in $\mathcal{R}$. Dann ist die Struktur $(\mathcal{R}/I; \oplus, \otimes)$ definiert durch

$$(x + I) \oplus (y + I) = (x + y) + I$$
$$(x + I) \otimes (y + I) = xy + I$$

ein kommutativer Ring mit Einselement, der *Quotientenring* von $\mathcal{R}$ nach I. Wir nennen auch jetzt die Klassen $x + I$ wieder Restklassen, und zwar *Restklassen modulo I*, und schreiben für $x + I = y + I$ in modulo-Schreibweise

$$x = y\,(I) \tag{4.6}$$

Beweis Dass für $(\mathcal{R}/I; \oplus, \otimes)$ alle erforderlichen Axiome für kommutative Ringe mit Einselement erfüllt sind, folgt unmittelbar aus der Definiton der Operationen, die auf den entsprechenden Ringoperationen basieren. Das Einselement der Addition ist I, das Einselement der Multiplikation ist $1 + I$. Wir müssen noch zeigen, dass die Operationen unabhängig vom gewählten Repräsentanten der Restklassen sind, d.h. dass die Faktorisierung nach einem Ideal die Substitutionseigenschaft besitzt. Seien dazu $a, b \in x + I$ und $c, d \in y + I$, d.h. es gibt $i_a, i_b, i_c, i_d \in I$ mit $a = x + i_a$ und $b = x + i_b$ bzw. mit $c = y + i_c$ und $d = y + i_d$. Dann gilt $a + c = x + y + i_a + i_c \in I$ sowie $b + d = x + y + i_b + i_d \in I$ und damit $a + c \in (x + y) + I$ sowie $b + d \in (x + y) + I$. Damit ist die Addition der Klassen unabhängig von der Wahl des Repräsentanten. Analog zeigt kann man die Unabhängigkeit der Multiplikation von den Repräsentanten zeigen. $\square$

Für die Fälle, in denen die Quotientenringe sogar Integritätsbereiche oder Körper sind, bekommen die zugrunde liegenden Ideale spezielle Bezeichnungen.

Definition 4.10 Sei $\mathcal{R}$ ein kommutativer Ring mit Einselement und I ein Ideal in $\mathcal{R}$.

a) I heißt *Primideal* genau dann, wenn $\mathcal{R}/I$ ein Integritätsbereich ist.

b) I heißt *maximales Ideal* genau dann, wenn $\mathcal{R}/I$ ein Körper ist. $\square$

Beispiel 4.10 a) Wir betrachten die Ideale $m\mathbb{Z}$ (siehe Beispiel 4.9 b). Dann bildet $\mathbb{Z}/m\mathbb{Z}$ einen Quotientenring für jedes $m \in \mathbb{N}$. Die entsprechenden Quotientenhalbgruppen haben wir bereits in Kapitel 2.4 betrachtet. Es gilt $\mathbb{Z}_m \cong \mathbb{Z}/m\mathbb{Z}$

(siehe Kapitel 2.5). Für welche m die Ringe Z_m Integritätsbereiche und, da sie endlich sind, auch Körper sind (siehe Satz 4.3), gehen wir in Kapitel 5 (siehe Satz 5.2 und folgende) noch näher ein. Für diese m sind also die Ideale $m\mathbb{Z}$ nicht nur prim, sondern auch maximal.

b) Wie die Strukturen $\mathbb{Z}_m$ spielen, wie bereits erwähnt, auch Polynome eine wichtige Rolle bei den später betrachteten Anwendungen. Deshalb wollen wir auch hierzu Beispiele zu Quotientenringen betrachten. Sei $\mathcal{K}[x]$ der Polynomring über dem Körper $\mathcal{K}$ und (P) das in diesem vom Polynom $P \in \mathcal{K}[x]$ erzeugte Ideal. Dann ist für ein Polynom $R \in \mathcal{K}[x]$ die Restklasse R modulo P gegeben durch

$$R + (P) = \{ P \cdot Q + R \mid Q \in \mathcal{K}[x] \}$$

Für zwei Polynome $A, B \in R + (P)$ gilt gemäß der Schreibweise (4.6): $A = B\,(P)$. Des Weiteren gilt, dass die Differenz von A und B ein Vielfaches von P ist. Denn zu A und B gibt es Polynome Q_A bzw. Q_B in $\mathcal{K}[x]$ mit $A = P \cdot Q_A + R$ bzw. mit $B = P \cdot Q_B + R$. Es folgt $A - B = (Q_A - Q_B) \cdot R$.

Offensichtlich gilt auch $R \in R + (P)$ und damit $A = R\,(P)$ für alle $A \in R + (P)$. R kann also als Repräsentant von $R + (P)$ gewählt werden. R ist der Rest, der entsteht, wenn $A \in R + (P)$ durch P geteilt wird. (Vergleiche zu diesem Beispiel auch Kapitel 2.4.)

Die Anzahl der Restklassen modulo P ist gleich der Anzahl der Reste, die bei Division durch P entstehen können. Ist $grad(P) = n$, dann sind die möglichen Reste durch alle Polynome mit dem Grad kleiner als n gegeben:

$$\sum_{i=0}^{n-1} a_i x^i, \; a_i \in \mathcal{K}$$

Die Elemente der Restklassen sind also unabhängig vom Polynom P, sie hängen nur von dessen Grad ab. Die Addition und die Multiplikation in $\mathcal{K}[x]/P$ hingegen sind natürlich abhängig von P, denn diese werden ja modulo P gerechnet.

Ist $\mathcal{K}$ endlich, dann ist der Restklassenring $\mathcal{K}[x]/P$ auch endlich. Er besitzt dann $|\mathcal{K}|^n$ Elemente. In Kapitel 5 beantworten wir die Frage, wann solch ein Restklassenring ein Integritätsbereich oder ein Körper ist, d.h. wann (P) ein Primideal bzw. ein maximales Ideal ist. $\qquad\square$

4.5 Die Einheitengruppe eines Rings und der Satz von Euler

Die Elemente eines Rings, die ein Inverses bezüglich der Multiplikation besitzen, heißen *invertierbar*, Elemente, die kein Inverses besitzen, heißen *nicht invertierbar*.

Beispiel 4.11 Wir betrachten den Ring $\mathbb{Z}_4$, er besitzt das multiplikative Einselement 1. Das Element 3 ist invertierbar, denn es besitzt ein Inverses, nämlich sich selbst, denn es gilt $3 \cdot 3 = 1$ in $\mathbb{Z}_4$. Das Element 2 ist nicht invertierbar, denn es gilt $2 \cdot x \neq 1$ für alle $x \in \mathbb{Z}_4$.   □

Definition 4.11 Die invertierbaren Elemente eines Rings $\mathcal{R}$ mit Einselement heißen *Einheiten*. Mit $\mathcal{R}^*$ bezeichnen wir die Menge der Einheiten von $\mathcal{R}$.   □

Beispiel 4.12 Es gilt:

a) $\mathbb{Z}^* = \{\, 1, -1 \,\}$;

b) $\mathbb{Z}_2^* = \{1\}$;

c) $\mathbb{Z}_4^* = \{\, 1, 3 \,\}$;

d) $\mathbb{Z}_7^* = \mathbb{Z}_7 - \{0\}$.

e) Für jeden Körper $\mathcal{K}$ gilt $\mathcal{K}^* = \mathcal{K} - \{0\}$, in einem Köprer sind alle Elemente außer 0, dem additiven Einselement, invertierbar. In $\mathcal{K}[x]$ sind außer dem Nullpolynom alle konstanten Polynome die Einheiten: $\mathcal{K}[x]^* = \mathcal{K}^*$ □

Folgerung 4.4 Sei $\mathcal{R}$ ein Ring mit Einselement 1. Dann gilt:

a) $1 \in \mathcal{R}^*$ sowie

b) ist $a \in \mathcal{R}^*$, dann ist auch $a^{-1} \in \mathcal{R}^*$.   □

Das Einselement ist trivialerweise eine Einheit, und selbstverständlich muss die Menge der Einheiten abgeschlossen gegenüber Invertierung sein. Der nächste Satz zeigt, dass die Menge der Einheiten eines Ringes sogar eine Gruppe bildet.

Satz 4.6 Sei $\mathcal{R}$ ein Ring mit Einselement. Die Menge $\mathcal{R}^*$ der Einheiten von $\mathcal{R}$ bildet bezüglich der Multiplikation eine Gruppe, die sogenannte *Einheitengruppe* von $\mathcal{R}$.

Beweis Gemäß Folgerung 4.4 besitzt $\mathcal{R}^*$ ein Einselement, und jedes seiner Elemente ist invertierbar. Wir müssen noch zeigen, dass $\mathcal{R}^*$ abgeschlossen gegenüber der Multiplikation ist. Die Assoziativität gilt, sonst würde sie schon in $\mathcal{R}$ nicht gelten und $\mathcal{R}$ wäre kein Ring.

Um die Abgeschlossenheit von $\mathcal{R}^*$ bezüglich der Multiplikation zu beweisen, müssen wir zeigen, dass für $a, b \in \mathcal{R}^*$ auch $a \cdot b \in \mathcal{R}^*$ gilt, d.h. wir müssen zeigen, dass $a \cdot b$ ein Inverses $(a \cdot b)^{-1}$ besitzt. Seien also $a, b \in \mathcal{R}^*$, d.h. a und b sind invertierbar, besitzen also Inverse a^{-1} bzw. b^{-1}. Für Inverse gilt laut Satz 3.1 f) die Rechenregel $b^{-1} \cdot a^{-1} = (a \cdot b)^{-1}$. Existieren also die Inversen a^{-1} und b^{-1} von a bzw. von b, dann existiert auch das Inverse $(a \cdot b)^{-1}$ von $a \cdot b$, d.h. $a \cdot b$ ist invertierbar und damit ist $a \cdot b \in \mathcal{R}^*$.   □

Folgerung 4.5 $\mathbb{Z}_m^*$, d.h. die Menge der Einheiten des Restklassenrings modulo m bildet eine multiplikative abelsche Gruppe, die sogenannte *prime Restklassengruppe modulo m*. $\square$

Definition 4.12 Die Funktion $\varphi : \mathbb{N} \to \mathbb{N}$ definiert durch $\varphi(m) = |\mathbb{Z}_m^*|$ heißt *Eulersche φ-Funktion*. $\square$

$\varphi(m)$ gibt die Ordnung der primen Restklassengruppe modulo m an. Folgende Tabelle gibt die Werte von $\varphi(m)$ für $1 \le m \le 15$ an.

m	1	2	3	4	5	6	7	8	9	10	11	12	13	14	15
$\varphi(m)$	1	1	2	2	4	2	6	4	6	4	10	4	12	6	8

Aus dem Satz 3.16 folgt unmittelbar der *Satz von Euler*.

Satz 4.7 (Satz von Euler)[1] Für jedes $a \in \mathbb{Z}_m^*$ gilt: $a^{\varphi(m)} = 1$. $\square$

Folgerung 4.6 Für jedes $a \in \mathbb{Z}_m^*$ gilt $a^{-1} = a^{\varphi(m)-1}$. $\square$

4.6 Übungen

4.1 $\mathbb{Z}_{18}$ ist der Restklassenring modulo 18 über $\mathbb{Z}$.

(1) Geben Sie alle Nullteiler von $\mathbb{Z}_{18}$ an.

(2) Geben Sie alle invertierbaren Elemente (Einheiten) von $\mathbb{Z}_{18}$ an.

(3) Geben Sie die Verknüpfungstafel der Einheitengruppe $\mathbb{Z}_{18}^*$ an.

(4) Berechnen Sie $3 : a$ für alle $a \in \mathbb{Z}_8^*$, d.h. teilen Sie 3 durch alle Elemente von $\mathbb{Z}_{18}^*$.

(5) Geben Sie alle Untergruppen von $\mathbb{Z}_{18}^*$ an.

4.2 Die Abbildung $\varphi : \mathbb{R} \to \mathbb{Z}$ sei definiert durch $\varphi(x) = round(x)$, wobei für $x \in \mathbb{R}$ mit $a \le x \le b$ für $a, b \in \mathbb{Z}$ mit $b = a + 1$ gilt:

$$round(x) = \begin{cases} a, & \text{falls } x < \frac{a+b}{2} \\ b, & \text{falls } x \ge \frac{a+b}{2} \end{cases}$$

Ist φ ein Ringhomomorphismus?

---

[1]Leonhard Euler (1707 - 1783), gebürtiger Schweizer, wirkte in Sankt Petersburg und in Berlin, gilt als einer der größten Mathematiker aller Zeiten. Er lieferte wesentliche Beiträge zu vielen Gebieten der Mathematik und zu Gebieten der Physik.

4.3 Die Abbildung $\varphi : \mathbb{R} \to \mathbb{Z}$ sei definiert durch $\varphi(x) = \lfloor x \rfloor$, wobei für $x \in \mathbb{R}$ mit $a \leq x < b$ für $a, b \in \mathbb{Z}$ mit $b = a + 1$ gilt: $\lfloor x \rfloor = a$. Ist φ ein Ringhomomorphismus?

4.4 Für $a, b \in \mathbb{Z}$ sei $a \oplus b = a + b + 1$ sowie $a \otimes b = a + b + ab$. Zeigen Sie, dass $(\mathbb{Z}; \oplus, \otimes)$ ein kommutativer Ring mit Einselement ist. Geben Sie beide Einselemente an sowie die additiven Inversen.

4.5 Bildet die algebraische Struktur $(\{\, a + b\sqrt{5} \mid a, b \in \mathbb{Q}\,\}, +, \cdot)$ einen Körper?

4.6 Bildet die algebraische Struktur $(\{\, a + b\sqrt[3]{2} \mid a, b \in \mathbb{Q}\,\}, +, \cdot)$ einen Körper?

4.7 Es seien P und Q Polynome über dem Ring $\mathcal{R}$. Zeigen Sie (vgl. auch Folgerung 4.3):

(1) Ist P monisch, dann gilt: $grad(P \cdot Q) = grad(P) + grad(Q)$.

(2) Ist $P \neq 0$ und ist der führende Koeffizient von P eine Einheit von P, dann gilt: $grad(P \cdot Q) = grad(P) + grad(Q)$.

(3) Ist $a \in \mathcal{R}^*$, dann gilt: $grad(a \cdot P) = grad(P)$.

4.8 Zeigen Sie, dass das Polynom $2x + 1$ eine Einheit im Ring $\mathbb{Z}_4\,[x]$ ist.

4.9 Sei $\mathcal{R}$ ein Ring. Zeigen Sie: $P(x) = \sum_{i=0}^{n} a_i x^i \in \mathcal{R}\,[x]$ ist genau dann eine Einheit in $\mathcal{R}\,[x]$, wenn $a_0 \in \mathcal{R}^*$ ist und die anderen Koeffizienten a_i, $1 \leq i \leq n$, nilpotent sind. Ein Element $a \in \mathcal{R}$ heißt *nilpotent*, falls es ein $m \in \mathbb{N}$ gibt, so dass $a^m = 0$ ist.

Teil II

Einführung in die Zahlentheorie

Im ersten Teil haben wir grundlegende Begriffe für Rechenstrukturen kennen gelernt. Die Definitionen und Eigenschaften haben wir einerseits abstrakt eingeführt und untersucht. Andererseits haben wir in Beispielen sowie in Folgerungen und Sätzen Ergebnisse für konkrete Rechenstrukturen, wie ganze Zahlen, Polynome und Restklassenstrukturen in der Menge der ganzen Zahlen bzw. im Ring der Polynome, betrachtet. Diese Strukturen bilden die Basis für praktisch wichtige Anwendungen, wie Kryptografie und Codierung, auf die wir in späteren Kapiteln noch näher eingehen.

Im Hinblick darauf betrachten wir in diesem Teil weitere wichtige Eigenschaften von ganzen Zahlen und von Polynomen. Im Einzelnen definieren wir den Begriff der Teilbarkeit und des größten gemeinsamen Teilers in Integritätsbereichen, stellen den Euklidischen Algorithmus zur Berechnung des größten gemeinsamen Teilers vor, führen irreduduzible und prime Elemente ein und lernen deren Bedeutung für Rechenstrukturen bei ganzen Zahlen und Polynomen kennen.

Kapitel 5

Teilbarkeit, Irreduzibilität und prime Elemente

In Integritätsbereichen, die keine Körper sind, wie etwa in der Menge der ganzen Zahlen, sollen trotz des Fehlens der multiplikativen Inversen, Gleichungen der Art

$$ax = b$$

gelöst werden können. Wenn a nicht invertierbar ist, kann nicht einfach $x = a^{-1}b$ gerechnet werden. Wenn a aber ein Teiler von b ist, d.h. wenn es ein Element q gibt mit $b = aq$, dann lässt sich wegen der Gültigkeit der Kürzungsregel in Integritätsbereichen die Gleichung lösen. Aus $ax = b = aq$ folgt nämlich $x = q$. Wenn a also ein Teiler von b ist, dann besitzt die obige Gleichung eine Lösung. Die Teilbarkeit von Elementen eines Integritätsbereiches ist, wie wir noch sehen werden, nicht nur für die Lösbarkeit von Gleichungen von Bedeutung. Aus diesen Gründen führen wir nun den Begriff der Teilbarkeit in Integritätsbereichen ein und betrachten dessen Eigenschaften. Des Weiteren betrachten wir die Elemente, die keine echten Teiler besitzen. Wir werden sehen, dass diese fundamentale Bedeutung für Rechenstrukturen und deren Anwendungen haben.

5.1 Teilbarkeit

Definition 5.1 Es sei $\mathcal{I}$ ein Integritätsbereich und $a, b \in \mathcal{I}$. a heißt *teilbar* durch b genau dann, wenn es ein $q \in \mathcal{I}$ gibt mit $a = b \cdot q$. Ist a teilbar durch b, dann sagt man auch: b *ist ein Teiler von* a, oder b *teilt* a. Ist b Teiler von a, so schreiben wir: $b|a$. Ist b kein Teiler von a, so schreiben wir: $b \nmid a$. ☐

Folgerung 5.1 Sei $\mathcal{I}$ ein Integritätsbereich und $a, b, c \in \mathcal{I}$, dann gilt:

a) $0|a$ genau dann, wenn $a = 0$: Das additive Einselement ist nur ein Teiler von sich selbst.

b) $a|0$: Das additive Einselement wird von jedem Element geteilt.

c) $1|a$ und $a|a$: Jedes Element wird vom multiplikativen Einselement und von sich selbst geteilt. 1 und a sind die *trivialen Teiler* von a.

d) Gilt $a|b$ und $b|c$, dann auch $a|c$: Die Teilbarkeitsrelation ist transitiv.

e) Gilt $a|b$ und $c|d$, dann auch $ac|bd$.

f) Gilt $ca|cb$ für $c \neq 0$, dann auch $a|b$.

g) Gilt $a|b$ und $a|c$, dann auch $a|xb + yc$ für alle $x, y \in \mathcal{I}$: Teilt a die Elemente b und c, dann auch jede Linearkombination von b und c.

Beweis   a) Aus $0|a$ folgt, dass es ein $q \in \mathcal{I}$ gibt mit $a = 0 \cdot q$, d.h. es ist $a = 0$. Umgekehrt gilt: Ist $a = 0$, dann auch $a = 0 \cdot q$ für irgendein $q \in \mathcal{I}$. Also gilt $0|a$.

b) $a|0$ gilt, weil $0 = a \cdot 0$ für alle $a \in \mathcal{I}$ gilt.

c) Es gilt $a = 1 \cdot a$ sowie $a = a \cdot 1$ für alle $a \in \mathcal{I}$, da 1 das multiplikative Einselement ist.

d) Aus $a|b$ und $b|c$ folgt, dass es $q, r \in \mathcal{I}$ gibt mit $b = aq$ bzw. $c = br$. Es folgt, dass es ein $s = qr \in \mathcal{I}$ gibt mit $c = as$. Also gilt $a|c$.

e) Aus $a|b$ und $c|d$ folgt, dass es $q, r \in \mathcal{I}$ gibt mit $b = aq$ bzw. $d = dr$. Es folgt, dass es ein $s = qr \in \mathcal{I}$ gibt mit $bd = acs$. Also gilt $ac|bd$.

f) Diese Folgerung ist die in Integritätsbereichen gültige Kürzungsregel (siehe Satz 4.2 und Definition 4.7).

g) Aus $a|b$ und $a|c$ folgt, dass es $q, r \in \mathcal{I}$ gibt mit $b = aq$ bzw. $c = ar$. Es folgt, dass $xb = aqx$ und $yc = ary$ gelten für alle $x, y \in \mathcal{I}$. Daraus folgt $xb + yc = a(qx + ry)$, d.h. a ist ein Teiler von $xb + yc$.   □

5.2   Irreduzible und prime Elemente

Definition 5.2 Sei $\mathcal{I}$ ein Integritätsbereich sowie $a, b \in \mathcal{I}$.

a) a ist *assoziiert* zu b genau dann, wenn gilt: Ist $b = aq$, dann ist $q \in \mathcal{I}^*$, d.h. a und b unterscheiden sich multiplikativ nur um eine Einheit. Wir schreiben $a \sim b$, wenn a und b assoziiert sind, sonst $a \not\sim b$.

b) b heißt *echter Teiler* von a genau dann, wenn $b|a$ und $a \not\sim b$ gilt.

c) a heißt *irreduzibel* genau dann, wenn $a \notin \mathcal{I}^*$ ist und aus $b|a$ folgt, dass $1 \sim b$ oder $a \sim b$ gilt. a besitzt also außer Einheiten keine echten Teiler.

d) $p \in \mathcal{I} - \{0\}$ heißt *Primelement* genau dann, wenn $p \notin \mathcal{I}^*$ und aus $p|ab$ folgt, dass $p|a$ oder $p|b$ gilt.   □

Beispiel 5.1 a) Wir betrachten den Integritätsbereich $\mathbb{Z}_5[x]$ der Polynome über dem Körper $\mathbb{Z}_5$ (dass $\mathbb{Z}_5$ ein Körper ist, werden wir in Satz 6.13 feststellen). Es gilt z.B.

$$2x + 1 | x + 3 \text{ denn es ist } x + 3 = (2x + 1) \cdot 3$$

Da $3^{-1} = 2$ ist, gilt auch

$$x + 3 | 2x + 1 \text{ denn es ist } 2x + 1 = (x + 3) \cdot 2$$

Die Polynome $x + 3$ und $2x + 1$ unterscheiden sich in $\mathbb{Z}_5$ also nur durch die zu einander inversen Einheiten 2 und 3. Die beiden Polynome sind also assoziiert in $\mathbb{Z}_5[x]$: $x + 3 \sim 2x + 1$.

b) Im Integritätsbereich $\mathbb{Z}$ der ganzen Zahlen gilt $a \sim b$ genau dann, wenn $a = b$ oder $a = -b$ ist. Denn, da $\mathbb{Z}^* = \{1, -1\}$ ist, gilt $a \sim b$ genau dann, wenn $a = b \cdot 1$ oder $a = b \cdot -1$, also $a = b$ oder $a = -b$ ist.

c) Wir betrachten das Polynom $P = x^3 + x + 1 \in \mathbb{Z}_3[x]$ (auch $\mathbb{Z}_3$ ist ein Köper und damit ist $\mathbb{Z}_3[x]$ ein Integritätsbereich). Es gilt:

$$x^3 + x + 1 = (x + 2)(x^2 + x + 2)$$
$$x^3 + x + 1 = (2x + 1)(2x^2 + 2x + 1)$$

Durch Nachrechnen (z.B. jeweils durch Dividieren durch alle nicht konstanten Polynome kleineren Grades) stellt man fest, dass alle vier Polynome kein nicht konstantes Polynom als Teiler besitzen. Alle vier Polynome besitzen als einzigen Teiler außer sich selbst noch die Konstante 2. Diese ist aber eine Einheit in $\mathbb{Z}_3$ und damit in $\mathbb{Z}_3[x]$. Alle vier Polynome besitzen also außer einer Einheit keine weiteren echten Teiler. Damit besitzt das Polynom P in $\mathbb{Z}_3[x]$ zwei verschiedene irreduzible Faktorisierungen.

d) Wir betrachten den um $\sqrt{-2}$ erweiterten Integritätsbereich

$$\mathbb{Z}\left[\sqrt{-2}\right] = \{a + b\sqrt{-2} \mid a, b \in \mathbb{Z}\}$$

Es gilt z.B.

$$6 = 2 \cdot 3$$
$$6 = (2 + \sqrt{-2}) \cdot (2 - \sqrt{-2})$$

Die Faktoren 2 und 3 sowie $(2 + \sqrt{-2})$ und $(2 - \sqrt{-2})$ sind irreduzibel. Somit haben wir ein weiteres Beispiel dafür, dass die Faktorisierung in irreduzible Elemente nicht eindeutig sein muss.

Des Weiteren gilt, dass 2 ein Teiler von 6 und damit ein Teiler von $(2 + \sqrt{-2}) \cdot (2 - \sqrt{-2})$ ist. Aber 2 ist weder ein Teiler von $(2 + \sqrt{-2})$ noch ein Teiler von $(2 - \sqrt{-2})$. 2 ist also kein Primelement in $\mathbb{Z}\left[\sqrt{-2}\right]$.

e) Die Zahl 2 ist ein Primelement von $\mathbb{Z}$, denn für alle Zahlen $a, b \in \mathbb{Z}$ mit $2|ab$ folgt $2|a$ oder $2|b$. Wir zeigen dies durch einen Widerspruchsbeweis. Es sei also $2|ab$, und wir nehmen an, dass weder $2|a$ noch $2|b$ gelte. Aus $2|ab$ folgt, dass es ein q gibt mit

$$ab = 2q \tag{5.1}$$

Aus $2 \nmid a$ und $2 \nmid b$ folgt, dass es q_a und q_b gibt mit

$$a = 2q_a + 1 \text{ bzw. } b = 2q_b + 1 \tag{5.2}$$

Aus (5.2) folgt
$$ab = 2(2q_a q_b + q_a + q_b) + 1$$

womit ab eine ungerade Zahl wäre, was einen Widerspruch zu (5.1) darstellt. Unsere Annahmen sind also falsch, d.h. es gilt $2|a$ oder $2|b$, wenn $2|ab$ gilt, was zu zeigen war.

Die Zahl 4 ist kein Primelement in $\mathbb{Z}$, denn es gilt z.B. $4|6 \cdot 9$, aber weder $4|6$ noch $4|9$.

Die positiven Primelemente von $\mathbb{Z}$ sind gerade die Primzahlen. Hierauf kommen wir in Kapitel 6.3 noch zurück.   □

Das Beispiel 5.1 d) zeigt, dass irreduzible Elmente keine Primelemente sein müssen. Primelemente sind aber immer irreduzibel. Das besagt der folgende Satz.

Satz 5.1 Sei p ein Primelment im Integritätsbereich $\mathcal{I}$. Dann ist p irreduzibel in $\mathcal{I}$.

Beweis Wir nehmen an, p sei prim, aber nicht irreduzibel. Dann lässt sich p faktorisieren in $p = ab$ mit $a, b \notin \mathcal{I}^*$: p besitzt Teiler, die keine Einheiten sind. Da p prim ist, muss gelten $p|a$ oder $p|b$. Es sei p ein Teiler von a, die folgende Argumentation kann für den Fall $p|b$ analog übernommen werden. Es gibt also ein $q \in \mathcal{I}$ mit $a = pq$. Daraus folgt $ab = pqb$ und daraus, da $p = ab$ ist, $p = pqb$. Mithilfe der Kürzungsregel gilt $1 = qb$, womit b invertierbar, d.h. $b \in \mathcal{I}^*$ ist. Dies ist aber ein Widerspruch zur Annahme $b \notin \mathcal{I}^*$.   □

Im Satz 6.6 werden wir sehen, dass bei den ganzen Zahlen auch die Umkehrung gilt: Ist $p \in \mathbb{Z}$ irreduzibel, dann ist p ein Primelement von $\mathbb{Z}$.

Im letzten Satz des Kapitels zeigen wir noch, dass die von den Primelementen eines Integritätsbereiches erzeugten Ideale Integritätsbereiche und damit gemäß Definition 4.10 Primideale sind. Als Folgerung dieses Satzes werden wir in Kapitel 6.4 die schon öfter angesprochene Frage, für welche Moduln m die Restklassenringe $\mathbb{Z}_m$ sogar Körper bilden, beantworten.

Satz 5.2 Sei p ein Primelement im Integritätsbereich $\mathcal{I}$ und $(p) = \{\, a \cdot p \mid a \in \mathcal{I} \,\}$ das von p erzeugte Ideal. Dann ist $\mathcal{I}/(p)$ nullteilerfrei, also ein Integritätsbereich.

Beweis Für $x, y \in I$ sei $x + (p), y + (p) \in I/(p)$ mit $(x + (p)) \otimes (y + (p)) = (p)$ (siehe Beweis von Satz 4.5, $(p) = 0 + (p)$ ist das additive Einselement von $I/(p)$). Wir müssen zeigen, dass $x + (p) = (p)$ oder $y + (p) = (p)$ gilt. Wegen $(x + (p)) \otimes (y + (p)) = xy + (p)$ sei also $xy + (p) = (p) = 0 + (p)$. Es folgt $xy \in (p)$ und damit $p|xy$. Da nach Voraussetzung p Primelement ist, folgt $p|x$ oder $p|y$, d.h. $x \in (p)$ oder $y \in (p)$, und damit $x + (p) = (p)$ oder $y + (p) = (p)$, was zu zeigen war. $\qquad\square$

5.3 Übungen

5.1 Zeigen Sie, dass

$$\mathbb{Z}\left[\sqrt{-2}\right] = \{\, a + b\sqrt{-2} \mid a, b \in \mathbb{Z} \,\}$$

einen Integritätsbereich bildet (siehe Beispiel 5.1 b).

5.2 Zeigen Sie, dass 2 in $\mathbb{Z}_3[x]$ ein Teiler der Polynome $x + 2$, $2x + 1$, $x^2 + x + 2$ und $2x^2 + 2x + 1$ ist (siehe Beispiel 5.1 a).

5.3 Zeigen Sie, dass in $\mathbb{Z}_{12}[x]$

$$8 = (6x^2 + 4)(6x^2 + 2)$$

sowie

$$8 = (6x^2 + 4)(6x^2 + 8)$$

gilt. Dies bedeutet, dass in $\mathbb{Z}_{12}[x]$ der Quotient bei der Division von 8 durch $(6x^2 + 4)$ nicht eindeutig ist. Überlegen Sie, dass, wenn der führende Koeffizient des Divisors eine Einheit ist, der Quotient eindeutig ist.

Kapitel 6

Teilbarkeit ganzer Zahlen

Im vorigen Kapitel haben wir den Begriff der Teilbarkeit allgemein für Integritätsbereiche eingeführt und einige grundlegende Eigenschaften betrachtet. In diesem
und im nächsten Kapitel betrachten wir Teilbarkeit in speziellen Integritätsbereichen, nämlich Teilbarkeit bei ganzen Zahlen bzw. Teilbarkeit bei Polynomen. Es
ist zu erwarten, dass wir in beiden Strukturen zu analogen Begriffen und Aussagen
darüber kommen sowie zu Verfahren und Algorithmen, die in beiden Strukturen
gleichermaßen angewendet werden können.

Sowohl bei ganzen Zahlen als auch bei Ploynomen hat der größte gemeinsame
Teiler für theoretische Aussagen wie für praktische Anwendungen eine große Bedeutung. Aus diesen Gründen führen wir in diesem Kapitel den Begriff des größten
gemeinsamen Teilers ein und stellen den Euklidischen Algorithmus vor, mit dem
der größte gemeinsame Teiler berechnet werden kann. Grundlage für den Algorithmus ist, dass sich ganze Zahlen bzw. Polynome durch andere Zahlen oder Polynome mit Rest teilen lassen.

Satz 6.1 (Division mit Rest) Sei $a \in \mathbb{Z}$ und $b \in \mathbb{N}$, dann gibt es eindeutig zwei
Zahlen $q \in \mathbb{Z}$ und $r \in \mathbb{N}_0$ mit $0 \leq r < b$ und $a = bq + r$.

Beweis Für $a \in \mathbb{Z}$ und $b \in \mathbb{N}$ sei $\lfloor \frac{a}{b} \rfloor = max\{ q \in \mathbb{Z} \mid qb \leq a < (q+1)b \}$. Es ist
z.B. $\lfloor \frac{4}{3} \rfloor = 1$ sowie $\lfloor -\frac{4}{3} \rfloor = -2$.

Wir zeigen nun, dass genau die Zahlen

$$q = \left\lfloor \frac{a}{b} \right\rfloor \text{ und } r = a - bq$$

die Bedingungen des Satzes erfüllen.

Einerseits erfüllen q und r die Gleichung $a = bq + r$, denn es gilt:

$$bq + r = b \cdot \left\lfloor \frac{a}{b} \right\rfloor + a - b \cdot \left\lfloor \frac{a}{b} \right\rfloor = a$$

Andererseits sei $a = bq + r$, d.h. $r = a - bq$ sowie $0 \leq r < b$. Daraus folgt $0 \leq a - bq < b$ und hieraus $qb \leq a < (q+1)b$ und damit $q = \lfloor \frac{a}{b} \rfloor$.

Damit haben wir die Existenz zweier Zahlen q und r gezeigt, die die beiden Bedingungen des Satzes erfüllen.

Nun zeigen wir die Eindeutigkeit, d.h. diese beiden Zahlen sind die einzigen Zahlen, die den Satz erfüllen. Dazu nehmen wir an, es gebe q_1, q_2, r_1, r_2 mit $r_1 \neq r_2$, so dass

$$a = q_1 b + r_1, \; 0 \leq r_1 < b \tag{6.1}$$
$$a = q_2 b + r_2, \; 0 \leq r_2 < b \tag{6.2}$$

ist. Da laut Annahme $r_1 \neq r_2$ ist, muss entweder $r_1 < r_2$ oder $r_1 > r_2$ sein. Wir nehmen an, dass $r_1 < r_2$ ist (die Betrachtung des anderen Falls erfolgt analog). Dann gilt wegen (6.1) und (6.2):

$$0 \leq r_2 - r_1 < b \tag{6.3}$$

Aus (6.1) und (6.2) folgt außerdem $(q_1 - q_2)b + r_1 - r_2 = 0$ und daraus $(q_1 - q_2)b = r_2 - r_1$ und daraus mit (6.3) $0 \leq (q_1 - q_2)b < b$ und hieraus, da $b \in \mathbb{N}$ ist, $0 \leq q_1 - q_2 < 1$. Aus dem Letzten folgt $q_1 = q_2$ und damit aus (6.1) und (6.2) $r_1 = r_2$, womit unsere Annahme widerlegt ist. $\qquad\square$

q heißt der *Quotient* und r der *Rest* der Division von a durch b. Viele Programmiersprachen stellen dafür die Operatoren `div` und `mod` zur Verfügung: q=div(a,b) oder q=a div b bzw. r=mod(a,b) oder r=a mod b.

Beispiel 6.1 a) Es ist $135 = 6 \cdot 21 + 9$, also 6=135 div 21 und 9=135 mod 21.

b) Es ist $-19 = -5 \cdot 4 + 1$, also -5=-19 div 4 und 1=-19 mod 4. $\qquad\square$

Wir benutzen weiterhin die schon bisher verwendete Notation: Für $a = b \bmod m$ schreiben wir $a = b \, (m)$.

6.1 Größter gemeinsamer Teiler

Definition 6.1 a) Seien $a, b \in \mathbb{Z}$. Der *größte gemeinsame Teiler* (a, b) von a und b ist die Zahl $t \in \mathbb{N}_0$, für die gilt (1) $t|a$ und $t|b$ sowie (2), ist s ein weiterer Teiler von a und b, dann gilt $s|t$. Wir treffen für den Sonderfall $a = b = 0$ die Vereinbarung $(0, 0) = 0$.

b) $a, b \in \mathbb{Z}$ heißen *teilerfremd* oder *relativ prim*, falls $(a, b) = 1$ ist. $\qquad\square$

Folgerung 6.1 Der größte gemeinsame Teiler von zwei ganzen Zahlen ist eindeutig bestimmt.

Beweis Wir nehmen an, $a, b \in \mathbb{Z}$ haben zwei größte gemeinsame Teiler t_1 und t_2: $(a, b) = t_1$ und $(a, b) = t_2$. Dann gilt $t_1|t_2$ und $t_2|t_1$ sowie $t_1, t_2 > 0$. Daraus folgt $t_1 = t_2$. $\qquad\square$

Definition 6.2 Es seien $\alpha_1, \alpha_2, \ldots, \alpha_k \in \mathbb{Z}$, $k \geq 1$, dann ist

$$\alpha_1 \mathbb{Z} + \alpha_2 \mathbb{Z} + \ldots \alpha_k \mathbb{Z} = \{\, \alpha_1 x_1 + \alpha_2 x_2 + \ldots + \alpha_k x_k \mid x_i \in \mathbb{Z},\ 1 \leq i \leq k \,\}$$

die Menge der (ganzzahligen) *Linearkombinationen* von $\alpha_1, \alpha_2, \ldots, \alpha_k$. □

Beispiel 6.2 Es gilt

$$8\mathbb{Z} + 12\mathbb{Z} = \{\, 12, -12, 24, -24, \ldots, 8, -8, 16, -16, \ldots, 4, -4, \ldots \,\}$$
$$3\mathbb{Z} + 4\mathbb{Z} = \mathbb{Z}$$

□

Satz 6.2 Es sei $a, b \in \mathbb{Z}$, dann gilt $a\mathbb{Z} + b\mathbb{Z} = (a, b)\mathbb{Z}$.

Beweis Da $0\mathbb{Z} = \{0\}$ ist, gilt für $a = b = 0$ die Behauptung offensichtlich. Also sei $a \neq 0$ oder $b \neq 0$. Wir setzen $I = a\mathbb{Z} + b\mathbb{Z}$ und $g = min\{\, x \mid \in I,\ x \geq 0 \,\}$ und zeigen

(1) $I = g\mathbb{Z}$ und

(2) $g = (a, b)$,

woraus unmittelbar die Behauptung $a\mathbb{Z} + b\mathbb{Z} = (a, b)\mathbb{Z}$ folgt.

Zu (1): Wir zeigen $I = g\mathbb{Z}$, indem wir zunächst (1.1) $I \subseteq g\mathbb{Z}$ und dann (1.2) $g\mathbb{Z} \subseteq I$ zeigen.

Zu (1.1): Wir wählen ein $c \in I$, $c \neq 0$, und zeigen, dass ein q existiert mit $c = qg$. Zu c und g gibt es gemäß Satz 6.1 Zahlen q und r mit $c = qg + r$ und $0 \leq r < g$, d.h. mit

$$r = c - qg \text{ und } 0 \leq r < g \tag{6.4}$$

Da $c \in I$ ist, gibt es $c_a, c_b \in \mathbb{Z}$ mit $c = ac_a + bc_b$, und da $g \in I$ ist, gibt es $g_a, g_b \in \mathbb{Z}$ mit $g = ag_a + bg_b$. Hieraus folgt

$$c - qg = ac_a + bc_b - q(ag_a + bg_b) = a(c_a - qg_a) + b(c_b - qg_b) \in I$$

Aus (6.4) folgt $r \in I$ und r wäre positiv und kleiner als die kleinste positive Zahl g in I. Also muss $r = 0$ sein, und damit folgt aus (6.4) $c = gq$.

Zu (1.2): Es sei $c \in g\mathbb{Z}$. Dann existiert ein $z \in \mathbb{Z}$ mit $c = gz$. Da $g \in I$, gibt es $x, y \in \mathbb{Z}$ mit $g = ax + by$. Insgesamt folgt

$$c = gz = azx + bzy \in a\mathbb{Z} + b\mathbb{Z} = I$$

Zu (2): Es gilt $a, b \in I$ und $I = g\mathbb{Z}$, d.h. es gibt $x_a \in \mathbb{Z}$ mit $a = gx_a$ und es gibt $x_b \in \mathbb{Z}$ mit $b = gx_b$. Also ist g gemeinsamer Teiler von a und von b. Da $g \in I$ ist, gibt es x, y mit $g = xa + yb$. Sei d ein weiterer gemeinsamer Teiler von a und b, dann teilt d auch g. Damit gilt $g = (a, b)$. □

Beispiel 6.3 (Siehe Beispiel 6.2.) Es ist $(8, 12) = 4$ und deshalb $8\mathbb{Z} + 12\mathbb{Z} = 4\mathbb{Z}$. Es ist $(3, 4) = 1$ und deshalb $3\mathbb{Z} + 4\mathbb{Z} = 1\mathbb{Z} = \mathbb{Z}$.   □

Satz 6.3 Zu $a, b, c \in \mathbb{Z}$ ist die Gleichung $ax + by = c$ genau dann lösbar, wenn $(a, b)|c$ ist.

Beweis „⇒": Seien x und y Zahlen mit $ax + by = c$, dann ist $c \in a\mathbb{Z} + b\mathbb{Z}$ und damit ist mit dem Satz 6.2: $c \in (a, b)\mathbb{Z}$. Es gibt also ein $q \in \mathbb{Z}$ mit $c = (a, b) \cdot q$, woraus folgt, dass $(a, b)|c$ ist.

„⇐": Sei $(a, b)|c$, dann gibt es $q \in \mathbb{Z}$ mit $c = (a, b) \cdot q$, d.h. es ist $c \in (a, b)\mathbb{Z}$. Mit Satz 6.2 gilt dann $c \in a\mathbb{Z} + b\mathbb{Z}$, d.h. es gibt Zahlen x und y, so dass $c = ax + by$ gilt.   □

Beispiel 6.4 Die Gleichung $42x + 27y = 15$ hat eine Lösung, da $(42, 27) = 3$ und 3 ein Teiler von 15 ist.   □

Folgerung 6.2 Es gibt Zahlen $x, y \in \mathbb{Z}$ mit $ax + by = (a, b)$.

Beweis Da (a, b) ein Teiler von sich selbst ist, folgt die Behauptung sofort aus Satz 6.3.   □

Berechnungen von (a, b) sowie von x und y, so dass $ax + by = (a, b)$ gilt, die bei kryptografischen Verfahren wichtig sind, erfolgen mit dem Euklidischen Algorithmus, der im folgenden Kapitel vorgestellt wird.

6.2 Euklidischer Algorithmus für ganze Zahlen

Der in Abbildung 6.1 dargestellte, auf Euklid[1] zurück gehende Algorithmus berechnet zu zwei natürlichen Zahlen $a, b \in \mathbb{N}$ den größten gemeinsamen Teiler (a, b). Dabei nehmen wir an, dass $a > b$ ist. Im anderen Fall vertauschen wir beide Zahlen, und für $a = b$ ist nichts zu berechnen, denn es gilt $(a, a) = a$.

Beispiel 6.5 Die Tabelle 6.1 veranschaulicht die Berechnung von $(42, 27)$ mit dem Euklidischen Algorithmus. Es ergibt sich: $(42, 27) = 3$.   □

Dem Verfahren liegt das folgende Schema zugrunde, dabei wird $r_0 = a$ und $r_1 = b$

---

[1]Benannt nach dem griechischen Mathematiker Euklid (ca. 365 - 300 v. Chr.), Verfasser der „Elemente", ein Lehrbuch, das bis ins 19. Jahrhundert Grundlage für die Mathematikausbildung an Schulen und Hochschulen war.

```
algorithm EUKLID (a, b ∈ ℕ,  a > b)
    dividend, divisor, rest :  ℕ₀
    dividend := a
    divisor := b
    rest := mod (dividend, divisor)
    while rest > 0 do
        dividend := divisor
        divisor := rest
        rest := mod (dividend, divisor)
    endwhile
    return divisor
endalgorithm EUKLID
```

Abbildung 6.1: Euklidischer Algorithmus.

Berechnung	dividend	divisor	rest
$42 = 27 \cdot 1 + 15$	42	27	15
$27 = 15 \cdot 1 + 12$	27	15	12
$15 = 12 \cdot 1 + \ 3$	15	12	3
$12 = \ 3 \cdot 4 + \ 0$	12	3	0

Tabelle 6.1: Berechnung von $(42, 27)$ mit dem Euklidischen Algorithmus aus Abbildung 6.1.

gesetzt:

$$r_0 = r_1 q_1 + r_2, \qquad\qquad 0 \leq r_2 < r_1$$
$$r_1 = r_2 q_2 + r_3, \qquad\qquad 0 \leq r_3 < r_2$$
$$r_2 = r_3 q_3 + r_4, \qquad\qquad 0 \leq r_4 < r_3$$
$$\vdots \qquad\qquad\qquad\qquad \vdots$$
$$r_{n-2} = r_{n-1} q_{n-1} + r_n, \qquad\qquad 0 \leq r_n < r_{n-1}$$
$$r_{n-1} = r_n q_n + 0$$

Allgemein gilt: $r_{k-1} = r_k q_k + r_{k+1}$ mit $q_{k+1} \geq 1$ für $1 \leq k \leq n-1$ und $q_n \geq 2$ sowie $0 \leq r_{k+1} < r_k$ für $1 \leq k \leq n-1$ und $(a, b) = r_n$.

Wir wollen die Korrektheit des Verfahrens plausibel machen:

(1) *Terminierung:* Da die Reste immer echt kleiner werden, aber größer gleich Null bleiben, terminiert das Verfahren immer, und es bricht immer mit einer Division mit Rest 0, d.h. ohne Rest, ab.

(2) *Korrektheit:* Zu begründen ist: $r_n = (a, b)$, d.h., dass r_n Teiler von a und von b ist, und dass es keinen größeren gemeinsamen Teiler gibt.

Verfolgt man die Divisionsfolge zurück, stellt man sofort fest, dass gilt

$$r_n | r_{n-1} \Rightarrow r_n | r_{r-2} \Rightarrow \ldots \Rightarrow r_n | r_1 \Rightarrow r_n | r_0$$

d.h. $r_n | a$ und $r_n | b$.

Sei d ein weiterer Teiler von a und b: $d|a$ und $d|b$. Dann gilt

$$d | r_0 \Rightarrow d | r_1 \Rightarrow d | r_2 \Rightarrow \ldots \Rightarrow d | r_n$$

d.h. es ist $d|r_n$, woraus folgt, dass r_n größter gemeinsamer Teiler ist.   □

Gemäß Folgerung 6.2 gibt es zu a und b Zahlen x und y mit $(a, b) = ax + by$. Zu gegebenen a und b wollen wir jetzt ein Verfahren überlegen, womit die entsprechenden x und y berechnet werden können. Dazu betrachten wir zunächst das obige Beispiel mit $a = 42$ und $b = 27$ (siehe Tabelle 6.1): Aus $42 = 1 \cdot 27 + 15$ folgt

$$15 = 1 \cdot 42 + (-1) \cdot 27 \tag{6.5}$$

Aus $27 = 1 \cdot 15 + 12$ folgt $12 = 1 \cdot 27 + (-1) \cdot 15$ und hieraus mit (6.5)

$$12 = 1 \cdot 27 + (-1) \cdot (1 \cdot 42 + (-1) \cdot 27)$$
$$= (-1) \cdot 42 + 2 \cdot 27 \tag{6.6}$$

Aus $15 = 1 \cdot 12 + 3$ folgt $3 = 1 \cdot 15 + (-1) \cdot 12$ und hieraus mit (6.5) und (6.6)

$$3 = 1 \cdot (1 \cdot 42 + (-1) \cdot 27) + (-1) \cdot ((-1) \cdot 42 + 2 \cdot 27)$$
$$= 2 \cdot 42 + (-3) \cdot 27$$

Wir haben also mithilfe des Euklidischen Algorithmus für $a = 42$ und $b = 12$ die Zahlen $x = 2$ und $y = -3$ berechnet mit $(a, b) = ax + by$: $3 = 2 \cdot 42 + (-3) \cdot 27$.

Der folgende Satz gibt an, wie allgemein zu a und b Zahlen x und y berechnet werden können, so dass $(a, b) = ax + by$ ist.

Satz 6.4 Für die Reste r_k im Euklidischen Algorithmus gilt

$$r_k = (-1)^k x_k a + (-1)^{k+1} y_k b, \ 1 \le k \le n+1$$

Dabei ist

$$x_0 = 1, \ x_1 = 0, \ y_0 = 0, \ y_1 = 1$$

sowie

$$x_{k+1} = q_k x_k + x_{k-1}, \ y_{k+1} = q_k y_k + y_{k-1}, \ 1 \le k \le n$$

Beweis Wir führen den Beweis durch vollständige Induktion über k:
Für $k = 0$ ist

$$r_0 = a \text{ und } (-1)^0 x_0 a + (-1)^{0+1} y_0 b = x_0 a - y_0 b = 1 \cdot a - 0 \cdot b = a$$

und für $k = 1$ ist

$$r_1 = b \text{ und } (-1)^1 x_1 a + (-1)^{1+1} y_1 b = -x_1 a + y_1 b = 0 \cdot a + 1 \cdot b = b$$

Sei nun $k \geq 2$ und die Behauptung gelte für alle $k' < k$. Es gilt

$$
\begin{aligned}
r_k &= r_{k-2} - q_{k-1} r_{k-1} \\
&= (-1)^{k-2} x_{k-2} a + (-1)^{k-1} y_{k-2} b - q_{k-1} ((-1)^{k-1} x_{k-1} a + (-1)^k y_{k-1} b) \\
&= (-1)^k a (x_{k-2} + q_{k-1} x_{k-1}) + (-1)^{k+1} b (y_{k-2} + q_{k-1} y_{k-1}) \\
&= (-1)^k x_k a + (-1)^{k+1} y_k b
\end{aligned}
$$

$\square$

Folgerung 6.3 Es gilt $r_n = (-1)^n x_n a + (-1)^{n+1} y_n b$ und damit

$$(a, b) = ax + by \text{ mit } x = (-1)^n x_n \text{ und } y = (-1)^{n+1} y_n$$

$\square$

Der größte gemeinsame Teiler zweier natürlicher Zahlen kann auch als rekursive Funktion beschrieben werden. Es ist $ggT : \mathbb{N}_0 \times \mathbb{N}_0 \to \mathbb{N}_0$ mit

$$
ggT(a, b) = \begin{cases} b, & a = 0 \\ ggT(a - b, b), & a \geq b \\ ggT(b, a), & a < b \end{cases}
$$

Für obiges Beispiel gilt mit dieser Definition von ggT:

$$
\begin{aligned}
ggT(42, 27) &= ggT(15, 27) = ggT(27, 15) = ggT(12, 15) \\
&= ggT(15, 12) = ggT(3, 12) = ggT(12, 3) \\
&= ggT(9, 3) = ggT(6, 3) = ggT(3, 3) = ggT(0, 3) \\
&= 3
\end{aligned}
$$

Das folgende Verfahren ist ebenfalls korrekt:

$$
ggT(a, b) = \begin{cases} b, & a = 0 \\ ggT(b, a \bmod b), & \text{sonst} \end{cases}
$$

6.3 Primzahlen

Primzahlen spielen eine fundamentale Rolle in Algebra und Zahlentheorie. In diesem Kapitel führen wir diese als die positiven Primelemente von $\mathbb{Z}$ ein und betrachten einige ihrer, insbesondere im Hinblick auf spätere Anwendungen wichtigen Eigenschaften.

Zunächst können wir mithilfe von Folgerung 6.2 die folgende Aussage zeigen.

Satz 6.5 Es sei $a, b \in \mathbb{Z}$ und $t|ab$. Ist $(t, a) = 1$, dann gilt $t|b$.

Beweis Aus $(t, a) = 1$ folgt mit Folgerung 6.2, dass es $x, y \in \mathbb{Z}$ gibt mit $tx + ay = (t, a) = 1$. Durch Multiplikation mit b erhalten wir

$$txb + ayb = b \tag{6.7}$$

t teilt offensichtlich txb, und nach Voraussetzung teilt t auch ab und damit ayb. t teilt also beide Summanden in der Gleichung (6.7) und damit auch die Summe b. Damit gilt die Behauptung. $\qquad\qquad\square$

Folgerung 6.4 Es sei $m, n, x \in \mathbb{Z}$ sowie $(m, x) = 1$ und $(n, x) = 1$. Dann gilt auch $(mn, x) = 1$.

Beweis Wir nehmen an, dass $(mn, x) = t > 1$ ist. Es gilt $t|mn$ und $t|x$. Wir nehmen an, dass $t|m$ ist, dann folgt $(m, x) \geq t > 1$, ein Widerspruch zur Voraussetzung $(m, x) = 1$. Entsprechend führt die Annahme $t|n$ zum Widerspruch $(n, x) \geq t > 1$ zur Voraussetzung $(n, x) = 1$. Ebenfalls führt die Annahme, dass $(t, m) = s > 1$ ist, da dann $s|t$ und damit $s|x$ zum Widerspruch $(m, x) \geq s > 1$, d.h. es ist $(t, m) = 1$. Analog zeigt man, dass $(t, n) = 1$ gelten muss. Aus unserer Annahme $t|mn$ und der gezeigten Tatsache, dass $(t, m) = 1$ ist, müsste gemäß obigem Satz $t|n$ sein, das widerspricht aber der gezeigten Tatsache $(t, n) = 1$. Somit muss unsere Annahme $(mn, x) = t > 1$ falsch sein, d.h. es ist $(mn, x) = 1$, was zu zeigen war. $\qquad\qquad\square$

Im Beispiel 5.1 haben wir gesehen, dass im Allgemeinen in einem Integritätsbereich irreduzible Elemente keine Primelmente sein müssen. Mithilfe des obigen Satzes können wir aber zeigen, dass in $\mathbb{Z}$ jedes irreduzible Element auch ein Primelement ist.

Satz 6.6 Sei $p \in \mathbb{Z}$ irreduzibel, dann ist p auch prim.

Beweis Sei p also irreduzibel und $p|ab$. Wir müssen zeigen, dass dann $p|a$ oder $p|b$ gelten muss. Wir nehmen an, dass $p \nmid a$ gilt. Da p irreduzibel ist, folgt, dass p, $-p$, 1 und -1 die einzigen Teiler von p sind. Dann gilt $(p, a) = 1$. Damit kann Satz 6.5 angewendet werden, und es folgt $p|b$, was zu zeigen war. $\qquad\qquad\square$

Die positiven Primelemente von $\mathbb{Z}$ haben genau zwei Teiler, die sogenannten *trivialen Teiler*: 1 und sich selbst. Zahlen mit dieser Eigenschaft nennen wir Primzahlen.

Definition 6.3 a) $p \in \mathbb{N}$ heißt *Primzahl* genau dann, wenn p genau zwei Teiler hat. Wir wollen mit $\mathbb{P}$ die Menge der Primzahlen bezeichnen.

b) Natürliche Zahlen, die keine Primzahlen sind, heißen *zusammengesetzt*.

c) Gilt für $x \in \mathbb{N}$ und $p \in \mathbb{P}$, dass $p|x$ ist, dann heißt p *Primteiler* von x. $\qquad\square$

Es gilt also beispielsweise: $2, 3, 5, 7, 11, 13, 17, 19 \in \mathbb{P}$; $4, 6, 8, 9$ sind zusammengesetzte Zahlen, und 3 ist ein Primteiler von 15. 1 ist keine Primzahl, da 1 nur einen Teiler hat.

Folgerung 6.5 Für jede natürliche Zahl $x \in \mathbb{N}$ mit $x \geq 2$ gilt: x besitzt mindestens einen Primteiler, und der kleinste nicht triviale Teiler von x ist ein Primteiler.

Beweis Wir zeigen: Der kleinste Teiler $p > 1$ von x ist immer eine Primzahl. Dazu nehmen wir an, dass der kleinste Teiler $p > 1$ von x keine Primzahl ist. Dann besitzt p einen nicht trivialen Teiler a. Es gilt: $a|p$ und $p|x$ und damit $a|x$. a ist also Teiler von x und kleiner als p, was ein Widerspruch zu der Annahme ist, dass p kleinster Teiler von x ist, womit unsere Annahme widerlegt und unsere Behauptung bewiesen ist. $\qquad\square$

Satz 6.7 $\mathbb{P}$ enthält unendlich viele Elemente.

Beweis Wir nehmen an, dass es nur endlich viele Primzahlen $p_1, p_2, \ldots, p_n, n \geq 1$, gibt. Wir bilden nun die Zahl

$$p = p_1 \cdot p_2 \cdot \ldots \cdot p_n + 1$$

Es folgt sofort, dass keine der Zahlen $p_1, p_2, \ldots, p_n$ ein Teiler von p ist. Der kleinste Teiler von p ungleich 1 muss aber (siehe Folgerung 6.5) eine Primzahl sein. Es gibt also außer den Primzahlen $p_1, p_2, \ldots, p_n$ noch mindestens eine weitere. Dies ist ein Widerspruch gegen unsere Annahme. $\qquad\square$

Mithilfe von Satz 6.5 können wir die folgende Folgerung ziehen

Folgerung 6.6 Sei $p, q_1, \ldots, q_k \in \mathbb{P}$ und ist $p|q_1 \cdot q_2 \cdot \ldots \cdot q_k$, dann existiert ein $q_j, 1 \leq j \leq k$, mit $p = q_j$.

Beweis Wir beweisen die Behauptung mit vollständiger Induktion über k:

Induktionsanfang: Für $k = 1$ gilt die Behauptung offensichtlich.

Induktionsschritt: Sei nun $k > 1$ und p Teiler von $(q_1 \cdot \ldots \cdot q_{k-1}) \cdot q_k$. Ist $p = q_k$, dann ist nichts weiter zu zeigen. Ist $p \neq q_k$, dann gilt, da p und q_k verschiedene Primzahlen sind, $(p, q_k) = 1$. Mit Satz 6.5 folgt dann, dass $p|q_1 \cdot \ldots \cdot q_{k-1}$ sein muss. Aus der Induktionsannahme folgt, dass ein $j, 1 \leq i \leq k-1$, existiert mit $p = q_j$ $\qquad\square$

Eine Auskunft über die „Verteilung" der Primzahlen in $\mathbb{N}$ gibt der *Primzahlsatz*. Dieser besagt, dass die Anzahl der Primzahlen, die kleiner gleich einer Zahl x sind, etwa $\frac{x}{\ln x}$ beträgt. Die Funktion $\ln x$, der natürliche Logarithmus (Logarithmus zur Basis $e = \lim_{n\to\infty}(1 + \frac{1}{n})^n = 2,71\ldots$, der Eulerschen Zahl) von x, ist eine sehr schwach wachsende Funktion. Wir können den Satz hier nicht beweisen, da er mathematische Voraussetzungen benötigt, die weit über das hinausgehen, was in diesem Buch behandelt wird.

Satz 6.8 (Primzahlsatz) Die Funktion $\pi : \mathbb{N} \to \mathbb{N}$ sei definiert durch

$$\pi(x) = |\{\, p \in \mathbb{P} \mid p \leq x \,\}|$$

Dann gilt:

$$\lim_{x\to\infty} \frac{\pi(x)}{\frac{x}{\ln x}} = 1, \ \ \text{d.h.} \ \ \pi(x) \approx \frac{x}{\ln x}$$

Man kann zeigen, dass für $x \geq 100$

$$1 \leq \frac{\pi(x)}{\frac{x}{\ln x}} \leq 1.23$$

gilt.   □

Folgende Tabelle vermittelt einen Eindruck dieser Verteilung:

x	10^2	10^4	10^8	10^{16}	10^{18}
$\frac{x}{\ln x}$	22	1 086	5 428 681	271 434 051 189 532	24 127 471 216 847 323
$\pi(x)$	25	1 229	5 761 455	279 238 341 033 925	24 739 954 287 740 860

Der Primzahlsatz besagt, dass es einerseits sehr viele Primzahlen von großer Stelligkeit gibt, aber andererseits, dass die großen Primzahlen doch „dünn gesät" sind. Eine Frage in diesem Zusammenhang ist, ob es beliebig große Intervalle gibt, in denen es keine Primzahlen gibt, d.h. ob der Abstand zwischen zwei benachbarten Primzahlen beliebig groß werden kann. Dazu betrachten wir znächst die Zahl $5! = 1 \cdot 2 \cdot 3 \cdot 4 \cdot 5 = 120$. Diese Zahl ist offensichtlich durch die Zahlen 2, 3, 4 und 5 teilbar. Daraus folgt unmittelbar

$$2 \mid 5! + 2$$
$$3 \mid 5! + 3$$
$$4 \mid 5! + 4$$
$$5 \mid 5! + 5$$

Wir haben also 4 hinter einander folgende Zahlen gefunden, die keine Primzahlen sind. Entsprechend kann man überlegen, dass auf $10! + 1$ weitere 9 zusammengesetzte Zahlen aufeinander folgen. Allgemein gilt, dass auf die Zahl $n! + 1$ weitere $n-1$ zusammengesetzte Zahlen aufeinander folgen (möglicherweise befinden sich davor und dahinter jeweils noch weitere aufeinander folgende zusammengesetzte

Zahlen). Die oben gestellte Frage nach beliebig großem Abstand zwischen zwei benachbarten Primzahlen kann also positiv beantwortet werden.

Eine grundlegende Eigenschaft natürlicher Zahlen beschreibt der folgende Fundamentalsatz der Zahlentheorie.

Satz 6.9 (Fundamentalsatz der Zahlentheorie) Jede natürliche Zahl $a \in \mathbb{N}$, $a \geq 2$, lässt sich als Produkt von Primzahlen darstellen: $a = q_1 q_2 \cdots q_r$. Diese Darstellung ist bis auf die Reihenfolge der Primfaktoren $q_i \in \mathbb{P}$, $1 \leq i \leq r$, eindeutig.

Beweis Wir beweisen die Existenz der Faktorisierung einer Zahl in Primfaktoren durch vollständige Induktion über a:

Induktionsanfang: Für $a = 2$ gilt die Behauptung offensichtlich.

Induktionsschritt: Ist $a > 2$, dann besitzt a gemäß Folgerung 6.5 einen Primteiler, wir wählen den kleinsten und dieser sei p. Es sei $a = p \cdot a'$. Da $a' < a$ ist, trifft auf a' die Induktionsvoraussetzung zu, d.h. es gibt eine bis auf die Reihenfolge eindeutige Primfaktorenzerlegung von a', etwa $a' = p_1 \cdot \ldots \cdot p_k$. Insgesamt haben wir eine bis auf die Reihenfolge eindeutige Primfaktorenzerlegung von a erreicht:

$$a = p \cdot a' = p \cdot p_1 \cdot \ldots \cdot p_k$$

Die Eindeutigkeit der Faktorisierung einer Zahl in Primfaktoren ergibt sich mithilfe der Folgerungen 6.5 und 6.6. □

Fasst man die in dieser Darstellung möglicherweise vorkommenden gleichen Primfaktoren zu Potenzen zusammen und ordnet die Primfaktoren der Größe nach, so erhält man die eindeutige Darstellung

$$a = p_1^{\alpha_1} p_2^{\alpha_2} \ldots p_k^{\alpha_k} = \prod_{i=1}^{k} p_i^{\alpha_i}$$

mit den Primfaktoren $p_1 < p_2 < \ldots < p_k$ und Exponenten $\alpha_i \in \mathbb{N}$, $1 \leq i \leq k$. Diese Darstellung heißt auch die *kanonische Primfaktorzerlegung* von a. Gilt $\alpha_i = 1$ für alle i, $1 \leq i \leq k$, dann heißt die Primfaktorzerlegung *quadratfrei*.

In späteren Kapiteln verwenden wir für $a \in \mathbb{N}$, $a \geq 2$, die Funktionen $\pi_a : \mathbb{P} \to \mathbb{N}_0$ definiert durch: $\pi_a(p) =$ Anzahl des Vorkommens der Primzahl p in der Primfaktorzerlegung von a. Wenn also $a = p_1^{\alpha_1} p_2^{\alpha_2} \ldots p_k^{\alpha_k}$ die kanonische Primfaktorzerlegung von a ist, dann gilt $\pi_a(p_i) = \alpha_i$, $1 \leq i \leq k$, und $\pi_a(p) = 0$ für $p \in \mathbb{P} - \{p_1, \ldots, p_k\}$. Die kanonische Primfaktorzerlegung von a kann dann in der Form

$$a = p_1^{\pi_a(p_1)} p_2^{\pi_a(p_2)} \ldots p_k^{\pi_a(p_k)} = \prod_{i=1}^{k} p_i^{\pi_a(p_i)}$$

oder in der Form

$$a = \prod_{p \in \mathbb{P},\, p|a} p^{\pi_a(p)}$$

geschrieben werden. Für $p \in \mathbb{P}$ mit $p \nmid a$ ist $\pi_a(p) = 0$ und damit $p^{\pi_a(p)} = p^0 = 1$, weshalb auch

$$a = \prod_{p \in \mathbb{P}} p^{\pi_a(p)}$$

geschrieben werden kann.

Beispiel 6.6 Es gilt $17\,640 = 2^3 \cdot 3^2 \cdot 5^1 \cdot 7^2$. Hieraus lesen wir ab:

$$\pi_{17\,640}(2) = 3$$
$$\pi_{17\,640}(3) = 2$$
$$\pi_{17\,640}(5) = 1$$
$$\pi_{17\,640}(7) = 2$$
$$\pi_{17\,640}(p) = 0 \text{ für alle } p \in \mathbb{P} - \{\,2, 3, 5, 7\,\}$$ □

Aus der kanonischen Primfaktorzerlegung einer natürlichen Zahl lässt sich die Menge ihrer Teiler bestimmen:

Satz 6.10 Sei $a = p_1^{\alpha_1} p_2^{\alpha_2} \ldots p_k^{\alpha_k}$ die kanonische Primfaktorzerlegung von a, dann ist die Menge der positiven Teiler von a gegeben durch die Menge

$$T_a = \{\, b \mid b = p_1^{\beta_1} p_2^{\beta_2} \ldots p_k^{\beta_k}, \, 0 \leq \beta_i \leq \alpha_i, \, 1 \leq i \leq k \,\}$$

Die Menge der Teiler von a ergibt sich also, indem man alle möglichen Produkte mit den Primfaktoren von a bildet, wobei jeder Primfaktor p_i höchstens α_i-mal vorkommen darf.   □

Definition 6.4 Seien $a, b \in \mathbb{N}_0$. Das *kleinste gemeinsame Vielfache* $[a, b]$ von a und b ist die kleinste Zahl c mit $a|c$ und $b|c$.   □

Folgerung 6.7 Gilt $a|c$ und $b|c$, dann gilt $[a, b] \mid c$.   □

Mithilfe der kanonischen Primfaktorzerlegung von zwei Zahlen lassen sich auch deren größter gemeinsamer Teiler sowie deren kleinstes gemeinsames Vielfaches berechnen.

Satz 6.11 Für alle $a, b \in \mathbb{N}_0$, $a, b \geq 2$, gilt:

$$(a, b) = \prod_{p \in \mathbb{P}} p^{min\{\pi_a(p), \pi_b(p)\}}$$

$$[a, b] = \prod_{p \in \mathbb{P}} p^{max\{\pi_a(p), \pi_b(p)\}}$$

□

Beispiel 6.7 Es gilt $11000 = 2^3 \cdot 5^3 \cdot 11$ sowie $13200 = 2^4 \cdot 3 \cdot 5^2 \cdot 11$. Mithilfe von Satz 6.11 lassen sich größter gemeinsamer Teiler und kleinstes gemeinsames Vielfaches dieser beiden Zahlen wie folgt berechnen:

$$(11000, 13200) = 2^{min\{3,4\}} \cdot 3^{min\{0,1\}} \cdot 5^{min\{2,3\}} \cdot 11^{min\{1\}}$$
$$= 2^3 \cdot 3^0 \cdot 5^2 \cdot 11^1$$
$$= 2200$$
$$[11000, 13200] = 2^{max\{3,4\}} \cdot 3^{max\{0,1\}} \cdot 5^{max\{2,3\}} \cdot 11^{max\{1\}}$$
$$= 2^4 \cdot 3^1 \cdot 5^3 \cdot 11^1$$
$$= 66000 \qquad \square$$

Satz 6.12 Für alle $a, b \in \mathbb{N}_0$ gilt:

$$[a, b] \cdot (a, b) = a \cdot b$$

Beweis Mit Satz 6.11 folgt:

$$(a,b) \cdot [a,b] = \prod_{p \in \mathbb{P}} p^{min\{\pi_a(p), \pi_b(p)\}} \cdot \prod_{p \in \mathbb{P}} p^{max\{\pi_a(p), \pi_b(p)\}}$$
$$= \prod_{p \in \mathbb{P}} p^{\pi_a(p) + \pi_b(p)}$$
$$= \prod_{p \in \mathbb{P}} p^{\pi_a(p)} \cdot p^{\pi_b(p)}$$
$$= \prod_{p \in \mathbb{P}} p^{\pi_a(p)} \cdot \prod_{p \in \mathbb{P}} p^{\pi_b(p)}$$
$$= a \cdot b \qquad \square$$

Folgerung 6.8 Für alle $a, b \in \mathbb{N}_0$ ist $[a, b] = ab$ genau dann, wenn a und b relativ prim zueinander sind. $\qquad \square$

Aus Satz 6.11 können des Weiteren folgende Aussagen hergeleitet werden.

Folgerung 6.9 Für alle $a, b, c \in \mathbb{N}_0$ gilt:

$$a \cdot (b, c) = (ab, ac)$$
$$a \cdot [b, c] = [ab, ac]$$
$$[a, (b, c)] = ([a, b], [a, c]) \qquad (6.8)$$
$$(a, [b, c]) = [(a, b), (a, c)] \qquad (6.9)$$

Die Gleichungen (6.8) und (6.9) stellen quasi Distributivgesetze für die beiden Operatoren „kleinstes gemeinsames Vielfaches" und „größter gemeinsamer Teiler" dar. $\qquad \square$

Primzahlen werden uns auch in den weiteren Kapiteln noch beschäftigen. Insbesondere werden wir noch auf Primzahltests eingehen. Im Folgenden sind noch einige interessante „klassische", bisher nicht gelöste Problemstellungen zu Primzahlen aufgelistet.

Ist $x \in \mathbb{P}$ und $x + 2 \in \mathbb{P}$, dann heißen x und $x + 2$ *Primzahlzwillinge*. Beispiele für Primzahlzwillinge sind 3 und 5, 5 und 7, 11 und 13, 17 und 19, 22 271 und 22 273, 1 000 000 000 061 und 1 000 000 000 063. Die Frage, ob es unendlich viele Primzahlzwillinge gibt, ist bis heute nicht beantwortet.

Die Frage, ob sich alle gerade Zahlen größer gleich 4 als Summe von Primzahlen darstellen lassen, ist als *Goldbachsche Vermutung* bekannt. Beispiele für gerade Zahlen, auf die die Goldbachsche Vermutung zutrifft, sind

$$4 = 2 + 2$$
$$6 = 3 + 3$$
$$8 = 3 + 5$$
$$10 = 5 + 5 = 3 + 7$$
$$50 = 19 + 31$$
$$100 = 47 + 53$$
$$21\,000 = 17 + 20\,983$$

Die Goldbachsche Vermutung konnte bisher nicht bewiesen werden.

Eine ähnliche Fragestellung ist, ob sich alle ungeraden Zahlen größer gleich 7 als Summe von drei Primzahlen darstellen lassen. Beispiele für diese Vermutung sind:

$$7 = 2 + 2 + 3$$
$$11 = 2 + 2 + 7$$
$$13 = 3 + 3 + 7$$
$$17 = 3 + 3 + 11 = 3 + 7 + 7$$

Diese Vermutung ist allerdings für alle natürlichen Zahlen $x \geq e^{e^{16\,038}}$ bereits bewiesen. Man braucht die Behauptung also „nur noch" für die endlich vielen ungeraden Zahlen zeigen, die kleiner als diese Zahl sind.

6.4 Der Kleine Satz von Fermat

Wir wollen nun die früher schon öfter, z.B. in Kapitel 4.4 gestellte Frage beantworten, für welche m die Restklassenringe $\mathbb{Z}_m$ nullteilerfrei, also Integritätsbereiche sind. Mit Satz 4.3 folgt dann, dass diese sogar Körper sind. Für die Einheitengruppen dieser Körper betrachten wir dann noch einen Spezialfall des Satzes von Euler (Satz 4.7).

Wir wissen (siehe Beispiel 4.9 b), dass $m\mathbb{Z}$ für jedes $m \in \mathbb{Z}$ ein Ideal in $\mathbb{Z}$ bildet (das von m erzeugte Ideal, allgemein mit (m) notiert). Satz 5.2 besagt, dass für die Primelemente (p) eines Integritätsbereiches $\mathcal{I}$ die Faktorisierungen $\mathcal{I}/(p)$ auch Integritätsbereiche sind. In $\mathbb{Z}$ sind die Primzahlen Primelemente (siehe Definition 6.3). Aus Satz 5.2 folgt also unmittelbar als Spezialfall

Folgerung 6.10 Sei $p \in \mathbb{P}$. Dann ist $\mathbb{Z}/p\mathbb{Z}$ nullteilerfrei, also ein Integritätsbereich. Da $\mathbb{Z}/p\mathbb{Z} \cong \mathbb{Z}_p$ gilt (siehe Ende von Kapitel 2.5), folgt, dass auch $\mathbb{Z}_p$ für alle $p \in \mathbb{P}$ Integritätsbereiche sind. Da diese Integritätsbereiche endlich sind, folgt aus Satz 4.3 sogar, dass sie Körper bilden. $\square$

Es folgt unmittelbar

Satz 6.13 Die Ringe $\mathbb{Z}_m$ sind nullteilerfrei und damit Körper genau dann, wenn m eine Primzahl ist. $\square$

Aus diesem Satz folgt mit den Sätzen 5.1 und 6.6

Folgerung 6.11 Die Ringe $\mathbb{Z}_m$ sind nullteilerfrei und damit Körper genau dann, wenn m irreduzibel ist. $\square$

Aus dem Satz 6.13 folgt unmittelbar, dass alle Elemente von $\mathbb{Z}_p$ (außer 0) für $p \in \mathbb{P}$ invertierbar sind, d.h. $\mathbb{Z}_p^*$ bildet eine multiplikative Gruppe für $p \in \mathbb{P}$, die *prime Restklassengruppe modulo p*. Die Gruppe $\mathbb{Z}_p^*$ enthält somit $p - 1$ Elemente, es gilt also

$$\varphi(p) = p - 1 \tag{6.10}$$

Hieraus folgt unmittelbar als Spezialfall des Satzes von Euler (Satz 4.7) der *Kleine Satz von Fermat*.

Satz 6.14 (Kleiner Satz von Fermat)[2] Sei $p \in \mathbb{P}$, dann gilt für alle Elemente $x \in \mathbb{Z}_p^*$: $x^{p-1} = 1$. $\square$

Wir wollen an dieser Stelle kurz die Frage nach Primzahltests aufgreifen, die uns in Kapitel 10 noch intensiver beschäftigen wird. Diese Tests sind von sehr großem Interesse in der Kryptologie (siehe Kapitel 14). Für die Bestimmung von Schlüsseln in sogenannten öffentlichen Verschlüsselungsverfahren ist es notwendig, (sehr große) Primzahlen effizient zu bestimmen. Einen ersten Ansatz in diese Richtung liefert

---

[2]Pierre de Fermat (1601 - 1665), französischer Jurist und „Hobbymathematiker", gehört zu den größten Mathematikern seiner Zeit. Er lieferte Beiträge zu vielen Gebieten der Mathematik. Über die Mathematikergemeinde hinaus ist er bekannt durch seine Vermutung, dass die diophantische Gleichung $x^n + y^n = z^n$ für $n \geq 3$ keine ganzzahligen von Null verschiedenen Lösungen besitzt. Diese Vermutung, die seit seiner Zeit die größten Mathematiker beschäftigte, wurde erst um 1995 von Andrew Wiles bewiesen.

Folgerung 6.12 a) Sei p eine Primzahl und $x \in \mathbb{Z}$ mit $(x,p) = 1$, dann gilt $x^p = x\,(p)$.

b) Sei $n \in \mathbb{N}$ mit $n \geq 2$. Gibt es eine Zahl $x \in \mathbb{Z}$ mit $x^n \neq x\,(n)$, dann ist $n \notin \mathbb{P}$.

c) Sei p eine Primzahl und $x \in \mathbb{Z}_p^*$, dann gilt $ord_{\mathbb{Z}_p^*}(x)|\,p-1$.

d) Sei p eine Primzahl und $x \in \mathbb{Z}_p^*$, dann gilt $x^{-1} = x^{p-2}$.

Beweis **a)** und **b)** folgen unmittelbar aus dem Kleinen Satz von Fermat. **c)** ist eine Anwendung der allgemein für Gruppen gültigen Aussage von Folgerung 3.14 auf die Gruppe $\mathbb{Z}_p^*$. **d)** folgt unmittelbar aus dem Kleinen Satz von Fermat (auch unmittelbar aus Folgerung 4.6).   □

Da der Kleine Satz von Fermat bzw. die Folgerung 6.12 b) nur notwendige aber keine hinreichenden Bedingungen dafür liefern, ob eine Zahl prim ist, haben wir mit diesem lediglich einen „negativen Primzahltest" zur Verfügung.

Beispiel 6.8 Es gilt $2^6 = 4\,(6)$. Wegen Folgerung 6.12 b) folgt unmittelbar, dass 6 keine Primzahl ist (sic!).   □

Es gibt Basen a, die sich der Verwendung der Umkehrung des Satzes von Fermat als Primzahltest widersetzen. Betrachten wir z.B. $a = 2$ und $n = 341$, dann gilt $(2,341) = 1$ und (siehe Beispiel 6.9 a) im folgenden Abschnitt) $2^{341} = 2\,(341)$, obwohl 341 keine Primzahl, sondern zusammengesetzt ist: $341 = 11 \cdot 31$. Auf diese Zahlen und ihre Eigenschaften gehen wir in Zusammenhang mit der Betrachtung von positiven und negativen Primzahltests in Kapitel 10 noch näher ein.

Aus Folgerung 6.11 wissen wir, dass $\mathbb{Z}_p$ für $p \in \mathbb{P}$ ein Körper ist. In der Literatur werden diese Körper auch mit $\mathbb{F}_p$ notiert. Die Bezeichnung mit $\mathbb{F}$ rührt von der englischen Bezeichnung „field" für Körper her. In Kapitel 22.3 werde wir sehen, dass es neben den Primkörpern $\mathbb{F}_p$ noch weitere endliche Körper, die so genannten Galois-Felder, gibt. In ihnen ist allerdings die Multiplikation anders definiert.

6.5 Effizientes Potenzieren

Bei Primzahltests, aber auch bei vielen anderen Anwendungen, z.B. bei der Verschlüsselung von Daten (siehe Kapitel 14), müssen modulare Potenzen berechnet werden. Bei dem im vorigen Abschnitt beispielhaft (siehe Beispiel 6.8) betrachteten negativen Primzahltest muss zum Beispiel getestet werden, ob $a^n \neq 1\,(n)$ für ein $a \in \{1, \ldots, n-1\}$ gilt um zu wissen, dass n keine Primzahl ist. Zunächst überlegen wir, dass die naive Berechnung von $a^n\,(n)$ durch $n-1$-maliges Multiplizieren der Dualdarstellung von a mit sich selbst gemäß „Adam Riese" und anschließende Reduktion modulo n einen viel zu großen Aufwand benötigt, nämlich exponentiell in $\lceil log_2\,n \rceil$ viele Operationen, da die Längen der Dualdarstellungen von a und von n von der Größenordnung $\lceil log_2\,n \rceil$ sind.

Ein wesentlich effizienteres Verfahren zur Berechnung der modularen Potenz ist das *wiederholte Quadrieren*. Dazu betrachten wir zunächst den Fall, dass wir $a^b\,(n)$ berechnen wollen für $b = 2^k$, $k \geq 2$. Es gilt nämlich

$$a^2\,(n) = a \cdot a\,(n)$$
$$a^4\,(n) = (a^2\,(n) \cdot a^2\,(n))\,(n)$$
$$a^8\,(n) = (a^4\,(n) \cdot a^4\,(n))\,(n)$$
$$\vdots$$
$$a^{2^k}\,(n) = (a^{2^{k-1}}\,(n) \cdot a^{2^{k-1}}\,(n))\,(n)$$

Zur Berechnung von $a^{2^i}\,(n)$ benutzen wir also die bereits vorher berechnete Potenz $a^{2^{i-1}}\,(n)$.

Nun betrachten wir die Berechnung von $a^b\,(n)$ und benutzen dabei die Dualdarstellung von b: $b_{n-1}\ldots b_1 b_0$. Es gilt

$$b = \sum_{i=0}^{n-1} b_i \cdot 2^i \text{ und damit } a^b = a^{\sum_{i=0}^{n-1} b_i \cdot 2^i} = a^{b_0 \cdot 2^0} \cdot a^{b_1 \cdot 2^1} \cdot a^{b_2 \cdot 2^2} \cdot \ldots \cdot a^{b_{n-1} \cdot 2^{n-1}}$$

Um $a^b\,(n)$ zu berechnen, berechnen wir zuerst $a_i = a^{2^i}\,(n)$, $0 \leq i \leq n-1$, durch wiederholtes Quadrieren, und danach multiplizieren wir modulo n alle a_i, für die $b_i = 1$ ist.

Für die Berechnung von $a^n\,(n)$ benötigt man mit diesem Verfahren $2\lceil log_2 n\rceil$ Multiplikationen von Zahlen aus $\mathbb{Z}_n$ mit der Länge $\lceil log_2 n\rceil$ ihrer Dualdarstellungen. Die Berechnung benötigt also insgesamt in der Größenordnung $(log_2 n)^3$ viele binäre Operationen.

Beispiel 6.9 a) Wir berechnen $2^{341}\,(341)$ mithilfe wiederholten Quadrierens. Die Dualdarstellung von 341 ist 101010101, sie hat die Länge 9. Wir berechnen zunächst die Faktoren a_i, $0 \leq i \leq 8$, jeweils modulo 341:

$$a_0 = 2^{2^0} = 2$$
$$a_1 = 2^{2^1} = 2^2 = 2 \cdot 2 = 4$$
$$a_2 = 2^{2^2} = 2^4 = 2^2 \cdot 2^2 = 4 \cdot 4 = 16$$
$$a_3 = 2^{2^3} = 2^8 = 2^4 \cdot 2^4 = 16 \cdot 16 = 256$$
$$a_4 = 2^{2^4} = 2^{16} = 2^8 \cdot 2^8 = 256 \cdot 256 = 64$$
$$a_5 = 2^{2^5} = 2^{32} = 2^{16} \cdot 2^{16} = 64 \cdot 64 = 4$$
$$a_6 = 2^{2^6} = 2^{64} = 2^{32} \cdot 2^{32} = 4 \cdot 4 = 16$$
$$a_7 = 2^{2^7} = 2^{128} = 2^{64} \cdot 2^{64} = 16 \cdot 16 = 256$$
$$a_8 = 2^{2^8} = 2^{256} = 2^{128} \cdot 2^{128} = 256 \cdot 256 = 64$$

Es ist $b_i = 1$ für $i \in \{0, 2, 4, 6, 8\}$. Wir müssen also noch $a_0 \cdot a_2 \cdot a_4 \cdot a_6 \cdot a_8$ berechnen und zwar schrittweise bei gleichzeitiger Reduktion:

$$
\begin{aligned}
(((a_0 \cdot a_2) \cdot a_4) \cdot a_6) \cdot a_8 &= (((2 \cdot 16) \cdot 64) \cdot 16) \cdot 64 \\
&= ((32 \cdot 64) \cdot 16) \cdot 64 = (2 \cdot 16) \cdot 64 = 32 \cdot 64 \\
&= 2
\end{aligned}
$$

Ingesamt folgt also: $2^{341} = 2\,(341)$.

b) Selbstverständlich kann man das Verfahren auch auf die Berechnung von Potenzen anwenden, die nicht von der Art $a^n\,(n)$ sind, sondern allgemeiner von der Art $a^b\,(n)$. Als Beispiel berechnen wir $3^{38}\,(11)$. Die Dualdarstellung von 38 ist 100110, hat also die Länge $n = 6$. Wir berechnen zunächst die Faktoren a_i, $0 \le i \le 5$, jeweils modulo 11:

$$
\begin{aligned}
a_0 &= 3^{2^0} = 3 \\
a_1 &= 3^{2^1} = 3^2 = 3 \cdot 3 = 9 \\
a_2 &= 3^{2^2} = 3^4 = 3^2 \cdot 3^2 = 9 \cdot 9 = 4 \\
a_3 &= 3^{2^3} = 3^8 = 3^4 \cdot 3^4 = 4 \cdot 4 = 5 \\
a_4 &= 3^{2^4} = 3^{16} = 3^8 \cdot 3^8 = 5 \cdot 5 = 3 \\
a_5 &= 3^{2^5} = 3^{32} = 3^{16} \cdot 3^{16} = 3 \cdot 3 = 9
\end{aligned}
$$

Es ist $b_i = 1$ für $i = 1$, $i = 2$ sowie $i = 5$. Wir müssen also noch $a_1 \cdot a_2 \cdot a_5$ berechnen und zwar schrittweise bei gleichzeitiger Reduktion:

$$
\begin{aligned}
a_1 \cdot a_2 &= 9 \cdot 4 = 3 \\
(a_1 \cdot a_2) \cdot a_5 &= 3 \cdot 9 = 5
\end{aligned}
$$

Ingesamt folgt also: $3^{38} = 5\,(11)$.

Die Potenz $3^{38}\,(11)$ kann man im Übrigen auch mithilfe des Satzes von Fermat sehr schnell ausrechnen. Da $(3, 11) = 1$ ist, gilt $3^{10} = 1\,(11)$. Damit rechnen wir:

$$
3^{38} = \left(3^{10}\right)^3 \cdot 3^8 = 3^8 = 3^3 \cdot 3^3 \cdot 3^2 = 5 \cdot 5 \cdot 9 = 3 \cdot 9 = 5\,(11)
$$

Diesem Verfahren liegt folgende Idee für die Berechnung von $a^b\,(p)$ mit $p \in \mathbb{P}$ und $(a, p) = 1$ zugrunde: Bestimme q mit $b = (p-1) \cdot q + r$ und $0 \le r < p - 1$, dann gilt

$$
a^b = a^{(p-1) \cdot q + r} = (a^{p-1})^q \cdot a^r = a^r\,(p) \tag{6.11}
$$

6.6 Übungen

6.1 Sei $m \in \mathbb{N}$ ungerade, und es gelte $2^m = 2\,(m)$. Zeigen Sie, dass dann auch $2^m = 2\,(2m)$ gilt.

6.2 Es seien $a, b, c, d \in \mathbb{N}$ sowie $a = b\,(c)$ und $d|c$. Zeigen Sie, dass dann $a = b\,(d)$ gilt.

6.3 Beweisen Sie folgende Behauptung: $x + 1 | x^n + 1$ für alle $n \in \mathbb{U}_+$ und alle $x \in \mathbb{R}$.

6.4 Die Relation $T \subseteq \mathbb{N} \times \mathbb{N}$ sei definiert durch

$$aTb \text{ genau dann, wenn } a|b$$

ist. Zeigen Sie, dass T eine Ordnung auf $\mathbb{N}$ festlegt. Ist T eine totale Ordnung?

6.5 Zeigen Sie, dass für alle $a, b \in \mathbb{N}$ gilt:

$$\left(\frac{a}{(a,b)}, \frac{b}{(a,b)} \right) = 1$$

6.6 Zeigen Sie, dass für alle $a, b \in \mathbb{Z}$ und $p \in \mathbb{P}$ gilt:

$$(a + b)^p = a^p + b^p \,(p)$$

6.7 Zeigen Sie: Für $p \in \mathbb{P}$ und $a \in \mathbb{Z}_p^*$ gilt $a^2 = 1$ genau dann, wenn $a = 1$ oder $a = -1$ (d.h. $a = p - 1$) ist. In $\mathbb{Z}_p^*$ sind also nur das Einselement 1 und sein additives Inverses $-1 = p - 1$ selbstinvers.

6.8 Beweisen Sie die Aussagen in Folgerung 6.9.

6.9 Rechnen Sie mithilfe des Verfahrens „wiederholtes Quadrieren" nach, dass $5^{561} = 5\,(561)$ ist.

Kapitel 7

Teilbarkeit von Polynomen

Die Menge der Polynome über einem Körper bildet genau wie die ganzen Zahlen einen Integritätsbereich (siehe Satz 4.4). Somit liegt es nahe, die Begriffe Teilbarkeit, Irreduzibilität, größter gemeinsamer Teiler sowie den Euklidischen Algorithmus zur Berechnung des größten gemeinsamen Teilers von ganzen Zahlen auf Polynome zu übertragen. Wir werden deshalb in aller Regel nur die entsprechenden Ergebnisse aufführen und nicht mehr die Beweise führen, da diese mehr oder weniger eins zu eins aus dem vorigen Kapitel übernommen werden können.

7.1 Größter gemeinsamer Teiler von Polynomen

Satz 7.1 Sei $\mathcal{K}$ ein Körper und $A, B \in \mathcal{K}[x]$ mit $B \neq 0$. Dann gibt es eindeutig bestimmte Polynome $Q, R \in \mathcal{K}[x]$ mit $A = B \cdot Q + R$, so dass gilt $R = 0$ oder $grad(R) < grad(B)$. Q heißt *Quotientenpolynom* und R heißt *Restpolynom*. □

Beispiel 7.1 a) Es seien $A = x^3 + x^2 + 2x + 1$ und $B = x^2 - 4$ Polynome über $\mathbb{Q}$, dann gilt:

$$\begin{array}{l} (x^3 + x^2 + 2x + 1) : (x^2 - 4) = x + 1 + \frac{6x+5}{x^2-4} \\ \underline{x^3 + 0x^2 - 4x} \\ \qquad x^2 + 6x + 1 \\ \qquad \underline{x^2 + 0x - 4} \\ \qquad\qquad 6x + 5 \end{array}$$

Es ist also $Q = x + 1$ das Quotientenpolynom und $R = 6x + 5$ das Restpolynom dieser Division, und es ist

$$(x^3 + x^2 + 2x + 1) = (x^2 - 4) \cdot (x + 1) + (6x + 5)$$

b) Es sei $A, B \in \mathbb{F}_2[x]$ mit $A = x^3 + x^2 + 1$ und $B = x^2 + x + 1$, dann gilt:

$$(x^3 + x^2 + 1) : (x^2 + x + 1) = x + \frac{x+1}{x^2+x+1}$$
$$\underline{x^3 + x^2 + x}$$
$$x + 1$$

Hier ist also $Q = x$ der Quotient und $R = x + 1$ der Rest, und es gilt

$$(x^3 + x^2 + 1) = (x^2 + x + 1) \cdot x + (x + 1) \qquad \square$$

Definition 7.1 a) Sei $\mathcal{K}$ ein Körper und $P, S \in \mathcal{K}[x]$. S ist *Teiler* von P (P *ist teilbar durch* S), falls es ein $Q \in \mathcal{K}[x]$ gibt mit $P = S \cdot Q$. Schreibweise: $S|P$.

b) Es sei $P, P' \in \mathcal{K}[x]$. $S \in \mathcal{K}[x]$ heißt *gemeinsamer Teiler* von P und P', falls $S|P$ und $S|P'$ gilt. S heißt *größter gemeinsamer Teiler* von P und P', $S = (P, P')$, falls S ein Teiler von P und von P' ist und für jeden weiteren Teiler S' von P und von P' gilt: $S'|S$. Auch bei Polynomen treffen wir für den Sonderfall $P = 0$ und $P' = 0$ die Vereinbarung $(0, 0) = 0$.

c) Gilt $(P, P') = 1$ für die Polynome $P, S \in \mathcal{K}[x]$, dann heißen P und Q *teilerfremd* oder *relaitv prim* über $\mathcal{K}$. $\qquad \square$

Im Unterschied zu ganzen Zahlen gibt es im Allgemeinen zu zwei Polynomen nicht nur einen größten gemeinsamen Teiler.

Satz 7.2 Es sei $\mathcal{K}$ Körper, $P, P' \in \mathcal{K}[x]$ und $S = (P, P')$. Dann gilt für alle $a \in \mathcal{K}^*$ ebenfalls $a \cdot S = (P, P')$.

Beweis Aus $S = (P, P')$ folgt $S|P$ und $S|P'$, d.h. es gibt $Q, Q' \in \mathcal{K}[x]$ mit $P = S \cdot Q$ und $P' = S \cdot Q'$. Daraus folgt sofort, dass für alle $a \in \mathcal{K}^*$ gilt: $P = a \cdot S \cdot a^{-1} \cdot Q$ und $P' = a \cdot S \cdot a^{-1} \cdot Q'$. Wir setzen $Q_a = a^{-1} \cdot Q$ sowie $Q'_a = a^{-1} \cdot Q'$. Dann gilt: $P = a \cdot S \cdot Q_a$ bzw. $P' = a \cdot S \cdot Q'_a$. Hieraus folgt: $a \cdot S|P$ und $a \cdot S|P'$. Mit S ist also auch $a \cdot S$ für alle $a \in \mathcal{K}^*$ ein gemeinsamer Teiler von P und P'. Für jeden weiteren Teiler S' von P und P' gilt, da S größter gemeinsamer Teiler von P und P' ist, $S'|S$. Hieraus folgt, dass auch $S'|a \cdot S$ für alle $a \in \mathcal{K}^*$ gilt. Insgesamt folgt die Behauptung $a \cdot S = (P, P')$. $\qquad \square$

Ein Verfahren zur Berechnung eines größten gemeinsamen Teilers von zwei Polynomen ist eine entsprechende Variante des Euklidischen Algorithmus, mit dem der größte gemeinsame Teiler von zwei ganzen Zahlen berechnet werden kann (siehe Kapitel 6.2).

Beispiel 7.2 a) Es sei $P, P' \in \mathbb{Q}[x]$ mit $P = x^4 + x^3 - x^2 + x + 2$ und $P' = x^3 + 2x^2 + 2x + 1$, dann gilt:

$$x^4 + x^3 - x^2 + x + 2 = (x^3 + 2x^2 + 2x + 1) \cdot (x - 1) + (-x^2 + 2x + 3)$$
$$x^3 + 2x^2 + 2x + 1 = (-x^2 + 2x + 3) \cdot (-x - 4) + (13x + 13)$$
$$-x^2 + 2x + 3 = (13x + 13) \cdot \left(-\frac{1}{13}x + \frac{3}{13}\right) + 0$$

Somit ist: $13x + 13 = (x^4 + x^3 - x^2 + x + 2, x^3 + 2x^2 + 2x + 1)$. Im Übrigen ist $x + 1 = \frac{1}{13}(13x + 13)$ ebenfalls ein größter gemeinsamer Teiler von P und P', genau so wie jedes Vielfache $a \cdot (13x + 13)$ mit $a \in \mathbb{Q}^*$.

b) Es sei $P, P' \in \mathbb{F}_2[x]$ mit $P = x^4 + x^2 + x + 1$ und $P' = x^3 + 1$, dann gilt

$$x^4 + x^2 + x + 1 = (x^3 + 1) \cdot x + (x^2 + 1)$$
$$x^3 + 1 = (x^2 + 1) \cdot x + (x + 1)$$
$$x^2 + 1 = (x + 1) \cdot (x + 1) + 0$$

und somit $x + 1 = (x^4 + x^2 + x + 1, x^3 + 1)$. Es gibt keine weiteren größten gemeinsamen Teiler, da nur ein $a \in \mathbb{F}_2^*$ existiert, nämlich $a = 1$, und $1 \cdot (x + 1) = x + 1$ ist. $\qquad\square$

Wie die beiden Beispiele zeigen, wird der Euklidische Algorithmus auf zwei Polynome A und B mit $grad(A) \geq grad(B)$ genauso angewendet, wie auf zwei Zahlen. Der Divisor wird im nächsten Schritt Dividend, und der Rest wird Divisor. In jedem Schritt muss deshalb der Grad des Restes echt kleiner werden. Damit ist gesichert, dass das Verfahren endet, denn der Rest muss 0 werden. Der letzte nicht verschwindende Rest ist ein größter gemeinsamer Teiler (bei ganzen Zahlen ist dieser *der* größte gemeinsame Teiler).

Von den größten gemeinsamen Teilern zweier Polynome betrachten wir in der Regel das monische Polynom als *den* größten gemeinsamen Teiler.

In $\mathbb{Z}$ gilt (siehe Folgerung 6.2): Zu $a, b \in \mathbb{Z}$ gibt es $p, q \in \mathbb{Z}$, so dass $(a, b) = ap + bq$ gilt (p und q können mithilfe des erweiterten Euklidischen Algorithmus bestimmt werden). Analog gilt für Polynome der

Satz 7.3 Sei $\mathcal{K}$ Körper und $A, B, S \in \mathcal{K}[x]$ mit $S = (A, B)$, dann gibt es $P, Q \in \mathcal{K}[x]$ mit $S = A \cdot P + B \cdot Q$. $\qquad\square$

Beispiel 7.3 (Siehe Beispiel 7.2 a.) Es ist $13x + 13 = (x^4 + x^3 - x^2 + x + 2, x^3 + 2x^2 + 2x + 1)$ in $\mathbb{Q}[x]$. Es gilt:

$$x^4 + x^3 - x^2 + x + 2 = (x^3 + 2x^2 + 2x + 1) \cdot (x - 1) + (-x^2 + 2x + 3)$$

Daraus folgt:

$$-x^2 + 2x + 3 = \qquad\qquad\qquad\qquad\qquad\qquad (7.1)$$
$$(x^4 + x^3 - x^2 + x + 2) - (x^3 + 2x^2 + 2x + 1) \cdot (x - 1)$$

Außerdem ist:

$$x^3 + 2x^2 + 2x + 1 = (-x^2 + 2x + 3) \cdot (-x - 4) + (13x + 13)$$

Daraus folgt:

$$13x + 13 = (x^3 + 2x^2 + 2x + 1) - (-x^2 + 2x + 3) \cdot (-x - 4)$$

Mit Einsetzen von (7.1) folgt daraus:

$$13x + 13$$
$$= (x^3 + 2x^2 + 2x + 1)$$
$$\quad - \left[(x^4 + x^3 - x^2 + x + 2) - (x^3 + 2x^2 + 2x + 1)(x - 1)\right](-x - 4)$$
$$= (x^3 + 2x^2 + 2x + 1) - (x^4 + x^3 - x^2 + x + 2)(-x - 4)$$
$$\quad + (x^3 + 2x^2 + 2x + 1)(x - 1)(-x - 4)$$
$$= (x^4 + x^3 - x^2 + x + 2)(x + 4) + (x^3 + 2x^2 + 2x + 1)(-x^2 - 3x + 5)$$

Die gesuchten Polynome P und Q sind also: $P = x + 4$ und $Q = -x^2 - 3x + 5$.

b) Es ist $x + 1 = (x^4 + x^2 + x + 1, x^3 + 1)$ in $\mathbb{F}_2[x]$. Es gilt:

$$x^4 + x^2 + x + 1 = (x^3 + 1) \cdot x + (x^2 + 1)$$

Daraus folgt:

$$x^2 + 1 = (x^4 + x^2 + x + 1) + (x^3 + 1)x \qquad\qquad (7.2)$$

Außerdem ist:

$$x^3 + 1 = (x^2 + 1) \cdot x + (x + 1)$$

Daraus folgt:

$$x + 1 = (x^3 + 1) + (x^2 + 1)x$$

Mit Einsetzen von (7.2) folgt daraus:

$$x + 1 = (x^3 + 1) + \left[(x^4 + x^2 + x + 1) + (x^3 + 1)x\right]x$$
$$= (x^3 + 1) + (x^4 + x^2 + x + 1)x + (x^3 + 1)x^2$$
$$= (x^4 + x^2 + x + 1)x + (x^3 + 1)(x^2 + 1)$$

Die gesuchten Polynome P und Q sind also: $P = x$ und $Q = x^2 + 1$. $\square$

7.2 Polynomringe und Irreduzibilität

Bereits im Beispiel 4.9 b) haben wir gesehen, dass ein Polynom P über einem Körper $\mathcal{K}$ das Ideal $(P) = \{Q \cdot P \mid Q \in \mathcal{K}[x]\}$ erzeugt und dass durch ein weiteres Polynom $R \in \mathcal{K}[x]\}$ durch $R + (P) = \{P \cdot Q + R \mid Q \in \mathcal{K}[x]\}$ die Restklasse R modulo (P) gegeben ist. Wir betrachten nun diese Strukturen noch etwas genauer, führen sie allerdings so ein, wie wir die entsprechenden Strukturen in $\mathbb{Z}$ im Kapitel 2.4 eingeführt haben, nämlich über Kongruenzrelationen. Wir haben dadurch ein weiteres Indiz für die Ähnlichkeit der Integritätsbereiche „ganze Zahlen" und „Polynome".

Definition 7.2 Sei $\mathcal{K}$ ein Körper und $P, P', Q \in \mathcal{K}[x]$ mit $grad(Q) = n > 0$. P und P' sind *kongruent modulo Q* genau dann, wenn P und P' bei Division durch Q denselben Rest $R \in \mathcal{K}[x]$ mit $grad(R) < n$ besitzen. Sind P und P' kongruent modulo Q, dann schreiben wir: $P \equiv_Q P'$. □

Folgerung 7.1 Sei $\mathcal{K}$ ein Körper und $Q \in \mathcal{K}[x]$ mit $grad(Q) = n > 0$, dann gilt:

a) $\equiv_Q$ ist eine Äquivalenzrelation auf $\mathcal{K}[x]$.

b) Ist $P \equiv_Q P'$, dann gibt es $S, S', R \in \mathcal{K}[x]$ mit $R = 0$ oder mit $0 \le grad(R) < n$, so dass gilt:

$$P = S \cdot Q + R \text{ und } P' = S' \cdot Q + R$$

Es gilt offensichtlich $R \equiv_Q P$ und $R \equiv_Q P'$, denn P und R bzw. P' und R lassen bei Division durch Q denselben Rest R: Alle äquivalenten Polynome sind äquivalent zu „ihrem" Restpolynom. Für jede Äquivalenzklasse von Polynomen wollen wir das Restpolynom als Repräsentant wählen. Jedes (Rest-) Polynom R mit $R = 0$ sowie mit $0 \le grad(R) < n$ legt also genau eine Äquivalenzklasse, eine *Restklasse modulo Q*, fest.

c) Q liegt in der Restklasse, die durch den Rest 0 repräsentiert wird, da $Q = 1 \cdot Q + 0$ gilt.

d) Mit diesen Restklassen kann wieder gerechnet werden:

$$[R]_Q \oplus [R']_Q = [R + R']_Q \text{ und } [R]_Q \otimes [R']_Q = [R \cdot R']_Q$$

Die Restklassen bilden mit diesen beiden Operationen einen Ring, den sogenannten *Quotientenring* $\mathcal{K}[x]/Q$. □

Im Satz 6.13 hatten wir festgestellt, dass $\mathbb{Z}_p$ ein Körper genau dann ist, wenn das Modul p eine Primzahl ist. Die Rolle der Primzahlen spielen in $\mathcal{K}[x]$ die irreduziblen Polynome: Ein Polynom ist irreduzibel (siehe Definition 5.2), falls es nur triviale Teiler besitzt. Ist also $\mathcal{K}$ ein Körper, dann ist $P \in \mathcal{K}[x]$ *irreduzibel* über $\mathcal{K}$ genau dann, wenn es keine Polynome $A, B \in \mathcal{K}[x]$ gibt mit $grad(A) > 0$, $grad(B) > 0$ und $P = A \cdot B$. Anderenfalls heißt P *reduzibel* oder *zusammengesetzt*.

Beispiel 7.4 a) $x^2 - 1$ ist reduzibel über $\mathbb{Z}$, denn es gilt $x^2 - 1 = (x + 1)(x - 1)$.

b) $x^2 + 1$ ist irreduzibel über $\mathbb{R}$.

c) $x^2 + 1$ ist reduzibel über $\mathbb{C}$, denn es gilt: $x^2 + 1 = (x + i)(x - i)$ mit $i^2 = -1$.

d) $x^2 - 3$ ist irreduzibel über $\mathbb{Q}$, aber reduzibel über $\mathbb{R}$, denn es gilt:

$$x^2 - 3 = (x + \sqrt{3})(x - \sqrt{3})$$

e) $x^2 - 3$ ist ebenfalls reduzibel über $\mathbb{F}_{11}$, denn es gilt

$$x^2 - 3 = x^2 + 8 = (x + 5)(x + 6)$$

f) $x^2 + x + 1$ ist irreduzibel über $\mathbb{F}_2$, aber reduzibel über $\mathbb{F}_3$:

$$x^2 + x + 1 = (x+2)(x+2) = (x+2)^2$$

g) Polynome mit Grad 1 (lineare Polynome) sind irreduzibel über jedem Körper.

h) Die einzigen irreduziblen Polynome über $\mathbb{R}$ sind die linearen Polynome sowie die quadratischen Polynome $x^2 + px + q$ mit $p^2 - 4q < 0$ (negative Diskriminante).

i) Über $\mathbb{C}$ sind nur die linearen Polynome irreduzibel. □

Analog zu Satz 6.6 gilt für Polynome, dass irreduzible Polynome auch prim sind.

Satz 7.4 Sei $\mathcal{K}$ Körper und $P \in \mathcal{K}[x]$ irreduzibel, dann ist P auch prim. □

Jede ganze Zahl lässt sich eindeutig als Produkt von 1 oder -1 und Primzahlen (kanonisch) darstellen (siehe Satz 6.9). Eine analoge Aussage für Polynomringe macht der folgende Satz.

Satz 7.5 Sei $\mathcal{K}$ ein Körper. $P \in \mathcal{K}[x]$ lässt sich als Produkt irreduzibler Polynome (d.h. gemäß obigem Satz als Produkt von Primpolynomen) über $\mathcal{K}$ darstellen. Ist $P = Q_1 \cdot Q_2 \cdot \ldots \cdot Q_m$ eine solche Darstellung, so erhält man jede andere Darstellung, indem man Q_i durch $a_i \cdot Q_i$, $a_i \in \mathcal{K}^*$, $1 \le i \le m$, ersetzt, wobei $a_1 \cdot a_2 \cdot \ldots \cdot a_m = 1$ gelten muss. Die Darstellung ist bis auf die Reihenfolge der irreduziblen Polynome und bis auf geeignete Multiplikation mit konstanten Polynomen eindeutig. □

Im Beispiel 7.6 b) geben wir alle möglichen Zerlegungen des Polynoms $x^2 + x + 1$ über $\mathbb{F}_7$ an. Das Beispiel macht deutlich, dass im Unterschied zu ganzen Zahlen die Faktorisierung von Polynomen bis auf Assoziierte eindeutig ist.

Der Satz 6.13 bzw. die Folgerung 6.11 beantwortet die Frage, für welche Moduln m die Restklassenringe $\mathbb{Z}_m$ Körper bilden, nämlich genau dann, wenn m Primzahl, also irreduzibel ist. Der folgende Satz beantwortet die analoge Frage für Polynomringe.

Satz 7.6 Sei $\mathcal{K}$ ein endlicher Körper. $\mathcal{K}[x]/P$ ist ein Körper genau dann, wenn $P \in \mathcal{K}[x]$ irreduzibel über $\mathcal{K}$ ist.

Beweis Wir zeigen: $P \in \mathcal{K}[x]$ ist reduzibel genau dann, wenn $\mathcal{K}[x]/P$ kein Körper ist. P ist reduzibel über K genau dann, wenn es zwei nichttriviale Polynome $Q, S \in \mathcal{K}[x]$ gibt mit $P = Q \cdot S$. Da $P \equiv_P 0$ ist, gilt dies genau dann, wenn $Q \cdot S \equiv_P 0$ ist. Dies gilt genau dann, wenn Q und S Nullteiler in $\mathcal{K}[x]/P$ sind, und dies gilt genau dann, wenn $\mathcal{K}[x]/P$ kein Integritätsbereich ist. Da $\mathcal{K}[x]/P$ endlich ist, kann gemäß Satz 4.3 $\mathcal{K}[x]/P$ auch kein Körper sein. □

Die Elemente der Restklasse $\mathcal{K}[x]/P$ sind genau die Polynome mit echt kleinerem Grad als der Grad von P (siehe auch Beispiel 4.10 b).

Beispiel 7.5 a) Wir betrachten das Polynom $Q = x^2 + 1 \in \mathbb{F}_2[x]$. Q ist reduzibel, denn es ist: $x^2 + 1 = (x + 1)^2$.

Es gilt $A \equiv_Q B$ für $A, B \in \mathbb{F}_2[x]$, falls A und B bei Division durch Q denselben Rest haben. Reste sind alle Polynome R mit $R = 0$ und $0 \leq grad(R) < grad(Q) = 2$. Diese Reste sind:

$$O = 0$$
$$E = 1$$
$$R = x$$
$$S = x + 1$$

Wir wählen diese als Repräsentanten der Restklassen und betrachten die Additions- und die Multiplikationtstafel von $\mathbb{F}_2[x]/Q$:

$\oplus$	O	E	R	S
O	O	E	R	S
E	E	O	S	R
R	R	S	O	E
S	S	R	E	O

$\otimes$	E	R	S
E	E	R	S
R	R	E	S
S	S	S	O

Man sieht: $\mathbb{F}_2[x]/Q$ ist ein Ring, aber kein Körper, denn das Polynom (die Restklasse) $S = x + 1$ besitzt kein Inverses.

b) Wir betrachten das Polynom $P = x^2 + x + 1 \in \mathbb{F}_2[x]$. P ist irreduzibel. Da $grad(P) = grad(Q) = 2$ ist, entstehen bei Division durch P dieselben Reste wie bei Division durch Q in Beispiel a). Die Additions- und die Multiplikationtstafel von $\mathbb{F}_2[x]/P$ sieht allerdings anders aus:

$\oplus$	O	E	R	S
O	O	E	R	S
E	E	O	S	R
R	R	S	O	E
S	S	R	E	O

$\otimes$	E	R	S
E	E	R	S
R	R	S	E
S	S	E	R

Man sieht: $\mathbb{F}_2[x]/P$ ist ein Körper. $\square$

7.3 Nullstellen

Sei $\mathcal{K}$ ein Körper. Falls wir in einem Polynom

$$P(x) = a_n x^n + a_{n-1} x^{n-1} + \ldots + a_2 x^2 + a_1 x + a_0 \in \mathcal{K}[x]$$

die Variable x durch ein $k \in \mathcal{K}$ ersetzen, entsteht ein Term

$$P(k) = a_n k^n + a_{n-1} k^{n-1} + \ldots + a_2 k^2 + a_1 k + a_0$$

dessen Wert ein Element von $\mathcal{K}$ ist.

Gilt $P(k) = 0$, dann heißt k eine *Nullstelle* von P. Es gilt der

Satz 7.7 Sei $\mathcal{K}$ ein Körper und $P \in \mathcal{K}[x]$. Dann ist $k \in \mathcal{K}$ Nullstelle von P genau dann, wenn $x - k | P$ ist.

Beweis „$\Rightarrow$": Sei $k \in \mathcal{K}$ eine Nullstelle von P, d.h. $P(k) = 0$. Die Division von P durch $(x - k)$ liefert Polynome Q und R mit

$$P(x) = (x - k) \cdot Q(x) + R(x) \tag{7.3}$$

mit $Q, R \in \mathcal{K}[x]$ und $grad(R) < grad(x - k) = 1$. Es folgt, dass $grad(R) = 0$ sein muss, d.h. es gilt $R(x) = r \in \mathcal{K}$. Setzt man in (7.3) $x = k$, dann ist: $0 = 0 \cdot Q(k) + r$. Daraus folgt, dass $r = 0$ und somit $R(x) = 0$ ist. Mit (7.3) folgt dann, dass $P(x) = (x - k) \cdot Q(x)$ ist und damit gilt $x - k | P$.

„$\Leftarrow$": Gilt $x - k | P$, dann gibt es ein Polynom $Q \in \mathcal{K}[x]$ mit $P(x) = (x - k) \cdot Q(x)$. Setzt man $x = k$, dann ist $Q(k) = q \in \mathcal{K}$ und $P(k) = 0 \cdot q = 0$, d.h. k ist Nullstelle von P. $\square$

Diese Überlegungen können benutzt werden, um ein Polynom in irreduzible Polynome zu faktorisieren (siehe auch Satz 7.5).

Beispiel 7.6 a) Betrachten wir $P(x) = x^5 + 3x^4 - 12x^2 - 25x - 15 \in \mathbb{R}[x]$. Durch Probieren findet man, dass $k_1 = -1$ Nullstelle von P ist. Division von P durch $(x - k_1) = (x + 1)$ liefert:

$$P(x) = (x + 1) \cdot (x^4 + 2x^3 - 14x^2 + 2x - 15)$$

Durch Probieren findet man, dass 3 Nullstelle von $x^4 + 2x^3 - 14x^2 + 2x - 15$ ist. Dessen Division durch $(x - 3)$ liefert:

$$x^4 + 2x^3 - 14x^2 + 2x - 15 = (x - 3) \cdot (x^3 + 5x^2 + x + 5)$$

-5 ist Nullstelle von $x^3 + 5x^2 + x + 5$. Es folgt

$$x^3 + 5x^2 + x + 5 = (x + 5) \cdot (x^2 + 1)$$

$x^2 + 1$ ist irreduzibel über $\mathbb{R}[x]$. Somit erhalten wir insgesamt die folgende Faktorisierung von P:

$$P(x) = (x + 1)(x - 3)(x + 5)(x^2 + 1)$$

b) Betrachten wir $P = x^2 + x + 1$ in $\mathbb{F}_7$. Durch Probieren findet man die Nullstellen 2 und 4. Damit gilt:

$$x^2 + x + 1 = (x - 4) \cdot (x - 2) = (x + 3) \cdot (x + 5)$$

Es ist $\mathbb{F}_7^* = \{1,2,3,4,5,6\}$, und 2 und 4 sowie 3 und 5 sind invers zu einander und 6 ist selbstinvers. Unter Berücksichtigung von Satz 7.5 ergeben sich damit insgesamt die folgenden möglichen Faktorisierungen von P:

$$
\begin{aligned}
x^2 + x + 1 &= (x-4)\cdot(x-2) &= (x+3)\cdot(x+5)\\
&= 2(x+3)\cdot 4(x+5) &= (2x+6)\cdot(4x+6)\\
&= 4(x+3)\cdot 2(x+5) &= (4x+5)\cdot(2x+3)\\
&= 3(x+3)\cdot 5(x+5) &= (3x+2)\cdot(5x+4)\\
&= 5(x+3)\cdot 3(x+5) &= (5x+1)\cdot(3x+1)\\
&= 6(x+3)\cdot 6(x+5) &= (6x+4)\cdot(6x+2) \quad\square
\end{aligned}
$$

Aus Satz 7.7 folgt unmittelbar

Folgerung 7.2 Sei $\mathcal{K}$ ein Körper und $P \in \mathcal{K}[x]$ mit $grad(P) = n$. Dann besitzt P höchstens n Nullstellen in $\mathcal{K}$.

7.4 Übungen

7.1 Bestimmen Sie die Lösungen der Gleichung $x + 2 = 1 - 2x$ in $\mathbb{Q}$, in $\mathbb{Z}_3$, in $\mathbb{Z}_5$ sowie in $\mathbb{Z}_7$.

7.2 Es sei $P(x) = x^2 + x + 8 \in \mathbb{Z}_{10}[x]$.

(1) Bestimmen Sie alle Nullstellen von P in $\mathbb{Z}_{10}$.

(2) Geben Sie alle Zerlegungen von P in Produkte irreduzibler Polynome über $\mathbb{Z}_{10}$ in der Form $P(x) = (ax+b)(cx+d)$, $a,b,c,d \in \mathbb{Z}_{10}$ an.

7.3 Sei $p \in \mathbb{P}$ und $P \in \mathbb{Z}_p[x]$. Bestimmen Sie die Anzahl der Restklassen modulo P, d.h. die Anzahl der Elemente von $\mathbb{Z}_p[x]/P$.

Kapitel 8

Kongruenzgleichungen

8.1   Lineare Kongruenzen

Restklassenringe und Primkörper spielen in vielen mathematischen Anwendungen eine wichtige Rolle, insbesondere auch in der Kryptografie und in der Codierung, womit wir uns später noch näher beschäftigen werden. Dort müssen z.B. Gleichungen der Art $ax = b$ in $\mathbb{Z}_m$ gelöst werden. Ist $m \in \mathbb{P}$, dann ist $\mathbb{Z}_m$ ein Körper (siehe Satz 6.13) und alle Gleichungen $ax = b\,(m)$ mit $a \neq 0$ sind eindeutig lösbar: $x = b \cdot a^{-1}$. Wir wollen uns jetzt mit der Lösbarkeit und der Lösung dieser Gleichungen in Restklassenringen beschäftigen. Wichtige Hilfsmittel dazu liefert der folgende Satz.

Satz 8.1 Es sei $\mathbb{Z}_m$ der Restklassenring modulo m und $a, b, c \in \mathbb{Z}_m$. Folgende Aussagen sind äquivalent:

(1) $(a, m) = 1$;

(2) $a \in \mathbb{Z}_m^*$ (a ist invertierbar, d.h. besitzt ein Inverses a^{-1});

(3) Es gilt die Kürzungsregel: Aus $ab = ac$ folgt $b = c$.

Beweis   Wir beweisen die Äquivalenz durch den Ringschluss „(1) $\Rightarrow$ (2) $\Rightarrow$ (3) $\Rightarrow$ (1)":

„(1) $\Rightarrow$ (2)": Allgemein gilt (siehe Folgerung 6.2): Ist $t = (x, y)$, dann gibt es s und r mit $t = xs + yr$. Für $(a, m) = 1$ bedeutet dies, dass es s und r gibt mit $1 = as + mr$. Da $mr = 0$ ist, folgt, dass $as = 1$ ist, d.h. s ist invers zu a. a ist also invertierbar.

„(2) $\Rightarrow$ (3)": a besitze das Inverse a^{-1}. Multiplizieren wir $ab = ac$ auf beiden Seiten von links damit, folgt sofort $b = c$.

„(3) $\Rightarrow$ (1)": Wir nehmen an, dass $(a, m) = t > 1$ ist. Da $t|m$ ist, existiert ein x mit $m = t \cdot x$. Da $t > 1$ ist, ist $x \neq m$, d.h. – modulo m gerechnet – ist $x \neq 0$. Da andererseits $t|a$ ist, ist auch $t \cdot x|a \cdot x$, d.h. es existiert ein y mit

$$a \cdot x = t \cdot x \cdot y = m \cdot y = 0 = a \cdot 0$$

Mit der Kürzungsregel folgt aus $a \cdot x = a \cdot 0$, dass $x = 0$ ist, was im Widerspruch zu der vorher hergeleiteten Aussage $x \neq 0$ steht. Die gemachte Annahme $(a, m) = t > 1$ ist also falsch, d.h. es ist $(a, m) = 1$.   □

Aus dem Beweis der Äquivalenz der Aussagen (1) und (2) folgt unmmitelbar, wie das Inverse von a berechnet werden kann: Gilt $(a, m) = 1$, dann lassen sich durch „Rückwärtsrechnen" des Euklidischen Algorithmus (siehe Kapitel 6.2, insbesondere Satz 6.4 und Folgerung 6.3) $x, y \in \mathbb{Z}_m$ bestimmen mit $1 = xa + ym = xa$. Dabei ist $x = a^{-1}$, d.h. x ist das Inverse von a in $\mathbb{Z}_m$. Damit kann mit dem erweiterten Euklidischen Algorithmus in $\mathbb{Z}_m$ nicht nur der größte gemeinsame Teiler der Zahl a und des Moduls m berechnet werden, sondern für den Fall, dass diese teilerfremd sind, kann auch das Inverse von a bestimmt werden.

Beispiel 8.1 Es sei $m = 26$ und $a = 3$. Wir wenden den Euklidischen Algorithmus für m und a an:

$$26 = 8 \cdot 3 + 2$$
$$3 = 1 \cdot 2 + 1$$
$$2 = 2 \cdot 1 + 0$$

Hieraus folgt: $(3, 26) = 1$. $a = 3$ ist also invertierbar in $\mathbb{Z}_{26}$.

Aus den beiden ersten Gleichungen folgt

$$2 = 26 - 8 \cdot 3 \text{ und } 1 = 3 - 1 \cdot 2$$

Wir ersetzen in der zweiten Gleichung 2 durch die rechte Seite der ersten Gleichung und erhalten

$$1 = 3 - (26 - 8 \cdot 3) = 9 \cdot 3 + (-1) \cdot 26 \tag{8.1}$$

Wir haben also $x = 9$ und $y = -1$ berechnet, dabei ist $-1 = 26 - 1 = 25$ das additive Inverse von 1 in $\mathbb{Z}_{26}$. Die Gleichung (8.1) lautet in $\mathbb{Z}_{26}$ also:

$$1 = 9 \cdot 3 + 25 \cdot 26 = 9 \cdot 3$$

Hieraus lässt sich das multiplikative Inverse x von $a = 3$ ablesen: $x = 9$. In $\mathbb{Z}_{26}$ ist also $3^{-1} = 9$, was durch die Probe $3 \cdot 9 = 27 = 1 \,(26)$ bestätigt wird.   □

Der obige Satz liefert also eine hinreichende und notwendige Bedingung dafür, dass die eingangs des Kapitels betrachtete *Kongruenzgleichung* $ax = b\,(m)$ für den Fall $b = 1$ lösbar ist:

Folgerung 8.1 Die Kongruenzgleichung $ax = 1\,(m)$ ist genau dann lösbar, wenn $(m, a) = 1$ ist. Die Lösung ist das Inverse von a modulo m und damit eindeutig bestimmt. □

Des Weiteren liefert der Satz ein einfaches Verfahren, wie die invertierbaren Elemente, d.h. die Einheiten, von $\mathbb{Z}_m$ bestimmt werden können.

Folgerung 8.2 Es gilt: $\mathbb{Z}_m^* = \{\, x \in \mathbb{Z}_m \mid (m, x) = 1 \,\}$. □

Aus dieser Folgerung folgt mithilfe von Definition 4.12, dass die Anzahl der invertierbaren Elemente in $\mathbb{Z}_m$ gleich der Anzahl der zu m teilerfremden Elemente ist.

Folgerung 8.3 Es gilt $\varphi(m) = |\{\, x \in \mathbb{Z}_m \mid (m, x) = 1 \,\}|$. □

Wir wissen also nun, wann Kongruenzgleichungen $ax = b\,(m)$ für den Spezialfall $b = 1$ lösbar sind und wie man die Lösung bestimmen kann. Wir wollen jetzt den allgemeinen Fall $ax = b\,(m)$ betrachten. Der folgende Satz ist eine Verallgemeinerung von Folgerung 8.1. Er gibt eine hinreichend und notwendige Bedingung für die Lösbarkeit von Kongruenzgleichungen an, und im Beweis wird für den Fall der Lösbarkeit ein Verfahren für das Berechnen der Lösungen angegeben.

Satz 8.2 Die Gleichung $ax = b\,(m)$ ist genau dann lösbar, wenn $(m, a)|b$ ist. Ist die Gleichung lösbar, dann besitzt sie (m, a) verschiedene Lösungen.

Beweis: „$\Rightarrow$": Wegen Satz 6.3 gilt, dass die Gleichung $ax + my = b$ genau dann lösbar ist, wenn $(m, a)|b$ gilt. Daraus folgt, dass die Gleichung $ax = b\,(m)$ genau dann lösbar ist, wenn $(m, a)|b$ gilt, womit der erste Teil des Satzes gezeigt ist.

Es sei also $(m, a)|b$. m, a und auch b sind durch (m, a) teilbar. Wir betrachten die Kongruenzgleichung

$$\frac{a}{(m, a)} x = \frac{b}{(m, a)} \left(\frac{m}{(m, a)} \right) \tag{8.2}$$

Da $\left(\frac{a}{(m,a)}, \frac{m}{(m,a)} \right) = 1$ ist (siehe Übung 6.5), folgt mit Satz 8.1, dass $\frac{a}{(m,a)}$ invertierbar modulo $\frac{m}{(m,a)}$ ist, d.h. die Gleichung (8.2) hat die folgende eindeutige Lösung, die wir x_0 nennen:

$$x_0 = \frac{b}{(m, a)} \cdot \left(\frac{a}{(m, a)} \right)^{-1}$$

Eingesetzt in (8.2) gilt also

$$\frac{a}{(m, a)} x_0 = \frac{b}{(m, a)} \left(\frac{m}{(m, a)} \right)$$

Das bedeutet, dass es eine Zahl $q \in \mathbb{Z}$ gibt mit

$$\frac{a}{(m,a)} x_0 = \frac{m}{(m,a)} \cdot q + \frac{b}{(m,a)}$$

Für dieses q gilt damit

$$ax_0 = m \cdot q + b \qquad\qquad (8.3)$$

Alle Lösungen von $ax = b\,(m)$ sind nun gegeben durch

$$x_k = x_0 + k \cdot \frac{m}{(m,a)}, \ k \in \{0, 1, \ldots, (m,a) - 1\} \qquad (8.4)$$

denn es gilt

$$
\begin{aligned}
ax_k &= a \cdot \left(x_0 + k \cdot \frac{m}{(m,a)} \right) && \text{wegen (8.4)} \\
&= ax_0 + k \cdot \frac{a \cdot m}{(m,a)} \\
&= b + q \cdot m + k \cdot \frac{a \cdot m}{(m,a)} && \text{wegen (8.3)} \\
&= b + \left(q + k \cdot \frac{a}{(m,a)} \right) \cdot m \\
&= b\,(m)
\end{aligned}
$$

Des Weiteren folgt aus (8.4) zum einen $x_k \neq x_{k+1}$, $0 \leq k < (m,a) - 1$, denn es ist $\frac{m}{(m,a)} \neq 0$, sowie zum anderen $x_0 = x_{(m,a)}$.

Damit ist die zweite Behauptung des Satzes gezeigt: Im Falle der Lösbarkeit besitzt die Gleichung $ax = b\,(m)$ genau (m,a) verschiedene Lösungen. □

8.2 Chinesischer Restsatz

Im vorigen Kapitel haben wir hinreichende und notwendige Bedingungen für die Lösbarkeit von Kongruenzgleichungen und Verfahren zu deren Lösung kennen gelernt. In diesem Kapitel betrachten wir Systeme von Kongruenzgleichungen.

Beispiel 8.2 Die Zauberin Algebraica legt die 55 verschiedenen Karten eines Kartenspiels in fünf Reihen und elf Spalten auf einen Tisch. Sie bittet einen Zuschauer, sich ein Karte auszuwählen und ihr die Nummer der Spalte zu nennen, in der sich diese Karte befindet. Der Zuschauer nennt die Zahl 5. Algebraica sammelt die Karten ein und legt die Karten in derselben Reihenfolge diesmal in elf Spalten und fünf Reihen auf den Tisch und bittet den Zuschauer, ihr wieder die Spalte zu nennen, in der sich seine Karte befindet. Der Zuschauer nennt diesmal die Zahl 4.

Nach einem geeigneten Zauberspruch zeigt Algebraica die Karte mit der Nummer 49. Der Zuschauer bestätigt, dass er diese tatsächlich ausgewählt hatte. Telepathie, Zauberei oder ein bisschen Mathematik? Wir denken uns die Karten bei beiden Auslagen reihenweise von links nach rechts und von oben nach unten nummeriert. Bei der ersten Auslage der Karten hat der Zuschauer die Karte mit der Nummer $x = 5 + s_1 \cdot 11$ gewählt, wobei s_1 die Anzahl der vollen Reihen oberhalb der Reihe ist, in der sich die gewählte Karte befindet. Bei der zweiten Auslage der Karten hat der Zuschauer die Karte mit der Nummer $x = 4 + s_2 \cdot 5$, wobei s_2 wieder die Anzahl der vollen Reihen oberhalb der Reihe ist, in der sich die gewählte Karte befindet. Wir suchen also eine Zahl x, die diese beiden Gleichungen erfüllt. Wir können dieses Problem durch folgende Kongruenzen beschreiben:

$$x = 5 \,(11)$$
$$x = 4 \;\,(5)$$

□

Im Beweis des folgenden Satzes geben wir ein Verfahren zur Lösung solcher Kongruenz-Gleichungssysteme an.

Satz 8.3 (Chinesischer Restsatz) Seien $m_1, m_2, \ldots, m_n$ ganze, paarweise teilerfremde Zahlen sowie $a_1, a_2, \ldots, a_n$ beliebige ganze Zahlen, dann besitzt das *lineare Kongruenz-Gleichungssystem*

$$x = a_1 \,(m_1)$$
$$x = a_2 \,(m_2)$$
$$\vdots$$
$$x = a_n \,(m_n)$$

genau eine Lösung modulo $m_1 \cdot m_2 \cdot \ldots \cdot m_n$.

Beweis Es sei $M = m_1 \cdot m_2 \cdot \ldots \cdot m_n$ sowie $M_i = \frac{M}{m_i}, 1 \leq i \leq n$. Es gilt $(m_i, M_i) = 1$ (M_i und m_i sind teilerfremd), $1 \leq i \leq n$. Nach Folgerung 6.2 gibt es dann b_i und c_i, so dass $1 = b_i \cdot M_i + a_i \cdot m_i$, d.h.

$$b_i \cdot M_i = 1 \,(m_i),\ 1 \leq i \leq n$$

ist. Die Lösung des Kongruenz-Gleichungssystems ist gegeben durch

$$x = a_1 \cdot b_1 \cdot M_1 + a_2 \cdot b_2 \cdot M_2 + \ldots + a_n \cdot b_n \cdot M_n \,(M)$$

Wir zeigen zunächst, dass das so berechnete x eine Lösung des Gleichungssystems ist.

Es gilt $M_j = 0 \,(m_i)$ für $i \neq j$, und damit $x = a_i \cdot b_i \cdot M_i \,(m_i),\ 1 \leq i \leq n$. Da $b_i \cdot M_i = 1 \,(m_i)$ ist, folgt, dass $x = a_i \,(m_i),\ 1 \leq i \leq n$, ist.

Diese Lösung ist eindeutig. Wir nehmen an, x' sei eine weitere Lösung mit $x' \leq x$ (für $x \leq x'$ erfolgt der Beweis analog). Es gilt $0 \leq x < m_1 \cdot m_2 \cdot \ldots \cdot m_n$ und $0 \leq x' < m_1 \cdot m_2 \cdot \ldots \cdot m_n$ sowie $x = a_i\,(m_i)$ und $x' = a_i\,(m_i)$, $1 \leq i \leq n$. Es folgt, dass alle m_i und damit auch das Produkt aller m_i die Differenz $x - x'$ teilen. Da $0 \leq x - x' < m_1 \cdot m_2 \cdot \ldots \cdot m_n$ ist, folgt daraus, dass $x - x' = 0$ sein muss, d.h. es ist $x = x'$. □

Beispiel 8.3 a) Wir wollen das Gleichungssystem aus dem obigen Beispiel

$$x = 5\,(11)$$
$$x = 4\,(5)$$

mit dem Verfahren aus dem Beweis des chinesichen Restsatzes lösen. Es ist

$$M = 5 \cdot 11 = 55$$
$$M_1 = \frac{55}{11} = 5$$
$$M_2 = \frac{55}{5} = 11$$
$$b_1 \cdot 5 = 1\,(11), \text{ also } b_1 = 9$$
$$b_2 \cdot 11 = 1\,(5), \text{ also } b_2 = 1$$
$$x = 5 \cdot 9 \cdot 5 + 4 \cdot 1 \cdot 11\,(55)$$
$$= 225 + 44\,(55)$$
$$= 49$$

Der Zuschauer hat also die Karte mit der Nummer 49 gewählt. Einsetzen dieser Zahl in die Gleichungen als Probe bestätigt dieses Ergebnis. Die Zauberin Algebraica kennt also den chinesischen Restsatz.

b) Wir wollen das Gleichungssystem

$$x = 1\,(2)$$
$$x = 1\,(3)$$
$$x = 1\,(5)$$

mit dem Verfahren aus dem Beweis des chinesichen Restsatzes lösen. Es ist

$$M = 2 \cdot 3 \cdot 5 = 30$$
$$M_1 = \frac{30}{2} = 15$$
$$M_2 = \frac{30}{3} = 10$$
$$M_3 = \frac{30}{5} = 6$$

sowie

$$b_1 \cdot 15 = 1\,(2),\ \text{also}\ b_1 = 1$$
$$b_2 \cdot 10 = 1\,(3),\ \text{also}\ b_2 = 1$$
$$b_3 \cdot 6 = 1\,(5),\ \text{also}\ b_3 = 1$$
$$x = 15 + 10 + 6\,(30)$$
$$= 1$$

c) Lösen Sie folgendes Problem: Der Tresor einer Bank mit drei Direktorinnen oder Direktoren besitze die Tresornummer T. Bestimmen Sie drei Schlüssel, so dass der Tresor von jeweils zwei Bankdirektorinnen oder -direktoren mit ihren Schlüsseln geöffnet werden kann, aber nicht von einer Direktorin bzw. einem Direktor alleine.

Wir suchen drei Schlüssel S_1, S_2 und S_3, so dass ein Schlüsselpaar (S_i, S_j), $1 \leq i, j \leq 3$, $i \neq j$, nötig ist, um den Tresor mit der Nummer T zu öffnen. T selbst darf den Direktorinnen und Direktoren natürlich nicht bekannt sein. Wir halten für die folgenden Überlegungen fest, dass für $a, b, c \in \mathbb{N}$

$$a = b\,(c)\ \text{genau dann, wenn}\ b = a\,(c) \tag{8.5}$$

gilt. Nun zur Schlüsselbestimmung, indem wir zuerst ein Beispiel betrachten: Sei $T = 10$ die (den Direktorinnen und Direktoren nicht bekannte) Tresornummer. Wir wählen als drei teilerfremde Moduln $m_1 = 11$, $m_2 = 12$ und $m_3 = 13$ und bestimmen drei Schlüssel S_i mit

$$S_i = T\,(m_i),\ 1 \leq i \leq 3$$

wie z.B. $S_1 = 21$, $S_2 = 22$ und $S_3 = 23$, denn es gilt:

$$21 = 10\,(11)$$
$$22 = 10\,(12)$$
$$23 = 10\,(13)$$

Nach obiger Vorbemerkung (8.5) gilt für jedes $i \in \{1, 2, 3\}$:

$$T = S_i\,(m_i)$$

Daraus folgt mithilfe des chinesischen Restsatzes (die Moduln m_i, $1 \leq i \leq 3$, sind teilerfremd), dass jeweils die aus den zwei Kongruenzgleichungen

$$T = S_i\,(m_i)$$
$$T = S_j\,(m_j)$$

mit $1 \leq i, j \leq 3$, $i \neq j$, bestehenden Gleichungssysteme eindeutig die Lösung T bestimmen. Das bedeutet: Mithilfe von zwei Schlüsseln kann in jedem Fall T berechnet werden (hier $T = 10$).

Wir stellen noch Überlegungen zur Sicherheit an: Welchen Aufwand muss z.B. Direktorin D_1 betreiben, um einen zweiten Schlüssel zu ermitteln? Als Schlüssel S_2 kommen, da $S_2 = 10\,(12)$ gelten muss, folgende 11 in Frage: 10, 22, 34, 46, 58, 70, 82, 94, 106, 118, 130. Die Obergrenze ergibt sich aus dem Lösungsverfahren des chinesischen Restsatzes durch das kleinste Produkt der Moduln, hier: $m_1 \cdot m_2 = 132$. Die Wahrscheinlichkeit, einen Schlüssel zu raten, beträgt also: $\frac{11}{132} \approx 0{,}08$.

Allgemein gilt für S_i: $S_i = T + k \cdot m_i < m_1 \cdot m_2$, d.h.

$$k < \frac{m_1 \cdot m_2 - T}{m_i} \approx m_1$$

Es gibt also etwa m_1 mögliche Schlüssel. Die Wahrscheinlichkeit, einen Schlüssel zu raten, beträgt also $\approx \frac{m_1}{m_1 \cdot m_2} = \frac{1}{m_2}$. Wählt man also große Moduln, z.B. sechs- oder zehnstellige, gibt es sehr viele mögliche Schlüssel. Legt man als Dauer für die Zifferneinstellung einer sechsstelligen Zahl eine Sekunde zugrunde, benötigt man (im ungünstigen Fall) $11\frac{1}{2}$ Tage (im Mittel die Hälfte davon).   □

Im Kapitel 9.2 werden wir eine weitere interessante Anwendungsmöglichkeit des Chinesischen Restsatzes kennen lernen, nämlich die Berechnung arithmetischer Verknüpfungen von (sehr) großen Zahlen mithilfe von kleinen Zahlen. Wir werden sehen, dass n-stellige modulare Verknüpfungen durch $\log n$-stellige Berechnungen realisiert werden können.

8.3   Übungen

8.1 Lösen Sie die linearen Kongruenzen $3x = 1\,(40)$ und $9x = 6\,(12)$.

8.2 Bestimmen Sie die Lösung des folgenden Kongruenzgleichungssystems:

$$x = 1\,(2)$$
$$x = 2\,(3)$$
$$x = 4\,(5)$$

8.3 Es sei $a, b \in \mathbb{Z}$ sowie $m \in \mathbb{N}$ mit $m \geq 2$ und

$$a = 1\,(m)$$
$$b = 1\,(m)$$

Zeigen Sie, dass dann auch $ab = 1\,(m)$ gilt.

8.4 Zeigen Sie: Sei $m = m_1 \cdot m_2 \cdot \ldots \cdot m_n$, und die Faktoren m_i, $1 \leq i \leq n$, seien paarweise teilerfremd. Gilt $a^m = a\,(m_i)$, $1 \leq i \leq n$, dann gilt auch $a^m = a\,(m)$.

Kapitel 9

Die Eulersche φ-Funktion

In Kapitel 4.5 haben wir bereits die Eulersche φ-Funktion eingeführt (siehe Definition 4.12): $\varphi : \mathbb{N} \rightarrow \mathbb{N}$ definiert durch $\varphi(m) = |\mathbb{Z}_m^*|$. Da diese Funktion in der Kryptografie eine wesentliche Rolle spielt und für große Argumente berechnet werden muss, betrachten wir in diesem Kapitel weitere Eigenschaften und einige Möglichkeiten zu ihrer Berechnung sowie eine Anwendung in der modularen Arithmetik.

9.1 Eigenschaften und Berechnung

Aus der Folgerung 8.2 folgt zunächst

Folgerung 9.1 Es gilt: $\varphi(m) = |\{\, x \mid 1 \leq x < m, (m, x) = 1 \,\}|$. $\square$

Hieraus folgt unmittelbar

Folgerung 9.2 Sei $p \in \mathbb{P}$, dann gilt $\varphi(p) = p - 1$. $\square$

Aus dem Satz von Euler (Satz 4.7) folgt

Folgerung 9.3 a) Wenn $(m, x) = 1$ ist, dann ist $x^{\varphi(m)} = 1\ (m)$.

b) Wenn $(m, x) = 1$ ist, dann ist $x^{\varphi(m)-1} \cdot x = 1\ (m)$, d.h. $x^{\varphi(m)-1}$ ist invers zu x in $\mathbb{Z}_m$. $\square$

Mithilfe der Eulerschen φ-Funktion lässt sich also für den Fall $(m, a) = 1$ die Gleichung $ax = 1(m)$ (siehe auch Beispiel 8.1 und Folgerung 8.1) lösen und damit das Inverse von a bestimmen: $x = a^{-1} = a^{\varphi(m-1)}$.

Satz 9.1 Es gilt $\varphi(p^k) = p^k - p^{k-1} = (p-1)p^{k-1}$ für alle $p \in \mathbb{P}$ und $k \in \mathbb{N}$.

Beweis Gemäß Definition 4.12 bzw. gemäß Folgerung 9.1 ist $\varphi(p^k)$ die Anzahl der Zahlen zwischen 1 und $p^k - 1$, die teilerfremd zu p^k sind. Wir berechnen diese Anzahl folgendermaßen: Jede Zahl $a \in \{0, 1, 2, \ldots, p^k - 1\}$ lässt sich im p-adischen Zahlensystem mit den Ziffern $0, 1, \ldots, p-1$ eindeutig darstellen in der Form

$$a = a_0 + a_1 p + \ldots + a_{k-1} p^{k-1} \tag{9.1}$$

mit $a_i \in \{0, 1, \ldots, p-1\}$, $0 \le i \le k-1$. Es gilt $(p^k, a) = 1$ genau dann, wenn $a_0 \ne 0$ ist. Die Anzahl der Zahlen a in $\{1, 2, \ldots, p^k - 1\}$ mit der Darstellung (9.1) mit $a_0 \ne 0$ ergibt sich durch kombinatorische Überlegung: Für den Koeffizienten a_0 gibt es $p-1$ Möglichkeiten und für die $k-1$ Koeffizienten a_i, $1 \le i \le k-1$, gibt es jeweils p Ziffern in einem p-adischen Zahlensystem, d. h. es gibt insgesamt $(p-1)p^{k-1}$ teilerfremde Zahlen zu p^k, womit die Behauptung gezeigt ist. $\quad\square$

Der folgende Satz besagt, dass die Eulersche φ-Funktion *multiplikativ* ist.

Satz 9.2 Für $m, n \in \mathbb{N}$ mit $(m, n) = 1$ gilt $\varphi(m \cdot n) = \varphi(m) \cdot \varphi(n)$.

Beweis Wir beweisen die Behauptung, indem wir zeigen, dass die Abbildung

$$f : (\mathbb{Z}/m\mathbb{Z})^* \times (\mathbb{Z}/n\mathbb{Z})^* \to (\mathbb{Z}/mn\mathbb{Z})^*$$

definiert durch

$$f([a]_m, [a]_n) = [a]_{mn}$$

bijektiv ist. Da die Strukturen $\mathbb{Z}/k\mathbb{Z}$ und $\mathbb{Z}_k$ isomorph sind, folgt dann, dass die Mengen $\mathbb{Z}_{mn}^*$ und $\mathbb{Z}_m^* \times \mathbb{Z}_n^*$ dieselbe Anzahl von Elementen haben müssen. Das bedeutet aber gerade, dass $\varphi(m \cdot n) = \varphi(m) \cdot \varphi(n)$ gilt.

Wegen der Isomorphie $\mathbb{Z}/k\mathbb{Z} \cong \mathbb{Z}_k$ verwenden wir im Weiteren aus schreibtechnischen Gründen $\mathbb{Z}_k$ anstelle von $\mathbb{Z}/k\mathbb{Z}$.

Wir zeigen: (1) f ist injektiv, (2) surjektiv und (3) total.

Zunächst überlegen wir: Ist $a \in \mathbb{Z}_m^*$ und $b \in \mathbb{Z}_n^*$, dann gilt (siehe Satz 8.1) $(m, a) = 1$ und $(n, b) = 1$. Nach dem Chinesichen Restsatz (Satz 8.3) gibt es genau eine Lösung x modulo mn für das Kongruenzgleichungssystem $x = a\,(m)$ und $x = b\,(n)$.

Zu (1): Sei $(a_1, b_1), (a_2, b_2) \in \mathbb{Z}_m^* \times \in \mathbb{Z}_n^*$ mit $(a_1, b_1) \ne (a_2, b_2)$, dann haben die beiden Kongruenzgleichungssysteme $x_1 = a_1\,(m)$, $x_1 = b_1\,(n)$ und $x_2 = a_2\,(m)$ und $x_2 = b_2\,(n)$ zwei verschiedene Lösungen x_1 und x_2 modulo mn. Damit ist die Injektivität gezeigt.

Zu (2): Sei $y \in \mathbb{Z}_{mn}^*$. Wir bestimmen c und d mit $y = c\,(m)$ und $y = d\,(n)$. Für diese gilt $(m, c) = 1$ und $(n, d) = 1$. Damit hat das Kongruenzgleichungssystem $x = c\,(m)$ und $x = d\,(n)$ nach dem Chinesischen Restsatz eine Lösung x modulo mn. Da die Lösung eindeutig ist, muss $y = x\,(mn)$ sein. Damit ist die Surjektivität gezeigt.

Zu (3): Wir müssen zeigen, dass $x \in \mathbb{Z}^*_{mn}$ gilt, d.h. dass $(mn, x) = 1$ ist. Wegen $x = a(m)$ gilt $(m, x) = 1$ und wegen $x = b(n)$ gilt $(n, x) = 1$, woraus mit Folgerung 6.4 folgt, dass x teilerfremd zu mn sein muss, also $(mn, x) = 1$ ist. Damit ist $x \in \mathbb{Z}^*_{mn}$ gezeigt. □

Die Voraussetzung $(m, n) = 1$ des Satzes kann nicht weggelassen werden. Denn es gilt z.B. für $m = n = p \in \mathbb{P}$, wofür mit $(m, n) = (p, p) = p > 1$ die Voraussetzung nicht erfüllt ist, wegen Satz 9.1 und Folgerung 9.2:

$$\varphi(p \cdot p) = \varphi(p^2) = (p-1)p \neq (p-1)(p-1) = \varphi^2(p) = \varphi(p) \cdot \varphi(p)$$

Im folgenden Kapitel 9.2 werden wir eine Verallgemeinerung des Satzes 9.2 verwenden, um die arithmetische Verknüpfungen großer Zahlen mit kleinen Zahlen zu realisieren.

Aus den bisherigen Sätzen und Folgerungen ergeben sich eine Reihe von weiteren Folgerungen.

Folgerung 9.4 a) Sei m eine natürliche Zahl und $m = \prod_{p \in \mathbb{P}, p|m} p^{\pi_m(p)}$ ihre kanonische Primfaktorzerlegung. Dann gilt

$$\varphi(m) = \prod_{p \in \mathbb{P}, p|m} (p-1)p^{\pi_m(p)-1} = \prod_{p \in \mathbb{P}, p|m} \frac{(p-1)}{p} p^{\pi_m(p)} = m \prod_{p \in \mathbb{P}, p|m} \frac{p-1}{p}$$

b) Sei $m = p_1 \cdot \ldots \cdot p_k$, $p_i \in \mathbb{P}$, $1 \leq i \leq k$, eine quadratfreie Primfaktorzerlegung von m. Dann gilt

$$\varphi(m) = m \prod_{p|m} \frac{p-1}{p} = \prod_{i=1}^{k} p_i \frac{p_i - 1}{p_i} = \prod_{i=1}^{k} (p_i - 1)$$

Beweis a) Wir setzen $k = \pi_m(p)$, dann erhalten wir mithilfe von Satz 9.1 $\varphi(p^{\pi_m(p)}) = (p-1)p^{\pi_m(p)-1}$. Da $p^{\pi_m(p)}$ für alle $p \in \mathbb{P}$ teilerfremd sind, folgt mit Satz 9.2 die Behauptung.

b) Folgt jeweils als Spezialfall unmittelbar aus a) oder aus Satz 9.2. □

Beispiel 9.1 Es ist $100 = 2^2 \cdot 5^2$. Zunächst gilt

$$\varphi(100) = \varphi(2^2 \cdot 5^2) = \varphi(4) \cdot \varphi(25)$$

sowie

$$\varphi(4) = 4 \cdot \frac{2-1}{2} = 2$$

und

$$\varphi(25) = 25 \cdot \frac{5-1}{5} = 20$$

Insgesamt folgt: $\varphi(100) = \varphi(4) \cdot \varphi(25) = 2 \cdot 20 = 40$. □

Satz 9.3 Für alle $m \in \mathbb{N}$ gilt $\sum_{d|m,\, d>0} \varphi(d) = m$.

Beweis Wir betrachten die Mengen $D_i = \{\, x \mid 1 \leq x \leq m,\, (m,x) = i \,\}$, $1 \leq i \leq m$. D_i enthält alle Zahlen zwischen 1 und m, deren größter gemeinsamer Teiler mit m die Zahl i ist. Die Mengen D_i sind paarweise disjunkt. Es gilt also

$$m = \sum_{i=1}^{m} |D_i| = \sum_{d|m} |D_d| \tag{9.2}$$

Ist d ein Teiler von m, dann enthält D_d alle Zahlen x, $1 \leq x \leq m$, die Vielfache von d sind und für die $(\frac{x}{d}, \frac{m}{d}) = 1$ gilt. Es gilt also $\varphi(\frac{m}{d}) = |D_d|$. Mit der Gleichung (9.2) folgt hieraus

$$\sum_{d|m} \varphi\left(\frac{m}{d}\right) = m$$

Wegen $d = \frac{m}{\frac{m}{d}}$ folgt, dass sowohl mit d als auch mit $\frac{m}{d}$ alle Teiler von m durchlaufen werden. Damit gilt auch

$$\sum_{d|m} \varphi(d) = \sum_{d|m} \varphi\left(\frac{m}{d}\right)$$

und damit insgesamt die Behauptung. $\square$

9.2 Modulare Arithmetik

Der Satz 9.2 lässt sich verallgemeinern zu

Satz 9.4 Es seien $m_1, \ldots, m_n$ paarweise teilerfremde natürliche Zahlen, und es sei $m = m_1 \cdot \ldots \cdot m_n$. Dann gilt $\varphi(m) = \varphi(m_1) \cdot \ldots \cdot \varphi(m_n)$. $\square$

Damit ist durch die Abbildung

$$f : \mathbb{Z}_m^* \to \times_{i=1}^{n} \mathbb{Z}_{m_i}^*$$

definiert durch

$$f([a]_m) = ([a]_{m_1}, \ldots, [a]_{m_n})$$

eine Bijektion gegeben. Des Weiteren gilt, dass f ein Homomorphismus ist:

$$\begin{aligned} f([a]_m \otimes [b]_m) &= f([a \cdot b]_m) \\ &= ([a \cdot b]_{m_1}, \ldots, [a \cdot b]_{m_n}) \\ &= ([a]_{m_1} \otimes [b]_{m_1}, \ldots, [a]_{m_n} \otimes [b]_{m_n}) \\ &= ([a]_{m_1}, \ldots, [a]_{m_n}) \otimes ([b]_{m_1}, \ldots, [b]_{m_n}) \\ &= f([a]_m) \otimes f([b]_m) \end{aligned}$$

Insgesamt folgt also, dass die Gruppe $\mathbb{Z}_m^*$ und das direkte Produkt $\times_{i=1}^n \mathbb{Z}_{m_i}^*$ der Gruppen $\mathbb{Z}_{m_i}^*$ isomorph sind.

Falls Berechnungen modulo m aufwändig sind, weil etwa die Wortbreite des verwendeten Rechnersystem zu klein ist, oder falls man Berechnungen auf einem System paralleler Prozessoren durchführen möchte, dann kann man m zerlegen in ein Produkt teilerfremder „kleiner" Moduln $m = m_1 \cdot \ldots \cdot m_n$. Die Rechnungen in $\mathbb{Z}_m^*$ führt man dann in allen $\mathbb{Z}_{m_i}^*$, $1 \le i \le n$, aus und berechnet aus deren Ergebnissen mithilfe des Chinesischen Restsatzes (Satz 8.3) das gewünschte Ergebnis in $\mathbb{Z}_m^*$.

Beispiel 9.2 Wir wollen dies an einem Beispiel mit kleinen Moduln verdeutlichen, damit wir „im Kopf" rechnen können. Nehmen wir an, dass wir mit Zahlen einer Bitlänge von 12, d.h. im Zahlenbereich $0, 1, \ldots, 2^{12} - 1 (= 4095)$, also modulo 2^{12} rechnen wollen, uns aber nur Rechner mit einer Bitlänge von 4, d.h. nur die Zahlen im Bereich $0, 1, \ldots, 2^4 - 1 (= 15)$, also Rechnungen modulo 2^4 zur Verfügung stehen. Dann können wir etwa als Moduln die Primzahlen $m_1 = 5$, $m_2 = 7$, $m_3 = 11$ und $m_4 = 13$ wählen; es gilt: $M = m_1 \cdot m_2 \cdot m_3 \cdot m_4 = 5005$. Für die Anwendung des Chinesischen Restsatzes benötigen wir für $1 \le i \le 4$ die Zahlen $M_i = \frac{M}{m_i}$ sowie ihre Inversen b_i modulo m_i: $M_i \cdot b_i = 1 \, (m_i)$. Es gilt:

$$M_1 = 1001 \quad M_2 = 715 \quad M_3 = 455 \quad M_4 = 385$$
$$b_1 = 1 \quad\quad b_2 = 1 \quad\quad b_3 = 3 \quad\quad b_4 = 5$$

Die M_i und die b_i brauchen nur einmal bestimmt zu werden, sie gelten für alle Rechnungen, die mit diesem System durchgeführt werden sollen.

Wir wollen als Beispiel für eine Addition die Summe $1123 + 1456 + 789 = 3368$ berechnen. Wir berechnen zuerst die Reste der Summanden bezüglich der Moduln $m_i, 1 \le i \le 4$:

$$
\begin{array}{lll}
1123 = 3 \ (5) & 1456 = 1 \ (5) & 789 = 4 \ (5) \\
1123 = 3 \ (7) & 1456 = 0 \ (7) & 789 = 5 \ (7) \\
1123 = 1 \, (11) & 1456 = 4 \, (11) & 789 = 8 \, (11) \\
1123 = 5 \, (13) & 1456 = 0 \, (13) & 789 = 9 \, (13)
\end{array}
$$

Jetzt addieren wir diese Reste in $\mathbb{Z}_5 \times \mathbb{Z}_7 \times \mathbb{Z}_{11} \times \mathbb{Z}_{13}$:

$$(3 + 1 + 4 \, (5), \ 3 + 0 + 5 \, (7), \ 1 + 4 + 8 \, (11), \ 5 + 0 + 9 \, (13)) = (3, 1, 2, 1)$$

Die Summe $1123 + 1456 + 789 = 3368$ in $\mathbb{Z}_{5005}$ wird also repräsentiert durch die Summe $(3, 1, 2, 1) \in \mathbb{Z}_5 \times \mathbb{Z}_7 \times \mathbb{Z}_{11} \times \mathbb{Z}_{13}$. Zur Probe lösen wir das Kongruenzgleichungssystem

$$x = 3 \ (5)$$
$$x = 1 \ (7)$$
$$x = 2 \, (11)$$
$$x = 1 \, (13)$$

und erhalten mithilfe des Chinesischen Restsatzes als Lösung

$$x = 3 \cdot 1 \cdot 1001 + 1 \cdot 1 \cdot 715 + 2 \cdot 3 \cdot 455 + 1 \cdot 5 \cdot 385 \, (5005)$$
$$= 3368$$

Als Beispiel für eine Multiplikation berechnen wir in $\mathbb{Z}^*_{5005}$ das Produkt $107 \cdot 38 = 4066$. Zunächst bestimmen wir wieder die Reste:

$$
\begin{array}{llll}
107 = 2 \, (5) & 38 = & 3 & (5) \\
107 = 2 \, (7) & 38 = & 3 & (7) \\
107 = 8 \, (11) & 38 = & 5 & (11) \\
107 = 3 \, (13) & 38 = & 12 & (13)
\end{array}
$$

Wir multiplizieren die Reste in $\mathbb{Z}^*_5 \times \mathbb{Z}^*_7 \times \mathbb{Z}^*_{11} \times \mathbb{Z}^*_{13}$:

$$(2 \cdot 3 \, (5), \, 2 \cdot 3 \, (7), \, 8 \cdot 5 \, (11), \, 3 \cdot 12 \, (13)) = (1, 6, 7, 10)$$

Das Produkt $107 \cdot 38 = 4066 \in \mathbb{Z}^*_{5005}$ entspricht also $(1, 6, 7, 10) \in \mathbb{Z}^*_5 \times \mathbb{Z}^*_7 \times \mathbb{Z}^*_{11} \times \mathbb{Z}^*_{13}$. Zur Probe lösen wir das Kongruenzgleichungssystem

$$
\begin{aligned}
x &= 1 \ (5) \\
x &= 6 \ (7) \\
x &= 7 \, (11) \\
x &= 10 \, (13)
\end{aligned}
$$

und erhalten als Lösung

$$x = 1 \cdot 1 \cdot 1001 + 6 \cdot 1 \cdot 715 + 7 \cdot 3 \cdot 455 + 10 \cdot 5 \cdot 385 \, (5005)$$
$$= 4066 \qquad\qquad\qquad\qquad\qquad\qquad\qquad\qquad \square$$

Im Beispiel haben wir die Anzahl der Moduln und die Moduln selbst sehr speziell gewählt. Im Allgemeinen kann man bei einer Bitlänge von n, bei der also modulo 2^n gerechnet wird, die k ersten Primzahlen $p_1, \ldots, p_k$ mit $\prod_{i=1}^{k} p_i \geq 2^n$ als Moduln wählen. Dabei reicht es, $k \approx \frac{n}{\ln n}$ zu setzen. Anstelle einer n-stelligen Arithmetik benötigen wir nur eine $\log n$-stellige Arithmetik. Wir betrachten als Beispiel den Fall $n = 32$. Es ist $2^{32} = 4\,295\,031\,296$ sowie $\frac{32}{\ln 32} = 9.233\ldots$. Wir können also als Moduln die ersten 10 Primzahlen $2, 3, \ldots, 29$ wählen:

$$2 \cdot 3 \cdot 5 \cdot 7 \cdot 11 \cdot 13 \cdot 17 \cdot 19 \cdot 23 \cdot 29 = 6\,468\,673\,160 > 2^{32}$$

Es ist $29 < 2^{32}$ das größte Modul, wir kommen also mit einer Arithmetik mit $5 = \log 32$ Stellen aus.

Anstelle der n-stelligen arithmetischen Verknüpfung $a \, op \, b$ von zwei Zahlen $a, b < 2^n$ berechnet man die modularen Reste $a_i = a \, (p_i)$ und $b_i = b \, (p_i)$, $1 \leq i \leq k$, und verknüpft diese mit $\log n$-stelliger Arithmetik modular:

$$(a_1 \, op \, b_1 \, (p_1), \ldots, a_k \, op \, b_k \, (p_k))$$

Bei Bedarf kann man daraus das Ergebnis $a\,op\,b$ bestimmen, indem man mithilfe des Chinesischen Restsatzes das Kongruenzgleichungssystem

$$x = a_1\,op\,b_1\,(p_1)$$

$$\vdots$$

$$x = a_k\,op\,b_k\,(p_k)$$

löst und so die Lösung

$$x = a\,op\,b = (a_1\,op\,b_1)\cdot c_1 \cdot M_1 + \ldots + (a_k\,op\,b_k)\cdot c_k \cdot M_k\,(M)$$

erhält. Dabei müssen $M = p_1 \cdot \ldots \cdot p_k$, $M_i = \frac{M}{p_i}$ für $1 \le i \le k$ sowie die Inversen c_i von M_i modulo p_i nur einmal für die durch die gewählten Module $p_1, \ldots, p_k$ bestimmte Arithmetik berechnet werden, denn diese Größen hängen nur von den Moduln ab und nicht von den zu berechneten Verknüpfungen $a\,op\,b$.

Übungen

9.1 Es sei $x, n \in \mathbb{N}$ mit $(x, n) = 1$ sowie $a \cdot (k, n) = k\,(\varphi(n))$ für $k \in \mathbb{N}$. Zeigen Sie, dass dann

$$x^{a\cdot(k,n)} = x^k\,(n)$$

für alle $k \in \mathbb{N}$ gilt.

9.2 Berechnen Sie die Summe der Zahlen 1234, 2567 und 4289 mit modularer Arithmetik, so dass Sie mit einer Bitlänge 4 auskommen.

Kapitel 10

Primzahltests

Bevor wir uns einführend mit Verschlüsselungsverfahren beschäftigen, setzen wir das Thema „Primzahltests" fort, mit dem wir uns schon kurz am Ende von Kapitel 6.4 beschäftigt haben. Zur Bestimmung von Schlüsseln bei den in der Praxis verbreitet eingesetzten sogenannten öffentlichen Verschlüsselungsverfahren werden (sehr große) Primzahlen benötigt. Das allgemein bekannte Verfahren *Sieb des Eratosthenes* testet für eine Zahl $n \in \mathbb{N}$, ob n von einer der Zahlen zwischen 2 und $\sqrt{n}$ geteilt wird. Für große n ist dieses Verfahren sehr ineffizient, denn es benötigt $O(\sqrt{n}) = O(e^{\frac{1}{2}L})$ Operationen mit $L = log_2 n$. Es benötigt also exponentiell mit der Eingabelänge der Zahlen wachsende Laufzeit. Für in der Praxis gebräuchliche Zahlen der Größenordnung $n > 10^{500}$ würde dieser Test Monate dauern. Bis zum Jahre 2002 waren keine (deterministischen) polynomiellen Tests bekannt. Bekannt waren Tests mit Laufzeiten in der Größenordnung $O(^{o(1) \, ln \, L \, ln \, ln \, L})$. Im Jahr 2002 wurde dann von drei indischen Mathematikern erstmals ein polynomieller Primzahltest mit einer Laufzeit von $O(L^{12+\epsilon})$, $\epsilon > 0$, vorgestellt. In der Praxis verbreitet verwendet werden jedoch sehr effiziente probabilistische Tests. Darauf wollen wir in diesem Kapitel einführend eingehen.

Der folgende Satz liefert eine notwendige und hinreichende Bedingung dafür, dass eine natürliche Zahl prim ist.

Satz 10.1 (Satz von Wilson) Eine natürliche Zahl $p \in \mathbb{N}$, $p \geq 2$, ist genau dann prim, wenn $(p-1)! = -1 \, (p)$ ist.

Beweis Für $p = 2$ gilt die Behauptung offensichtlich, denn in $\mathbb{F}_2$ gilt $1 = -1$. Wir beweisen die Behauptung also für $p \geq 3$.

„$\Rightarrow$": Sei p prim, dann ist $\mathbb{F}_p$ ein Körper (siehe Satz 6.13) und damit sind alle Elemente in $\mathbb{F}_p^* = \{1, 2, \dots, p-1\}$ invertierbar. Außerdem gilt für jedes x mit $1 \leq x \leq p-1$, $x^2 = 1$ genau dann, wenn $x = 1$ oder wenn $x = -1$ ist (siehe Übung 6.7). In $\mathbb{F}_p$ gilt $-1 = p-1$, d.h. $x^2 = 1$ gilt genau dann, wenn $x = 1$ oder wenn $x = p-1$ ist. Das bedeutet,

(1) dass 1 und $p - 1$ jeweils invers zu sich selbst sind, und

(2) dass sich unter den restlichen Elementen $\{2, \ldots, p - 2\}$ von $\mathbb{F}_p^*$ zu jedem Element auch sein Inverses befindet.

Mit diesen Überlegungen können wir nun $(p - 1)!$ berechnen:

$$(p-1)! = 1 \cdot \underbrace{2 \cdot \ldots \cdot (p-2)}_{\substack{\text{alle anderen Elemente} \\ \text{und ihre Inversen}}} \cdot (p-1)$$

$$= 1 \cdot 1 \cdot (p-1) \quad \text{(wegen (2))}$$
$$= 1 \cdot -1 \quad \text{(weil } p - 1 = -1\text{)}$$
$$= -1$$

„⇐": Wir nehmen an, p sei nicht prim, dann hat p mindestens einen echten Teiler $q, 1 < q < p$. Das bedeutet, dass mindestens eine der Zahlen $q \in \{2, 3, \ldots, p-1\}$ die Zahl p teilt und dass auch $(p-1)!$ von q geteilt wird. p und $(p-1)!$ besitzen also den nicht trivialen gemeinsamen Teiler q. Da nach Vorraussetzung $(p - 1)! = -1$ gilt, besitzen p und $-1 = p - 1$ einen nicht trivialen gemeinsamen Teiler, was einen Widerspruch bedeutet. Unsere Annahme, dass p nicht prim ist, muss also falsch sein, d.h. p muss prim sein. □

Leider ist der Satz von Wilson wie das Sieb des Eratosthenes auch praktisch ungeeignet zum Primzahltest, da derzeit für die Berechnung von $m!$ keine schnellen Algorithmen bekannt sind, d.h. der Test von $(p - 1)! = -1\,(p)$ benötigt selbst auf Rechnern mit extrem schnellen Prozessoren bei sehr großen Zahlen p mehrere Wochen, Monate oder Jahre.

Unter bestimmten Voraussetzungen kann der Lucas-Test ein effizienter Primzahltest sein.

Satz 10.2 (Satz von Lucas) Eine natürliche Zahl $p \in \mathbb{N}$, $p \geq 2$, ist genau dann prim, wenn es eine ganze Zahl $a > 1$ gibt mit (1) $a^{p-1} = 1\,(p)$ und mit (2) $a^m \neq 1\,(p)$ für jeden Teiler $m \in \{1, \ldots, p - 2\}$ von $p - 1$.

Beweis „⇒": Diese Richtung folgt unmittelbar aus dem Satz von Fermat.

„⇐": Aus Voraussetzung (1) folgt, dass $ord_{\mathbb{Z}_p^*}(a) | p - 1$ ist, und aus (2) folgt sogar, dass $ord_{\mathbb{Z}_p^*}(a) = p - 1$ sein muss. Daraus folgt $a^i \neq a^j\,(p)$ für $0 \leq i, j \leq p - 1$ und $i \neq j$. Daraus folgt $\langle a \rangle = \{1, \ldots, p - 1\} = \mathbb{Z}_p^*$, woraus $\varphi(p) = p - 1$ folgt. Das gilt aber nur, wenn p eine Primzahl ist. □

Ein Test einer (sehr großen) Zahl n auf Primalität auf der Basis des Satzes von Lucas ist nur dann effizient, wenn die Faktorisierung von $n - 1$ bekannt ist. Für die Faktorisierung sind aber derzeit keine effizienten Algorithmen bekannt. Darauf beruht im Übrigen auch die Sicherheit von Verschlüsselungsverfahren, worauf wir in späteren Kapiteln, z.B. in Kapitel 14, noch zurückkommen werden.

10.1 Pseudoprimzahlen

Also bleibt weiterhin die Suche nach einem effizienten (positiven) Primzahltest. Für die Berechnung von modularen Potenzen gibt es effiziente Algorithmen. Der Kleine Satz von Fermat (Satz 6.14) bzw. die daraus abgeleitete Folgerung 6.12 b), die modulare Potenzen verwenden, liefern somit zwar einen effizienten, aber leider nur einen negativen Primzahltest: „Sei p eine Primzahl und $x \in \mathbb{Z}$ mit $(p, x) = 1$, dann gilt $x^p = x$." Wir kehren diesen Satz um und wählen dabei $x = 2$:

$$\text{„Ist } 2^n = 2 \, (n), \text{ dann ist } n \text{ prim."} \tag{10.1}$$

Wenn man nun 2^n modulo n für alle natürlichen Zahlen $n \in \mathbb{N}$, $2 \leq n \leq 99$, berechnet, stellt man fest, dass genau für die Primzahlen in diesem Intervall $2^n = 2 \, (n)$ gilt. Trotzdem dürfen wir daraus nicht schließen, dass dieser Test für alle natürlichen Zahlen korrekte Antworten gibt. Dazu zeigen wir zunächst mit vollständiger Induktion, dass für alle $n \in \mathbb{N}_0$ gilt: $3 | 4^n - 1$:

Induktionanfang: Es gilt, $4^0 - 1 = 0$ ist durch 3 teilbar, für $n = 0$ gilt also die Behauptung.

Induktionsschritt: Wir nehmen an, die Behauptung gelte für n und zeigen, dass sie dann auch für $n + 1$ gilt. Es ist $4^{n+1} - 1 = 4^{n+1} - 4 + 3 = 4(4^n - 1) + 3$. Da nach Induktionsannahme 3 ein Teiler von $4^n - 1$ ist, teilt 3 auch $4(4^n - 1) + 3$, womit der Induktionsschritt vollzogen ist.

Wir haben also festgestellt, dass für alle $n \in \mathbb{N}_0$ gilt: $\frac{4^n-1}{3} \in \mathbb{N}_0$. Der nächste Satz besagt, dass aber keine dieser Zahlen eine Primzahl ist.

Satz 10.3 Für alle $n \in \mathbb{N}$, $n \geq 3$, gilt: $\frac{4^n-1}{3} \notin \mathbb{P}$.

Beweis Es gilt

$$\frac{4^n - 1}{3} = \frac{(2^n - 1)(2^n + 1)}{3}$$

Man kann zeigen, dass gilt: Ist $n \geq 0$ gerade, dann ist $3 | 2^n - 1$, sowie, ist n ungerade, dann ist $3 | 2^n + 1$. Da außerdem

$$\frac{2^n + 1}{3} > \frac{2^n - 1}{3} > 1$$

ist, folgt insgesamt, dass $\frac{4^n-1}{3}$ für alle $n \in \mathbb{N}$, $n \geq 3$, keine Primzahl sein kann. $\square$

Aus schreibtechnischen Gründen setzen wir $a_n = \frac{4^n-1}{3}$. Der folgende Satz besagt, dass diese Folge Zahlen enthält, die Beispiele dafür sind, dass die Umkehrung des Kleinen Satzes von Fermat bzw. die Gleichung (10.1) nicht gelten.

Satz 10.4 Sei $p \in \mathbb{P}$ und $p > 3$, dann gilt $2^{a_p} = 2 \, (a_p)$.

Beweis Nach dem Satz von Fermat gilt $2^p = 2\,(p)$ für jede Primzahl p. Da laut Voraussetzung $p > 3$ ist, ist p ungerade. Deshalb gilt (siehe Übung 6.1):

$$2^p = 2\,(2p) \tag{10.2}$$

Wir addieren 1 auf beiden Seiten und erhalten

$$2^p + 1 = 3\,(2p) \tag{10.3}$$

Da $p > 3$ vorausgesetzt ist, ist p ungerade, und deswegen ist $(3, 2p) = 1$. Aus Satz 8.1 folgt, dass 3 invertierbar modulo $2p$ ist. Also können wir die Gleichung (10.3) durch 3 teilen und erhalten

$$\frac{2^p + 1}{3} = 1\,(2p)$$

Daraus folgt:

$$a_p = \frac{4^p - 1}{3} = (2^p - 1)\frac{2^p + 1}{3} = 2^p - 1\,(2p) \tag{10.4}$$

Mit (10.2) erhalten wir:

$$2^p - 1 = 2 - 1 = 1\,(2p) \tag{10.5}$$

Aus (10.4) und (10.5) folgt also $a_p = 1\,(2p)$. Damit existiert eine Zahl q mit

$$a_p = 2p \cdot q + 1 \tag{10.6}$$

Andererseits gilt $3a_p = 4^p - 1 = 2^{2p} - 1 = 0\,(a_p)$ und damit

$$2^{2p} = 1\,(a_p) \tag{10.7}$$

Mit den Gleichungen (10.6) und (10.7) folgt nun

$$2^{a_p} = 2^{1+2pq} = 2 \cdot (2^{2p})^q = 2 \cdot 1 = 2\,(a_p)$$

und dieses war zu zeigen.   □

Aus dem Satz 10.4 folgt unmittelbar

Folgerung 10.1 Falls die Umkehrung zum Satz von Fermat – siehe Zeile (10.1) – gültig wäre, dann wäre $a_p \in \mathbb{P}$ für jedes $p \in \mathbb{P}$, $p > 3$, was aber einen Widerspruch zum Satz 10.4 bedeuten würde. Damit ist die Umkehrung des Satzes von Fermat als positiver Primzahltest im Allgemeinen ungeeignet.   □

Wir wollen uns durch dieses negative Ergebnis aber nicht abschrecken lassen, sondern versuchen, „das Beste" daraus zu machen.

Definition 10.1 Zusammengesetzte Zahlen $m \in \mathbb{N}$ mit $2^m = 2\,(m)$ heißen *Pseudoprimzahlen*.   □

Folgerung 10.2 a) Sei $p \in \mathbb{P}$ mit $p > 3$, dann ist $a_p = \frac{4^p - 1}{3}$ Pseudoprimzahl.

b) Es gibt unendlich viele Pseudoprimzahlen.

c) $a_5 = 341$ ist die kleinste Pseudoprimzahl. ☐

Im Zusammenhang mit dem Primzahlsatz (Satz 6.8) haben wir eine Tabelle zur Verteilung der Primzahlen angegeben. Wir ergänzen diese durch Angaben zur Verteilung von Pseudoprimzahlen:

x	Pseudoprimzahlen $\leq x$	Primzahlen $\leq x$ $= \pi(x)$
10^3	3	167
10^4	22	1 229
10^5	78	9 591
10^6	245	78 497
10^7	750	664 578
10^8	2 057	5 761 455
10^9	5 597	50 847 533
10^{10}	14 885	455 052 510

Es gibt wesentlich weniger Pseudoprimzahlen als Primzahlen kleiner einer vorgegebenen Zahl x, denn es gilt

$$\lim_{x \to \infty} \frac{\text{Anzahl der Pseudoprimzahlen} \leq x}{\text{Anzahl der Primzahlen} \leq x} = 0$$

In Definition 10.1 haben wir die Pseudoprimzahlen zur Basis 2 definiert. In der folgenden Definition verallgemeinern wir den Begriff der Pseudoprimzahl.

Definition 10.2 Sei $a \in \mathbb{N}$, $a \geq 2$, und $m \in \mathbb{N}$ eine zusammengesetzte Zahl mit $(a, m) = 1$. Dann heißt m *Pseudoprimzahl zur Basis a* genau dann, wenn $a^m = a\,(m)$ (oder $a^{m-1} = 1\,(m)$) gilt. ☐

Beispiel 10.1 Die Zahl $a_5 = 341$ ist pseudoprim zur Basis 2 (folgt unmittelbar aus Folgerung 10.2 und wurde bereits in Bespiel 6.9 a) explizit berechnet), aber nicht pseudoprim zur Basis 3, denn es gilt: $(3, 11) = 1$ und damit mit dem Kleinen Satz von Fermat $3^{10} = 1\,(11)$ und damit

$$3^{341} = (3^{10})^{34} \cdot 3 = 3\,(11)$$

Des Weiteren ist $(3, 31) = 1$ und damit $3^{30} = 1\,(31)$ und damit

$$3^{341} = (3^{30})^{11} \cdot 3^{11} = 3^{11} = 3^4 \cdot 3^4 \cdot 3^3 = 19 \cdot 19 \cdot 27 = 13\,(31)$$

Da $341 = 11 \cdot 31$ und $(11, 31) = 1$ ist, folgt (siehe Übung 8.4): $3^{341} \neq 3\,(341)$, da zwar $3^{341} = 3\,(11)$, aber $3^{341} \neq 3\,(31)$ ist. ☐

Für eine ganze Zahl $a \geq 2$ und Primzahlen $p \in \mathbb{P}$ mit $p \geq 2$, $p \nmid a - 1$, $p \nmid a$ sowie $p \nmid a + 1$ definieren wir die Folge

$$A_p(a) = \frac{a^p - 1}{a - 1} \cdot \frac{a^p + 1}{a + 1} = \frac{a^{2p} - 1}{a^2 - 1}$$

Dann gilt

Satz 10.5 Für alle ganzen Zahlen a und Primzahlen p, die die obigen Voraussetzungen erfüllen, ist $A_p(a)$ eine Pseudoprimzahl zur Basis a, d.h. es ist

$$a^{A_p(a)} = a \left(A_p(a) \right)$$

Die im Satz 10.4 betrachtete Folge a_p entspricht der Folge $A_p(2)$.   □

10.2   Carmichael-Zahlen

Zahlen, die zu jeder Basis pseudoprim sind, widersprechen am stärksten der Umkehrbarkeit des Satzes von Fermat, diese Zahlen heißen Carmichael-Zahlen.

Definition 10.3 Eine zusammengesetzte Zahl $m \in \mathbb{N}$, $m \geq 3$, heißt *Carmichael-Zahl* genau dann, wenn für alle Basen a mit $(m, a) = 1$ gilt $a^{m-1} = 1 \, (m)$ (oder $a^m = a \, (m)$).   □

Beispiel 10.2 Die Zahl 561 ist die kleinste Carmichael-Zahl. Die Primzahlzerlegung von 561 ist $561 = 3 \cdot 11 \cdot 17$. Für alle Zahlen a mit $(561, a) = 1$ gilt (mit mehrfacher Anwendung des Kleinen Satzes von Fermat):

$$a^{561} = (a^2)^{280} \cdot a = a \, (3)$$
$$a^{561} = (a^{10})^{56} \cdot a = a \, (11)$$
$$a^{561} = (a^{16})^{35} \cdot a = a \, (17)$$

Aus den drei Gleichungen folgt (siehe Übung 8.4), da die Primzahlen 3, 11 und 17 paarweise teilerfremd sind,

$$a^{561} = a \, (3 \cdot 11 \cdot 17) = a \, (561)$$

für alle Zahlen a mit $(561, a) = 1$.   □

Man kann zeigen, dass es unendlich viele Carmichael-Zahlen gibt.

Satz 10.6 Sei m eine Carmichael-Zahl, dann ist die Primfaktorisierung von m quadratfrei.

Beweis Wir nehmen an, dass die Faktorisierung nicht quadratfrei ist, d.h. es sei $m = p^t \cdot n$ mit $p \in \mathbb{P}$ und $t > 1$, und n ist das Produkt der restlichen Faktoren. Es gilt also

$$p^2 \mid m \quad \text{d.h. es gibt eine Zahl } r \text{ mit } m = p^2 \cdot r \tag{10.8}$$

Wir betrachten die Zahl $a = 1 + p$, und berechnen a^k modulo p^2:

$$a^k = (1+p)^k$$

$$= \sum_{i=0}^{k} \binom{k}{i} p^i = \binom{k}{0} p^0 + \binom{k}{1} p^1 + \binom{k}{2} p^2 + \ldots + \binom{k}{k} p^k$$

$$= 1 + kp \, (p^2) \tag{10.9}$$

Aus (10.9) folgt

$$a^p = 1 + p^2 = 1 \, (p^2) \tag{10.10}$$

Es gilt also

$$ord_{\mathbb{Z}_{p^2}^*}(a) = p \tag{10.11}$$

Da $(a, m) = 1$ und m eine Carmichael-Zahl ist, gilt $a^{m-1} = 1 \, (m)$. Es gibt also eine Zahl q mit $a^{m-1} = m \cdot q + 1$. Mit (10.8) folgt, dass $a^{m-1} = p^2 \cdot r \cdot q + 1$ gilt, d.h. es ist

$$a^{m-1} = 1 \, (p^2) \tag{10.12}$$

Aus (10.11) und (10.12) folgt mit Satz 3.13

$$p \mid m - 1 \tag{10.13}$$

In Satz 22.13 werden wir sehen, dass für jeden endlichen Körper $\mathcal{K}$ die Einheitengruppen $\mathcal{K}^*$ zyklisch sind. In der Gruppe $\mathbb{F}_p$ gibt es also ein erzeugendes Element b. Für dieses gilt

$$ord_{\mathbb{F}_p^*}(b) = p - 1 \tag{10.14}$$

Da m Carmichael-Zahl ist, ist $b^{m-1} = 1 \, (m)$, und da $p \mid m$ wegen (10.8) gilt, gilt auch

$$b^{m-1} = 1 \, (p) \tag{10.15}$$

Aus (10.14) und (10.15) folgt wiederum mit Satz 3.13

$$p - 1 \mid m - 1 \tag{10.16}$$

Dies ist ein Widerspruch zu (10.13). Unsere eingangs gemachte Aussage, dass m keine quadratfreie Primfaktorisierung besitzt, ist also falsch. $\qquad\qquad\square$

Satz 10.7 Sei m eine Carmichael-Zahl, dann besitzt die Primfaktorzerlegung von m mindestens drei Faktoren.

Beweis Wir nehmen an, m sei eine Carmichael-Zahl mit genau zwei Primfaktoren. Wegen des letzten Satzes müssen diese verschieden sein. Es sei also $m = p \cdot q$, mit $p, q \in \mathbb{P}$ und $p \neq q$. Mit den selben Überlegungen wie im Beweis des obigen Satzes, die zur Aussage (10.16) führen, können wir zeigen, dass $p - 1 | m - 1$ und dass $q - 1 | m - 1$ gelten. Da $m - 1 = pq - 1 = (p-1)q + (q-1)$ ist, folgt aus $p-1|m-1$, dass $p-1|q-1$ gilt, und da analog $m - 1 = pq-1 = p(q-1)+(p-1)$ ist, folgt aus $q - 1|m - 1$ auch $q - 1|p - 1$. Aus $p - 1|q - 1$ und $q - 1|p - 1$ folgt aber $p - 1 = q - 1$ und damit $p = q$, was ein Widerspruch zur Voraussetzung $p \neq q$ ist. $\qquad\square$

Die beiden letzten Sätze besagen also, dass Carmichael-Zahlen quadratfreie Faktorisierungen mit mindestens drei Primzahlen besitzen.

Der folgende Satz gibt eine hinreichende Bedingung für die Generierung von Carmichael-Zahlen an.

Satz 10.8 Sei m ungerade und quadratfrei. Gilt für jeden Primteiler $p|m$ auch $p - 1|m - 1$, dann ist m eine Carmichael-Zahl.

Beweis Es sei $m = \prod_{i=1}^{k} p_i$ die quadratfreie Primfaktorzerlegung von m, und es sei $p - 1|m - 1$ für jeden Primteiler $p|m$ sowie $a \in \mathbb{N}$ mit $(m, a) = 1$. Dann gilt nach dem Satz von Fermat $a^{p-1} = 1\,(p)$ und, da $p-1|m-1$ ist, gilt $a^{m-1} = 1\,(p)$. Das Letztere gilt auch für alle Primteiler p_i von a: $a^{m-1} = 1\,(p_i)$, $1 \leq i \leq k$. Hieraus folgt $a^{m-1} = 1\left(\prod_{i=1}^{k} p_i\right)$, d.h. es ist $a^{m-1} = 1\,(m)$. m ist also eine Carmichael-Zahl. $\qquad\square$

Beispiel 10.3 a) Für die uns schon aus vorherigen Beispielen bekannte kleinste Carmichael-Zahl 561 gilt: $561 = 3 \cdot 11 \cdot 17$ ist quadratfrei und es gilt: $2|560$, $10|560$ und $16|560$.

b) b) Für die Zahl 1105 gilt: $1105 = 5 \cdot 13 \cdot 17$ ist quadratfrei und es gilt: $4|1104$, $12|1104$ und $16|1104$. Also ist 1105 eine Carmichael-Zahl.

c) Für die Zahl 1729 gilt: $1729 = 7 \cdot 13 \cdot 19$ ist quadratfrei und es gilt: $6|1728$, $12|1728$ und $18|1728$. Also ist 1729 eine Carmichael-Zahl. $\qquad\square$

Aus dem Beweis von Satz 10.8 lässt sich ein Verfahren zur Generierung von Carmichael-Zahlen abgeleitet werden: Bestimme $k \geq 3$ verschiedene Primzahlen $p_1, \ldots, p_k$ mit der Eigenschaft $(p_i - 1)\,\big|\,\left(\prod_{i=1}^{k} p_i - 1\right)$. Dann ist die Zahl $m = \prod_{i=1}^{k} p_i$ eine Carmichael-Zahl.

10.3 Miller-Rabin-Test

Wir kehren zu der Frage zurück, inwieweit die Umkehrung des Kleinen Satzes von Fermat doch als Primzahltest verwendet werden kann. Carmichael-Zahlen widersetzen sich diesem Ansatz. Wenn wir allerdings etwas über die Häufigkeitsverteilung dieser Zahlen wüssten, könnten wir Aussagen über die Fehleranfälligkeit eines solchen Ansatzes treffen.

Für $m \in \mathbb{N}$ mit $m \geq 3$ sei

$$F_m = \{\, a \in \mathbb{Z}_m^* \mid a^{m-1} = 1\,(m)\,\} \qquad (10.17)$$

die Menge der Basen, für die m den Fermat-Test besteht.

Folgerung 10.3 F_m bildet eine Untergruppe von $\mathbb{Z}_m^*$. $\qquad\square$

Der Beweis dieser Behauptung ist Aufgabe von Übung 10.3.

Ist m keine Primzahl, dann enthält F_m gerade die Basen, die den Fermat-Test „täuschen". Aus dem Kleinen Satz von Fermat bzw. aus der Definition der Carmichael-Zahlen folgt unmittelbar

Folgerung 10.4 Falls $m \in \mathbb{N}$, $m \geq 3$, eine Primzahl oder eine Carmichael-Zahl ist, dann gilt $F_m = \mathbb{Z}_m^*$. $\qquad\square$

Für die anderen Zahlen gilt

Satz 10.9 Sei $m \in \mathbb{N}$, $m \geq 3$, zusammengesetzt und keine Carmichael-Zahl, dann gilt $|F_m| \leq \frac{|\mathbb{Z}_m^*|}{2}$.

Beweis Da laut Voraussetzung $m \geq 3$ weder Primzahl noch Carmichael-Zahl ist, ist $F_m \neq \mathbb{Z}_m^*$. Mit Folgerung 10.3 gilt dann, dass F_m eine echte Untergruppe von $\mathbb{Z}_m^*$ ist. Mit Anwendung von Folgerung 3.7 folgt unmittelbar die Behauptung. $\qquad\square$

Dieser Satz ist die Grundlage für den folgenden probabilistischen Primzahltest.

```
algorithm notPRIME1 (k ∈ U₊,  k ≥ 3)
    Wähle zufällig a ∈ {1, 2, ..., k − 1} mit (a, k) = 1
    Falls aᵏ⁻¹ ≠ 1(k),
        dann Ausgabe: k ist nicht prim
        sonst Ausgabe: k ist prim?
endalgorithm notPRIME1
```

Wir bezeichnen im Folgenden mit *Prob* $[A \mid B]$ die Wahrscheinlichkeit dafür, dass das Ereignis A unter der Bedingung B auftritt (siehe auch Einleitung von Kapitel 13).

Der Algorithmus `notPrime1` macht für den Fall, dass k eine Primzahl ist, niemals die gegenteilige Ausgabe „k ist nicht prim", d.h. es gilt

$$\textit{Prob}\,[\texttt{Ausgabe:}\,k\ \textit{ist nicht prim} \mid k \in \mathbb{P}] = 0$$

Aus dem Satz 10.9 folgt, dass der Algorithmus für den Fall, dass k keine Primzahl ist, die Ausgabe „k ist prim ?" mit einer Wahrscheinlichkeit von höchstens $\frac{1}{2}$ macht, d.h. es gilt

$$Prob\,[\texttt{Ausgabe:}k\ \textit{ist\ prim?} \mid k \notin \mathbb{P}] \leq \frac{1}{2}$$

Die Irrtumswahrscheinlichkeit ist also höchstens $\frac{1}{2}$. Wenn der Algorithmus nun ℓ Runden ausgeführt wird, bei denen die Basis a zufällig und unabhängig jeweils neu gewählt wird, dann beträgt die Irrtumswahrscheinlichkeit höchstens $\frac{1}{2^\ell}$; sie kann also beliebig klein gemacht werden.

Der obige Satz und damit der Algorithmus berücksichtigen nicht, dass die Basen Carmichael-Zahlen sein können. Wir wollen nun einen probabilistischen Primzahltest, den *Miller-Rabin-Test*, betrachten, der diese Fälle mit einbezieht. Dabei spielt die folgende Aussage eine wesentliche Rolle.

Satz 10.10 Es sei $p \in \mathbb{P}$, $s = max\{r \in \mathbb{N} \mid 2^r|p-1\}$, $d = \frac{p-1}{2^s}$ und $a \in \mathbb{N}$ mit $(p, a) = 1$, dann gilt entweder $a^d = 1\,(p)$ oder es existiert ein $r \in \{0, 1, \ldots, s-1\}$ mit $a^{2^r d} = -1\,(p)$.

Beweis Wir wissen, dass $ord(\mathbb{F}_p^*) = p - 1 = 2^s d$ ist. Hieraus folgt:

$$a^{p-1} = 1\,(p) \text{ und damit } a^{2^s d} = 1\,(p) \qquad (10.18)$$

Außerdem gilt:

$$a^{p-1} - 1 = a^{2^s d} - 1 =$$
$$(a^d - 1)(a^d + 1)(a^{2d} + 1)(a^{2^2 d} + 1) \cdot \ldots \cdot (a^{2^{s-1} d} + 1)\,(p) \quad (10.19)$$

Aus (10.18) folgt, dass $p|a^{p-1}-1$ gilt, d.h. p ist ein Teiler des Produktes in (10.19). Das bedeutet aber: Entweder ist $p|a^d-1$ und damit $a^d = 1\,(p)$, oder es ist $p|a^{2^r d}+1$ für ein $r \in \{0, 1, \ldots, s-1\}$ und damit existiert ein $r \in \{0, 1, \ldots s-1\}$ mit $a^{2^r d} = -1\,(p)$. $\qquad\square$

Dieser Satz liefert eine notwendige Bedingung dafür, dass eine Zahl $k \in \mathbb{N}$ prim ist und damit ein weiteres Verfahren für einen negativen Primzahltest:

```
algorithm notPRIME2 (k ∈ U₊, k ≥ 3)
    Berechne s = max{r ∈ ℕ | 2ʳ|k-1} und d = (k-1)/2ˢ
    Findet man ein a ∈ ℕ mit (k,a) = 1, so dass:
        weder aᵈ = 1(k)
        noch a^{2ʳd} = -1(k) für ein r ∈ {0,1,...,s-1},
    dann Ausgabe: k ist nicht prim
    sonst Ausgabe: k ist prim?
endalgorithm notPRIME2
```

Definition 10.4 Findet man mit dem obigen Verfahren zur Zahl n eine Zahl a, dann heißt a *Zeuge gegen die Primalität* von n. $\square$

Beispiel 10.4 Da 561 eine Carmichael-Zahl ist, kann mit dem Satz von Fermat nicht festgestellt werden, dass 561 zusammengesetzt ist. Man findet sehr schnell einen Zeugen a gegen die Primalität von 561, nämlich $a = 2$. Zur Bestätigung führen wir für $a = 2$ das Verfahren durch:

$$s = max\{\, r \in \mathbb{N} \mid 2^r | 560 \,\} = 4$$
$$d = \frac{561 - 1}{2^4} = 35$$
$$2^{35} = 298 \,(561)$$
$$2^{2 \cdot 35} = 166 \,(561)$$
$$2^{4 \cdot 35} = 67 \,(561)$$
$$2^{8 \cdot 35} = 1 \,(561)$$

Damit wird 2 als Zeuge gegen die Primalität von 561 bestätigt. $\square$

Der folgende Satz macht eine Aussage über die Verteilung von Zeugen gegen die Primalität einer Zahl.

Satz 10.11 Sei $m > 9$ eine ungerade, zusammengesetzte Zahl, dann gibt es in der Menge $\{\, 1, \ldots, m - 1 \,\}$ höchstens $\frac{m-1}{4}$ Zahlen, die zu m teilerfremd und keine Zeugen gegen die Primalität von m sind.

Beweis Es seien s und d wie im Satz 10.10 bestimmt. Wir müssen die Anzahl der Elemente $a \in \{\, 1, \ldots, m - 1 \,\}$ mit $(a, m) = 1$ abschätzen, für die

$$a^d = 1 \,(m) \tag{10.20}$$

oder

$$a^{2^r d} = -1 \,(m) \tag{10.21}$$

für ein $r \in \{\, 0, 1, \ldots, s - 1 \,\}$ gilt. Wenn es kein solches a gibt, ist die Behauptung gezeigt. Wir nehmen an, dass es ein Element a gibt, welches kein Zeuge gegen die Primalität von m ist. Wenn es ein solches a gibt, dann gibt es auch einen Nicht-Zeugen, der Gleichung (10.21) erfüllt, denn erfüllt a Gleichung (10.20), dann erfüllt $-a$ Gleichung (10.21). Wir können also annehmen, dass mindestens ein Nicht-Zeuge a existiert, der (10.21) für ein $r \in \{\, 0, 1, \ldots, s - 1 \,\}$ erfüllt. Es sei R der größte dieser Exponenten. Wir setzen $j = 2^R d$ sowie

$$J_m = \{\, a \in \mathbb{Z}_m^* \mid a^j = \pm 1 \,(m) \,\} \tag{10.22}$$

J_m enthält alle Nicht-Zeugen gegen die Primalität von m. Wie die in Gleichung (10.17) festgelegte Menge F_m bildet auch J_m eine Untergruppe von $\mathbb{Z}_m^*$. Wenn wir zeigen können, dass

$$[\mathbb{Z}_m^* : J_m] \geq 4 \tag{10.23}$$

gilt, ist der Satz bewiesen. Gemäß Satz 10.9 gilt $[\mathbb{Z}_m^* : F_m] \geq 2$. Um (10.23) zu zeigen, reicht es somit

$$[F_m : J_m] \geq 2 \tag{10.24}$$

zu zeigen. J_m ist eine Untergruppe von F_m (siehe Übung 10.4). Um (10.24) zu zeigen, müssen wir zeigen, dass J_m eine echte Untergruppe von F_m ist. Dazu betrachten wir drei Fälle.

(1) Es sei $a, b \in J_m$, d.h.

$$a^j = 1\,(m) \text{ bzw. } b^j = -1\,(m)$$

sowie $m = p_1^{\alpha_1} \cdot p_2^{\alpha_2} \cdot \ldots \cdot p_k^{\alpha_k}$ die Primfaktorzerlegung von m mit $k \geq 3$. Für $a_i = a\,(p_i)$ und $b_i = b\,(p_i)$ gilt

$$a_i^j = 1\,(p_i^{\alpha_i})$$
$$b_i^j = -1\,(p_i^{\alpha_i})$$

Jede der 2^k Kongruenzgleichungssysteme mit jeweils k Kongruenzgleichungen

$$x = c_i\,(p_i^{\alpha_i}), \ c_i \in \{a_i, b_i\}$$

haben modulo m eine eindeutige Lösung. Für jede Lösung x gilt $x^{m-1} = 1\,(p_i^{\alpha_i})$, und daher ist $x^{m-1} = 1\,(m)$, d.h. x gehört zu F_m. Somit werden also den Elementen $a, b \in J_m$ genau 2^k Elemente aus F_m zugeordnet. Daraus folgt

$$[F_m : J_m] = 2^{k-1} \tag{10.25}$$

Für $k \geq 3$ ist damit die zu zeigende Behauptung (10.24) bewiesen.

(2) Sei nun $m = p_1^{\alpha_1} \cdot p_2^{\alpha_2}$, d.h. wir betrachten im Vergleich zu Fall (1) den Fall, dass $k = 2$ ist. Mit derselben Argumentation wie unter (1) folgt aus (10.25):

$$[F_m : J_m] = 2 \tag{10.26}$$

Da m nur zwei Primfaktoren besitzt, kann m wegen Satz 10.7 keine Carmichael-Zahl sein. Gemäß Satz 10.9 gilt dann $[\mathbb{Z}_m^* : F_m] \geq 2$. Mit (10.26) folgt dann auch für diesen Fall die Behauptung (10.24).

(3) Es bleibt noch der Fall $m = p^\alpha$ mit $\alpha \geq 2$. Gemäß Folgerung 9.4 gilt: $\mathbb{Z}_{p^\alpha}^*$ enthält $\varphi(p) = (p-1)p^{\alpha-1}$ Elemente.

In Satz 22.13 b) werden wir sehen, dass $\mathbb{Z}^*_{p^\alpha}$ zyklisch ist. Sei a ein erzeugendes Element, und $b \in \mathbb{Z}^*_{p^\alpha}$. Dann gibt es ein t mit $b = a^t$. Damit

$$b^{p^\alpha - 1} = a^{t(p^\alpha - 1)} = 1\,(p^\alpha)$$

ist, muss gemäß Folgerung 3.14 $(p-1)p^{\alpha-1}$ ein Teiler von $t(p^\alpha - 1)$ sein, d.h. es muss ein q geben mit

$$t(p^\alpha - 1) = q(p-1)p^{\alpha-1} \tag{10.27}$$

Es gilt

$$p^\alpha - 1 = (p-1)(p^{\alpha-1} + p^{\alpha-2} + \ldots + 1)$$

und damit mit (10.27)

$$t(p-1)(p^{\alpha-1} + p^{\alpha-2} + \ldots + 1) = q(p-1)p^{\alpha-1}$$

Es folgt, dass $p^{\alpha-1}$ ein Teiler von t sein muss, woraus

$$((p-1)p^{\alpha-1}, t) = p^{\alpha-1} \tag{10.28}$$

folgt. Da a ein erzeugendes Element von $\mathbb{Z}^*_{p^\alpha}$ ist, gilt $ord_{\mathbb{Z}^*_{p^\alpha}}(a) = (p-1)p^{\alpha-1}$. Mit Satz 3.14 und (10.28) folgt dann

$$ord_{\mathbb{Z}^*_{p^\alpha}}(b) = ord_{\mathbb{Z}^*_{p^\alpha}}(a^t) = \frac{(p-1)p^{\alpha-1}}{((p-1)p^{\alpha-1}, t)} = \frac{(p-1)p^{\alpha-1}}{p^{\alpha-1}} = p - 1$$

Es gilt also, dass F_m, im betrachteten Fall also F_{p^α}, $p-1$ Elemente hat, d.h. es ist

$$|F_{p^\alpha}| = p - 1 = \frac{(p-1)p^{\alpha-1}}{p^{\alpha-1}} = \frac{|\mathbb{Z}^*_{p^\alpha}|}{p^{\alpha-1}}$$

und damit $[\mathbb{Z}^*_{p^\alpha} : F_{p^\alpha}] = p^{\alpha-1}$. Für $p \neq 3$ und $\alpha \neq 2$ ist $p^{\alpha-1} \geq 4$, womit auch in diesem Fall die Behauptung (10.23) gezeigt ist. $\qquad\square$

Beispiel 10.5 Wir wollen mit dem Algorithmus `notPRIME2` Zeugen gegen die Primalität der Zahl $k = 21$ bestimmen. Es ist $k - 1 = 20$ und damit $s = 2$ sowie $d = 5$. Die zu 21 teilerfremden Elemente sind

$$\mathbb{Z}^*_{21} = \{1, 2, 4, 5, 8, 10, 11, 13, 16, 17, 19, 20\}$$

Für die Elemente $a \in \mathbb{Z}^*_{21}$ berechnen wir in der folgenden Tabelle a^d sowie $a^{2^r d}$ für $r \in \{0, 1, 2\}$

a	1	2	4	5	8	10	11	13	16	17	19	20
a^5	1	11	16	17	8	19	2	1	15	5	6	20
a^{10}	1	16	4	16	1	9	4	1	3	4	15	1
a^{20}	1	4	16	4	8	18	16	1	6	20	3	1

Die fünf Elemente 1, 8, 13, 17 und 20 sind keine Zeugen gegen die Primalität der Zahl 21. Der Satz 10.11 wird an diesem Beispiel bestätigt: $5 \leq \frac{20}{4}$.   □

Die Sätze 10.10 und 10.11 sind die wesentlichen Grundlagen für die Verwendung des *Miller-Rabin-Algorithmus*, ein effizienter probabilistischer Primzahltest, der praktische Anwendung findet. In einer Runde stellt der Test fest, ob für eine eingegebene ungerade Zahl n eine zufällig gewählte Zahl a Zeuge gegen die Primalität von n ist. Wenn in hinreichend vielen Runden keine Zeuge gegen die Primalität von n gefunden wird, ist wegen Satz 10.11 die Wahrscheinlichkeit, dass n prim ist, entsprechend hoch. In der folgenden Darstellung des Miller-Rabin-Tests bedeutet die Ausgabe „n ist prim?", dass während einer Ausführung kein Zeuge gegen die Primalität von n gefunden wird.

```
algorithm MILLER-RABIN (n ∈ U₊,  n ≥ 3)
   Berechne d und s mit n = d · 2ˢ
   Wähle zufällig ein a ∈ {2,3,...,n−2}
   b := aᵈ (n)
   if b = 1 (n) oder b = −1 (n): Ausgabe: n ist prim?
   for r := 1 to s − 1 do
      b := b² (n)
      if b = −1 (n): Ausgabe: n ist prim?
      if b =  1 (n): Ausgabe: n ist nicht prim
   endfor
   Ausgabe: n ist prim?
endalgorithm MILLER-RABIN
```

Für diesen Algorithmus gilt

$$Prob\,[\text{Ausgabe:}n \text{ ist nicht prim} \mid n \in \mathbb{P}\,] = 0$$

Aus dem Satz 10.11 folgt, dass der Algorithmus für den Fall, dass n keine Primzahl ist, die Ausgabe „n ist prim ?" mit einer Wahrscheinlichkeit von höchstens $\frac{1}{4}$ macht, d.h. es gilt

$$Prob\,[\text{Ausgabe:}n \text{ ist prim?} \mid n \notin \mathbb{P}\,] \leq \frac{1}{4}$$

Wird der Algorithmus ℓ Runden durchgeführt, gilt

$$Prob\,[\ell\text{-mal Ausgabe:}n \text{ ist prim?} \mid n \notin \mathbb{P}\,] \leq \frac{1}{4^{\ell}}$$

Wird der Test ℓ-mal wiederholt und ist n zusammengesetzt, dann ist die Wahrscheinlichkeit, dass dabei kein Zeuge gegen die Primalität von n gefunden wird, kleiner gleich $\frac{1}{4^{\ell}}$. Für $\ell = 10$ gilt bereits $\frac{1}{4^{10}} = \frac{1}{2^{20}} \approx \frac{1}{10^{6}}$.

Führt man den Algorithmus ℓ Runden aus, wählt man also zufällig ℓ zu n teilerfremde Zahlen zwischen 2 und $n - 2$ aus, dann ist n mit einer Wahrscheinlichkeit von mindestens $1 - (\frac{1}{4})^\ell$ eine Primzahl, falls n Pseudoprimzahl zu allen ℓ gewählten Basen ist. Rabin selbst zeigte, dass die „ziemlich großen" Zahlen $n_i = 2^{400} - (2i + 1)$ für $0 \le i \le 295$ zusammengesetzt sind, während er bei $n_{296} = 2^{400} - 593$ bei 100 zufällig gewählten Basen keinen Zeugen gegen die Primalität dieser Zahl fand. Damit ist diese Zahl mit einer Wahrscheinlichkeit von mindestens $1 - \frac{1}{4^{100}}$ – „also so gut wie sicher" – eine Primzahl. In der Tat wurde mittlerweile festgestellt, dass n_{296} eine Primzahl ist.[1] Wir gehen in Kapitel 14.2 noch einmal kurz auf die Generierung von Primzahlen ein.

Obwohl, wie bereits erwähnt, seit 2002 ein deterministicher polynomieller – nach den Anfangsbuchstaben seiner Erfinder M. Agrawal, N. Kayal und M. Saxena *AKS-Test* genannter – Primzahltest existiert, wird derzeit und wohl auch noch in nächster Zeit wie bisher der Miller-Rabin-Test weiter Verwendung finden. Er ist sehr effizient und seine Sicherheit kann durch entsprechend viele Wiederholungen beliebig gesteigert werden. Der AKS-Algorithmus hingegen ist zwar polynomiell, aber mit einem sehr hohen Grad.

10.4 Übungen

10.1 Berechnen Sie $x = 30! \ (31)$ (siehe Satz von Wilson).

10.2 Beweisen Sie Satz 10.5.

10.3 Zeigen Sie, dass die in Gleichung (10.17) definierte Menge F_m eine Untergruppe von $\mathbb{Z}_m^*$ ist.

10.4 Zeigen Sie, dass die in Gleichung (10.22) definierte Menge J_m eine Untergruppe von F_m ist.

10.5 Bestimmen Sie mit dem Algorithmus `notPRIME2` Zeugen gegen die Primalität der Zahl 15. Verifizieren Sie an diesem Beispiel die Aussage von Satz 10.11 (vgl. Beispiel 10.5).

---

[1]Es sei bemerkt, dass die Wahrscheinlichkeit eines Denk- oder Rechenfehlers (Hardware oder Softwarefehler) wohl größer als $\frac{1}{4^{100}}$ ist.

Kapitel 11

Primitivwurzeln und diskrete Logarithmen

Wir betrachten die Einheitengruppen $\mathbb{Z}_n^*$ für $2 \leq n \leq 8$ der multiplikativen Restklassengruppen modulo n für $2 \leq n \leq 8$ und rechnen aus, ob diese zyklisch sind:

(1) $n = 2$: Es gilt $\mathbb{Z}_2^* = \{1\} = \langle 1 \rangle$.

(2) $n = 3$: Es gilt $\mathbb{Z}_3^* = \{1, 2\} = \langle 2 \rangle$, da $2^1 = 2$ und $2^2 = 1$.

(3) $n = 4$: Es gilt $\mathbb{Z}_4^* = \{1, 3\} = \langle 3 \rangle$, da $3^1 = 2$ und $3^2 = 1$.

(4) $n = 5$: Es gilt $\mathbb{Z}_5^* = \{1, 2, 3, 4\} = \langle 2 \rangle$, da $2^1 = 2$, $2^2 = 4$, $2^3 = 3$ und $2^4 = 1$.

(5) $n = 6$: Es gilt $\mathbb{Z}_6^* = \{1, 5\} = \langle 5 \rangle$, da $5^1 = 5$ und $5^2 = 1$.

(6) $n = 7$: Es gilt $\mathbb{Z}_7^* = \{1, 2, 3, 4, 5, 6\} = \langle 3 \rangle$, da $3^1 = 3$, $3^2 = 2$, $3^3 = 6$, $3^4 = 4$, $3^5 = 5$ und $3^6 = 1$.

(7) $n = 8$: Es gilt $\mathbb{Z}_8^* = \{1, 3, 5, 7\}$ sowie $1^2 = 1$, $3^2 = 1$, $5^2 = 1$ und $7^2 = 1$.

Wir stellen fest, dass $\mathbb{Z}_n^*$ zyklisch ist für $2 \leq n \leq 7$, während $\mathbb{Z}_8^*$ nicht zyklisch ist – jedes Element von $\mathbb{Z}_8^*$ hat die Ordnung 2. Es stellt sich die Frage, für welche n die Einheitengruppen $\mathbb{Z}_n^*$ zyklisch ist. Diese Frage beantwortet der folgende Satz, den wir ohne Beweis angeben.

Satz 11.1 Die Einheitengruppe $\mathbb{Z}_n^*$ ist genau dann zyklisch, wenn $n \in \{2, 4\} \cup \{p^k \mid p \in \mathbb{P} \text{ ungerade}, k \in \mathbb{N}\} \cup \{2p^k \mid p \in \mathbb{P} \text{ ungerade}, k \in \mathbb{N}\}$ ist. □

Die erzeugenden Elemente von zyklischen Einheitengruppen spielen im Folgenden noch eine wichtige Rolle. Die folgende Definition gibt diesen zunächst eine spezielle Bezeichnung.

Definition 11.1 a) Sei $\mathcal{R}$ ein Ring mit Einselement und $a \in \mathcal{R}^*$. Falls $\mathcal{R}^* = \langle a \rangle$ ist, dann heißt a *Primitivwurzel* von $\mathcal{R}^*$.

b) Im Fall der Restklassenringe $\mathbb{Z}_n$ mit zyklischen Einheitengruppen $\mathbb{Z}_n^*$ heißen deren erzeugende Elemente *Primitivwurzeln modulo* n. $\square$

Beispiel 11.1 2 ist eine Primitivwurzel modulo 3 und modulo 5, 3 ist eine Primitivwurzel modulo 4 und modulo 7, und 5 ist eine Primitivwurzel modulo 6. Eine Primitivwurzel modulo 8 existiert nicht. $\square$

Folgerung 11.1 a) Ist a eine Primitivwurzel modulo n, dann gilt

$$\mathbb{Z}_n^* = \{ a, a^2, \ldots, a^{\varphi(n)} \}$$

dabei ist φ die Euler-Funktion und es gilt $a^{\varphi(n)} = 1 \, (n)$. Hieraus leitet sich auch der Begriff der „Wurzel" ab: a ist eine Wurzel aus 1 in $\mathbb{Z}_n^*$.

b) Sei p ungerade Primzahl und $a \in \mathbb{Z}_p^*$ mit $ord_{\mathbb{Z}_p^*}(a) = p - 1$, dann ist a eine Primitvwurzel modulo p. $\square$

Im Anschluss an die letzte Folgerung stellt sich die Frage, zu welchen Primzahlen Primitivwurzeln existieren. Für $\mathbb{Z}_p^*$ ist die Ordnung $p - 1$. Ein Element a ist erzeugendes Element, d.h. Primitivwurzel modulo p, genau dann, wenn es diese Ordnung, d.h. keine echt kleinere Ordnung, hat. Da die Ordnung eines Elementes immer Teiler der Gruppenordnung ist (siehe Folgerung 3.14), muss getestet werden, ob für echte Teiler der Gruppenordnung $p - 1$ der Quotient eine Ordnung für a ist. Falls dies für keinen Teiler der Fall ist, dann ist a ein erzeugendes Element. Diesen Sachverhalt beschreibt der folgende Satz.

Satz 11.2 Sei $p \in \mathbb{P}$ ungerade und $p - 1 = \prod_{j=1}^{s} p_j^{\pi_{p-1}(p_j)}$ die kanonische Primfaktorzerlegung von $p - 1$. Eine ganze Zahl a mit $p \nmid a$ ist Primitivwurzel modulo p genau dann, wenn $a^{\frac{p-1}{p_i}} \neq 1 \, (p)$ für $1 \leq i \leq s$ ist.

Beweis „$\Rightarrow$": Sei a Primitivwurzel modulo p, d.h. a hat die Ordnung $p - 1$, d.h. es gibt kein $i < p - 1$ mit $a^i = 1 \, (p)$. Deshalb gilt für $1 \leq i \leq s$: $a^{\frac{p-1}{p_i}} \nmid 1 \, (p)$.

„$\Leftarrow$": Sei $ord_{\mathbb{Z}_p^*}(a) = m$, d.h. es ist $a^m = 1 \, (p)$ und für alle $k < m$ gilt $a^k \neq 1 \, (p)$. Da gemäß Folgerung 3.14 die Ordnung von a die Ordnung von $\mathbb{Z}_p^*$ teilt, gilt also:

$$m | p - 1 \text{ und damit } m | \prod_{j=1}^{s} p_j^{\pi_{p-1}(p_j)} \tag{11.1}$$

Wir nehmen an, dass $m < p - 1$ ist. Dann gibt es wegen (11.1) eine Zahl $r > 1$ mit $r \cdot m = \prod_{j=1}^{s} p_j^{\pi_{p-1}(p_j)}$. Da $m < p - 1$ ist, muss einer der Primfaktoren p_i Teiler von r sein, d. h. es gibt ein $t > 1$ mit $r = t \cdot p_i$, d.h. es ist

$$t \cdot p_i \cdot m = \prod_{j=1}^{s} p_j^{\pi_{p-1}(p_j)} \text{ und damit } t \cdot m = \prod_{j=1, j \neq i}^{s} p_j^{\pi_{p-1}(p_j)} \cdot p_i^{\pi_{p-1}(p_i)-1} = \frac{p-1}{p_i}$$

Hieraus folgt, dass $m | \frac{p-1}{p_i}$ ist, und hieraus, da m Ordnung von a ist: $a^{\frac{p-1}{p_i}} = 1\,(p)$. Dies ist aber ein Widerspruch zur Voraussetzung dieser Richtung im Satz. Unsere Annahme $m < p - 1$ ist also falsch, damit muss $m = p - 1$ sein, d.h. es gilt $ord_{\mathbb{Z}_p^*}(a) = p - 1$, woraus mit Folgerung 11.1 b) folgt, dass a Primitvwurzel modulo p ist. $\qquad\square$

Beispiel 11.2 $\mathbb{Z}_7^*$ ist nach Satz 11.1 eine zyklische Einheitengruppe. Wir wenden den Satz 11.2 an um zu testen, ob 2 eine Primitivwurzel modulo 7 ist. Die Primfaktorzerlegung von $7 - 1 = 6$ ist $2 \cdot 3$. Es gilt $2^{\frac{6}{2}} = 2^3 = 1\,(7)$, somit kann 2 keine Primitivwurzel modulo 7 sein. Wir testen nun, ob 3 eine Primitivwurzel modulo 7 ist (was wir aus der Einleitung des Kapitels schon wissen, siehe (6) dort). Es gilt:

$$3^{\frac{6}{2}} = 3^3 = 27 = 6 \neq 1\,(7)$$
$$3^{\frac{6}{3}} = 3^2 = 9 = 2 \neq 1\,(7)$$

Hieraus folgt, dass 3 Primitivwurzel modulo 7 ist. $\qquad\square$

Satz 11.2 liefert für den Fall, dass die Faktorisierung von $p - 1$ für die Primzahl p bekannt ist, ein effizientes Verfahren um zu testen, ob eine Zahl a eine Primitivwurzel modulo p ist. Die nächste Folgerung vereinfacht den Test für den Fall, dass die Primzahl eine bestimmte Gestalt hat.

Folgerung 11.2 Sei p eine Primzahl, so dass $p - 1 = 2q$ für eine Primzahl q gilt. Dann ist die Zahl a eine Primitivwurzel modulo p genau dann, wenn $a^2 \neq 1\,(p)$ und $a^q \neq 1\,(p)$ ist. $\qquad\square$

Beispiel 11.3 Es sei wieder $p = 7$, dann ist $p - 1 = 2 \cdot 3$ und 3 ist eine Primzahl. Wir berechnen folgende Tabelle:

a	2	3	5
$a^2\,(7)$	4	2	4
$a^3\,(7)$	1	6	6

Wir erkennen, dass – wie schon bekannt – 3 sowie 5 Primitivwurzeln modulo 7 sind, denn auf beide trifft die Folgerung 11.2 zu. In der Tat erzeugt 5 ebenfalls $\mathbb{Z}_7$: $5^0 = 1, 5^1 = 5, 5^2 = 4, 5^3 = 6, 5^4 = 2$ und $5^5 = 2$. $\qquad\square$

Gibt es eine Primitivwurzel b modulo $n = p^k$ oder modulo $n = 2p^k$, $k \in \mathbb{N}$, dann existiert für jedes Element $a \in \mathbb{Z}_n^*$ eindeutig ein i, $1 \leq i \leq \varphi(n)$, mit $a = b^i$. Dies ist die Kernaussage des folgenden Satzes.

Satz 11.3 Sei b eine Primitivwurzel modulo n, dann ist die Abbildung

$$\lambda_b : (\mathbb{Z}_{\varphi(n)}, +) \to \mathbb{Z}_n^* \text{ definiert durch } \lambda_b(i) = b^i\,(n)$$

ein Isomorphismus.

Beweis Die Abbildung λ_b ist offensichtlich total, injektiv und surjektiv, also bijektiv. Wir zeigen noch die Homomorphieeigenschaft:

$$\lambda_b(x + y) = b^{x+y} = b^x \cdot b^y = \lambda_b(x) \cdot \lambda_b(y) \qquad\square$$

Definition 11.2 Die Umkehrabbildung λ_b^{-1} von λ_b heißt *Index* oder *diskreter Logarithmus* zur Basis b modulo n. Anstelle von λ_b^{-1} ist es üblich, ind_b bzw. log_b zu schreiben. Es gilt

$$x = log_b \, a \text{ genau dann, wenn } \lambda_b(x) = b^x = a$$

ist. x heißt *Logarithmus von a zur Basis b modulo n.*   □

Beispiel 11.4 In Beispiel 11.2 haben wir festgestellt, dass 3 eine Primitivwurzel von $\mathbb{Z}_7^*$ ist. Wir können also 3 als Basis für den diskreten Logarithmus modulo 7 wählen. Dann gilt:

$$1 = log_3 3, \quad \text{da} \quad 3^1 = 3$$
$$2 = log_3 2, \quad \text{da} \quad 3^2 = 2$$
$$3 = log_3 6, \quad \text{da} \quad 3^3 = 6$$
$$4 = log_3 4, \quad \text{da} \quad 3^4 = 4$$
$$5 = log_3 5, \quad \text{da} \quad 3^5 = 5$$
$$0 = log_3 1, \quad \text{da} \quad 3^0 = 1 \quad\quad □$$

Folgerung 11.3 Für das Rechnen mit (diskreten) Logarithmen gelten folgende Gleichungen. Ihre Gültigkeit folgt unmittelbar daraus, dass der Logarithmus zur Basis b als Umkehrabbildung des Isomorphismus λ_b wieder ein Isomorphismus ist.

$$log_b(xy) = log_b(x) + log_b(y)$$
$$log_b(x^{-1}) = -log_b(x)$$
$$log_b(x^k) = k \cdot log_b(x) \quad\quad □$$

Die Berechnung diskreter Logarithmen ist im Allgemeinen ein schwieriges Problem, d.h. es gibt derzeit keine effizienten Verfahren, mit denen zu einer Basis b für eine Zahl a der diskrete Logarithmus berechnet werden kann. Ein naives Verfahren ist das folgende: Sei b eine Primitivwurzel modulo n, dann teste für $x \in \{1, \ldots, \varphi(n)\}$ der „Reihe nach", ob $a = b^x$ gilt. Wählen wir z.B. $n = 2017$, $b = 5$ und $a = 3$, dann finden wir nach 1029 Schritten (Multiplikationen von b mit sich selbst), dass $1030 = log_5 3$ ist.

Werden wesentlich größere Logarithmen betrachtet als im Beispiel, etwa solche mit $x > 2^{100}$, benötigt die naive Iteration 2^{100} Gruppenoperationen, was quasi „unendliche lang dauernde" Rechenzeiten selbst auf schnellsten Rechnern erfordert. Es gibt zwar Algorithmen, die wesentlich effizienter als das naive Verfahren sind. Aber auch bei Verwendung dieser benötigt die Bestimmung des Logarithmus noch so viel Zeit, dass das Problem als praktisch unlösbar gilt.

Deshalb werden diskrete Logarithmen in der Kryptografie zur Verschlüsselung von Daten verwendet. Ihre Sicherheit basiert gerade darauf, dass es einen immensen

Aufwand benötigt, verwendete Schlüssel zu berechnen. Solange keine effizienten Verfahren gefunden werden, gelten diese Verschlüsselungsverfahren als sicher. Auf die Verschlüsselung mithilfe diskreter Logarithmen gehen wir in den Kapiteln 14.3 und 14.4 noch näher ein.

Übungen

11.1 Begründen Sie, warum $\mathbb{Z}_{10}$ zyklisch ist. Bestimmen Sie alle Primitivwurzeln modulo 10. Geben Sie zu allen Primitivwurzeln modulo 10 die diskreten Logarithmen aller Elemente von $\mathbb{Z}_{10}^*$ jeweils mit diesen Primitivwurzeln als Basis an.

Teil III

Einführung in die Kryptologie

Die Kryptologie beschäftigt sich mit Konzepten, Methoden, Verfahren und Techniken zur Gewährung von Sicherheit und Vertraulichkeit bei Datenspeicherung und -transfer. Grundlegende Problemstellungen, die von der Kryptologie behandelt werden, sind:

- Geheimhaltung, Vertraulichkeit: Schutz gegen Abhören (Lauschen),

- Integrität: Schutz gegen Veränderung (Verfälschung),

- Authentizität: Beweis der Identität (Signatur, elektronische Unterschrift),

- Verbindlichkeit: Nachweis der Urheberschaft für Daten.

Wir werden uns hauptsächlich mit der Geheimhaltung sowie ein wenig mit der Authentizität und Verbindlichkeit beschäftigen. Dabei betrachten wir diese Themen nur einführend, indem wir an einigen bekannten Verschlüsselungs- bzw. Signaturverfahren Probleme und Lösungsmöglichkeiten betrachten. Dabei werden wir sehen, dass wir viele theoretische Kenntnisse aus den vorherigen Kapiteln für die Lösung der Probleme verwenden können.

Wir gehen dabei bei dem Thema „Geheimhaltung" von folgendem Modell aus: Ein Sender hat Daten im Klartext vorliegen. Zum Schutz gegen Lauschangriffe wird dieser Text vor Speicherung oder vor dem Transfer (Kanal) verschlüsselt (chiffriert). Ein (berechtigter) Empfänger muss in der Lage sein, die verschlüsselten Daten zu entschlüsseln (zu dechiffrieren), um den Klartext zurückzugewinnen.

Beim Thema „Authentizität" geht es darum, dass ein Sender seine Nachricht so kennzeichnet (signiert), dass vom Empfänger eindeutig erkannt wird, wer der Sender ist. „Verbindlichkeit" bedeutet, dass der Sender von ihm unterschriebene Nachrichten nicht leugnen kann.

In der Literatur hat sich eingebürgert, Sender und Empfänger mit *Alice* bzw. mit *Bob* oder kurz mit A und B zu bezeichnen. So werden wir im Folgenden auch verfahren.

Kapitel 12

Einfache Chiffriersysteme

In diesem Kapitel betrachten wir einige einfache bekannte Chiffrierverfahren, um uns mit einigen grundlegenden Fragestellungen und Lösungsansätzen für die Verschlüsselung von Daten einführend zu beschäftigen.

(Beispiel-) Klartexte, die wir (in der Regel) betrachten wollen, sollen Wörter oder Sätze der deutschen Sprache ohne Ziffern, Punktations- und Sonderzeichen sein. Das Alphabet, über das wir die Klartexte bilden, ist also das deutsche Buchstabenalphabet $\Sigma = \{A, B, \ldots, Z\}$. Dabei soll nicht zwischen Groß- und Kleinschreibung unterschieden und, falls notwendig, von der üblichen alphabetischen Ordnung ausgegangen sowie zur besseren Lesbarkeit ein „leerer" Zwischenraum (Blank) verwendet werden, der nicht Element des Alphabetes ist und der nicht verschlüsselt wird. Durch die alphabetische Ordnung kann jedem Element von Σ in natürlicher Weise eine Nummer eineindeutig zugewiesen werden: $p : \mathbb{Z}_{26} \to \Sigma$ mit $p(0) = A, p(1) = B, \ldots, p(25) = Z$. Anstelle von $p(i)$ schreiben wir auch p_i.

12.1 Verschiebe- und Tauschchiffren

12.1.1 Cäsar-Chiffre

Ein sehr naives Verschlüsselungsverfahren, das von Cäsar angewendet worden sein soll, ist das folgende: Jeder Buchstabe wird zyklisch durch den drei Plätze folgenden Buchstaben ersetzt. Das Wort INFORMATIK wird also verschlüsselt durch das Wort LQIRUPDWLN.

Der verschlüsselte Text wird über demselben Alphabet gebildet wie der Klartext. Die Verschlüsselung kann durch die Abbildung $E : \Sigma \to \Sigma$ mit[1]

$$E(p(i)) = p(i + 3)$$

---

[1] E steht für *Encryption*.

beschrieben werden. Sie stellt eine zyklische Permutation der Nummern um drei Stellen dar.

Die Verschlüsselung eines Klartextes $w \in \Sigma^*$ ergibt sich durch die Abbildung $E^* : \Sigma^* \to \Sigma^*$ definiert durch

$$E^*(\sigma) = E(\sigma) \qquad\qquad \text{für } \sigma \in \Sigma$$
$$E^*(\alpha \circ \beta) = E^*(\alpha) \circ E^*(\beta) \qquad\qquad \text{für } \alpha, \beta \in \Sigma^+$$

Ein Klartext $w = w_1 \ldots w_n$, $w_i \in \Sigma$, $1 \leq i \leq n$, wird somit buchstabenweise verschlüsselt:

$$E^*(w) = E(w_1) \ldots E(w_n)$$

Es ist also z.B.

$$\begin{aligned} E(WITT) &= E(W)E(I)E(T)E(T) \\ &= E(p(22))E(p(8))E(p(19))E(p(19)) \\ &= p(25)p(11)p(22)p(22) \\ &= ZLWW \end{aligned}$$

Wir wollen im Folgenden, falls dadurch keine Missverständnisse entstehen, nicht zwischen E und E^* unterscheiden.

Die Cäsar-Chiffre ist ein Spezialfall einer (additiven) *Verschiebechiffre*, die im Allgemeinen beschrieben werden kann durch die Abbildung $E : \Sigma \to \Sigma$ mit

$$E(p(i)) = p(i + s) \text{ für } 0 \leq s < 26$$

Die Entschlüsselung des verschlüsselten Textes kann durch die Umkehrfunktion $D = E^{-1}$ geschehen: $D(p_i) = p(i - s)$.[2] Das additive Inverse $-s$ von s in $\mathbb{Z}_{26}$ ist $-s = 26 - s$. Bei der Entschlüsselung rechnen wir also $D(p_i) = p(i + (26 - s))$. Für die Cäsar-Chiffre ergibt sich somit: $D(p_i) = p(i + 23)$. Wählen wir z.B. $p_{22} = W$, dann gilt:

$$\begin{aligned} D(E(W)) &= D(E(p_{22})) = D(p(22 + 3)) = D(p_{25}) \\ &= D(Z) = D(p_{25}) = p(25 + 23) = p(22) \\ &= W \end{aligned}$$

Die Verschiebung s kann als Schlüssel der additiven Verschiebechiffrierung aufgefasst werden. Da bei Verschlüsselung und Entschlüsselung im Wesentlichen derselbe Schlüssel verwendet wird, spricht man von symmetrischer Verschlüsselung. Der Sender muss dem Empfänger neben der verschlüsselten Nachricht auch den Schlüssel mitteilen, damit dieser die Nachricht entschlüsseln kann. Hier liegt ein Nachteil dieser Verfahren: Der Schlüssel muss ebenfalls übermittelt werden, wozu ebenfalls Maßnahmen zur Geheimhaltung notwendig werden. Auf weitere Nachteile werden wir später noch eingehen.

---

[2] D steht für *Decryption*.

12.1.2 Tauschchiffren

Anstelle der Verschiebung, d.h. anstelle der Addition, wollen wir nun mithilfe der Multiplikation (im Restklassenring) $\mathbb{Z}_{26}$ verschlüsseln:

$$E(p_i) = p(t \cdot i), \, 1 \leq t < 26$$

Wählen wir etwa $t = 2$, dann gilt z.B.

$$
\begin{aligned}
E(A) &= E(p_0) &= p(2 \cdot 0) &= p_0 &= A \\
E(B) &= E(p_1) &= p(2 \cdot 1) &= p_2 &= C \\
E(C) &= E(p_2) &= p(2 \cdot 2) &= p_4 &= E \\
&\vdots \\
E(P) &= E(p_{15}) &= p(2 \cdot 15) &= p_4 &= E \\
&\vdots
\end{aligned}
$$

Man sieht sofort, dass diese Verschlüsselung untauglich ist, da die Verschlüsselungsfunktion E in diesem Falle nicht injektiv ist: Die Klartextbuchstaben C und P werden durch den Buchstaben E verschlüsselt: Es gilt $2 \cdot 2 = 2 \cdot 15$, obwohl $2 \neq 15$ ist. Die vollständige Ausrechnung dieser Verschlüsselung zeigt noch weitere Fälle der Art, dass unterschiedliche Klartextbuchstaben durch denselben Buchstaben verschlüsselt werden. Diese Verschlüsselung stellt also keine Permutation der Klartextbuchstaben dar. Wählen wir hingegen $t = 3$, dann stellen wir fest, dass nun alle Klartextbuchstaben unterschiedlich verschlüsselt werden. Die Verschlüsselung $t = 3$ durch $E(p_i) = p(3 \cdot i)$ stellt eine Permutation der Klartextbuchstaben dar.

Welche Schlüssel t sind nun geeignet? Eine Antwort liefert der Satz 8.1. Die Äquivalenz der Aussagen (1) und (3) dort besagt für unseren Ring $\mathbb{Z}_{26}$: Nur die zum Modul 26 teilerfremden Schlüssel t garantieren, dass verschiedene Klartextbuchstaben auch verschieden verschlüsselt werden und dass die Verschlüsselung $E(p_i) = p(t \cdot i)$ eine Permutation ist. Gemäß Aussage (2) von Satz 8.1 sind die zu 26 teilerfremden Schlüssel genau die invertierbaren Elemente von $\mathbb{Z}_{26}$. Damit ist klar, welche Schlüssel wir zur Verfügung haben:

$$t \in \mathbb{Z}_{26}^* = \{\, a \in \mathbb{Z}_{26} \mid (26, a) = 1 \,\} = \{\, 1, 3, 5, 7, 9, 11, 15, 17, 19, 21, 23, 25 \,\}$$

Es gibt also $\varphi(26) = 12$ multiplikative Chiffren.

Kombinationen von Verschiebechiffren und von multiplikativen Chiffren nennt man Tauschchiffren.[3] Der Schlüssel einer Tauschchiffre besteht aus dem Paar (s, t) mit $0 \leq s < 26$ und $t \in \mathbb{Z}_{26}^*$. Es gibt also $26 \cdot 12 = 312$ Schlüssel und dementsprechend genau so viele Tauschchiffren. Die Verschlüsselung erfolgt durch

$$E(p_i) = p((i + s) \cdot t)$$

---

[3]Verschiebechiffren und multiplikative Chiffren sind spezielle Tauschchiffren: Man wähle als multiplikativen Schlüssel $t = 1$ bzw. als additiven Schlüssel $s = 0$.

Die Entschlüsselung folgt entsprechend durch Umkehrung:

$$D(p_j) = p(j \cdot t^{-1} + (-s))$$

Es gilt:

$$D(E(p_i)) = D(p((i+s) \cdot t)) = p((i+s) \cdot t \cdot t^{-1} + (-s)) = p_i$$

Die Bestimmung des additiven Inversen $-s$ zu s erfolgt durch: $-s = 26 - s$.

Da t Einheit ist, folgt, dass t invertierbar ist, d.h. dass t^{-1} existiert. Die Bestimmung des multiplikativen Inversen t^{-1} von t kann mit dem im Anschluss an Satz 8.1 erläuterten Verfahren erfolgen. Für $t \in \mathbb{Z}_{26}^*$ erhalten wir die folgenden Inversen:

t:	1,	3,	5,	7,	9,	11,	15,	17,	19,	21,	23,	25
t^{-1}:	1,	9,	21,	15,	3,	19,	7,	23,	11,	5,	17,	25

Beispiel 12.1 Wir wählen als Schlüssel $(7,3)$ (damit ist $-7 = 26 - 7 = 19$ und $3^{-1} = 9$). Damit verschlüsseln wir den Klartext INFORMATIK und entschlüsseln den entstehen Geheimtext:

Klartext	I	N	F	O	R	M	A	T	I	K
p_i:	8	13	5	14	17	12	0	19	8	10
$+7$:	15	20	12	21	24	19	7	0	15	17
$\cdot 3$:	19	8	10	11	20	5	21	0	19	25
Geheimtext	T	I	K	L	U	F	V	A	T	Z
p_j:	19	8	10	11	20	5	21	0	19	25
$\cdot 9$:	15	20	12	21	24	19	7	0	15	17
$+19$:	8	13	5	14	17	12	0	19	8	10
Klartext	I	N	F	O	R	M	A	T	I	K

□

12.2 Kryptoanalyse

Tauschchiffren sind natürlich nicht sehr sicher gegen Lauschangriffe. Selbst, wenn der Schlüssel nicht bekannt ist, kann es gelingen, aus der Kenntnis von zwei Paaren $(x, E(x))$ und $(y, E(y))$ den Schlüssel (s,t) einer Verschlüsselung zu berechnen. Der Angreifer muss natürlich zunächst wissen, dass eine Tauschchiffrierung verwendet wurde. Zwei Paare von Klar- und zugeordneten Geheimbuchstaben kann er mithilfe einer Häufigkeitsanalyse herausfinden. So kennt man durch entsprechende Untersuchungen sehr gut die Häufigkeitsverteilungen der Buchstaben in deutschen Texten: So kommt z.B. E mit einer Häufigkeit von ca. 17%, N mit ca. 9.5%, I mit ca. 8%, A mit ca. 6%, Q, X und Y mit ca. 0.02% vor. Des Weiteren kann man die Kenntnis über die Häufigkeit von Buchstabenpaaren (z.B. EN, ER, CH, TE, ND, EI, IE) ausnutzen oder die Kenntnis von Floskeln (z.B. Anreden, Grüße).

Wir gehen nun davon aus, dass ein Angreifer weiß, dass eine Verschlüsselung mittels Tauschchiffre vorgenommen wurde, und wir wollen zeigen, wie er dann aus der Kenntnis von zwei Paaren $(x, E(x))$ und $(y, E(y))$ den Schlüssel (s, t) einer Verschlüsselung berechnen kann. Es gilt:

$$E(x) = (x + s) \cdot t \text{ sowie } E(y) = (y + s) \cdot t$$

Daraus folgt:

$$E(x) \cdot t^{-1} = x + s \text{ und } E(y) \cdot t^{-1} = y + s \tag{12.1}$$

Daraus folgt durch Subtraktion der Gleichungen voneinander:

$$((E(x) - E(y)) \cdot t^{-1} = x - y$$

Wir lösen diese Gleichung nach t^{-1} auf und erhalten:

$$t^{-1} = ((E(x) - E(y))^{-1} \cdot (x - y) \tag{12.2}$$

Wir invertieren beide Seiten, mit Satz 3.1 f) gilt dann:

$$t = (x - y)^{-1} \cdot ((E(x) - E(y)) \tag{12.3}$$

Aus den Gleichungen (12.1) und (12.3) lässt sich s wie folgt bestimmen:

$$s = E(x) \cdot t^{-1} - x = E(x) \cdot ((E(x) - E(y))^{-1} \cdot (x - y) - x \tag{12.4}$$

Damit sind durch die Gleichungen (12.2), (12.3) und (12.4) die Schlüssel und ihre Inversen bestimmt und *jede* mit diesen verschlüsselte Nachricht kann nun entschlüsselt werden.

Beispiel 12.2 Ein Angreifer (der davon ausgeht oder weiß, dass das benutzte Verschlüsselungverfahren die Tauschchiffrierung ist) habe z.B. durch Häufigkeitsanalyse die folgenden beiden Paare von Klarbuchstaben und Verschlüsselung herausgefunden: I und T sowie F und K bzw. p_8 und p_{19} sowie p_5 und p_{10}. Mit den Gleichungen (12.3) und (12.4) kann er nun t und s berechnen:

$$t = (8 - 5)^{-1} \cdot (19 - 10) = 3^{-1} \cdot 9 = 9 \cdot 9 = 3$$
$$s = 19 \cdot 3^{-1} - 8 = 19 \cdot 9 - 8 = 7$$

Daraus ergeben sich unmittelbar die für die Entschlüsselung notwendigen Inversen $t^{-1} = 9$ sowie $-s = 19$. Es wird also der Schlüssel berechnet, der im Beispiel 12.1 bei der Verschlüsselung des Klartextes INFORMATIK benutzt wird. □

Diese Attacke ist ein Beispiel für einen erfolgreichen *Known plaintext-Angriff*: Ein Angreifer kann den Schlüssel herausfinden, weil ihm eine Menge von Paaren von Klar- und Geheimbuchstaben bekannt ist. Bei der Tauschchiffrierung genügt die Kenntnis zweier solcher Paare.

Natürlich muss dem Angreifer auch das Verschlüsselungsverfahren bekannt sein. Verschlüsselungsverfahren lassen sich in der Regel schwieriger geheim halten als Schlüssel. Hierauf begründet sich das sogenannte *Prinzip von Kerckhoff*: Die Sicherheit sollte sich allein auf die Geheimhaltung der Schlüssel gründen, da die Geheimhaltung von Verschlüsselungsverfahren im Allgemeinen nicht möglich ist.

12.3 Weitere Tauschchiffren. Vigenère-Chiffre

Wir wollen noch ein weiteres Tauschverfahren vorstellen. Bei diesem besteht der Schlüssel aus einem Klartextbuchstaben, dem Schlüsselbuchstaben, und aus einem Klartextwort, dem Schlüsselwort.

Sei $\Sigma = \{a_0, a_1, \ldots, a_{n-1}\}$ das Klartextalphabet, $s \in \Sigma$ der Schlüsselbuchstabe und $t \in \Sigma^+$ das Schlüsselwort mit $|t| \leq n$. Dann erfolgt die Chiffrierung gemäß dem folgenden Verfahren:

1. Es sei $t = t_1 t_2 \ldots t_m$, $t_i \in \Sigma$, $1 \leq i \leq m$, $1 \leq m \leq n$. Für jeden Buchstaben t_i in t, der mehrfach in t vorkommt, d.h. für den es ein t_j in t gibt mit $t_i = t_j$ und $i < j$, entfernen wir t_j aus t.

   Es entsteht das bereinigte Schlüsselwort $t' = t'_1 t'_2 \ldots t'_k$, $1 \leq k \leq m$, sowie das Restalphabet $\Sigma' = \Sigma - \{t'_1, t'_2, \ldots, t'_k\} = \{a'_1, a'_2, \ldots, a'_{n-k}\}$ (in alphabetischer Ordnung).

2. Es sei $s = a_r$. Dann ist $E : \Sigma \to \Sigma$ definiert durch:

$$E(a_{r+i-1}) = t'_i, \, 1 \leq i \leq k$$
$$E(a_{r+k+j-1}) = a'_j, \, 1 \leq j \leq n - k$$

   Dabei erfolgt die Addition der Indizes im Restklassenring $\mathbb{Z}_n$.

Beispiel 12.3 Das Klartextalphabet Σ sei wieder das deutsche Alphabet. Schlüsselwort sei $t = MATHEMATIK$ und Schlüsselbuchstabe sei $s = K$, d.h. $r = 10$. Das bereinigte Schlüsselwort ist dann $t' = MATHEIK$, also $k = 7$, und das Restalphabet ist $\Sigma' = \{B, C, D, F, G, J, L, N, O, P, Q, R, S, U, V, W, X, Y, Z\}$. Folgende Tabelle zeigt die Chiffrierung E von Σ:

p_i:	0	1	2	3	4	5	6	7	8	9	10	11	12
x:	A	B	C	D	E	F	G	H	I	J	K	L	M
$E(x)$:	P	Q	R	S	U	V	W	X	Y	Z	M	A	T

p_i:	13	14	15	16	17	18	19	20	21	22	23	24	25
x:	N	O	P	Q	R	S	T	U	V	W	X	Y	Z
$E(x)$:	H	E	I	K	B	C	D	F	G	J	L	N	O

Ab r (in userem Fall $r = 10$) werden die Klartextbuchstaben durch die Buchstaben des bereinigten Schlüsselwortes verschlüsselt, und die Buchstaben danach durch die Buchstaben des Restalphabetes. Es gilt also z.B.

$$E(INFORMATIK) = YHVEBTPDYN \qquad \square$$

Alle Tauschchiffren E, bei denen Klartextalphabet und Verschlüsselungsalphabet identisch sind, stellen im Grunde eine Permutation des Klartextalphabets dar. Da jede Permutation als Folge von zyklischen Teilpermutationen dargestellt werden kann, gilt dies auch für die Tauschchiffren. Die zyklischen Teilpermutationen bestehen für alle x jeweils aus den Folgen $E(x)$, $E^2(x)$, $E^3(x)$, ..., $E^k(x)$, so dass k der kleinste Exponent ist mit $E^{k+1}(x) = x$.

So lässt sich die Tauschchiffre mit dem Schlüssel $(7, 3)$ aus den obigen Beispielen darstellen als

$$(A, V, G, N, I, T), (B, Y, P, O, L, C), (D, E, H, Q, R, U), (F, K, Z, S, X, M), (J, W)$$

und die Tauschchiffre aus dem letzten Beispiel als

$$(A, P, I, Y, N, H, X, L), (B, Q, K, M, T, D, S, C, R), (E, U, F, V, G, W, J, Z, O)$$

Die Anzahl der möglichen Tauschchiffren bei einem Klartextalphabet mit n Buchstaben beträgt $n! = 1 \cdot 2 \cdot \ldots \cdot n$. Für $n = 26$ sind das also $26! \approx 4 \cdot 10^{26}$. Bei allgemeinen Tauschchiffren über $\mathbb{Z}_m$ steht also – selbst bei nicht sehr großem m – eine gigantische Anzahl von Schlüsseln zur Verfügung, nämlich $m!$ viele. Ein systematisches Durchprobieren aller Schlüssel scheint sinnlos und damit eine hohe Sicherheit gegeben zu sein. Doch lassen wir uns nicht täuschen. Eine Häufigkeitsanalyse eines deutschen Geheimtextes, die z.B. dazu führt, die Verschlüsselung des Buchstaben E zu vermuten, reduziert die Anzahl der möglichen Schlüssel drastisch von $26!$ auf $25!$: $25!$ sind nur noch etwa 4% von $26!$. Und wenn wir noch eine weitere Verschlüsselung durch statistische Analysen, z.B. die des Buchstaben N herausfinden, reduziert sich die Anzahl auf $24!$, dass sind knapp 0,16% von $26!$.

Wir haben bisher nur monoalphabetische Tauschchiffren betrachtet. Bei diesen wird in jedem Klartext jedes Vorkommen eines Buchstaben x immer durch $E(x)$ ersetzt. Ein Nachteil ist z.B., dass sie deshalb geeignet für Häufigkeitsanalysen sein können. Mit polyalphabetischen Verfahren, welche monoalphabetische Chiffrierungen im Wechsel benutzen, kann man versuchen, diesen Nachteil zu verhindern. Ein solches Verfahren mit variablen Tauschalphabeten ist die Vigenère-Chiffre (Vigenère 1523 - 1596). Wir erklären auch diese am Beispiel des deutschen Alphabetes als Klartextalphabet. Das Verfahren benutzt als Wechselalphabete alle möglichen zyklischen Permutationen des Klartextalphabets. Für unser Alphabet mit 26 Buchstaben existieren also 26 Tauschalphabete:

$$\text{Klartextalphabet}: \quad A \quad B \quad C \quad D \quad E \quad \ldots \quad Z$$

$$
\begin{array}{llllllll}
\text{Tauschalphabete}: & A & B & C & D & E & \ldots & Z \\
& B & C & D & E & F & \ldots & A \\
& C & D & E & F & G & \ldots & B \\
& & & \vdots & & & & \\
& Y & Z & A & B & C & \ldots & X \\
& Z & A & B & C & D & \ldots & Y
\end{array}
$$

Diese Aufstellung der möglichen Chiffren (in dieser Reihenfolge) nennt man Vigenère-Quadrat. Für ein Alphabet Σ sei VG_Σ das Vigenère-Quadrat. Ein Element in VG_Σ kann identifiziert werden durch Angabe der ersten Buchstaben in der entsprechenden Zeile und der entsprechenden Spalte. In unserem Quadrat ist etwa $(F, P) = U$.

Die Chiffrierung eines Klartextes $w \in \Sigma^+$ erfolgt nun mithilfe eines Schlüsselworts $t \in \Sigma^+$ wie folgt: Es sei

$$w = w_1 w_2 \ldots w_m, \, w_i \in \Sigma, \, 1 \leq i \leq m$$
$$t = t_1 t_2 \ldots t_k, \, t_i \in \Sigma, \, 1 \leq i \leq k$$

Zunächst findet die folgende Zuordnung $R \subseteq \{t_1, \ldots, t_k\} \times \{w_1, \ldots w_m\}$ statt:

$$R = \left\{ (t_i, w_{q \cdot k + i}) \mid 0 \leq q \leq \left\lceil \frac{m}{k} \right\rceil, \, 1 \leq i \leq k \right\}$$

Beispiel 12.4 Wir wollen das Wort $INFORMATIK$ mit dem Schlüsselwort $JAVA$ verschlüsseln und bestimmen dafür zunächst die Relation R:

Schlüsselwort:	J	A	V	A	J	A	V	A	J	A
Klartext :	I	N	F	O	R	M	A	T	I	K

$\square$

Die Verschlüsselung des Klartextes erfolgt dann durch:

$$E(w_{q \cdot k + i}) = (t_i, w_{q \cdot k + i}), \, 0 \leq q \leq \left\lceil \frac{m}{k} \right\rceil, \, 1 \leq i \leq k$$

Beispiel 12.5 (Fortsetzung von Beispiel 12.4)

Schlüsselwort:	J	A	V	A	J	A	V	A	J	A
Klartext :	I	N	F	O	R	M	A	T	I	K
Vigenère-Chiffre :	R	N	A	O	A	M	V	T	R	K

$\square$

Auch Vigenère-Chiffren können, vorausgesetzt es ist bekannt, dass eine solche Chiffrierung angewendet wird, geknackt werden, d.h. aufgrund von Verteilungsannahmen und Häufigkeitsanalysen kann mit gewisser Sicherheit die Länge eines

Schlüssels und der Schlüssel selber bestimmt werden. Dabei wird die Kryptoanalyse einer Vigenère-Chiffre um so schwieriger, je länger das gewählte Schlüsselwort ist.

Tatsächlich kann man das Vigenère-Verfahren sicherer machen, indem man sehr lange Schlüsselwörter verwendet. So könnte man als Schlüsselwort etwa den Text eines Buches verwenden, z.B. den von Goethes Faust oder den der Bibel oder den des Datenschutzgesetzes. Zur Übermittlung des Schlüsselwortes würde es dann auch reichen, anstelle des Textes selbst die entsprechende Quellenangabe zu übermitteln, also z.B. *Goethe, Faust, Hamburg, 1963.*

Perfekt sicher (siehe nächstes Kapitel) machen kann man das Vigenère-Verfahren – zumindest theoretisch –, indem man ein unendlich langes Schlüsselwort buchstabenweise so erzeugt, dass es keine statistisch begründbaren Ansätze zum Herausfinden des Schlüssels gibt: Man werfe einen 26-seitigen fairen Würfel, um eine beliebig lange Buchstabenfolge zu erzeugen, die als Schlüsselwort benutzt wird. Eine solche Folge nennt man auch *Buchstabenwurm.*

Kapitel 13

Perfekte Sicherheit und One time pad-Verfahren

In den folgenden Betrachtungen gehen wir davon aus, dass für eine Wahrscheinlichkeitsverteilung $p : \Omega \rightarrow [0,1]$ ($[0,1] = \{x \in \mathbb{R} \mid 0 \leq x \leq 1\}$) auf einer endlichen (Ereignis-) Menge Ω gilt:

(1) $\sum_{x \in \Omega} p(x) = 1$

(2) Für $A \subseteq \Omega$ ist

$$p(A) = \sum_{x \in A} p(x)$$

die Wahrscheinlichkeit für das Auftreten des *Ereignisses A*. Ist $A = \{a\}$, so schreiben wir $p(a)$ anstelle von $p(\{a\})$.

(3) Für $A, B \subseteq \Omega$ mit $p(B) > 0$ ist

$$p(A|B) = \frac{p(A \cap B)}{p(B)}$$

die Wahrscheinlichkeit für das Auftreten des Ereignisses A in Abhängigkeit des Auftretens von Ereignis B. Ebenso gilt für $A, B \subseteq \Omega$ mit $p(A) > 0$: $p(B|A) = \frac{p(A \cap B)}{p(A)}$.

Gilt $p(A|B) = p(A)$, dann heißt das Ereignis A *(stochstisch) unabhängig* vom Ereignis B. Es folgt unmittelbar für unabhängige Ereignisse A und B: $p(A \cap B) = p(A) \cdot p(B)$.

(4) Aus (3) folgt für $A, B \subseteq \Omega$ der sogenannte *Multiplikationssatz*:

$$p(A \cap B) = p(B) \cdot p(A|B) = p(A) \cdot p(B|A)$$

(5) Aus (4) folgt für $A_1, \ldots, A_k, B \subseteq \Omega$ mit $\bigcup_{i=1}^{k} A_i = \Omega$, mit $A_i \cap A_j = \emptyset$, $1 \leq i, j \leq k, i \neq j$, mit $p(A_i) > 0, 1 \leq i \leq n$, sowie mit $p(B) > 0$ die Formel für die *totale Wahrscheinlichkeit*:

$$p(B) = \sum_{i=1}^{k} p(B|A_i) \cdot p(A_i) \qquad (13.1)$$

(6) Mit denselben Voraussetzungen von (5) folgt ebenso die *Formel von Bayes*:

$$p(A_j|B) = \frac{p(B|A_j) \cdot p(A_j)}{\sum_{i=1}^{k} p(B|A_i) \cdot p(A_i)}, \ 1 \leq j \leq k \qquad (13.2)$$

13.1 Perfekte Sicherheit

Ein Chiffriersystem heißt *perfekt* (auch *ideal*), falls die Analyse des Geheimtextes (Kryptoanalyse) keine Information über den Klartext liefert. Dies ist immer dann der Fall, wenn das Auftreten von Klar- und Geheimtexten stochastisch unabhängig ist: Sei $p(m)$ die (a priori) Wahrscheinlichkeit für das Auftreten des Klartextes m, die dem Kryptonanlytiker in der Regel bekannt ist. $p(m|c)$ sei die Wahrscheinlichkeit, dass der Geheimtext c die Verschlüsselung des Klartextes m ist. Ist nun $p(m|c) > p(m)$ oder $p(m|c) < p(m)$, dann könnte ein Krytoanalytiker genau dies feststellen und c als Verschlüsselung von m vermuten bzw. ausschließen. Diese Überlegung führt nun dazu, dass man sagt: Ein Chiffriersystem ist perfekt genau dann, wenn für jeden Klartext m und für jeden Geheimtext c gilt: $p(m|c) = p(m)$. Dies ist gleichbedeutend mit der stochastischen Unabhängigkeit des Auftretens von m und c: Die Geheimtexte liefern keine Informationen über die Wahrscheinlichkeiten der Klartexte.

Definition 13.1 Es sei M die Menge der Klartexte, C die Menge der Geheimtexte und K die Menge der Schlüssel. Eine Chiffrierung $E : M \times K \to C$ heißt *perfekt* (oder *perfekt sicher*) genau dann, wenn für alle Klartexte $m \in M$ und für alle Geheimtexte $c \in C$ gilt $p(m|c) = p(m)$. Ohne es ausdrücklich zu erwähnen, gehen wir davon aus, dass die Verschlüsselungsfunktionen E injektiv sind. $\Box$

Die beiden folgenden Sätze liefern notwendige bzw. hinreichende Kriterien für die perfekte Sicherheit von Verschlüsselungen. Die beiden Sätze charakterisieren also vollständig wesentliche Eigenschaften für perfekte Chiffrierungen. Dabei setzen wir generell voraus, dass in jeder Chiffrierung $p(m) > 0$ für alle $m \in M$ und dass $p(c) > 0$ für alle $c \in C$ gilt, d.h. alle Klar- und alle Geheimtexte treten in der Chiffrierung auf.

Satz 13.1 Sei $E : M \times K \to C$ eine perfekte Chiffrierung. Dann gilt:

a) Zu jeder Nachricht $m \in M$ und zu jedem Klartext $c \in C$ gibt es einen Schlüssel $k \in K$ mit $E(m, k) = c$.

b) $|K| \geq |C| \geq |M|$, d.h. es gibt mindestens so viele Schlüssel wie Geheimtexte und mindestens so viele Geheimtexte wie Klartexte.

Beweis a) Da E perfekt ist, gilt für alle $m \in M$ und alle $c \in C$: $p(m|c) = p(m)$. Mithilfe der Formel von Bayes (13.2) folgt

$$p(m) = p(m|c) = p(c|m) \cdot \frac{p(m)}{p(c)} \text{ und daraus } p(c|m) = p(c) \qquad (13.3)$$

Hieraus folgt, da $p(c) > 0$ ist, dass auch $p(c|m) > 0$ ist. Das bedeutet aber, dass der Klartext m durch den Geheimtext c verschlüsselt wird. Es muss also einen Schlüssel $k \in K$ mit $E(m, k) = c$ geben.

b) Da es gemäß a) zu jedem $m \in M$ und zu jedem $c \in C$ mindestens einen Schlüssel $k \in K$ mit $E(m, k) = c$ gibt und E injektiv ist, folgt unmittelbar, dass $|K| \geq |C|$ sein muss. Aus der Injektivität von E folgt ebenfalls $|C| \geq |M|$, womit insgesamt die Behauptung gezeigt ist. $\square$

Satz 13.2 Es sei $E : M \times K \to C$ eine Verschlüsselung, welche die folgenden drei Eigenschaften erfüllt: (1) $|K| \geq |C| \geq |M|$, (2) $p(k) = \frac{1}{|K|}$ für alle $k \in K$, d.h. alle Schlüssel werden mit derselben Wahrscheinlichkeit verwendet, und es sei (3) $|\{ (m, k, c) \in M \times K \times C \mid E(m, k) = c \}| = 1$, d.h. zu jedem Klartext $m \in M$ und zu jedem Geheimtext $c \in C$ existiert genau ein Schlüssel $k \in K$, mit dem m zu c verschlüsselt wird. Dann ist E eine perfekte Chiffrierung.

Beweis Wir müssen zeigen, dass $p(m|c) = p(m)$ für alle $m \in M$ und alle $c \in C$ gilt.

Aus den beiden Eigenschaften (2) und (3) folgt, dass $p(c|m) = \frac{1}{|K|}$ für alle $m \in M$ und alle $c \in C$ gilt. Wir benutzen die Formel (13.1) für die totale Wahrscheinlichkeit und setzen darin $p(c|m) = \frac{1}{|K|}$ und erhalten so:

$$p(c) = \sum_{m \in M} p(c|m) \cdot p(m) = \sum_{m \in M} \frac{1}{|K|} \cdot p(m) = \frac{1}{|K|} \cdot \sum_{m \in M} p(m) = \frac{1}{|K|}$$

Es gilt also $p(c) = p(c|m)$. Wenn wir in der Formel von Bayes in der Spezialform, wie wir sie in Gleichung (13.3) im Teil a) des Beweises von Satz 13.1 verwendet haben, $p(c|m) = p(c)$ setzen, dann erhalten wir $p(m|c) = p(m)$, was zu zeigen war. $\square$

13.2 One-Time-Pad

Das One-Time-Pad-Verfahren wird bereits am Ende von Kapitel 12.3 kurz angesprochen (Buchstabenwurm) und soll hier etwas genauer betrachtet werden.

Ein Klartext $x = x_1 \ldots x_n$, $x_i \in \Sigma$, $1 \leq i \leq n$, $n \geq 0$, wird durch ein gleichlanges Schlüsselwort $s = s_1 \ldots s_n \in \Sigma^*$ wie folgt verschlüsselt: $E(x) = y$ mit

$y_1 \ldots y_n \in \Sigma^*$ und $y_i = p(p^{-1}(x_i) + p^{-1}(s_i))$. Ist also $p_r = x_i$, $p_q = s_i$ und $p_t = y_i$, dann gilt: $t = r + q$.

Beispiel 13.1 Zur Verschlüsselung des Wortes $x = INFORMATIK$ wählen wir als Schlüsselwort $s = MATHEMATIK$. Es ergibt sich:

$$E(INFORMATIK) = UNYVWYAMSU \qquad \square$$

Die Entschlüsselung erfolgt durch Subtraktion des Schlüssels, denn es gilt

$y_i = p(p^{-1}(x_i) + p^{-1}(s_i))$ genau dann, wenn $p^{-1}(y_i) = p^{-1}(x_i) + p^{-1}(s_i)$

genau dann, wenn $p^{-1}(x_i) = p^{-1}(y_i) - p^{-1}(s_i)$

genau dann, wenn $x_i = p(p^{-1}(y_i) - p^{-1}(s_i))$

d.h. für die obige Wahl gilt: $r = t - q$.

Nun soll aber die Wahl des Schlüsselwortes zufällig erfolgen. Wollen wir z.B. den Klartext $w = INFORMATIKIST$ verschlüsseln, erzeugen wir zufällig eine Folge von dreizehn Buchstaben, um ein solches Schlüsselwort zu erhalten. Nehmen wir an, wir hätten das Schlüsselwort $t = RTASRMUZKDCRE$ zufällig erzeugt, dann erhalten wir:

Schlüsselwort t:	R	T	A	S	R	M	U	Z	K	D	C	R	E
Klartext w :	I	N	F	O	R	M	A	T	I	K	I	S	T
Vigenère-Chiffre c :	Z	G	F	G	I	Y	U	S	S	N	K	J	X

Die erhaltene Chiffrierung c unseres Klartextess w ist unknackbar! Wieso ist das so? Der Grund ist, dass c zu *jedem* dreizehnbuchstabigen Klartext entschlüsselt werden kann, denn zu jedem dreizehnbuchstabigem Klartext gibt es ein Schlüsselwort, welches den Geheimtext $c = ZGFGIYUSSNKJX$ erzeugt. Betrachten wir z.B. den Klartext $w' = NEUERCOMPUTER$, so erhalten wir mit dem Schlüsseltext $t' = MCLCRWGGDTRFG$ denselben Geheimtext c:

Schlüsselwort t':	M	C	L	C	R	W	G	G	D	T	R	F	G
Klartext w' :	N	E	U	E	R	C	O	M	P	U	T	E	R
Vigenère-Chiffre c :	Z	G	F	G	I	Y	U	S	S	N	K	J	X

Da alle dreizehnbuchstabigen Schlüsselwörter gleich wahrscheinlich sind, sind zu dem Geheimtext c auch alle möglichen dreizehnbuchstabigen Klartexte gleich wahrscheinlich. Der Versuch c zu knacken, kann also jeden möglichen Klartext liefern, d.h. genauso gut kann man einen Klartext auch raten!

Wählen wir als Alphabet für Klartext und Geheimtext $\Sigma = \{0,1\}$, d.h. es sollen Bitfolgen übertragen werden, bedeutet die One-Time-Pad-Verschlüsselung die bitweise Addition des Geheimtextes mit dem Schlüssel und zwar im Restklassenkörper $\mathbb{F}_2$. Es gilt also $M = C = K = \mathbb{F}_2^n$ und

$$E((m_1 m_2 \ldots m_n), (k_1, k_2, \ldots, k_n)) = (x_1 + k_1, x_2 + k_2, \ldots, x_n + k_n)$$

Beispiel 13.2

Klartext:	0110110001101111...
Schlüssel (zufällig generiert):	0111010100010011...
Geheimtext:	0001100101111100...

Da die beiden Elemente von $\mathbb{F}_2$ bezüglich der Addition invers zu sich selbst sind, erfolgt die Entschlüsselung durch bitweise Addition von Geheimtext und Schlüsselwort:

Geheimtext:	0001100101111100...
Schlüssel:	0111010100010011...
Schlüsseltext:	0110110001101111...

□

Falls die Schlüsselwörter gleicher Länge jeweils mit gleicher Wahrscheinlichkeit gewählt werden, liegt ein perfektes Chiffriersystem vor. Bei den Betrachtungen zur Kanalcodierung kommen wir am Ende von Kapitel 20.5 noch einmal auf perfekte Verschlüsselung zurück.

Ein Nachteil des One-Time-Pad-Verfahrens ist, dass die Schüssel, die ja dieselben Längen wie die Klartexte haben, ebenfalls an den Empfänger übermittelt werden müssen.

13.3 Lineare Schieberegister

Wir wollen weiter die Verschlüsselung von Bitfolgen betrachten. Der Schlüssel soll jetzt nicht zufällig gewählt sein, sondern pseudozufällig mithilfe eines Zufallsgenerators. Dann müssen im Gegensatz zum One-Time-Pad-Verfahren nicht sehr lange (nicht „unendliche") Schlüssel übertragen werden, sondern nur die Parameter des Zufallgenerators. Diese müssen natürlich vor potenziellen Angreifern geheim bleiben.

Ein sehr einfaches und effizientes (da in Hardware implementierbares) Konzept zur pseudozufälligen Erzeugung von Bits sind lineare Schieberegister. Ihr Grundprinzip wird durch die beiden Schieberegister der Länge $n = 4$ in Abbildung 13.1 veranschaulicht. Abbildung 13.2 zeigt für den Startzustand 1000 die Zustandsfolgen, die bei diesen beiden Schieberegistern entstehen. Die beiden Schlüsselfolgen ergeben sich jeweils durch die Folge der letzten Bits, also 0001010... bzw. 00011110....

Ein Schieberegister der Länge n kann höchstens $2^n - 1$ Zustände haben, ist also auf jeden Fall periodisch.

Lineare Schieberegister der Länge n halten einem Known plaintext-Angriff nicht stand, falls der Angreifer $2n$ Geheimtextbits und deren zugehörige Klartextbits kennt. Wir wollen dies für Schieberegister der Länge 4 genauer betrachten: Aus den jeweils ersten 8 Bits der beiden Folgen lassen sich mit der „Formel"

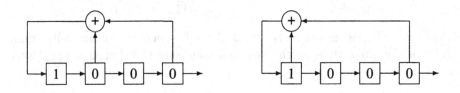

Abbildung 13.1: Zwei lineare Schieberegister

linkes Schieberegister		rechtes Schieberegister
1000		1000
0100		1100
1010		1110
0101		1111
0010		0111
0001	Periode 6	1011
1000		0101
...		1010
...		1101
...		0110
		0011
		1001
		0100
		0010
		0001	Periode 15
		1000
		...
		...
		...

Abbildung 13.2: Zustandsfolgen beim Startzustand 1000 der beiden Schieberegister aus Abbildung 13.1

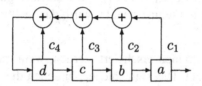

Abbildung 13.3: Allgemeiner Aufbau eines Schieberegisters der Länge 4

$$\text{Schlüssel} = \text{Klartext} + \text{Geheimtext}$$

die ersten 8 Bits der Schlüsselfolge berechnen. Wir wollen diese Bits $abcdABCD$ nennen. Da wir den Aufbau des Schieberegisters nicht kennen, gehen wir von einem allgemeinen Aufbau wie in Abbildung 13.3 aus: Die Ausgänge der Zellen werden mit Koeffizienten c_i besetzt, welche die Werte 0 oder 1 annehmen können, mit den die Inhalte der Zellen beim Shift zur Addition multipliziert werden. Die Multiplikation mit 0 bedeutet im Endeffekt, dass der Inhalt nicht addiert wird, die Multiplikation mit 1, dass der Zelleninhalt addiert wird. Wir müssen also die Werte der c_i bestimmen, um die Gestalt des Schieberegisters zu erfahren.

Der erste Inhalt der Zellen ist $dcba$, der Inhalt nach 4 Shifts ist $DCBA$. Daraus lässt sich folgendes Gleichungssystem ablesen:

$$
\begin{array}{rcrcrcrcl}
a \cdot c_1 &+& b \cdot c_2 &+& c \cdot c_3 &+& d \cdot c_4 &=& A \\
b \cdot c_1 &+& c \cdot c_2 &+& d \cdot c_3 &+& A \cdot c_4 &=& B \\
c \cdot c_1 &+& d \cdot c_2 &+& A \cdot c_3 &+& B \cdot c_4 &=& C \\
d \cdot c_1 &+& A \cdot c_2 &+& B \cdot c_3 &+& C \cdot c_4 &=& D
\end{array}
$$

Aus diesem Gleichungssystem können wir mit üblichen Verfahren die Unbekannten c_1, c_2, c_3, c_4 bestimmen.

Beispiel 13.3

Klartext	:	1	1	1	1	1	1	1	1
Geheimtext	:	1	1	1	0	0	0	0	1
Schlüssel	:	0	0	0	1	1	1	1	0
		a	b	c	d	A	B	C	D

Wir erhalten das Gleichungssystem:

$$
\begin{array}{rcrcrcrcl}
0 \cdot c_1 &+& 0 \cdot c_2 &+& 0 \cdot c_3 &+& 1 \cdot c_4 &=& 1 \\
0 \cdot c_1 &+& 0 \cdot c_2 &+& 1 \cdot c_3 &+& 1 \cdot c_4 &=& 1 \\
0 \cdot c_1 &+& 1 \cdot c_2 &+& 1 \cdot c_3 &+& 1 \cdot c_4 &=& 1 \\
1 \cdot c_1 &+& 1 \cdot c_2 &+& 1 \cdot c_3 &+& 1 \cdot c_4 &=& 0
\end{array}
$$

Die Lösung ist: $c_1 = 1$, $c_2 = 0$, $c_3 = 0$, $c_4 = 1$. Daraus folgt, dass das Schieberegister, welches zur Verschlüsselung benutzt wird, das rechte Schieberegister in Abbildung 13.1 ist. □

Known-Plaintext-Angriffe können erschwert werden, wenn man zu nicht linearen Schieberegistern übergeht. Das sind solche, bei denen die Zelleninhalte nicht nur additiv sondern auch multiplikativ verknüpft werden können. So könnte man die Zelleninhalte z_1, z_2, z_3, z_4 etwa durch den Ausdruck $(z_4 + 1)z_3 + z_2 + 1$ miteinander verknüpfen, um den nächsten Inhalt der ersten Zelle zu bestimmen.

13.4 Übung

13.1 Beweisen Sie, dass One-Time-Pad-Verfahren sichere Chiffriersysteme sind.

Kapitel 14

Public key-Systeme

Die bisher betrachteten Verschlüsselungsverfahren sind symmetrische Verfahren. Sowohl zur Verschlüsselung als auch zur Entschlüsselung wird – im Wesentlichen – derselbe Schlüssel verwendet. Der Schlüssel muss also Sender und Empfänger einer verschlüsselten Nachricht bekannt sein, also selbst in irgendeiner Weise ausgetauscht worden sein.

Öffentliche Verschlüsselungsverfahren sind hingegen asymmetrisch. Sie verwenden zum Verschlüsseln und zum Entschlüsseln verschiedene Schlüssel. Dabei wird unterschieden zwischen öffentlichen Schlüsseln, die – wie der Name sagt – öffentlich bekannt sind, und privaten Schlüsseln, die geheim gehalten werden müssen. Ein Austausch der Schlüssel unter den Teilnehmern, die verschlüsselte Nachrichten versenden und empfangen wollen, ist nicht nötig. Wir gehen in diesem Kapitel einleitend nur auf einige mathematische Grundlagen asymmetrischer Verschlüsselung ein. Generierung, Verteilung und Management von Schlüsseln (Trust Center, Public key-Infrastrukturen etc.) betrachten wir nicht.

14.1   Einwegfunktionen

Neben öffentlich bekannten und geheimen Schlüsseln verwenden die Verschlüsselungsverfahren sogenannte *Einwegfunktionen* (englisch *one way function*), das sind Funktionen, deren Funktionswerte leicht zu berechnen sind, bei denen der (zeitliche) Aufwand zur Berechnung eines Argumentes zu einem Funktionswert – d.h. die Berechnung der Umkehrfunktion – aber so hoch ist, dass die Entschlüsselung – zwar theoretisch gegeben – aber praktisch unmöglich ist.

Wir wollen einige Beispiele für schwer invertierbare Funktionen betrachten. Zunächst ein etwas „naives" Beispiel: Betrachten wir Telefonbücher als Funktionstabellen, in denen Personen Zahlen, ihren Telefonnummern, zugeordnet sind. Es ist sehr einfach, die Funktion für ein Argument zu berechnen, d.h. zu einer Person die

Telefonnummer zu bestimmen. Die Umkehrung, d.h. zu einer Telefonnummer die Person festzustellen, ist weitaus aufwändiger.

„Gängige" mathematische Funktionen, wie z.B. lineare Funktionen oder Potenzen, sind leicht invertierbar. Wenn man allerdings „modulo" rechnet, kann die Invertierung sehr aufwändig sein. Betrachten wir z.B. für fest gewählte $e, n \in \mathbb{N}$ mit $(n, e) = 1$ die Funktion $f_n^e : \mathbb{N} \to \mathbb{N}$ definiert durch $f_n^e(k) = k^e\,(n)$. Es gilt im Allgemeinen

$$k^e = (k + n)^e\,(n), \text{ für alle } k, e, n \in \mathbb{N}$$

Die Funktion f ist also periodisch mit der Periodenlänge n. Wählen wir z.B. $e = 3$ und $n = 22$ ergeben sich folgende Funktionswerte:

k	:	0	1	2	3	4	5	6	7	8	9	10
$k^3\,(22)$	:	0	1	8	5	20	15	18	13	6	3	10

k	:	11	12	13	14	15	16	17	18	19	20	21
$k^3\,(22)$	:	11	12	19	16	9	4	7	2	17	14	21

Wenn man diese Funktion ins kartesische Koordinatensystem einträgt, stellt man fest, dass die Verteilung der Funktionswerte „chaotisch" ist.

Die Umkehrfunktion von f lässt sich im Gegensatz zu vielen uns bekannten Funktionen nicht arithmetisch oder algebraisch herleiten. Natürlich ist die Umkehrfunktion berechenbar: Wir können ein Programm schreiben, welches für einen (Funktions-) Wert y, $1 \leq y < n$, systematisch alle x, $1 \leq x < n$, durchprobiert um festzustellen, ob $f_n^e(x) = y$ ist. Die Laufzeit eines solchen Programms ist aber beim gegenwärtigen Kenntnisstand über Algorithmen und bei der gegenwärtig verfügbaren Rechnertechnologie für sehr große n – und solche liegen bei realen Verschlüsselungverfahren vor – so hoch, dass seine Verwendung praktisch nutzlos ist. Eine Verschlüsselungsfunktion muss allerdings umkehrbar sein. Man benötigt sogenannte *Hintertür-Funktionen* (englisch *trap door function*), das sind Einwegfunktionen, die prinzipiell schwer umkehrbar, aber mithilfe eines speziellen Parameters (der „Hintertür") leicht umkehrbar sind. Diese Parameter sind in den in den folgenden Abschnitten betrachteten Verfahren gerade die privaten, geheim zu haltenden Schlüssel.

Ein weiteres Beispiel für eine schwer invertierbare Funktion, welche beim RSA-Verschlüsselungsverfahren verwendet wird, ist die Multiplikation von Primzahlen. Für diese Multiplikation gibt es sehr effiziente Verfahren. Die Umkehrfunktion, also die Zerlegung einer Zahl in ihre Primfaktoren, die sogenannte Faktorisierung, ist prinzipiell berechenbar, benötigt allerdings für sehr große Zahlen bei heutigem Kenntnisstand über Algorithmen und bei der derzeitig verfügbaren Rechnertechnologie so viel Zeit, dass sie als praktisch nicht berechenbar gilt.

In Kapitel 11 haben wir bereits festgestellt, dass die Berechnung des modularen diskreten Logarithmus ebenfalls sehr aufwändig sein kann. Auf Verschlüsselungsverfahren, die sich diese Tatsache zu Nutzen machen, gehen wir in den Kapiteln 14.3 und 14.4 noch ein.

14.2 Das RSA-Verfahren

Wir wollen als erstes öffentliches Verschlüsselungsverfahren das RSA-Verfahren einführend betrachten.[1] RSA-Verfahren werden heutzutage sehr verbreitet eingesetzt. Die ursprüngliche Idee des Verfahrens, welches mittlerweile in vielfältiger Weise weiterentwickelt worden ist, basiert auf der schweren Invertierbarkeit der beiden im vorigen Kapitel genannten Funktionen: modulare Potenz (mit großen Moduln) und Multiplikation von (großen) Primzahlen. Wir wollen an einem Beispiel, allerdings mit kleinem Modul und kleinen Primzahlen, da wir die Rechnungen mit Bleistift und Papier ausführen wollen, das Prinzip der RSA-Verschlüsselungsmethode erläutern.

Beispiel 14.1 Wir wählen als Modul $n = 22$ und als Exponent $e = 3$. Der Exponent wird hier mit e (für „encrypt") bezeichnet, da er der Schlüssel zur Verschlüsselung einer Nachricht ist. Den zu verschlüsselnden Klartext repräsentieren wir als Folge von Zahlen kleiner n: $m = <m_1, m_2, \ldots, m_q>, 1 \leq m_k < n$, $1 \leq k \leq q$, (m steht für „message"). In unserem Beispiel sei der Klartext

$$m = <3, 7, 2, 17, 3, 4>$$

Jede Zahl m_k (jeder Buchstabe) des Klartextes wird modular mit dem Schlüssel e potenziert:

$$c_k = E(m_k) = m_k^e \, (n)$$

Es ergibt sich der Geheimtext (c steht für „cipher text"):

$$c = <c_1, c_2, \ldots, c_q>$$

In unserem Beispiel ist also $c_k = E(m_k) = m_k^3 \, (22)$. Damit ergibt sich z.B. für die ersten beiden Buchstaben 3 und 7 unserer Beispielnachricht

$$E(3) = 3^3 = 27 = 5 \, (22)$$

bzw.

$$E(7) = 7^3 = 49 \cdot 7 = 5 \cdot 7 = 35 = 13 \, (22)$$

Durch weiteres Ausrechnen ergibt sich für unsere Beispielnachricht die Verschlüsselung $c = <5, 13, 8, 7, 5, 20>$.

---

[1]RSA steht für die Anfangsbuchstaben der Namen der Erfinder dieses Verfahrens: R.L. Rivest, A. Shamir und L.M. Adleman.

Der Empfänger der verschlüsselten Nachricht c benutzt nun einen von e verschiedenen Schlüssel d (für „decrypt") und als Entschlüsselungsfunktion ebenfalls die modulare Potenz:

$$D(c_k) = c_k^d \, (n)$$

Wie wir später allgemein zeigen werden, gilt tatsächlich $m_k = D(c_k)$ und damit insgesamt $D(E(m)) = m$ für geeignete e, d und n.

Wenn wir für unsere Beispielverschlüsselung $d = 7$ wählen und die beiden ersten Buchstaben des verschlüsselten Textes entschlüsseln, ergibt sich

$$D(5) = 5^7 = 25 \cdot 25 \cdot 25 \cdot 5 = 3 \cdot 3 \cdot 3 \cdot 5 = 27 \cdot 5 = 5 \cdot 5 = 25 = 3 \, (22)$$

sowie

$$D(13) = 13^7 = 169 \cdot 169 \cdot 169 \cdot 13 = 15 \cdot 15 \cdot 15 \cdot 13 = 225 \cdot 195 = 5 \cdot 19 = 7 \, (22)$$

Insgesamt erhalten wir für unseren Geheimtext $c = <5, 13, 8, 7, 5, 20>$ durch weiteres Ausrechnen $D(c) = <3, 7, 2, 17, 3, 4> = m$ und damit die Klartextnachricht zurück. $\qquad\qquad\qquad\qquad\qquad\qquad\qquad\qquad\qquad\qquad\qquad\qquad\Box$

Ist dies Zauberei? Nach welchen Prinzipien funktioniert diese Ver- und Entschlüsselung? Wie findet man geeignete e, d und n? Mit der Beantwortung dieser Fragen beschäftigen wir uns im Folgenden, und wir werden sehen, dass wir dabei einige Kenntnisse aus den Kapiteln über algebraische Strukturen und Zahlentheorie verwenden können.

Das RSA-Verfahren ist ein Beispiel für ein asymmetrisches, öffentliches Verschlüsselungsverfahren:[2]

- Asymmetrisch deshalb, weil zum Verschlüsseln und zum Entschlüsseln verschiedene Schlüssel e und d verwendet werden.

- Öffentlich deshalb, weil der Schlüssel e zur Verschlüsselung von Nachrichten an einen Empfänger B_e öffentlich bekannt ist, d.h. jeder, der an B_e eine Nachricht sendet, muss den Schlüssel e, der z.B. in einem öffentlichen „Schlüsselbuch" (vergleiche: öffentliches Telefonbuch) hinterlegt sein kann, kennen. Öffentlich bekannt ist zudem das Verschlüsselungsverfahren: modulare Potenz mit einem Modul n.

  Insgesamt ist die Verschlüsselung an den Empfänger B_e durch das Paar (e, n) festgelegt und öffentlich bekannt.

---

[2]Ein Modell für das RSA-Verfahren ist das folgende „Kofferspiel": Jeder Teilnehmer B stellt einen Koffer K_B zur Verfügung, zu dem nur er einen Schlüssel b hat. Jeder Teilnehmer A kann nun in den Koffer von B eine Nachricht legen, den Koffer schließen und an B senden. Dieser – und nur dieser – kann den Koffer mit seinem Schlüssel b öffnen.

- Der Schlüssel d zur Entschlüsselung einer mit e verschlüsselten Nachricht ist geheim, d.h. nur B_e bekannt. B_e kennt das Entschüsselungsverfahren, ebenfalls die modulare Potenz, und seinen Schlüssel d, was durch das Paar (d, n) bezeichnet werden kann.

- Ein Austausch von Schlüsseln ist im Gegensatz zu symmetrischen Verfahren nicht notwendig.

- Obwohl das Verschlüsselungsverfahren, die modulare Potenz, und öffentlicher Schlüssel bekannt sind, kann ein Angreifer aus deren Kenntnis praktisch nicht den geheimen Schlüssel, der zur Entschlüsselung notwendig ist, ermitteln. Theoretisch ist dies zwar möglich, aber selbst mithilfe der heute bekannten Algorithmen-Theorie und der in absehbarer Zeit existierenden schnellsten Rechenanlagen würde die Berechnung zu lange brauchen (je nach Länge der gewählten Schlüssel länger, als das Universum alt ist).

Wir wollen uns nun mit den mathematischen Prinzipien des RSA-Verfahrens beschäftigen. Es muss gelten:

$$D(E(m)) = D(m^e) = (m^e)^d = m^{e \cdot d} = m = m^1 \qquad (14.1)$$

Die Frage ist also, wie sind e und d zu wählen, so dass $m^{e \cdot d} = m^1$ ist.

Dazu erinnern wir uns an den Satz von Euler (Satz 4.7 bzw. Folgerung 9.3 b): Ist $(n, m) = 1$, dann gilt $m^{\varphi(n)} = 1\,(n)$ und damit

$$m^{q \cdot \varphi(n)+1} = m, \text{ für alle } q \in \mathbb{N}_0 \qquad (14.2)$$

Wir setzen die Gleichungen (14.1) und(14.2) gleich und erhalten

$$m^{e \cdot d} = m^{q \cdot \varphi(n)+1}$$

Daraus folgt, dass es eine Zahl $q \in \mathbb{N}_0$ gibt mit

$$e \cdot d = q \cdot \varphi(n) + 1$$

und damit gilt

$$e \cdot d = 1\,(\varphi(n))$$

Wir müssen also d invers zu e modulo $\varphi(n)$ wählen, damit

$$D(E(m)) = m^{e \cdot d} = m^{q \cdot \varphi(n)+1} = m$$

gilt. Dabei gilt die Voraussetzung $(m, n) = 1$. Für solche Schlüssel e und d arbeitet das RSA-Verfahren also korrekt. In folgendem Satz formulieren wir dieses Ergebnis und verallgemeinern es, indem wir auf die Voraussetzung $(n, m) = 1$ verzichten.

Satz 14.1 Sei $n = p \cdot q$ mit $p, q \in \mathbb{P}$, $p \neq q$ sowie e eine Zahl mit $(\varphi(n), e) = 1$. Dann gelten für die beiden Abbildungen

$$E : \mathbb{Z}_n \to \mathbb{Z}_n \text{ definiert durch } E(m) = m^e$$

$$D : \mathbb{Z}_n \to \mathbb{Z}_n \text{ definiert durch } D(m) = m^d$$

mit $m < n$ und

$$e \cdot d = 1 \, (\varphi(n))$$

die Gleichungen

$$E(D(m)) = D(E(m)) = m \text{ für alle } m \in \mathbb{Z}_n$$

Beweis Wir müssen zeigen, dass $E \circ D = D \circ E = id_{\mathbb{Z}_n}$, d.h. dass $m^{ed} = m$ für alle $m \in \mathbb{Z}_n$ ist.

Diese Behauptung gilt – und diesen Fall haben wir gerade bei den Überlegungen vor dem Satz betrachtet – für den Fall, dass $(n, m) = 1$ ist (entspricht der Voraussetzung des Satzes von Euler).

Wir müssen also die Gültigkeit der Behauptung noch für den Fall zeigen, dass m und n nicht teilerfremd sind. Sei also $(n, m) > 1$. Da $n = pq$ und $0 < m < n$ ist, gilt entweder $(n, m) = p$ oder $(n, m) = q$. Wir betrachten den Fall $(n, m) = p$, die Argumentation für den anderen Fall läuft analog. Sei also $(n, m) = p$, dann muss $(m, q) = 1$ sein, sonst wäre $(m, q) = q$ und damit $m \geq n$. Aus $(m, q) = 1$ folgt mit dem Satz von Fermat (Satz 6.14): $m^{q-1} = 1 \, (q)$. Daraus folgt

$$m^{(q-1)(p-1)} = 1 \, (q) \text{ und damit } m^{(q-1)(p-1)+1} = m \, (q) \qquad (14.3)$$

Da $ed = 1(\varphi(n))$ gilt, und gemäß Folgerung 9.4 $\varphi(n) = (p-1)(q-1)$ ist, gilt $ed = 1\,((q-1)(p-1))$. Es folgt hiermit aus (14.3)

$$m^{ed} = m \, (q) \qquad (14.4)$$

Da $(n, m) = p$ ist, ist $m = 0 \, (p)$ und damit

$$m^{ed} = 0 = m \, (p) \qquad (14.5)$$

Aus (14.4) und (14.5) ergibt sich, dass

$$q|m^{ed} - m \text{ bzw. } p|m^{ed} - m$$

ist und damit $pq|m^{ed} - m$ und damit $n|m^{ed} - m$. Diese Eigenschaft bedeutet aber, dass $m^{ed} = m \, (n)$ gilt, was zu zeigen war. $\square$

RSA-Verschlüsselungsverfahren

Der Satz 14.1 ist die Grundlage für das *RSA-Verschlüsselungsverfahren*. Wir betrachten den Fall, dass Absenderin *Alice* (*A*) eine verschlüsselte Nachricht an Empfänger *Bob* (*B*) senden möchte:

1. *B* wählt zwei voneinander verschiedene sehr große (z.B. 250-stellige) Primzahlen p und q, berechnet ihr Produkt $n = pq$ und die Ordnung $\varphi(n) = (p-1)(q-1)$ der Einheitengruppe $\mathbb{Z}_n^*$.

2. *B* wählt eine zu $\varphi(n)$ teilerfremde Zahl e und berechnet dazu (mit dem erweiterten Euklidischen Algorithmus, siehe dazu Kapitel 8.1) das Inverse d modulo $\varphi(n)$.

   B veröffentlicht (e, n) als seinen öffentlichen Schlüssel, und behält seinen privaten Schlüssel (d, n) sowie p, q und $\varphi(n)$ geheim (p, q und $\varphi(n)$ werden am besten vernichtet).

3. *A* will einen Klartext m an *B* senden, der aus einer Folge von Zahlen m_i mit $0 < m_i < n$ besteht. *A* verschlüsselt m zu c, indem sie $c_i = m_i^e \,(n)$ berechnet und den Ciphertext an *B* sendet.

4. *B* entschlüsselt c, indem er $m_i = c_i^d \,(n)$ rechnet und damit den Klartext m zurückerhält.

Schlüsselgenerierung und -verteilung geschehen in der Praxis nicht durch die Sendewilligen selber, sondern durch sogenannte Trust Center, die einer Zertifizierung unterliegen.

Beispiel 14.2 Wir führen das Verfahren beispielhaft durch, verwenden aber nur sehr kleine Zahlen, da wir mit Bleistift und Papier rechnen wollen

1. *B* wählt $p = 5$ und $q = 11$ und berechnet damit $n = 5 \cdot 11 = 55$ sowie $\varphi(55) = 4 \cdot 10 = 40$.

2. *B* wählt als öffentlichen Schlüssel $e = 3$, teilerfremd zu $\varphi(55) = 40$.

   B berechnet seinen geheimen Schlüssel: Das Inverse d von e ergibt sich aus der Gleichung $3 \cdot d = 1 \,(40)$ (siehe auch Übung 8.1). Es ist $d = 27$ (Probe: $3 \cdot 27 = 81 = 1 \,(40)$).

3. *A* will die Klartext-Nachricht $m = 5$ an *B* senden. *A* verschlüsselt dazu m mit *B*'s öffentlichem Schlüssel:

$$c = 5^3 = 125 = 15 \,(55)$$

und sendet c an *B*.

4. B entschlüsselt c mit seinem geheimen Schlüssel:

$$15^{27} = 15 \cdot (15^2)^{13} = 15 \cdot 5^{13} = 15 \cdot 5 \cdot (5^3)^4 = 15 \cdot 5 \cdot 15^4 = 15 \cdot 15 = 5 \, (55)$$

B erhält also den Klartext zurück.   □

Wir wollen noch eine Überlegung zur Häufigkeit von wählbaren Schlüsseln anstellen. Sei $n = p \cdot q$ für $p, q \in \mathbb{P}$ mit $p \neq q$. Dann gilt $\varphi(n) = (p - 1) \cdot (q - 1)$, d.h. es gibt $(p-1)(q-1)$ zu n teilerfremde Zahlen e mit $1 \leq e \leq n$. Wir berechen die Anzahl der nicht teilerfremden Zahlen:

$$n - (p - 1)(q - 1) = pq - pq + p + q - 1 = p + q - 1$$

Ist also n das Produkt zweier verschiedener Primzahlen, $n = p \cdot q$, dann trifft der Satz von Euler zwar nicht auf alle $n = p \cdot q$ Elemente zu, aber auf die „meisten", denn es ist: $(p - 1)(q - 1) >> p + q - 1$ (wir benutzen das Vergleichssymbol $>>$ für „deutlich größer", ohne seine Bedeutung exakt zu definieren) für große Primzahlen p und q.

Des Weiteren wollen wir noch beispielhaft überlegen, wie viele hinreichend große Primzahlen es gibt. Es gibt z.B. $\pi(10^{201}) - \pi(10^{200})$ Primzahlen mit 200 Stellen. Nach dem Primzahlsatz (Satz 6.8) ist $\pi(x) \approx \frac{x}{\log x}$. So ergibt sich

$$\frac{10^{201}}{\log 10^{201}} - \frac{10^{200}}{\log 10^{200}} \approx \frac{10^{201}}{601} - \frac{10^{200}}{600} = \frac{10^{200}(6\,000 - 601)}{360\,600} > \frac{10^{200} \cdot 5\,000}{400\,000} > 10^{199}$$

Es stehen also ungefähr 10^{199}, jedenfalls hinreichend viele 200-stellige Primzahlen zur Verfügung.

Überlegungen zur Sicherheit der RSA-Verschlüsselung und zur Schlüsselgenerierung

Die Sicherheit des RSA-Verfahrens ist durch die Schwierigkeit begründet, aus dem öffentlichen Schlüssel (e, n) den zum Entschlüsseln notwendigen Exponenten d zu berechnen. Theoretisch ist dieses Problem lösbar: Man zerlege n in seine Primfaktoren p und q und berechne damit d gemäß den Schritten 1 und 2 des Verfahrens. Die praktische Schwierigkeit liegt jedoch in der Prim-Faktorisierung von n. Beim derzeitigen Stand der Algorithmentheorie und der Rechnertechnik benötigt die Faktorisierung einer z.B. 400-stelligen Zahl sehr viel Aufwand (Hadware, Software, Personen, Zeit). Doch sind prinzipiell bessere Faktorisierungs-Algorithmen möglich, und andere Rechnertechnologien (DNA-Computer, Quantencomputer), die zwar noch nicht verfügbar sind, über die aber intensiv geforscht wird, ermöglichen sehr effiziente Faktorisierungen.

Neben der Faktorisierung gibt es noch andere Angriffsmöglichkeiten, wie z.B. ein Known plaintext-Angriff der folgenden Art: Der Angreifer errät den Klartext aus einem vorliegenden Ciphertext, oder er findet ihn durch Probieren heraus. Hat er z.B. eine verschlüsselte vierstellige PIN-Nummer c vorliegen, dann kann er mit dem öffentlichen Schlüssel alle 10^4 möglichen vierstelligen Nummern, das sind alle möglichen Klartexte, verschlüsseln und die jeweils entstehenden Verschlüsselungen mit c vergleichen. Einen solchen Angriff kann man erschweren, indem man kurzen Klartexten zufällig weiteren Text hinzufügt. Also die vierstelligen Nummern durch zufällig erzeugte Ziffern auf etwa die Länge 50 ergänzt. Dann müsste der Angreifer im Mittel $0.5 \cdot 10^{50}$ Möglichkeiten testen und zudem noch wissen, an welchen Stellen in der langen Folge die vier Ziffern der PIN-Nummer versteckt sind.

Wir wollen noch eine eine Angriffsmöglichkeit betrachten: die Geheimhaltung des Entschlüsselungsschlüssels d. Dies ist in der Regel eine sehr große Zahl (in der Größenordnung von n), die man wohl schwerlich im Gedächtnis behalten kann und deren Eingabe wohl sehr lange dauern würde und mit vielen Fehlermöglichkeiten behaftet wäre. Deshalb wird sie elektronisch auf Chipkarten gespeichert, womit sie allerdings weiteren Angriffen ausgesetzt ist. Um diese zu erschweren, könnte man d selbst auf der Chipkarte verschlüsseln und zwar mit einem viel kürzeren Schlüssel (Passwort). Dieser wäre aber möglicherweise leichter zu knacken.

Generierung von Primzahlen

200-stellige Primzahlen kann man wie folgt – mit sehr großer Wahrscheinlichkeit – bestimmen: Man wählt zufällig eine 200-stellige Zahl x und bestimmt die kleinste Primzahl p größer gleich dieser Zahl. Nach dem Primzahlsatz (Satz 6.8) beträgt die Wahrscheinlichkeit, in der Größenordnung von x eine Primzahl zu finden, ungefähr gleich $\frac{1}{log\,10^{200}}$, also etwa $\frac{1}{600}$. Da Primzahlen ungerade sind, muss man also im Schnitt etwa 300 Zahlen auf Primalität testen, um eine 200-stellige Primzahl zu erhalten. Zum Test auf Primalität teilt man einen Kandidaten zunächst durch kleine Primzahlen (etwa durch die Primzahlen kleiner $100\,000$ – das sind $\pi(100\,000) = 9\,592$ Zahlen –, die man fest gespeichert hat) und führt dann, wenn der Kandidat durch diese Zahlen teilbar ist, den Miller-Rabin-Test durch (siehe Kapitel 10.3).

Verwendung der RSA-Verschlüsselung

Im Vergleich zu traditionellen symmetrischen Verschlüsselungsverfahren (wie z.B. DES und IDEA) funktionieren RSA-Verfahren deutlich langsamer. Das liegt daran, dass diese Verfahren in Hardware implementiert sind, während RSA-Verfahren in Software implementiert sind.

RSA wird deshalb eher bei der Verschlüsselung kurzer Klartexte eingesetzt, z.B. beim Schlüsselmanagement: Ver- und Entschlüsselung von Klar- bzw. Geheimtexten geschieht mit konventionellen symmetrischen Verfahren, die dazu notwendigen vielen Austausche der vergleichsweise kurzen Schlüssel geschehen mit asymmetrischen Verfahren, z.B. mit dem RSA-Verfahren. Man spricht dann von hybrider Verschlüsselung. Hierauf kommen wir am Ende von Kapitel 14.5 noch zurück.

14.3 Der Diffie-Hellman-Schlüsselaustausch

Das Diffie-Hellman-Verfahren ist kein Public key-Verschlüsselungsverfahren, sondern ein Verfahren, um eine geheime Schlüsselvereinbarung zu realisieren, ohne dabei den gemeinsamen Schlüssel selbst auszutauschen. Es geht darum, dass *Alice* und *Bob*, bevor sie sich mit einem symmetrischen Verfahren Nachrichten zusenden, die dazu notwendigen Schlüssel sicher austauschen müssen. Die Sicherheit des Diffie-Hellman-Verfahrens basiert nicht auf der Schwierigkeit des Faktorisierungsproblems, wie das RSA-Verfahren, sondern auf dem Diskrete-Logarithmus-Problem, welches wir bereits am Ende von Kapitel 11 betrachtet haben.

Das Verfahren läuft in folgenden Schritten ab:

1. A und B vereinbaren eine Primzahl p und eine Primitivwurzel b modulo p, $2 \leq b \leq p - 2$. p und b brauchen nicht geheimgehalten werden.

2. A wählt zufällig eine Zahl $x \in \{1, 2, \ldots, p - 2\}$, berechnet damit die Zahl $X = b^x \ (p)$ und sendet diese an B.

   B wählt zufällig eine Zahl $y \in \{1, 2, \ldots, p - 2\}$, berechnet damit $Y = b^y(p)$ und sendet dieses Y an A.

3. A berechnet $Y^x = b^{xy} \ (p)$ und B berechnet $X^y = b^{xy} \ (p)$. Ihr gemeinsamer Schlüssel ist $K = b^{xy} \ (p)$.

Beispiel 14.3 Wir führen die Schritte dieses Verfahrens mit kleinen Zahlen durch, um wieder mit Bleistift und Papier rechnen zu können.

1. A und B vereinbaren $p = 7$ und $b = 3$ (3 ist eine Primitivwurzel modulo 7, siehe Beispiel 11.2).

2. A wählt $x = 4$, berechnet $X = 3^4 = 4 \ (7)$ und sendet diese Zahl an B.

   B wählt $y = 2$, berechnet $Y = 3^2 = 2 \ (7)$ und sendet diese Zahl an A.

3. A berechnet $2^4 = 2 \ (7)$ und B berechnet $4^2 = 2 \ (7)$. Ihr gemeinsamer Schlüssel ist $K = 3^{4 \cdot 2} = 2 \ (7)$.   □

Ein Angreifer kann durch Lauschangriff p, b, X und Y feststellen. Er benötigt aber den Schlüssel $K = b^{xy} \ (p)$. Dieses Problem ist das *Diffie-Hellman-Problem*. Es kann durch Lösung des Diskrete-Logarithmus-Problems, dessen prinzipielle Schwierigkeit wir in Kapitel 11 betrachtet haben, gelöst werden: Bestimmung der diskreten Logarithmen x von X oder y von X zur Basis b modulo p. Die Lösung des Diskrete-Logarithmus-Problems ist die bisher einzige allgemein verwendbare Methode, um das Diffie-Hellman-Problem zu lösen. Es ist aber bisher nicht sicher, ob dies prinzipiell die einzige Methode zur Lösung des Diffie-Hellman-Problems ist. Solange also die Lösung des Diffie-Hellman-Problems schwierig ist, ist das Diffie-Hellman-Verfahren ein sicheres Verfahren für den Schlüsselaustausch.

Eine Angriffsmöglichkeit gegen das Diffie-Hellman-Verfahren ist die sogenannte *Man in the middle*-Attacke. Der Angreifer schaltet sich zwischen *Alice* und *Bob* ein und spielt ihnen jeweils den Partner vor. Er tauscht sowohl mit *Alice* als auch mit *Bob* einen geheimen Schlüssel aus. Beide glauben, der Schlüssel kommt jeweils von dem anderen. Alle Nachrichten, die z.B. *Bob* an *Alice* sendet, kann der Angreifer mit dem mit *Bob* vereinbarten Schlüssel entschlüsseln und damit lesen und dann mit dem mit *Alice* vereinbarten Schlüssel verschlüsseln und an diese weiter senden. Das gleiche gilt natürlich auch für die andere Richtung.

14.4   Das ElGamal-Verfahren

Während das Diffie-Hellman-Verfahren ein Verfahren zum geheimen Schlüsselaustausch ist, verwendet das ElGamal-Verfahren die dem Diffie-Hellman-Verfahren zugrunde liegende Idee zur Verschlüsselung von Nachrichten:

1. A wählt zunächst eine Primzahl p und eine Primitivwurzel b modulo p mit $2 \leq b \leq p - 2$. Anschließend wählt sie zufällig $x \in \{1, 2, \ldots, p - 2\}$ und berechnet damit

$$X = b^x \, (p) \qquad (14.6)$$

Das Tripel (p, b, X) bildet A's öffentlichen Schlüssel, und x ist ihr geheimer Schlüssel.

2. Um eine Nachricht verschlüsselt an A zu senden, besorgt sich B den öffentlichen Schlüssel (p, b, X) von A, wählt zufällig $y \in \{1, 2, \ldots, p - 2\}$ und berechnet damit

$$Y = b^y \, (p) \qquad (14.7)$$

3. B verschlüsselt den Klartext $m \in \{0, 1, \ldots, p - 1\}$ zum Ciphertext

$$c = X^y m \, (p) \qquad (14.8)$$

und sendet das Paar (Y, c) an A.

4. A berechnet $Y^d c \, (p)$ mit $d = p - 1 - x$ und erhält damit den Klartext m zurück, denn es gilt:

$$
\begin{aligned}
Y^d c &= b^{y(p-1-x)} X^y && \text{mit (14.7) und (14.8)} \\
&= (b^{p-1})^y (b^x)^{-y} X^y m \\
&= X^{-y} X^y m && \text{mit (14.6)} \\
&= m \, (p)
\end{aligned}
$$

Beispiel 14.4 Auch dieses Beispiel führen wir mit kleinen Zahlen durch, um wieder mit Bleistift und Papier rechnen zu können.

1. A wählt $p = 7$, $b = 3$ (3 ist eine Primitivwurzel modulo 7, siehe Beispiel 11.2) sowie $x = 2$ und berechnet damit $X = 3^2 = 2\,(7)$. Das Tripel $(7, 3, 2)$ bildet A's öffentlichen Schlüssel, und $x = 2$ ist ihr geheimer Schlüssel.

2. B wählt $y = 4$ und berechnet $Y = 3^4 = 4\,(7)$.

3. B verschlüsselt den Klartext $m = 6$ zum Ciphertext $c = 2^4 \cdot 6 = 5\,(7)$ und sendet das Paar $(4, 5)$ an A.

4. A berechnet $d = 7 - 1 - 2 = 4$ und erhält mit $4^4 \cdot 5 = 6\,(7)$ den Klartext zurück. □

Bob sollte bei jeder neuen verschlüsselten Nachricht an *Alice* ein neues y wählen. Denn, nehmen wir an, er wählt für die Verschlüsselung der Nachrichten m und m' dasselbe y, dann sind die entsprechenden Ciphertexte

$$c = X^y m\,(p) \text{ sowie } c' = X^y m'\,(p)$$

und es gilt $c'c^{-1} = m'm^{-1}\,(p)$. Ist einem Angreifer der Klartext m bekannt, kann er m' berechnen, denn es gilt

$$m' = c'c^{-1}m\,(p)$$

14.5 Signaturen

Neben der Geheimhaltung von Nachrichten zur Vermeidung von Lauschangriffen spielt das Signieren von Dokumenten eine wichtige Rolle. Wenn *Alice* ein Dokument an *Bob* handschriftlich signiert, kann *Bob*, sofern er *Alices* Unterschrift kennt, verifizieren, dass das Dokument tatsächlich von *Alice* stammt. Außerdem kann *Alice* nicht bestreiten, dass das Dokument von ihr unterschrieben wurde. Beide Aspekte, die Authentizität von Nachrichten und Dokumenten sowie die Verbindlichkeit von Nachrichten und Dokumenten spielen z.B. im elektronischen Geschäftsverkehr eine wichtige Rolle.

In diesem Abschnitt betrachten wir einführend nur einen Ansatz für elektronische Signaturen. Eine detailliertere Beschäftigung mit diesem Thema erfordert die Kenntnis weiterer mathematischer Hilfsmittel, auf die wir im Rahmen dieses Buches nicht eingehen.

So kann man mithilfe des RSA-Verschlüsselungsverfahrens elektronische Signaturen realisieren, indem man die Rollen des öffentlichen und des geheimen Schlüssels vertauscht: *Alice* besitze den öffentlichen RSA-Schlüssel (n, e) und den geheimen Schlüssel (n, d). Sie signiert ein Dokument m an Bob – oder an jemand anderen –, indem sie die RSA-Entschlüsselung auf m anwendet, also $s = m^d\,(n)$

berechnet, und das Dokument und die Signatur (m, s) an *Bob* sendet. *Bob* oder ein anderer Adressat wendet auf die Signatur s das RSA-Verschlüsselungsverfahren mit *Alices* öffentlichem Schlüssel an und berechnet $s^e = m'\ (n)$ und vergleicht das Ergebnis mit m. Ist $m' = m$, dann ist die Signatur verifiziert, denn nur *Alice* kennt den geheimen Schlüssel d, der zum öffentlichen Schlüssel e passt. Solange das RSA-Verschlüsselungsverfahren als sicher gilt, kann *Bob* sicher sein, dass niemand anders als *Alice* zur Nachricht m die Signatur s berechnet hat. Voraussetzung ist, dass *Alices* öffentlicher Schlüssel authentisch ist. Für die Garantie dieser Voraussetzung sind unter anderem die schon öfter erwähnten Trust Center zuständig.

Ein Nachteil dieses Verfahrens ist, dass die Unterschrift s so groß wie der Klartext m wird. Das kann, z.B. wenn m Bilder oder Videos enthält, zu Effizienzverlusten (Übertragungszeit, Speicherplatz) führen. Dies lässt sich mit so genannten kollisionsresistenten Hashfunktionen, die zudem Einwegfunktionen sein müssen, vermeiden. Solche Funktionen sind von der Art $h : \Sigma^* \rightarrow \{\,0, 1, \ldots, n - 1\,\}$, wobei Σ das Klartextalphabet ist (z.B. $\Sigma = \{\,0, 1\,\}$, wenn die Klartexte Bitfolgen sind). In der Regel gilt für die Menge $L \subset \Sigma^*$ der Nachrichten, die übertragen werden, $|L| >> n$, d.h. die Menge der potenziellen Nachrichten ist wesentlich größer als die möglichen Werte von h. Da h total sein muss, kann h nicht injektiv sein. Deshalb muss dafür gesorgt werden, dass h mit sehr großer Wahrscheinlichkeit keine Kollisionen hat, d.h. dass für tatsächlich auftretende verschiedene Nachrichten deren Hashwerte verschieden sind: Für Nachrichten m und m' mit $m \neq m'$ muss also gelten (mit sehr hoher Wahrscheinlichkeit): $h(m) \neq h(m')$.

Es gibt international standardisierte Message Dienste, z.B. MD5 (Message Digest Version 5) und SHA-1 (Secure Hash Algorithm Version1), deren Funktionen von jedermann benutzt werden können. MD5 erzeugt aus beliebig langen Texten (Bitfolgen) einen Hashwert aus 128 Bits, SHA-1 erzeugt Werte aus 160 Bits.

Außer der Komprimierung der Signatur wollen wir natürlich auch wieder die Vertraulichkeit der Nachrichten durch Verschlüsselung garantieren. Insgesamt haben wir die folgende – wieder am Beispiel von *Alice* und *Bob* geschilderte – Prozedur der Nachrichtenübermittlung oder -speicherung zur Sicherung von Vertraulichkeit, Authentizität und Verbindlichkeit:

1. *Alice* habe den öffentlichen Schlüssel (n_A, e_A) und den geheimen Schlüssel (n_A, d_A). *Bob* habe den öffentlichen Schlüssel (n_B, e_B), und (n_B, d_B) sei sein geheimer Schlüssel.

   Der Ablauf beim Versenden eines verschlüsselten, signierten Dokuments m von *Alice* an *Bob* ist wie folgt:

2. *Alice* erzeugt den Ciphertext

$$c = m^{e_B}\ (n_B)$$

   mit *Bobs* öffentlichem Schlüssel gemäß dem RSA-Verschlüsselungsverfahren.

3. Des Weiteren erzeugt sie eine Signatur zum Hashwert $h(m)$ ihres Dokumentes m mit ihrem geheimen Schlüssel gemäß dem RSA-Signaturverfahren:

$$s = h(m)^{d_A} \ (n_A)$$

4. Sie versendet den Ciphertext und die Signatur des Hashwertes (c, s) an *Bob*.

5. *Bob* entschlüsselt den Ciphertext mit seinem geheimen Schlüssel gemäß dem RSA-Verschlüsselungsverfahren:

$$c^{d_B} = m \ (n_B) \tag{14.9}$$

6. *Bob* verifiziert die Signatur mit dem öffentlichen Schlüssel von *Alice* und berechnet zunächst

$$s^{e_A} = m' \ (n_A) \tag{14.10}$$

7. *Bob* testet, ob die Ergebnisse von Entschlüsselung (14.9) und von Verifikation (14.10) übereinstimmen, d.h. ob $h(m) = m'$ ist (h ist *Bob* bekannt). Falls ja, kann er sicher sein, dass das Dokument authentisch und verbindlich ist, d.h. von *Alice* stammt.

Analog zu dem hier Beschriebenen kann man Signaturverfahren auch mit anderen Verschlüsselungsverfahren, z.B. mit dem im vorigen Kapitel beschriebenen ElGamal-Verfahren realisieren. Darauf wollen wir nicht weiter eingehen.

Es sei noch bemerkt, dass die in der Praxis verwendeten Verfahren weitgehender und vielfältiger sind als die oben geschilderte Prozedur, die nur die wesentlichen Prinzipien aufzeigen soll. So können zur Verschlüsselung der Nachricht und zur Erzeugung der Signatur unterschiedliche Verfahren verwendet werden und nicht wie im Beispiel für beides dasselbe Verfahren. Des Weiteren hatten wir weiter oben schon bemerkt, dass die asymmetrische Verschlüsselung im Vergleich zu symmetrischen Verfahren sehr ineffizient sein kann (bei langen Nachrichten) und dass man dann die Nachrichten symmetrisch verschlüsselt und die Schlüssel mit einem asymmetrischen Verfahren austauscht. Außerdem kann es ebenfalls aus Effizienzgründen sinnvoll sein, Nachrichten und möglicherweise auch Unterschriften mit Kompressionsverfahren zu verkürzen.

Ohne konkrete Verfahren anzugeben, könnte das Schema einer solchen Verschlüsselung einer Nachricht von *Alice* an *Bob* wie folgt aussehen:

$$c = (ASYM_1(pubK_B, randK), SYM(randK, COMP(m, ASYM_2(privK_A, H(m)))))$$

Dabei sind $ASYM_1$ und $ASYM_2$ asymmetrische (Public key-) Verschlüsselungs- bzw. Signaturverfahren, *SYM* ein symmetrisches Verfahren und *randK* ein zufällig generierter Schlüssel für das symmetrische Verfahren. *COMP* ist das Kompressionsverfahren und H die Hashfunktion. $pubK_B$ ist *Bobs* öffentlicher Schlüssel für das Verschlüsselungsverfahren $ASYM_1$, und $privK_A$ ist *Alices* privater Schlüssel für das Signaturverfahren $ASYM_2$. m ist wie immer die „eigentliche" Nachricht.

Der endgültig übermittelte Ciphertext c besteht aus zwei Teilen:

1. $ASYM_1(pubK_B, randK)$:
   Der für das symmetrischen Verfahren *SYM* (zufällig generierte) Schlüssel *randK* wird mit *Bobs* öffentlichem (Verschlüsselungs-) Schlüssel $pubK_B$ mit dem asymmetrischen Verfahren $ASYM_1$ verschlüsselt.

2. $SYM(rand_K, COMP(m, ASYM_2(privK_A, H(m))))$:
   Der Hashwert $H(m)$ wird mit *Alices* geheimem Schlüssel $privK_A$ mit dem asymmetrischen Verfahren $ASYM_2$ signiert. Die Signatur wird an die Nachricht m angefügt und beides zusammen mit dem Verfahren *COMP* komprimiert. Das Ergebnis wird mit einem zufällig generierten Schlüssel *randK* mit dem symmetrischen Verfahren *SYM* verschlüsselt.

Ein Beispiel für eine Verschlüsselungssoftware, die dieses Schema implementiert, ist das populäre Public domain-Verschlüsselungsprogramm PGP (Pretty Good Privacy).

Teil IV

Lineare Algebra

Wir beschäftigen uns in diesem Teil mit einer weiteren algebraischen Struktur, den Vektorräumen, sowie mit der Lösung linearer Gleichungssysteme. Wir benötigen grundlegende Kenntnisse aus beiden – durchaus, wie wir sehen werden, miteinander verwandten – Gebieten für weitere für die Informatik wichtige Anwendungen, die wir im nächsten Teil behandeln werden.

Kapitel 15

Vektorräume

Ein Vektorraum verknüpft eine additive abelsche Gruppe und einen Körper zu einer neuen algebraischen Struktur.

15.1 Grundlegende Definitionen und Eigenschaften

Definition 15.1 a) Es sei V eine additive abelsche Gruppe, deren Verknüpfung wir mit $+_V$ notieren wollen, und K sei ein Körper, dessen additive Verknüpfung wir mit $+_K$ und dessen multiplikative Verknüpfung wir mit $\cdot$ notieren wollen und der das multiplikative Einselement 1 besitzt.

Gibt es eine Verknüpfung $* : K \times V \to V$ mit den Eigenschaften

$$
\begin{aligned}
1 * x &= x & & x \in V & & (15.1) \\
\alpha * (x +_V y) &= \alpha * x +_V \alpha * y & & \alpha \in K,\, x, y \in V & & (15.2) \\
(\alpha +_K \beta) * x &= \alpha * x +_V \beta * x & & \alpha, \beta \in K,\, x \in V & & (15.3) \\
(\alpha \cdot \beta) * x &= \alpha * (\beta * x) & & \alpha, \beta \in K,\, x \in V & & (15.4)
\end{aligned}
$$

so heißt V ein *Vektorraum* über K. Die Elemente von V heißen *Vektoren*, die Elemente von K heißen *Skalare*. Das additive Einselement von V notieren wir mit 0_V und nennen dieses den *Nullvektor* von V.

b) $W \subseteq V$ heißt *Teil*- oder *Unterraum* von V, falls W einen Vektorraum über K bildet, d.h. die Axiome (15.1 – 4) erfüllt. □

Wenn im Folgenden aus dem Zusammenhang klar ist, welche Addition gemeint ist, lassen wir die Indizes an den Additionssymbolen weg, unterscheiden also die Vektor- und die Köperaddition äußerlich nicht. Ebenso notieren wir die Operation „$*$" zwischen Skalaren und Vektoren mit dem üblichen Multiplikationssymbol „$\cdot$" und nennen diese Operation ebenfalls Multiplikation oder *skalare Multiplikation*.

Folgerung 15.1 a) Sei $\mathcal{K}$ ein Körper. Dann bildet $\mathcal{K}^n$ für alle $n \in \mathbb{N}$ einen Vektorraum über $\mathcal{K}$, wenn die Addition $x + y$ der n-Tupel $x = (x_1, \ldots, x_n) \in \mathcal{K}^n$ und $y = (y_1, \ldots, y_n) \in \mathcal{K}^n$ komponentenweise definiert ist durch

$$x + y = (x_1 + y_1, \ldots, x_n + y_n)$$

und die Multiplikation $\alpha * x$ mit $\alpha \in \mathcal{K}$ ebenfalls komponentenweise definiert ist durch

$$\alpha * x = (\alpha \cdot x_1, \ldots, \alpha \cdot x_n)$$

b) Sei $\mathcal{K}$ ein Körper und sei $\mathcal{K}[x]^{(n)}$ die Menge der Polynome über $\mathcal{K}$ mit einem Grad kleiner n. Dann bildet $\mathcal{K}[x]^{(n)}$ einen Vektorraum über $\mathcal{K}$. $\square$

Beispiel 15.1 a) $\mathbb{R}^n$ bildet für alle $n \in \mathbb{N}$ einen Vektorraum über $\mathbb{R}$, den sogenannten *n-dimensionalen Raum*. Dabei ist die Addition $x + y$ der n-Tupel $x = (x_1, \ldots, x_n) \in \mathbb{R}^n$ und $y = (y_1, \ldots, y_n) \in \mathbb{R}^n$ komponentenweise definiert durch

$$x + y = (x_1 + y_1, \ldots, x_n + y_n)$$

ebenso wie die Multiplikation $\alpha * x$ einer rellen Zahl mit einem n-Tupel:

$$\alpha * x = (\alpha \cdot x_1, \ldots, \alpha \cdot x_n)$$

b) $\mathbb{F}_p^n$ mit $p \in \mathbb{P}$ bildet bei komponentenweiser Addition und Multiplikation einen Vektorraum über $\mathbb{F}_p$.

c) Sei M eine Menge und $V = \mathcal{P}(M)$. Wir setzen für $A, B \in V$

$$A + B = A \div B = (A - B) \cup (B - A) \ (= (A \cup B) - (A \cap B) = (A \cap \overline{B}) \cup (B \cap \overline{A}))$$

sowie

$$0 * A = \emptyset \tag{15.5}$$

$$1 * A = A \tag{15.6}$$

Dann bildet V einen Vektorraum über $\mathbb{F}_2$, denn es gilt:

(1) $(V, +)$ bildet eine abelsche Gruppe:

(i) Ist $A, B \in V$, dann ist $A + B \in V$.

(ii) $\emptyset \in V$ ist das Einselement: $A + \emptyset = (A - \emptyset) \cap (\emptyset - A) = A$.

(iii) Es ist $A^{-1} = A$: $A + A = (A - A) \cup (A - A) = \emptyset \cup \emptyset = \emptyset$.

(iv) Es gilt: $A + B = B + A$ sowie $A + (B + C) = (A + B) + C$.

(2) V ist Vektorraum über $\mathbb{F}_2$:

(i) Axiom (15.1) gilt wegen Festlegung (15.6).

(ii) Wir zeigen die Gültigkeit von Axiom (15.2): Sei $\alpha = 0$, dann gilt:

$$\alpha * (A + B) = 0 * (A + B) = \emptyset = \emptyset + \emptyset = 0 * A + 0 * B = \alpha * A + \alpha * B$$

Sei $\alpha = 1$, dann gilt:

$$\alpha * (A + B) = 1 * (A + B) = A + B = 1 * A + 1 * B = \alpha * A + \alpha * B$$

(ii) Wir zeigen Axiom (15.3): Sei $\alpha = \beta = 1$, dann gilt:

$$(\alpha + \beta) * A = 0 * A = \emptyset = A + A = 1 * A + 1 * A = \alpha * A + \beta * A$$

Sei $\alpha = \beta = 0$, dann gilt:

$$(\alpha + \beta) * A = 0 * A = \emptyset = \emptyset + \emptyset = 0 * A + 0 * A = \alpha * A + \beta * A$$

Sei $\alpha = 1$ und $\beta = 0$, dann gilt:

$$(\alpha + \beta) * A = 1 * A = A = A + \emptyset = 1 * A + 0 * A = \alpha * A + \beta * A$$

Für $\alpha = 0$ und $\beta = 1$ folgt der Beweis analog.

(iv) Wir zeigen noch Axiom (15.4): Sei $\alpha = \beta = 1$, dann gilt:

$$(\alpha \cdot \beta) * A = (1 \cdot 1) * A = 1 * A = 1 * (1 * A) = \alpha * (\beta * A)$$

Sei $\alpha = 0$ oder $\beta = 0$, dann gilt:

$$(\alpha \cdot \beta) * A = 0 * A = \emptyset = 0 * A = \alpha * (\beta * A)$$

d) Die Menge $\mathbb{R}^{[a,b]}$ der Abbildungen des Intervalls $[a, b] \subseteq \mathbb{R}$ in die Menge $\mathbb{R}$ bildet einen Vektorraum über $\mathbb{R}$, wenn wir Folgendes festlegen:

$$\begin{aligned} (f + g)(x) &= f(x) + g(x) && \text{für } x \in [a, b] \\ (\alpha * f)(x) &= \alpha \cdot f(x) && \text{für } \alpha \in \mathbb{R}, x \in [a, b] \end{aligned}$$

e) Sei $\mathcal{K}$ Körper, dann bildet $\mathcal{K}[x]$ einen Vektorraum über $\mathcal{K}$. □

Folgerung 15.2 Sei $\mathcal{V}$ ein Vektorraum über dem Körper $\mathcal{K}$ sowie $\alpha, \beta \in \mathcal{K}$ und $a, b \in \mathcal{V}$. Dann gilt:

a) $\alpha * 0 = 0$.

b) $\alpha * (-a) = -(\alpha * a)$.

c) $0 * a = 0$.

d) $(-1) * a = -a$.

e) Ist $a = \alpha * b$ und $b = \beta * a$ mit $\alpha \neq 0$ und $\beta \neq 0$, dann ist $\beta = \alpha^{-1}$.

Beweis a) Es gilt:

$$\alpha * 0 = \alpha * (0 + 0) \qquad \text{genau dann, wenn}$$
$$\alpha * 0 = \alpha * 0 + \alpha * 0 \qquad \text{genau dann, wenn}$$
$$0 = \alpha * 0$$

b) Es gilt:

$$\alpha * 0 = 0 \qquad \text{genau dann, wenn}$$
$$\alpha * (a + (-a)) = 0 \qquad \text{genau dann, wenn}$$
$$\alpha * a + \alpha * (-a) = 0 \qquad \text{genau dann, wenn}$$
$$\alpha * (-a) = -(\alpha * a)$$

c) Es gilt:

$$0 * a = (1 - 1) * a = 1 * a + (-1) * a = 1 * a + -(1 * a) = 0$$

d) Es gilt:

$$0 = 0 * a = (1 +_\kappa (-_\kappa 1)) * a = 1 * a +_\nu (-_\kappa 1) * a$$

Daraus folgt $(-_\kappa 1) * a = -_\nu a$ und damit $(-1) * a = -a$.

e) Es gilt:

$$a = \alpha * b \qquad \text{genau dann, wenn}$$
$$a = \alpha * (\beta * a) \qquad \text{genau dann, wenn}$$
$$(\alpha \cdot \beta) = 1 \qquad \text{genau dann, wenn}$$
$$\beta = \alpha^{-1}$$

$\square$

Satz 15.1 Sei V ein Vektorraum über dem Körper $\mathcal{K}$. Dann gilt:

a) $\mathcal{U} = \{0\}$ und V sind Teilräume, die trivialen Unterräume, von V.

b) Eine Teilmenge $\mathcal{U} \subseteq V$ ist genau dann ein Teilraum von V, wenn für alle $\alpha, \beta \in \mathcal{K}$ und alle $a, b \in \mathcal{U}$ gilt: $\alpha * a + \beta * b \in \mathcal{U}$.

c) Es sei $x \in V$. Dann ist $Span_{\mathcal{K}}(x) = \{ y \mid y = \alpha * x, \ \alpha \in \mathcal{K} \}$ Unterraum von V.

d) Es sei $x \in V$ sowie $y \in Span_{\mathcal{K}}(x)$ mit $y \neq 0$. Dann ist $Span_{\mathcal{K}}(x) = Span_{\mathcal{K}}(y)$.

Beweis a) Diese beiden Aussagen sind offensichtlich.

b) „$\Rightarrow$": Sei $\mathcal{U}$ Unterraum von V. Dann ist für jedes $a \in \mathcal{U}$ und jedes $\alpha \in \mathcal{K}$ $\alpha * a \in \mathcal{U}$ sowie für jedes $b \in \mathcal{U}$ und jedes $\beta \in \mathcal{K}$ $\beta * b \in \mathcal{U}$. Wegen der Abgeschlossenheit von $\mathcal{U}$ ist auch $\alpha * a + \beta * b \in \mathcal{U}$.

„⇐": Für alle $\alpha, \beta \in \mathcal{K}$ und alle $a, b \in \mathcal{U}$ gelte: $\alpha * a + \beta * b \in \mathcal{U}$. Wir zeigen, dass dann $\mathcal{U}$ ein Vektorraum ist, d.h. die Vektorraumaxiome erfüllt sind:

(1) Wähle $\alpha = 1$ und $\beta = 0$, dann ist $1 * x = x$ für alle $x \in \mathcal{U}$.

(2) Wähle $\beta = \alpha$ und $a = x$ und $b = y$, dann ist $\alpha * (x + y) = \alpha * x + \alpha * y$.

(3) Wähle $a = b = x$, dann ist $(\alpha + \beta) * x = \alpha * x + \beta * x$.

(4) Wähle $\alpha = \gamma \cdot \delta$, $\beta = 0$ sowie $a = x$ und $b = y$, dann ist $\gamma * (\delta * x) = (\gamma \cdot \delta) * x = \alpha * x + \beta * y$.

c) Sei $\alpha, \beta \in \mathcal{K}$ und $a, b \in Span_{\mathcal{K}}(x)$. Es gibt also $\gamma, \delta \in \mathcal{K}$ mit $a = \gamma * x$ und $b = \delta * x$. Es folgt:

$$\alpha * a + \beta * b = \alpha * \gamma * x + \beta * \delta * x = (\alpha * \gamma + \beta * \delta)x$$

Es ist $\alpha * \gamma + \beta * \delta \in \mathcal{K}$, also $(\alpha * \gamma + \beta * \delta)x \in Span_{\mathcal{K}}(x)$, d. h. $\alpha * a + \beta * b \in Span_{\mathcal{K}}(x)$. Damit gilt gemäß b), dass $Span_{\mathcal{K}}(x)$ Unterraum von $\mathcal{V}$ ist.

d) Wir zeigen: $Span_{\mathcal{K}}(x) \subseteq Span_{\mathcal{K}}(y)$ und $Span_{\mathcal{K}}(y) \subseteq Span_{\mathcal{K}}(x)$.

„$Span_{\mathcal{K}}(x) \subseteq Span_{\mathcal{K}}(y)$": Sei $a \in Span_{\mathcal{K}}(x)$, dann gibt es $\alpha \in \mathcal{K}$ mit $a = \alpha * x$. Da $y \in Span_{\mathcal{K}}(x)$ ist, gibt es ein $\beta \in \mathcal{K}$ mit $y = \beta * x$. Da $x \neq 0$ und $y \neq 0$ gilt, ist $x = \beta^{-1} * y$. Insgesamt gilt also: $a = \alpha \cdot \beta^{-1} * y \in Span_{\mathcal{K}}(y)$, da $\alpha \cdot \beta^{-1} \in \mathcal{K}$. Also ist $a \in Span_{\mathcal{K}}(y)$ und damit $Span_{\mathcal{K}}(x) \subseteq Span_{\mathcal{K}}(y)$.

„$Span_{\mathcal{K}}(y) \subseteq Span_{\mathcal{K}}(x)$": Sei $b \in Span_{\mathcal{K}}(y)$, dann gibt es $\beta \in \mathcal{K}$ mit $b = \beta * y$. Da $y \in Span_{\mathcal{K}}(x)$, gibt es $\alpha \in \mathcal{K}$ mit $y = \alpha * x$. Insgesamt gilt also: $b = \beta \cdot \alpha * x \in Span_{\mathcal{K}}(x)$, da $\beta \cdot \alpha \in \mathcal{K}$, also $b \in Span_{\mathcal{K}}(x)$, also $Span_{\mathcal{K}}(y) \subseteq Span_{\mathcal{K}}(x)$.   □

Definition 15.2 Es sei $\mathcal{V}$ Vektorraum über $\mathcal{K}$ sowie $\alpha_1, \ldots, \alpha_m \in \mathcal{K}$ und $a_1, \ldots, a_m \in \mathcal{V}$, $m \geq 1$. Dann heißt

$$a = \sum_{i=1}^{m} \alpha_i a_i = \alpha_1 a_1 + \ldots + \alpha_m a_m$$

eine *Linearkombination* von $a_1, \ldots, a_m$. Ist $\alpha_1 = \ldots = \alpha_m = 0$, dann heißt die Linearkombination *trivial*, ansonsten *nicht trivial*.   □

Der folgende Satz ist eine Verallgemeinerung der Aussage c) in obigem Satz.

Satz 15.2 Sei $\mathcal{V}$ ein Vektorraum über dem Körper $\mathcal{K}$ und $A = \{x_1, \ldots, x_k\} \subseteq \mathcal{V}$ eine nicht leere Menge von Vektoren aus $\mathcal{V}$. Dann ist

$$Span_{\mathcal{K}}(A) = \{\alpha_1 x_1 + \alpha_2 x_2 + \ldots + \alpha_k x_k \mid \alpha_i \in \mathcal{K}, 1 \leq i \leq k\} \qquad (15.7)$$

ein Unterraum von $\mathcal{V}$.

Beweis Gemäß Satz 15.1 b) zeigen wir, dass für alle $a, b \in Span_{\mathcal{K}}(A)$ und für alle $\alpha, \beta \in \mathcal{K}$ gilt $\alpha a + \beta b \in Span_{\mathcal{K}}(A)$. Zu $a, b \in Span_{\mathcal{K}}(A)$ gibt es $\alpha_i^a, \alpha_i^b \in \mathcal{K}$, $1 \leq i \leq k$, mit

$$a = \alpha_1^a x_1 + \alpha_2^a x_2 + \ldots + \alpha_k^a x_k$$
$$b = \alpha_1^b x_1 + \alpha_2^b x_2 + \ldots + \alpha_k^b x_k$$

Es folgt

$$\alpha a + \beta b = \alpha(\alpha_1^a x_1 + \alpha_2^a x_2 + \ldots + \alpha_k^a x_k) + \beta(\alpha_1^b x_1 + \alpha_2^b x_2 + \ldots + \alpha_k^b x_k)$$
$$= (\alpha\alpha_1^a x_1 + \alpha\alpha_2^a x_2 + \ldots + \alpha\alpha_k^a x_k)$$
$$\quad + (\beta\alpha_1^b x_1 + \beta\alpha_2^b x_2 + \ldots + \beta\alpha_k^b x_k)$$
$$= (\alpha\alpha_1^a + \beta\alpha_1^b)x_1 + (\alpha\alpha_2^a + \beta\alpha_2^b)x_2 + \ldots + (\alpha\alpha_k^a + \beta\alpha_k^b)x_k$$

Da $\alpha\alpha_i^a + \beta\alpha_i^b \in \mathcal{K}$ für $1 \leq i \leq k$ gilt, ist $\alpha a + \beta b \in Span_{\mathcal{K}}(A)$, was zu zeigen war. $\qquad\qquad\square$

Definition 15.3 Sei $\mathcal{V}$ ein Vektorraum über dem Körper $\mathcal{K}$ und $A \subseteq \mathcal{V}$, $A \neq \emptyset$. Dann ist $Span_{\mathcal{K}}(A)$ der von A in $\mathcal{V}$ über $\mathcal{K}$ *aufgespannte Vektorraum.* $\qquad\square$

Der Satz 15.2 besagt also, dass die Menge der Linearkombinationen von Vektoren eines Vektorraums immer einen – den von diesen Vektoren aufgespannten – Unterraum bilden. Anstelle von (15.7) schreibt man auch

$$Span_{\mathcal{K}}(A) = \mathcal{K}x_1 + \ldots + \mathcal{K}x_m = \sum_{i=1}^{m} \mathcal{K}x_i$$

oder noch kürzer $Span_{\mathcal{K}}(A) = \mathcal{K} \cdot A$.

15.2   Lineare Unabhängigkeit

Definition 15.4 Sei $\mathcal{V}$ Vektorraum über $\mathcal{K}$. Die Vektoren $a_1, \ldots, a_m \in \mathcal{V}$ heißen *linear abhängig,* falls es eine nicht triviale Linearkombination gibt mit

$$\alpha_1 a_1 + \ldots + \alpha_m a_m = 0$$

Sie heißen *linear unabhängig,* falls sie nicht linear abhängig sind, d.h. die Linearkombination $\alpha_1 a_1 + \ldots + \alpha_m a_m$ ist dann und nur dann gleich 0, falls $\alpha_i = 0$ ist für alle i, $1 \leq i \leq m$. $\qquad\square$

Satz 15.3 Sei $\mathcal{V}$ Vektorraum über $\mathcal{K}$, dann sind folgende beiden Aussagen äquivalent:

(1) Die Vektoren $a_1, \ldots, a_m \in \mathcal{V}$ sind linear abhängig.

(2) Mindestens ein Vektor a_i ist Linearkombination der anderen:

$$a_i = \sum_{j=1, j \neq i}^{m} \alpha_j a_j$$

Beweis „(1) ⇒ (2)“: Seien $a_1, \ldots, a_m$ linear abhängig. Dann gibt es eine nicht triviale Linearkombination $\sum_{j=1}^{m} \beta_j a_j = 0$, d.h. es gibt mindestens ein i, $1 \leq i \leq m$, mit $\beta_i \neq 0$. Dann gilt:

$$\sum_{j=1}^{m} \beta_j a_j = 0 \qquad \text{genau dann, wenn}$$

$$\beta_i a_i = -\sum_{j=1, j \neq i}^{m} \beta_j a_j \qquad \text{genau dann, wenn}$$

$$a_i = -\frac{1}{\beta_i} \sum_{j=1, j \neq i}^{m} \beta_j a_j$$

Wir setzen $\alpha_j = -\frac{\beta_j}{\beta_i}$, $1 \leq j \leq m$, $j \neq i$. Dann gilt: $a_i = \sum_{j=1, j \neq i}^{m} \alpha_j a_j$.

„(2) ⇒ (1)“: Es sei $a_i = \sum_{j=1, j \neq i}^{m} \alpha_j a_j$. Daraus folgt:

$$-\alpha_1 a_1 - \ldots - \alpha_{i-1} a_{i-1} + 1 \cdot a_i - \alpha_{i+1} a_{i+1} - \ldots - \alpha_m a_m = 0$$

Da $1 \neq 0$ ist, ist dies eine nicht triviale Linearkombination, die 0 ergibt, d.h. die Vektoren $a_1, \ldots, a_m$ sind linear abhängig. □

Folgerung 15.3 Eine Menge von Vektoren ist linear unabhängig genau dann, wenn sich keiner ihrer Elemente als Linearkombination der anderen Elemente darstellen lässt. □

Satz 15.4 Es seien die Vektoren $a_1, \ldots, a_m$ linear abhängig und die Vektoren $a_1, \ldots, a_r$, $1 \leq r \leq m$, (durch Umnummerierung immer erreichbar) linear unabhängig, dann ist mindestens einer der Vektoren $a_{r+1}, \ldots, a_m$ als Linearkombination der übrigen $m - 1$ Vektoren darstellbar.

Beweis Da die Vektoren $a_1, \ldots, a_m$ linear abhängig sind, gibt es eine nicht triviale Linearkombination

$$\alpha_1 a_1 + \ldots + \alpha_r a_r + \alpha_{r+1} a_{r+1} + \ldots + \alpha_m a_m = 0$$

Wären alle $\alpha_i = 0$ mit $r + 1 \leq i \leq m$, dann wäre

$$\alpha_1 a_1 + \ldots + \alpha_r a_r = 0$$

eine nicht triviale Linearkombination, was ein Widerspruch zur linearen Unabhängigkeit der Vektoren $a_1, \ldots, a_r$ wäre. Somit existiert also mindestens ein i mit $r + 1 \leq i \leq m$, so dass $\alpha_i \neq 0$ ist, womit sich a_i als Linearkombination der anderen Vektoren darstellen lässt. □

Satz 15.5 Wenn $\mathcal{V}$ ein Vektorraum über dem Körper $\mathcal{K}$ ist, und die Vektoren $a_1, \ldots, a_m \in \mathcal{V}$ linear abhängig sind, d.h. gibt es einen Vektor $a \in \{\, a_1, \ldots, a_m \,\}$, der Linearkombination der anderen ist, dann gilt:

$$Span_{\mathcal{K}}(\{\, a_1, \ldots, a_m \,\}) = Span_{\mathcal{K}}(\{\, a_1, \ldots, a_m \,\} - \{a\})$$

Beweis Durch Umbenennung kann erreicht werden, dass $a = a_1$ ist. Wir müssen also zeigen, dass $Span_{\mathcal{K}}(\{\, a_1, \ldots, a_m \,\}) = Span_{\mathcal{K}}(\{\, a_2, \ldots, a_m \,\})$ gilt. Die Inklusion $Span_{\mathcal{K}}(\{\, a_2, \ldots, a_m \,\}) \subseteq Span_{\mathcal{K}}(\{\, a_1, \ldots, a_m \,\})$ ist unmittelbar einsichtig. Es bleibt also zu zeigen: $Span_{\mathcal{K}}(\{\, a_1, \ldots, a_m \,\}) \subseteq Span_{\mathcal{K}}(\{\, a_2, \ldots, a_m \,\})$. Da a_1 Linearkombination der anderen Vektoren ist, gilt:

$$a_1 = \sum_{i=2}^{m} \beta_i a_i$$

Sei $a \in Span_{\mathcal{K}}(\{\, a_1, \ldots, a_m \,\})$, dann gilt:

$$a = \alpha_1 a_1 + \sum_{i=2}^{m} \alpha_i a_i = \alpha_1 \sum_{i=2}^{m} \beta_i a_i + \sum_{i=2}^{m} \alpha_i a_i = \sum_{i=2}^{m} (\alpha_1 \beta_i + \alpha_i) a_i$$

woraus folgt, dass $a \in Span_{\mathcal{K}}(\{\, a_2, \ldots, a_m \,\})$ ist. $\qquad\square$

Satz 15.6 (Austauschsatz von Steinitz)[1] Es sei $\mathcal{V}$ ein Vektorraum über dem Körper $\mathcal{K}$, $a_1, \ldots, a_m \in \mathcal{V}$ sowie $b_1, \ldots, b_r \in Span_{\mathcal{K}}(\{\, a_1, \ldots, a_m \,\})$ linear unabhängige Vektoren. Dann gilt:

a) $r \leq m$,

b) r der Vektoren $a_1, \ldots, a_m$ – nach Umnummerierung $a_1, \ldots, a_r$ – können durch die Vektoren $b_1, \ldots, b_r$ ersetzt werden, so dass

$$Span_{\mathcal{K}}(\{\, b_1, \ldots, b_r, a_{r+1}, \ldots, a_m \,\}) = Span_{\mathcal{K}}(\{\, (a_1, \ldots, a_m \,\})$$

gilt.

Beweis a) Da $b_i \in Span_{\mathcal{K}}(\{\, a_1, \ldots, a_m \,\})$ für $1 \leq i \leq r$ ist, lässt sich b_i darstellen als

$$b_i = \sum_{j=1}^{m} \alpha_{ij} a_j$$

Für eine Linearkombination

$$b = \sum_{k=1}^{r} \beta_k b_k$$

---

[1]Benannt nach dem deutschen Mathematiker Ernst Steinitz(1871 - 1928), der wichtige Beiträge zur Algebra, Zahlentheorie und Topologie lieferte.

gilt dann

$$b = \sum_{k=1}^{r} \beta_k \sum_{j=1}^{m} \alpha_{kj} a_j$$

Der Koeffizient von a_j ist $\sum_{k=1}^{r} \beta_k \alpha_{kj}$. Ist dieser Koeffizient für jedes j Null, dann ist auch $b = 0$. Um eine Abhängigkeitsbeziehung zwischen den Vektoren $b_1, \ldots, b_r$ zu finden, reicht es also, das Gleichungssystem

$$\sum_{k=1}^{r} \beta_k \alpha_{kj} = 0, \ 1 \le j \le m$$

von m Gleichungen mit r Unbekannten zu lösen. Wäre $r > m$, dann hat das System eine nicht triviale Lösung (siehe Kapitel 16) und die Vektoren $b_1, \ldots, b_r$ wären linear abhängig, ein Widerspruch zur Voraussetzung. Also muss $r \le m$ sein.

b) folgt durch entsprechendes Umstellen der Gleichungen im Beweis von a). □

15.3   Basis und Dimension eines Vektorraums

Definition 15.5 Sei $\mathcal{V}$ Vektorraum. $U \subseteq \mathcal{V}$, $U \ne \emptyset$, heisst *linear unabhängig* in $\mathcal{V}$, falls je endlich viele Vektoren aus U linear unabhängig sind, ansonsten heißt U *linear abhängig*. □

Beispiel 15.2 Im Vektorraum $\mathbb{R}\,[x]$ der Polynome mit reellwertigen Koeffizienten ist die Teilmenge $U = \{\, x^0, x^1, x^2, \ldots \}$ linear unabhängig. Dazu betrachten wir die Linearkombinationen

$$\alpha_0 + \alpha_1 x + \alpha_2 x^2 + \ldots + \alpha_m x^m = 0$$

für $m \in \mathbb{N}_0$. Diese Gleichung besitzt höchstens m reelle Nullstellen (siehe Folgerung 7.2) und kann somit für alle $x \in \mathbb{R}$ nur dann erfüllt sein, wenn $\alpha_i = 0$ für alle i mit $1 \le i \le m$ ist. Hieraus folgt, dass U linear unabhängig ist. □

Definition 15.6 Sei $\mathcal{V}$ ein Vektorraum über dem Körper $\mathcal{K}$, und $\mathcal{B} \subseteq \mathcal{V}$ sei eine Menge linear unabhängiger Vektoren. $\mathcal{B}$ heißt *Basis* von $\mathcal{V}$ genau dann, wenn $Span_{\mathcal{K}}(\mathcal{B}) = \mathcal{V}$ ist. Ein Vektorraum heißt *endlichdimensional*, wenn er eine endliche Basis besitzt. □

Beispiel 15.3 a) Sei $\mathcal{K}$ ein Körper. Jede Menge von n Vektoren

$$e_i = (x_{i1}, \ldots, x_{in}) \in \mathcal{K}^n, \ 1 \le i \le n, n \ge 1$$

definiert durch $x_{ij} = 0$ für $1 \le j \le n, j \ne i$ und $x_{ii} \in \mathcal{K}^*$ bildet eine Basis für $\mathcal{K}^n$. $\mathcal{K}^n$ ist also endlichdimensional. Es ist leicht einzusehen, dass die

Vektoren $e_1, \ldots, e_n$ linear unabhängig sind. Außerdem gibt es für jeden Vektor $(y_1, \ldots y_n) \in \mathcal{K}^n$ Skalare $\alpha_i \in \mathcal{K}$, $1 \le i \le n$, mit $y_i = \alpha_i \cdot x_{ii}$. Wir müssen nur $\alpha_i = y_i \cdot x_{ii}^{-1}$ wählen. Dann gilt:

$$(y_1, \ldots, y_n) = \sum_{i=1}^{n} \alpha_i e_i$$

Es folgt: $Span_\mathcal{K}(\{e_1, \ldots, e_n\}) = \mathcal{K}^n$. Jeder Vektorraum $\mathcal{K}^n$ ist also endlichdimensional.

Wählt man speziell $x_{ii} = 1$ für $1 \le i \le n$, dann heißen die e_i *Einheitsvektoren* von $\mathcal{K}^n$.

b) $U = \{x^0, x^1, x^2, \ldots\}$ bildet eine Basis für $\mathbb{R}[x]$ (siehe Beispiel 15.2). $\mathbb{R}[x]$ ist also nicht endlichdimensional. $\qquad\square$

Jede Menge linear unabhängiger Vektoren kann zu einer Basis erweitert werden.

Satz 15.7 Sei V ein endlichdimensionaler Vektorraum über dem Körper $\mathcal{K}$ und $U \subseteq V$ eine Menge linear unabhängiger Vektoren. U kann zu einer Basis von V ergänzt werden.

Beweis Sei B eine Menge von Vektoren, die V aufspannt: $Span_\mathcal{K}(B) = V$. Gilt $B \subseteq Span_\mathcal{K}(U)$, dann gilt $Span_\mathcal{K}(U) = V$ und, da U linear unabhängig ist, ist U eine Basis für V. Ist $B \not\subseteq Span_\mathcal{K}(U)$, wählt man einen Vektor $x \in B$, der nicht in $Span_\mathcal{K}(U)$ liegt, und fügt diesen zu U hinzu. $U' = U \cup \{x\}$ ist linear unabhängig. Mit U' fährt man wie mit U fort, bis man eine Basis generiert hat. $\qquad\square$

Satz 15.8 Seien B_1 und B_2 Basen des endlichdimensionalen Vektorraums V über dem Körper $\mathcal{K}$. Dann gilt: $|B_1| = |B_2|$.

Beweis Es seien $B_1 = \{a_1, \ldots, a_m\}$ und $B_2 = \{b_1, \ldots, b_n\}$. Es gilt: $V = Span_\mathcal{K}(B_1) = Span_\mathcal{K}(B_2)$. Hieraus folgt einerseits, dass $a_1, \ldots, a_m \in Span_\mathcal{K}(B_2)$ und mit dem Austauschsatz von Steinitz (Satz 15.6) $m \le n$, und andererseits, dass $b_1, \ldots, b_n \in Span_\mathcal{K}(B_1)$ und mit dem Austauschsatz $n \le m$, woraus insgesamt folgt: $m = n$. $\qquad\square$

Definition 15.7 Sei V ein endlichdimensionaler Vektorraum über dem Körper $\mathcal{K}$ und $B \subseteq V$ eine Basis von V. Dann heißt $dim(V) = |B|$ die *Dimension* von V. Für den Vektorraum $V = \{0\}$ gelte: $dim(V) = 0$. $\qquad\square$

Beispiel 15.4 Für jeden Körper $\mathcal{K}$ gilt (siehe Beispiel 15.3 a): $dim(\mathcal{K}^n) = n$. $\qquad\square$

Folgerung 15.4 Sei $\mathcal{K}$ ein Körper und V ein Unterraum von $\mathcal{K}^n$. Dann ist jede Menge von Vektoren $x_1, \ldots, x_m \in V$ mit $m > dim(V)$ linear abhängig. $\qquad\square$

Satz 15.9 Sei V ein endlichdimensionaler Vektorraum über dem Körper K und $B = \{a_1, \ldots, a_m\}$ eine Basis von V. Dann ist jeder Vektor $a \in V$ eindeutig darstellbar als Linearkombination der Basisvektoren aus B:

$$a = \sum_{i=1}^{m} \alpha_i a_i$$

Beweis Wir nehmen an, es gebe eine zweite Darstellung:

$$a = \sum_{i=1}^{m} \beta_i a_i$$

Dann gilt:

$$0 = a - a = \sum_{i=1}^{m} (\alpha_i - \beta_i) a_i$$

Da die Basisvektoren a_i, $1 \leq i \leq m$, linear unabhängig sind, folgt: $\alpha_i - \beta_i = 0$, $1 \leq i \leq m$. Hieraus folgt unmittelbar: $\alpha_i = \beta_i$, $1 \leq i \leq m$, d.h. die Darstellung ist eindeutig. $\qquad\square$

Definition 15.8 Sei V ein endlichdimensionaler Vektorraum über dem Körper K und $B = \{a_1, \ldots, a_m\}$ eine Basis von V. Ist

$$a = \sum_{i=1}^{m} \alpha_i a_i$$

die (eindeutige) Darstellung von $a \in V$ als Linearkombination der Basisvektoren aus B, dann heißen $\alpha_1, \ldots, \alpha_m$ die *Koordinaten* von a bezüglich B. α_i, $1 \leq i \leq m$, heißt die *i-te Koordinate* von a bezüglich B. $\qquad\square$

Beispiel 15.5 Wir zeigen, dass $B = \{(1,1,1), (1,1,2), (1,2,1)\}$ eine Basis von $\mathbb{R}^3$ ist und berechnen die Koordinaten des Vektors $(1,2,3) \in \mathbb{R}^3$ bezüglich dieser Basis.

Wir zeigen zunächst, (1) dass die Elemente von B linear unabhängig sind und (2) dass $Span_{\mathbb{R}^3}(B) = \mathbb{R}^3$ gilt.

(1) Das Gleichungssystem (Lösungsverfahren für lineare Gleichungssysteme werden in Kapitel 16 vorgestellt)

$$\alpha \begin{pmatrix} 1 \\ 1 \\ 1 \end{pmatrix} + \beta \begin{pmatrix} 1 \\ 1 \\ 2 \end{pmatrix} + \gamma \begin{pmatrix} 1 \\ 2 \\ 1 \end{pmatrix} = \begin{pmatrix} 0 \\ 0 \\ 0 \end{pmatrix}$$

hat die einzige Lösung $\alpha = \beta = \gamma = 0$, denn die erweiterte Koeffizientenmatrix

$$\begin{pmatrix} 1 & 1 & 1 & 0 \\ 1 & 1 & 2 & 0 \\ 1 & 2 & 1 & 0 \end{pmatrix}$$

lässt sich transformieren zu (z.B. durch Subtraktion der ersten von der zweiten Zeile, Subtraktion der ersten von der dritten Zeile, Subtraktion der dritten von der ersten Zeile, Subtraktion der zweiten von der ersten Zeile, Vertauschen der zweiten und dritten Zeile)

$$\begin{pmatrix} 1 & 0 & 0 & 0 \\ 0 & 1 & 0 & 0 \\ 0 & 0 & 1 & 0 \end{pmatrix}$$

woraus die Lösung $\alpha = \beta = \gamma = 0$ ablesbar ist. Damit ist B linear unabhängig.

(2) Wir müssen zeigen, dass für alle $x, y, z \in \mathbb{R}$ Skalare $\alpha, \beta, \gamma \in \mathbb{R}$ existieren, so dass

$$\alpha \begin{pmatrix} 1 \\ 1 \\ 1 \end{pmatrix} + \beta \begin{pmatrix} 1 \\ 1 \\ 2 \end{pmatrix} + \gamma \begin{pmatrix} 1 \\ 2 \\ 1 \end{pmatrix} = \begin{pmatrix} x \\ y \\ z \end{pmatrix}$$

gilt. Dieselben Transformationen wie unter (1) führen zur äuqivalenten erweiterten Koeffizientenmatrix

$$\begin{pmatrix} 1 & 0 & 0 & 3x - y - z \\ 0 & 1 & 0 & z - x \\ 0 & 0 & 1 & y - x \end{pmatrix}$$

woraus die Lösung $\alpha = 3x - y - z, \beta = z - x, \gamma = y - x$ ablesbar ist. Somit gilt $Span_{\mathbb{R}^3}(\mathcal{B}) = \mathbb{R}^3$.

Es gilt also

$$\begin{pmatrix} x \\ y \\ z \end{pmatrix} = (3x - y - z) \begin{pmatrix} 1 \\ 1 \\ 1 \end{pmatrix} + (z - x) \begin{pmatrix} 1 \\ 1 \\ 2 \end{pmatrix} + (y - x) \begin{pmatrix} 1 \\ 2 \\ 1 \end{pmatrix} \qquad (15.8)$$

Aus (15.8) folgt unmittelbar

$$\begin{pmatrix} 1 \\ 2 \\ 3 \end{pmatrix} = -2 \begin{pmatrix} 1 \\ 1 \\ 1 \end{pmatrix} + 2 \begin{pmatrix} 1 \\ 1 \\ 2 \end{pmatrix} + 1 \begin{pmatrix} 1 \\ 2 \\ 1 \end{pmatrix}$$

Die Koordinaten von $(1, 2, 3)$ bezüglich $\mathcal{B}$ sind also $(-2, 2, 1)$. $\qquad \square$

15.4   Lineare Abbildungen

Definition 15.9 Seien V und W Vektorräume über dem Körper K und $\varphi : V \to W$ eine Abbildung mit

$$\varphi(a +_V b) = \varphi(a) +_W \varphi(b)$$
$$\varphi(\alpha *_V a) = \alpha *_W \varphi(a)$$

für alle $a, b \in V$ und $\alpha \in K$, dann heißt φ *linear*. Ist φ zudem bijektiv, dann heißt φ ein *Vektorraumisomorphismus* von V nach W. Zwei Vektorräume V und W über dem Körper K heißen *isomorph*, falls es einen Isomorphismus von V nach W gibt. Auch hier notieren wir: $V \cong W$. □

Satz 15.10 Sei $\varphi : V \to W$ eine lineare Abbildung des Vektorraums V auf den Vektorraum W. Dann gilt:

a) $\varphi(0_V) = 0_W$,

b) $\varphi(\alpha *_V a +_V \beta *_V b) = \alpha *_W \varphi(a) +_W \beta *_W \varphi(b)$ für alle $a, b \in V$ und alle $\alpha, \beta \in K$.

c) $\varphi(-_V a) = -_W \varphi(a)$ für alle $a \in V$.

d) Die Menge $Bild(\varphi) = \{\, \varphi(x) \mid x \in V \,\}$ ist ein Unterraum von W, der sogenannte *Bildraum* von φ.

e) Die Menge $kern(\varphi) = \{\, x \in V \mid \varphi(x) = 0_W \,\}$ ist ein Unterraum von V, der sogenannte *Kern* von φ.

Beweis a) Es gilt: $\varphi(0_V) = \varphi(0_V +_V 0_V) = \varphi(0_V) +_W \varphi(0_V)$. Daraus folgt durch Subtraktion von $\varphi(0_V)$ (in W) auf beiden Seiten die Behauptung.

b) Erfolgt durch Nachrechnen mithilfe der definierenden Strukturgleichungen in Definition 15.9.

c) Folgt unmittelbar aus b) für $\alpha = -1$, $\beta = 0_V$ und $b = 0$.

d) Zu zeigen (gemäß Satz 15.1 b): Für alle $\alpha, \beta \in K$ und alle $a, b \in Bild(\varphi)$ gilt

$$\alpha *_W a +_W \beta *_W b \in Bild(\varphi)$$

Zu $a, b \in Bild(\varphi)$ gibt es $x, y \in V$ mit $\varphi(x) = a$ und $\varphi(y) = b$. Mithilfe von b) folgt

$$
\begin{aligned}
\alpha *_W a +_W \beta *_W b &= \alpha *_W \varphi(x) +_W \beta *_W \varphi(y) \\
&= \varphi(\alpha *_V x) +_W \varphi(\beta *_V y) \\
&= \varphi(\alpha *_V x +_V \beta *_V y) \\
&\in Bild(\varphi)
\end{aligned}
$$

was zu zeigen war.

e) Zu zeigen (gemäß Satz 15.1 b): Für alle $\alpha, \beta \in K$ und alle $x, y \in kern(\varphi)$ gilt

$$\alpha *_V x +_V \beta *_V y \in kern(\varphi)$$

Sei $x, y \in kern(\varphi)$, d.h. $\varphi(x) = 0_W$ und $\varphi(y) = 0_W$. Es gilt mithilfe von b):

$$
\begin{aligned}
\varphi(\alpha *_V x +_V \beta *_V y) &= \alpha *_W \varphi(x) +_W \beta *_W \varphi(y) \\
&= \alpha *_W 0_W +_W \beta *_W 0 \\
&= 0
\end{aligned}
$$

Daraus folgt, dass $\alpha *_V x +_V \beta *_V y \in kern(\varphi)$ ist. $\square$

Aus Satz 15.10 a), c) und e) folgt unmittelbar

Folgerung 15.5 Es seien V und W zwei Vektorräume. Dann gilt für alle linearen Abbildungen $\varphi : V \to W$: $0_V \in kern(\varphi)$. Der Kern ist also niemals leer, er enthält mindestens den Nullvektor von V. $\square$

Satz 15.11 Es seien V und W Vektorräume über dem Körper $\mathcal{K}$ sowie $\varphi : V \to W$ eine lineare Abbildung von V nach W. Dann gilt:

a) φ ist injektiv genau dann, wenn $kern(\varphi) = \{0_V\}$ gilt.

b) φ ist surjektiv genau dann, wenn $Bild(\varphi) = W$ gilt.

c) Ist φ bijektiv, dann ist φ^{-1} eine lineare Abbildung von W nach V.

Beweis a) Es sei φ nicht injektiv. Es gibt also $a, b \in V$ mit $a \neq b$ und $\varphi(a) = \varphi(b) = x$. Daraus folgt $\varphi(a) - \varphi(b) = 0_W$, damit $\varphi(a - b) = 0_W$ und damit $a - b \in kern(\varphi)$. Da $a - b \neq 0_V$ ist, enthält $kern(\varphi)$ außer 0_V einen weiteren Vektor, ein Widerspruch zu $kern(\varphi) = \{0_V\}$. φ muss also injektiv sein. Umgekehrt gilt: Enthält $kern(\varphi)$ außer 0_V einen weiteren Vektor x, dann muss $\varphi(0_V) = \varphi(x) = 0_W$ sein, d.h. φ ist nicht injektiv, ein Widerspruch. $kern(\varphi)$ kann also nur den Nullvektor enthalten, wenn φ injektiv ist.

b) Die Behauptung ist gerade die Definition für die Surjektivität einer Abbildung φ.

c) Aus der Bijektivität von φ folgt unmittelbar die Bijektivität von φ^{-1}. Es sei $a, b \in V$ mit $\varphi(a) = x$ und $\varphi(b) = y$ sowie $\alpha, \beta \in \mathcal{K}$. Dann gilt

$$\begin{aligned}
\varphi^{-1}(\alpha *_W x +_W \beta *_W y) &= \varphi^{-1}(\alpha *_W \varphi(a) +_W \beta *_W \varphi(b)) \\
&= \varphi^{-1}(\varphi(\alpha *_V x) +_W \varphi(\beta *_V y)) \\
&= \varphi^{-1}(\varphi(\alpha *_V x +_V \beta *_V y)) \\
&= \alpha *_V x +_V \beta *_V y \\
&= \alpha *_V \varphi^{-1}(a) +_V \beta *_V \varphi^{-1}(b)
\end{aligned}$$

womit φ^{-1} die strukturerhaltenden Gleichungen gemäß Definition 15.9 erfüllt. $\square$

Im nächsten Satz wird die *Dimensionsformel* angegeben. Sie besagt, dass sich die Dimension des Kerns und die Dimension des Bildraums einer linearen Abbildung zur Dimension des Vektorraums addieren.

Satz 15.12 Es seien V und W endlichdimensionale Vektorräume über dem Körper $\mathcal{K}$ sowie $\varphi : V \to W$ eine lineare Abbildung von V nach W. Dann gilt:

$$dim(V) = dim(kern(\varphi)) + dim(Bild(\varphi))$$

Beweis Es sei $dim(\mathcal{V}) = n$ und $dim(kern(\varphi)) = d$. Wir müssen zeigen, dass $dim(Bild(\varphi)) = n - d$ gilt. Sei $u_1, \ldots, u_d$ eine Basis von $kern(\varphi)$. Diese lässt sich gemäß Satz 15.7 zu einer Basis $\mathcal{A} = \{u_1, \ldots, u_d, v_1, \ldots, v_{n-d}\}$ von $\mathcal{V}$ erweitern. Es sei $w_i = \varphi(v_i)$, $1 \leq i \leq n - d$. Wir zeigen, dass $\mathcal{B} = \{w_1, \ldots, w_{n-d}\}$ eine Basis von $Bild(\varphi)$ ist, woraus dann $dim(Bild(\varphi)) = n - d$ folgt, was wir zeigen wollen.

$\mathcal{B}$ ist eine Basis für $Bild(\varphi)$, falls (1) $Span_{\mathcal{K}}(\mathcal{B}) = Bild(\varphi)$ und (2) $\mathcal{B}$ linear unabhängig ist.

Zu (1): Sei $w \in Bild(\varphi)$. Zu w gibt es ein $v \in \mathcal{V}$ mit $w = \varphi(v)$. v lässt sich als Linearkombination der Basis $\mathcal{A}$ von $\mathcal{V}$ darstellen:

$$v = \alpha_1 u_1 + \ldots + \alpha_d u_d + \beta_1 v_1 + \ldots + \beta_{n-d} v_{n-d}$$

Wir wenden φ darauf an und berücksichtigen dabei, dass $\varphi(u_j) = 0$, $1 \leq j \leq d$, ist, weil $u_j \in kern(\varphi)$ ist, sowie, dass $w_i = \varphi(v_i)$, $1 \leq i \leq n - d$, ist:

$$w = \varphi(v) = 0 + \ldots + 0 + \beta_1 w_1 + \ldots + \beta_{n-d} w_{n-d}$$

Es gilt also $w \in Span_{\mathcal{K}}(\mathcal{B})$ und damit $Span_{\mathcal{K}}(\mathcal{B}) = Bild(\varphi)$.

Zu (2): Wir betrachten eine Linearkombination von $\mathcal{B}$ und müssen zeigen, dass diese trivial sein muss (siehe Definition 15.2):

$$\gamma_1 w_1 + \ldots + \gamma_{n-d} w_{n-d} = 0 \tag{15.9}$$

Wir betrachten mit denselben Koeffizienten eine Linearkombination der Vektoren v_i in $\mathcal{A}$:

$$v = \gamma_1 v_1 + \ldots + \gamma_{n-d} v_{n-d} = 0 \tag{15.10}$$

Darauf wenden wir φ an und erhalten mit (15.9):

$$\varphi(v) = \gamma_1 w_1 + \ldots + \gamma_{n-d} w_{n-d} = 0$$

Es gilt also $v \in kern(\varphi)$, d.h. v kann mit der Basis von $kern(\varphi)$ dargestellt werden:

$$v = \alpha_1 u_1 + \ldots + \alpha_d u_d$$

Mit (15.10) folgt:

$$-\alpha_1 u_1 - \ldots - \alpha_d u_d + \gamma_1 v_1 + \ldots + \gamma_{n-d} v_{n-d} = 0$$

Da die Vektoren $u_1, \ldots, u_d, v_1, \ldots, v_{n-d}$ die Basis $\mathcal{A}$ von $\mathcal{V}$ bilden, müssen alle Koeffizienten α_i, $1 \leq i \leq d$, und γ_j, $1 \leq j \leq n-d$, gleich Null sein. Daraus folgt, dass die Linearkombination (15.9) trivial ist. Die Vektoren $w_1, \ldots, w_{n-d}$ sind also linear unabhängig.

Damit haben wir gezeigt, dass $\mathcal{B}$ eine Basis für $Bild(\varphi)$ ist. $\square$

Definition 15.10 Es seien V und W endlichdimensionale Vektorräume über dem Körper $\mathcal{K}$ sowie $\varphi : V \to W$ eine lineare Abbildung von V nach W. Dann heißt $dim(kern(\varphi))$ der *Defekt* oder die *Nullität* und $dim(Bild(\varphi))$ heißt der *Rang* von φ.

Satz 15.13 Sei $\mathcal{L}(V,W) = \{\varphi : V \to W \mid \varphi \text{ linear}\}$ die Menge der linearen Abbildungen des Vektorraums V auf den Vektorraum W. Für $\varphi, \psi \in \mathcal{L}(V,W)$ sei eine Verknüpfung $+$ („Addition") definiert durch: $\varphi + \psi : V \to W$ mit

$$(\varphi + \psi)(x) = \varphi(x) +_W \psi(x)$$

Dann bildet $(\mathcal{L}(V,W), +)$ eine abelsche Gruppe.

Beweis $\mathcal{L}(V,W)$ ist abgeschlossen gegenüber $+$, und $+$ ist offensichtlich assoziativ und kommutativ.

Die Abbildung $\mathcal{O} : V \to W$ definiert durch $\mathcal{O}(x) = 0_W$ für alle $x \in V$ heißt Nullabbildung. Für diese gilt

$$\varphi + \mathcal{O} = \varphi \text{ für alle } \varphi \in \mathcal{L}(V,W)$$

$\mathcal{O}$ ist also das Einselement in $\mathcal{L}(V,W)$.

Zu $\varphi \in \mathcal{L}(V,W)$ sei $(-\varphi)$ definiert durch: $(-\varphi)(x) = -\varphi(x)$. Es folgt für alle $\varphi \in \mathcal{L}(V,W)$: $(-\varphi) \in \mathcal{L}(V,W)$ sowie

$$\varphi + (-\varphi) = \mathcal{O} \text{ für alle } \varphi \in \mathcal{L}(V,W)$$

Zu jedem $\varphi \in \mathcal{L}(V,W)$ existiert also ein Inverses.

Insgesamt folgt: $(\mathcal{L}(V,W), +)$ bildet eine abelsche Gruppe. $\square$

Im folgenden Satz führen wir eine skalare Verknüpfung zwischen den Elementen eines Körpers $\mathcal{K}$ und den linearen Abbildungen zwischen zwei Vektorräumen V und W über $\mathcal{K}$ ein und zeigen, dass mit dieser Skalarverknüpfung die Menge $\mathcal{L}(V,W)$ der linearen Abbildungen von V nach W einen Vektorraum bildet.

Satz 15.14 V und W seien Vektorräume über dem Körper $\mathcal{K}$. Für $\alpha \in \mathcal{K}$ und $\varphi \in \mathcal{L}(V,W)$ sei $\alpha * \varphi : V \to W$ definiert durch

$$(\alpha * \varphi)(x) = \alpha *_W \varphi(x)$$

Dann gilt: $(\mathcal{L}(V,W), +)$ bildet mit dieser skalaren Verknüpfung $*$ einen Vektorraum über $\mathcal{K}$.

Beweis Im Satz 15.13 haben wir gezeigt, dass $\mathcal{L}(V,W)$ eine abelsche Gruppe bildet. Wir müssen also noch zeigen, dass die Axiome (15.1 – 4) der Definition 15.1 erfüllt sind:

(1) Es gilt $1 * \varphi = \varphi$ für jedes $\varphi \in \mathcal{L}(V,W)$, denn es ist

$$(1 * \varphi)(x) = 1 *_W \varphi(x) = \varphi(x)$$

(2) Es gilt $\alpha * (\varphi + \psi) = \alpha * \varphi + \alpha * \psi$ für alle $\alpha \in \mathcal{K}$ und $\varphi, \psi \in \mathcal{L}(\mathcal{V}, \mathcal{W})$, denn es ist

$$
\begin{aligned}
(\alpha * (\varphi + \psi))(x) &= \alpha *_W (\varphi + \psi)(x) \\
&= \alpha *_W (\varphi(x) +_W \psi(x)) \\
&= \alpha *_W \varphi(x) +_W \alpha *_W \psi(x) \\
&= (\alpha * \varphi)(x) +_W (\alpha * \psi)(x) \\
&= (\alpha * \varphi + \alpha * \psi)(x)
\end{aligned}
$$

(3) Es gilt $(\alpha + \beta) * \varphi = \alpha * \varphi + \beta * \varphi$ für alle $\alpha, \beta \in \mathcal{K}$ und $\varphi \in \mathcal{L}(\mathcal{V}, \mathcal{W})$, denn es ist

$$
\begin{aligned}
((\alpha +_\mathcal{K} \beta) * \varphi)(x) &= (\alpha +_\mathcal{K} \beta) *_W \varphi(x) \\
&= \alpha *_W \varphi(x) +_W \beta *_W \varphi(x) \\
&= (\alpha * \varphi)(x) +_W (\beta * \varphi)(x) \\
&= (\alpha * \varphi + \beta * \varphi)(x)
\end{aligned}
$$

(4) Es gilt $(\alpha \cdot \beta) * \varphi = \alpha * (\beta * \varphi)$ für alle $\alpha, \beta \in \mathcal{K}$ und $\varphi \in \mathcal{L}(\mathcal{V}, \mathcal{W})$, denn es ist

$$
\begin{aligned}
((\alpha \cdot \beta) * \varphi)(x) &= (\alpha \cdot \beta) *_W \varphi(x) \\
&= (\alpha *_W (\beta *_W \varphi(x))) \\
&= (\alpha *_W (\beta * \varphi)(x)) \\
&= (\alpha * (\beta * \varphi))(x) \qquad\qquad \square
\end{aligned}
$$

Satz 15.15 Seien $\mathcal{V} \neq \{0_V\}$ und $\mathcal{W}$ endlichdimensionale Vektorräume und $\mathcal{B}_V = \{v_1, \dots, v_m\}$ eine Basis von $\mathcal{V}$. Dann ist jede lineare Abbildung $\varphi \in \mathcal{L}(\mathcal{V}, \mathcal{W})$ eindeutig festgelegt durch: $w_i = \varphi(v_i)$, $1 \le i \le m$.

Beweis Jedes v ist eindeutig darstellbar: $v = \sum_{i=1,V}^{m} \alpha_i *_V v_i$. Damit gilt:

$$
\begin{aligned}
\varphi(v) &= \varphi \left(\sum_{i=1,V}^{m} \alpha_i *_V v_i) \right) \\
&= \sum_{i=1,W}^{m} \varphi(\alpha_i *_V v_i) \\
&= \sum_{i=1,W}^{m} \alpha_i *_W \varphi(v_i) \\
&= \sum_{i=1,W}^{m} \alpha_i *_W w_i
\end{aligned}
$$

Damit ist φ eindeutig durch die Werte $w_i = \varphi(v_i)$, $1 \le i \le m$, bestimmt. $\qquad \square$

15.5   Orthogonalräume

Definition 15.11 Sei V ein Vektorraum über dem Körper $\mathcal{K}$. Gilt für die Abbildung $\phi : V \times V \to \mathcal{K}$ die Beziehungen

$$\phi(\alpha * x +_V \beta * y, z) = \alpha \cdot \phi(x, z) +_\mathcal{K} \beta \cdot \phi(y, z)$$
$$\phi(x, \alpha * y +_V \beta * z) = \alpha \cdot \phi(x, y) +_\mathcal{K} \beta \cdot \phi(x, z)$$

für alle $x, y, z \in V$ und $\alpha, \beta \in \mathcal{K}$, dann heißt ϕ eine *Bilinearform*. Gilt zusätzlich $\phi(x, y) = \phi(y, x)$, dann heißt ϕ *symmetrische Bilinearform*.   □

Für die Elemente eines Vektorraums V kennen wir bisher nur eine Verknüpfung untereinander, nämlich die Addition $+_V$ von Vektoren. Wir führen nun auch eine multiplikative Verknüpfung zwischen Vektoren des Vektorraums $\mathcal{K}^n$ über dem Körper $\mathcal{K}$, das so genannte Skalarprodukt, ein. Wir werden sehen, dass das Skalarprodukt ein Beispiel für eine symmetrische Bilinearform ist.

Definition 15.12 Sei $\mathcal{K}$ ein ein Körper. Die Abbildung $\otimes : \mathcal{K}^n \times \mathcal{K}^n \to \mathcal{K}$ definiert durch

$$x \otimes y = \sum_{i=1}^{n} x_i y_i$$

mit $x = (x_1, \ldots, x_n)$ und $y = (y_1, \ldots, y_n)$ heißt *Skalarprodukt* oder auch *inneres Produkt* von x und y. Fasst man die Vektoren x und y als $n \times 1$-Matrizen über $\mathcal{K}$ (siehe Kapitel 16) auf, dann kann man das Skalarprodukt auch definieren durch

$$x \otimes y = x \cdot y^T$$

Wir werden im Folgenden, wenn dadurch keine Missverständnisse entstehen, die skalare Multiplikation $x \otimes y$ von zwei Vektoren x und y wie eine „gewöhnliche" Multiplikation mit $x \cdot y$ notieren.   □

Folgerung 15.6 Die skalare Multiplikation ist eine symmetrische Bilinearform.

Beweis Wir müssen gemäß Definition 15.11 zeigen, dass die Gleichungen

$$(\alpha \cdot x + \beta \cdot y) \otimes z = \alpha \cdot (x \otimes z) + \beta \cdot (y \otimes z) \qquad (15.11)$$

sowie

$$x \otimes (\alpha \cdot y + \beta \cdot z) = \alpha \cdot (x \otimes y) + \beta \cdot (x \otimes z) \qquad (15.12)$$

gelten.

Sei $x = (x_1, \ldots, x_n) \in \mathcal{K}^n$, $y = (y_1, \ldots, y_n) \in \mathcal{K}^n$ und $z = (z_1, \ldots, z_n) \in \mathcal{K}^n$, dann gilt

$$
\begin{aligned}
&(\alpha \cdot x + \beta \cdot y) \otimes z \\
&= (\alpha \cdot (x_1, \ldots, x_n) + \beta \cdot (y_1, \ldots, y_n)) \otimes (z_1, \ldots, z_n) \\
&= ((\alpha \cdot x_1, \ldots, \alpha \cdot x_n) + (\beta \cdot y_1, \ldots, \beta \cdot y_n)) \otimes (z_1, \ldots, z_n) \\
&= (\alpha \cdot x_1 + \beta \cdot y_1, \ldots, \alpha \cdot x_n + \beta \cdot y_n) \otimes (z_1, \ldots, z_n) \\
&= ((\alpha \cdot x_1 + \beta \cdot y_1) \cdot z_1, \ldots, (\alpha \cdot x_n + \beta \cdot y_n) \cdot z_n) \\
&= (\alpha \cdot x_1 \cdot z_1 + \beta \cdot y_1 \cdot z_1, \ldots, \alpha \cdot x_n \cdot z_n + \beta \cdot y_n \cdot z_n) \\
&= (\alpha \cdot x_1 \cdot z_1, \ldots, \alpha \cdot x_n \cdot z_n) + (\beta \cdot y_1 \cdot z_1, \ldots, \beta \cdot y_n \cdot z_n) \\
&= ((\alpha \cdot x_1, \ldots, \alpha \cdot x_n) \otimes (z_1, \ldots, z_n)) + ((\beta \cdot y_1, \ldots, \beta \cdot y_n) \otimes (z_1, \ldots, z_n)) \\
&= (\alpha \cdot (x_1, \ldots, x_n) \otimes (z_1, \ldots, z_n)) + (\beta \cdot (y_1, \ldots, y_n) \otimes (z_1, \ldots, z_n)) \\
&= \alpha \cdot (x \otimes z) + \beta \cdot (y \otimes z)
\end{aligned}
$$

womit die Gleichung (15.11) gezeigt ist. Gleichung (15.12) zeigt man analog. $\square$

Definition 15.13 Sei $\mathcal{K}$ ein Körper. Die Vektoren $x, y \in \mathcal{K}^n$, $n \in \mathbb{N}$, heißen *orthogonal*, falls $x \cdot y = 0$ gilt. Schreibweise: $x \perp y$. Gilt $x \perp x$ für den Vektor $x \in \mathcal{K}^n$, dann heißt x *selbstorthogonal*. $\square$

Beispiel 15.6 a) Es seien $x = (1, 2, 3)$ und $y = (8, 5, -6)$ Vektoren aus $\mathbb{R}^3$. Es gilt $(1, 2, 3) \perp (8, 5, -6)$, d. h. x und y sind orthogonal, denn es gilt

$$
x \cdot y = (1, 2, 3) \cdot \begin{pmatrix} 8 \\ 5 \\ -6 \end{pmatrix} = 1 \cdot 8 + 2 \cdot 5 + 3 \cdot -6 = 0
$$

b) Die Vektoren $x = (1, 0, 1)$ und $y = (0, 1, 0)$ aus $\mathbb{F}_2^3$ sind orthogonal, denn es gilt:

$$
x \cdot y = (1, 0, 1) \cdot \begin{pmatrix} 0 \\ 1 \\ 0 \end{pmatrix} = 1 \cdot 0 + 0 \cdot 1 + 1 \cdot 0 = 0
$$

c) Für den Vektor $x = (1, 0, 1) \in \mathbb{F}_2^3$ gilt:

$$
x \cdot x = (1, 0, 1) \cdot \begin{pmatrix} 1 \\ 0 \\ 1 \end{pmatrix} = 1 \cdot 1 + 0 \cdot 0 + 1 \cdot 1 = 0
$$

$x = (1, 1, 0)$ ist also selbstorthogonal (in $\mathbb{F}_2^3$). $\square$

Definition 15.14 Sei $\mathcal{K}$ ein Körper und $\mathcal{V}$ ein Unterraum von $\mathcal{K}^n$. Dann heißt die Menge

$$
\mathcal{V}^\perp = \{ x \in \mathcal{K}^n \mid x \perp y \text{ für alle } y \in \mathcal{V} \}
$$

der *Orthogonalraum* oder *Dualraum* zu $\mathcal{V}$. $\square$

Satz 15.16 Sei $\mathcal{K}$ ein Körper und $\mathcal{V}$ ein Unterraum von $\mathcal{K}^n$. Dann gilt:

a) $\mathcal{V}^\perp$ ist ein Unterraum von $\mathcal{K}^n$.

b) $dim(\mathcal{V}) + dim(\mathcal{V}^\perp) = dim(\mathcal{K}^n) = n$.

c) $(\mathcal{V}^\perp)^\perp = \mathcal{V}$.

d) $(\mathcal{K}^n)^\perp = \{0\}$.

Beweis a) Gemäß Satz 15.1 b) müssen wir zeigen, dass für alle $x, y \in \mathcal{V}^\perp$ und für alle $\alpha, \beta \in \mathcal{K}$ gilt: $\alpha x + \beta y \in \mathcal{V}^\perp$, d.h. dass $(\alpha x + \beta y) \cdot z = 0$ für alle $z \in \mathcal{V}$ gilt.

Sei also $x, y \in \mathcal{V}^\perp$ und $\alpha, \beta \in \mathcal{K}$. Dann gilt $x \perp z$ und $y \perp z$ für alle $z \in \mathcal{V}$, d.h. $x \cdot z = 0$ und $y \cdot z = 0$ für alle $z \in \mathcal{V}$. Daraus folgt:

$$(\alpha \cdot x + \beta \cdot y) \cdot z = (\alpha \cdot x) \cdot z + (\beta \cdot y) \cdot z = \alpha \cdot (x \cdot z) + \beta \cdot (y \cdot z) = \alpha \cdot 0 + \beta \cdot 0 = 0$$

Also ist $\alpha x + \beta y \in \mathcal{V}^\perp$, was zu zeigen war.

b) Der einfachste Beweis dieser Behauptung erfolgt mit dem Wissen aus Kapitel 16 über das Lösen von linearen Gleichungssystemen und dessen Zusammenhang zu Eigenschaften von Matrizen und deren Determinanten. Im Vorgriff darauf gilt: Sei $\{v_1, \ldots, v_k\}$ eine Basis von $\mathcal{V}$ mit $v_i = (v_{i1}, \ldots, v_{in})$, $1 \leq i \leq k$. Dann gilt, dass $\mathcal{V}^\perp$ die Lösungsmenge des homogenen Gleichungssystems

$$\begin{pmatrix} v_1 \\ \vdots \\ v_k \end{pmatrix} \cdot x^T = 0$$

ist. Für die Dimension von $V^\perp$ folgt mit Satz 16.9, da der Rang der Koeffizientenmatrix dieses Gleichungssystems k und nach Voraussetzung $dim(\mathcal{K}^n) = n$ ist:

$$dim(\mathcal{V}^\perp) = n - k = dim(\mathcal{K}^n) - dim(V)$$

woraus sofort die Behauptung folgt.

c) Folgt unmittelbar aus der Definition 15.14.

d) Wir betrachten die Basis $\{e_1, \ldots, e_n\}$ für $\mathcal{K}^n$ aus Beispiel 15.3 a). Dann gilt

$$y = (y_1, \ldots, y_n) \in (\mathcal{K}^n)^\perp \text{ genau dann, wenn } y \cdot e_i = 0,\ 1 \leq i \leq n$$

ist. Dies kann aber nur genau dann sein, wenn $y = 0$ ist, da die i-te Komponente von e_i für alle i ungleich 0 ist. $\qquad \square$

15.6 Übungen

15.1 Sei V ein Vektorraum und $\mathcal{U}_1$ und $\mathcal{U}_2$ Unterräume von V. Dann ist die *Summe* von $\mathcal{U}_1$ und $\mathcal{U}_2$ definiert durch:

$$\mathcal{U}_1 + \mathcal{U}_2 = \{\, a_1 + a_2 \mid a_1 \in \mathcal{U}_1,\, a_2 \in \mathcal{U}_2 \,\}$$

Beweisen Sie: Sind $\mathcal{U}_1$ und $\mathcal{U}_2$ Unterräume des Vektorraums V, dann sind

a) $\mathcal{U}_1 + \mathcal{U}_2$ sowie

b) $\mathcal{U}_1 \cap \mathcal{U}_2$

Unterräume von V.

15.2 Wir betrachten den Vektorraum $\mathbb{R}^2$ über $\mathbb{R}$. Bilden die folgenden Teilmengen $U_1, U_2 \subseteq \mathbb{R}^2$ Unterräume von $\mathbb{R}^2$?

$$U_1 = \{\, (x, y) \mid 3x - 4y = 0 \,\}$$
$$U_2 = \{\, (x, y) \mid x - 2y = 1 \,\}$$

Beweisen Sie Ihre Antworten.

15.3 Ist $U = \{\, (x, x, y) \mid x, y \in \mathbb{R} \,\}$ ein Unterraum von $\mathbb{R}^3$? Bestimmen Sie im gegebenen Fall eine Basis und die Dimension von U.

15.4 Bilden die Mengen

$$U_1 = \{\, (1, 0, 0), (1, 1, 0), (1, 1, 1) \,\}$$
$$U_2 = \{\, (2, -1, 2), (1, 0, -1), (2, 3, 1) \,\}$$

Basen von $\mathbb{R}^3$? Geben Sie im gegebenen Fall die Koordinaten des Vektors $(1, 2, 3) \in \mathbb{R}^3$ bezüglich U_1 bzw. bezüglich U_2 an.

15.5 Beweisen Sie Folgerung 15.4.

15.6 Sei $\varphi : \mathbb{R}^3 \to \mathbb{R}$ definiert durch: $\varphi(x, y, z) = x + y + z$. Ist φ eine lineare Abbildung? Falls ja, geben Sie Bildraum und Kern von φ an.

15.7 Die Abbildung $\varphi : \mathbb{R}^4 \to \mathbb{R}^2$ sei definiert durch

$$\varphi(a, b, c, d) = (a + b, c + d)$$

Zeigen Sie:

(1) φ ist eine lineare Abbildung von $\mathbb{R}^4$ nach $\mathbb{R}^2$.

(2) Bestimmen Sie *kern*(φ).

(3) Ist φ ein Isomorphismus?

15.8 Sei $\mathcal{K}$ ein Körper. Nach Folgerung 15.1 sind dann $\mathcal{K}^n$ und $\mathcal{K}\left[x\right]^{(n)}$ Vektorräume über $\mathcal{K}$. Zeigen Sie, dass die Abbildung $\varphi : \mathcal{K}^n \to \mathcal{K}\left[x\right]^{(n)}$ definiert durch

$$\varphi(a_0, a_1, \ldots, a_{n-1}) = a_0 + a_1 x + \ldots + a_{n-1} x^{n-1}$$

ein Vektorraumisomorphismus von $\mathcal{K}^n$ nach $\mathcal{K}\left[x\right]^{(n)}$ ist.

15.9 Es seien V und W zwei Vektorräume über dem Körper $\mathcal{K}$ mit $dim(V) = dim(W)$. Zeigen Sie, dass dann V und W isomorph sind.

15.10 Es seien V und W zwei Vektorräume über dem Körper $\mathcal{K}$ mit $dim(V) = dim(W)$, und φ sei eine lineare Abbildung von V nach W. Zeigen Sie, dass dann φ genau dann injektiv ist, wenn φ surjektiv ist.

15.11 Die Abbildung $\otimes : \mathbb{R}^3 \times \mathbb{R}^3 \to \mathbb{R}$ sei definiert durch

$$\begin{pmatrix} a \\ b \\ c \end{pmatrix} \otimes \begin{pmatrix} d \\ e \\ f \end{pmatrix} = ad + be - cf$$

Beweisen Sie: Die Operation $\otimes$ ist eine Bilinearform über $\mathbb{R}^3$.

Kapitel 16

Lineare Gleichungssysteme und Matrizen

16.1 Matrizen

Definition 16.1 Es sei $m, n \in \mathbb{N}$ und $\mathcal{K}$ ein Körper. Eine $(m \times n)$-*Matrix* A über $\mathcal{K}$ ist gegeben durch

$$A = (a_{i,j})_{\substack{1 \le i \le m \\ 1 \le j \le n}} = \begin{pmatrix} a_{1,1} & a_{1,2} & \cdots & a_{1,n} \\ a_{2,1} & a_{2,2} & \cdots & a_{2,n} \\ \vdots & \vdots & & \vdots \\ a_{m,1} & a_{m,2} & \cdots & a_{m,n} \end{pmatrix}$$

wobei $a_{i,j} \in \mathcal{K}$, $1 \le i \le m$, $1 \le j \le n$, ist.[1]

$a_{i*} = (a_{i1}, a_{i2}, \ldots, a_{in})$, $1 \le i \le m$, heißt die *i*-te *Zeile* oder *i*-ter *Zeilenvektor* sowie $a_{*j} = (a_{1j}, a_{2j}, \ldots, a_{mj})$, $1 \le j \le n$, die *j*-te *Spalte* oder *j*-ter *Spaltenvektor* von A.

Mit $\mathcal{M}_{mn}^{\mathcal{K}}$ bezeichnen wir die Menge aller $(m \times n)$-Matrizen über $\mathcal{K}$.

Zwei Matrizen $A, B \in \mathcal{M}_{mn}^{\mathcal{K}}$ sind *gleich*, falls $a_{ij} = b_{ij}$, $1 \le i \le m$, $1 \le j \le n$, gilt.

Gilt für eine Matrix A, dass $a_{ij} = 0$, $1 \le i \le m$, $1 \le j \le n$, dann heißt A *Nullmatrix* (Schreibweise: $A = 0_{mn}$ oder $A = 0$).

Die Elemente a_{ii} heißen *Diagonalelemente*. Eine Matrix heißt *Diagonalmatrix*, falls $a_{ij} = 0$ für alle $i \ne j$ ist, d.h. alle Elemete, die keine Diagonalelemente sind, sind gleich Null.

---

[1] Falls keine Missverständnisse möglich sind, schreiben wir anstelle von $a_{i,j}$ auch a_{ij} sowie anstelle von $A = (a_{ij})_{\substack{1 \le i \le m \\ 1 \le j \le n}}$ auch $A = (a_{ij})$.

Die Matrizen $A \in \mathcal{M}^{\mathcal{K}}_{mm}$ (anstelle von $\mathcal{M}^{\mathcal{K}}_{mm}$ schreiben wir auch $\mathcal{M}^{\mathcal{K}}_{m}$) heißen *quadratisch*.

Gilt für eine quadratische Matrix $A \in \mathcal{M}^{\mathcal{K}}_{m}$, dass $a_{ii} = 1, 1 \leq i \leq m$, und $a_{ij} = 0, 1 \leq i, j \leq m, i \neq j$, ist, dann heißt A *Einheitsmatrix* (Schreibweise: $A = E_m$ oder $A = E$).

Für $a \in \mathcal{K}^*$ und ein Paar von Indizes i, j mit $1 \leq i, j \leq m$ und $i \neq j$ sei $E_{ij}(a)$ die Matrix, die entsteht, wenn in der Einheitsmatrix das Element $a_{ij} = a$ anstelle $a_{ij} = 0$ gesetzt wird. Matrizen dieser Art heißen *Elementarmatrizen*.

Gilt für eine quadratische Matrix A, dass $a_{ij} = a_{ji}, 1 \leq i, j \leq m$, ist dann heißt A *symmetrisch*.

Sei $A \in \mathcal{M}^{\mathcal{K}}_{mn}$, dann heißt die Matrix $A^T \in \mathcal{M}^{\mathcal{K}}_{nm}$ definiert durch

$$a^{T}_{ij} = a_{ji}, 1 \leq i \leq m, 1 \leq j \leq n$$

die *Transponierte* von A. Transponieren bedeutet also quasi das Vertauschen von Zeilen und Spalten.   □

Folgerung 16.1 a) Für alle Matrizen $A \in \mathcal{M}^{\mathcal{K}}_{mn}$ gilt: $(A^T)^T = A$.

b) $A \in \mathcal{M}^{\mathcal{K}}_{mn}$ ist genau dann symmetrisch, falls $A = A^T$ ist.

c) Es seien $A, B \in \mathcal{M}^{\mathcal{K}}_{mn}$ und $\alpha \in K$. Für die Matrixtransposition gelten folgende Rechenregeln

$$(A + B)^T = A^T + B^T \tag{16.1}$$

$$(\alpha \cdot A)^T = \alpha \cdot A^T \tag{16.2}$$

Man kann $(m \times n)$-Matrizen über einem Körper $\mathcal{K}$ auch als Vektoren des Vektorraums $\mathcal{K}^{m+n}$ betrachten, indem man etwa alle Spalten oder alle Zeilen hintereinander auflistet. Die folgende Definition und die anschließende Folgerung sind uns – so gesehen – bereits aus dem vorigen Kapitel bekannt.

Definition 16.2 Es seien $A, B \in \mathcal{M}^{\mathcal{K}}_{mn}$ sowie $\alpha \in \mathcal{K}$. Dann ist

a) $C = A + B$ definiert durch $(c_{ij}) = (a_{ij} + b_{ij})$ die *Summe* von A und B;

b) $\alpha \cdot A$ definiert durch $(\alpha \cdot a_{ij})$ das *skalare Produkt* von α und A.   □

Folgerung 16.2 $\mathcal{M}^{\mathcal{K}}_{mn}$ bildet einen Vektorraum über $\mathcal{K}$.   □

Umgekehrt kann man einen Vektor $x \in \mathcal{K}^l$ – als Zeile betrachtet – auch als $(1 \times l)$-Matrix ansehen. x^T stellt dann diesen Vektor als $(l \times 1)$-Matrix, bestehend aus einer Spalte, dar. Diese Notation haben wir schon im Kapitel 15.5 beim Skalarprodukt von Vektoren benutzt. Wir verallgemeinern nun diese Definition auf Matrizen, indem wir ein Matrizenprodukt durch skalare Multiplikation der Zeilenvektoren der einen mit den Spaltenvektoren der anderen Matrix festlegen.

Definition 16.3 Es sei $A \in \mathcal{M}^K_{ml}$ sowie $B \in \mathcal{M}^K_{ln}$. Dann ist das *Produkt* $C = A \cdot B \in \mathcal{M}^K_{mn}$ definiert durch

$$c_{ij} = \sum_{k=1}^{l} a_{ik} \cdot b_{kj}, \ 1 \le i \le m, 1 \le j \le n \qquad \square$$

Unter Beachtung der Bemerkungen vor der Definition können wir die Multiplikation auch wie folgt festlegen (siehe Definition 15.12):

$$c_{ij} = a_{i*} \cdot b_{*j}, \ 1 \le i \le m, 1 \le j \le n$$

Folgerung 16.3 Sei $A \in \mathcal{M}^K_{mn}$, dann gilt $E_m \cdot A = A$ und $A \cdot E_n = A$, womit die Bezeichnung *Einheitsmatrix* für die Matrizen E_k, $k \ge 1$, gerechtfertigt ist. $\square$

Nach den bisherigen Darstellungen ist die Aussage des folgenden Satzes nicht überraschend und lässt sich leicht verifzieren.

Satz 16.1 $\mathcal{M}^K_m$ bildet mit den Operationen Matrizenaddition und Matrizenmultiplikation einen (im Allgemeinen nicht kommutativen) Ring mit Einselement. $\square$

Mit der Frage, ob es eine Menge von quadratischen Matrizen gibt, die sogar einen Körper bilden, d.h. insbesondere mit der Frage, ob es bezüglich der Multiplikation invertierbare Matrizen gibt, und wenn ja, wie diese beschaffen sind, beschäftigen wir uns am Ende dieses Kapitels.

Für Multiplikation und Transposition gilt die folgende Rechenregel (Fortsetzung von Folgerung 16.1):

$$(A \cdot B)^T = B^T \cdot A^T \qquad (16.3)$$

Durch geeignete Partitionierung lässt sich die Matrizenmultiplikation in speziellen Fällen vereinfachen. Sei A eine $(m \times l)$-Matrix und B eine $(l \times n)$-Matrix. Wir teilen diese in jeweils zwei Matrizen A_1 und A_2 bzw. B_1 und B_2 wie folgt auf:

$$A = (A_1 \mid A_2) \ \text{bzw.} \ B = \left(\frac{B_1}{B_2}\right)$$

Dabei habe A_1 p Spalten und B_1 p Zeilen, $1 \le p \le l$. Dann gilt:

$$A \cdot B = A_1 \cdot B_1 + A_2 \cdot B_2$$

Das entspricht quasi der skalaren Multiplikation zweier Vektoren.

Beispiel 16.1 Durch die Wahl der Beispielmatrizen wird klar, wann diese Art der Aufteilung bei der Multiplikation Vorteile (Effizienzgewinne) bringen kann.

$$\begin{pmatrix} 1 & 0 & 5 \\ 0 & 1 & 7 \end{pmatrix} \cdot \begin{pmatrix} 2 & 3 \\ 4 & 8 \\ 0 & 0 \end{pmatrix} = \begin{pmatrix} 1 & 0 \\ 0 & 1 \end{pmatrix} \cdot \begin{pmatrix} 2 & 3 \\ 4 & 8 \end{pmatrix} + \begin{pmatrix} 5 \\ 7 \end{pmatrix} \cdot (0 \ \ 0)$$

$$= \begin{pmatrix} 2 & 3 \\ 4 & 8 \end{pmatrix} \qquad \square$$

Diese blockweise Multiplikation kann sogar noch verallgemeinert werden, indem man die Matrizen A und B in weitere kompatible Blöcke einteilt:

$$A = \left(\begin{array}{c|c} A_1 & A_2 \\ \hline A_3 & A_4 \end{array} \right) \text{ bzw. } B = \left(\begin{array}{c|c} B_1 & B_2 \\ \hline B_3 & B_4 \end{array} \right)$$

Dann gilt:

$$A \cdot B = \left(\begin{array}{c|c} A_1 \cdot B_1 + A_2 \cdot B_3 & A_1 \cdot B_2 + A_2 \cdot B_4 \\ \hline A_3 \cdot B_1 + A_4 \cdot B_3 & A_3 \cdot B_2 + A_4 \cdot B_4 \end{array} \right)$$

Das entspricht quasi der Multiplikation zweier (2×2)-Matrizen, wenn man die Blöcke als Matrixelemente ansieht.

Beispiel 16.2

$$\left(\begin{array}{cc|c} 1 & 0 & 5 \\ \hline 0 & 1 & 7 \end{array} \right) \cdot \left(\begin{array}{cc|cc} 2 & 3 & 1 & 1 \\ 4 & 1 & 0 & 0 \\ \hline 0 & 1 & 1 & 0 \end{array} \right) = \left(\begin{array}{cc|cc} 2 & 8 & 6 & 1 \\ \hline 4 & 8 & 7 & 0 \end{array} \right)$$

$$= \left(\begin{array}{cccc} 2 & 8 & 6 & 1 \\ 4 & 8 & 7 & 0 \end{array} \right) \qquad \square$$

Rang einer Matrix und elementare Matrizenumformungen

Betrachtet man die Zeilen oder Spalten einer Matrix $A \in \mathcal{M}_{mn}^{\mathcal{K}}$ als Vektoren, so können diese untereinander linear unabhängig oder linear abhängig sein. Wir nennen die maximale Anzahl der linear unabhängigen Zeilen von A den *Zeilenrang* und entsprechend die Anzahl der unabhängigen Spalten den *Spaltenrang* von A. Der folgende Satz formuliert die zunächst überraschende Tatsache, dass Zeilen- und Spaltenrang für jede Matrix identisch sind.

Satz 16.2 Für jede Matrix $A \in \mathcal{M}_{mn}^{\mathcal{K}}$ gilt, dass ihr Zeilen- und ihr Spaltenrang gleich sind.

Beweis Wir wollen eine Zeile bzw. eine Spalte von A *überflüssig* nennen, wenn sie als Linearkombination der anderen Zeilen bzw. Spalten dargestellt werden kann. Wir werden zeigen, dass die Entfernung einer überflüssigen Spalte den Zeilenrang nicht ändert. Analog kann man zeigen, dass das Entfernen einer überflüssigen Zeile den Spaltenrang nicht ändert. Entfernt man alle überflüssigen Zeilen und Spalten, ändert sich also weder der Zeilen- noch der Spaltenrang der Ausgangsmatrix. Wenn nach dem Entfernen aller überflüssigen Zeilen und Spalten eine quadratische Matrix übrig bleibt, dann folgt die Behauptung des Satzes, dass Zeilen- und Spaltenrang einer Matrix identisch sind.

Wir zeigen also zunächst, dass das Entfernen einer überflüssigen Spalte den Zeilenrang nicht ändert. Dazu nehmen wir an, dass die letzte Spalte

$$a_{*n} = (a_{1n}, \ldots, a_{mn})$$

linear abhängig von den anderen Spalten sei (kann durch Vertauschen von Spalten, was den Spaltenrang nicht ändert, immer erreicht werden). Es gelte also

$$a_{*n} = \sum_{j=1}^{n-1} \alpha_j a_{*j}$$

und damit

$$(a_{1n}, \ldots, a_{mn}) = \sum_{j=1}^{n-1} \alpha_j (a_{1j}, \ldots, a_{mj})$$

Für die i-te Komponente a_{in}, $1 \leq i \leq m$, von a_{*n} gilt dann:

$$a_{in} = \sum_{j=1}^{n-1} \alpha_j a_{ij}$$

Wir betrachten nun eine Linearkombination der Zeilen

$$a_{i*} = (a_{i1}, \ldots, a_{in}), 1 \leq i \leq m$$

die Null ergibt:

$$0 = \sum_{i=1}^{m} \beta_i a_{i*} = \sum_{i=1}^{m} \beta_i (a_{i1}, \ldots, a_{in}) \tag{16.4}$$

Wir streichen in allen Zeilen a_{i*} die letzte Komponente und erhalten

$$a'_{i*} = (a_{i1}, \ldots, a_{in-1}), 1 \leq i \leq m$$

d.h. wir streichen insgesamt gesehen die letzte Spalte a_{*n}, dann bleibt die Linearkombination (16.4) nach wie vor Null:

$$0 = \sum_{i=1}^{m} \beta_i a'_{i*} = \sum_{i=1}^{m} \beta_i (a_{i1}, \ldots, a_{in-1})$$

Wir betrachten nun die Umkehrung, d.h. wir gehen jetzt von einer Linearkombination der Zeilen ohne die letzte Spalte aus, d.h. von

$$0 = \sum_{i=1}^{m} \beta_i a'_{i*} = \sum_{i=1}^{m} \beta_i (a_{i1}, \ldots, a_{in-1}) \tag{16.5}$$

und zeigen, dass dann auch die Linearkombination der kompletten Zeilen gleich Null, d.h. dass

$$0 = \sum_{i=1}^{m} \beta_i (a_{i1}, \ldots, a_{in}) = \sum_{i=1}^{m} \beta_i a_{i*} \tag{16.6}$$

ist. Aus (16.5) folgt

$$0 = \sum_{i=1}^{m} \beta_i a_{ij} \text{ für } 1 \leq j \leq n-1 \tag{16.7}$$

Da gemäß dieser Voraussetzung (16.7) für $1 \leq j \leq n-1$ die Gleichung (16.6) schon gilt, muss noch

$$\sum_{i=1}^{m} \beta_i a_{in} = 0 \tag{16.8}$$

gezeigt werden. Dann ist nämlich auch die Linearkombination (16.6) aller Zeilen a_{i*} gleich Null. Dazu betrachten wir wieder den Fall, dass die letzte Komponente von a_{i*} Linearkombination der anderen Komponenten ist, d.h. es ist

$$a_{in} = \sum_{j=1}^{n-1} \gamma_j a_{ij}, \, 1 \leq i \leq m \tag{16.9}$$

Dann gilt mit (16.9) und (16.7):

$$\sum_{i=1}^{m} \beta_i a_{in} = \sum_{i=1}^{m} \beta_i \sum_{j=1}^{n-1} \gamma_j a_{ij} = \sum_{j=1}^{n-1} \gamma_j \sum_{i=1}^{m} \beta_i a_{ij} = \sum_{j=1}^{n-1} \gamma_j \cdot 0 = 0$$

womit (16.8) gezeigt ist.

Bis hierher haben wir gezeigt, dass das Weglassen einer überflüssigen Spalte den Zeilenrang nicht ändert, und der Spaltenrang wird natürlich dadurch auch nicht verändert. Analoges gilt für das Weglassen von überflüssigen Zeilen. Werden nun alle überflüssigen Zeilen und Spalten sukzessive beseitigt, erhalten wir eine Matrix B, für die gilt: Der Spaltenrang von B ist gleich dem Spaltenrang von A, der Zeilenrang von B ist gleich dem Zeilenrang von A, der Spaltenrang von B ist gleich der Anzahl der Spalten von B, und der Zeilenrang von B ist gleich der Anzahl der Zeilen von B. Des Weiteren gilt, dass B quadratisch ist, womit die Behauptung gezeigt ist. Wäre B nicht quadratisch, also etwa die Anzahl Zeilen von B größer als die Anzahl der Spalten. Dann folgt (siehe Folgerung 15.4), dass die Zeilen nicht linear unabhängig sind, d.h. es gibt noch überflüssige Zeilen. Dies ist ein Widerspruch dazu, dass wir alle überflüssigen Zeilen beseitigt haben. Mit analoger Argumentation gilt, dass die Anzahl der Spalten von B nicht größer als die Anzahl der Zeilen sein kann.   □

Definition 16.4 Die maximale Anzahl linear unabhängiger Zeilenvektoren (Spaltenvektoren) einer Matrix $A \in \mathcal{M}_{mn}^K$ heißt der *Rang* von A, dieser wird mit *rang(A)* bezeichnet. □

Wir legen nun einige Matrizenumformungen fest. Diese spielen später bei der Lösung von Gleichungssystemen eine wichtige Rolle.

Definition 16.5 Es sei $A \in \mathcal{M}_{mn}^K$. Wir definieren *elementare Matrizenumformungen* $row_{s,t}$, $column_{p,q}$, $row_{s=+t}$, $column_{p=+q}$, $row_{s=*\alpha}$, $column_{p=*\alpha}$, $row_{s=+\alpha t}$ und $column_{p=+\alpha q}$ mit $1 \leq s, t \leq m$, $1 \leq p, q \leq n$, $\alpha \in K$, $\alpha \neq 0$, wie folgt:

(1) Vertauschen der Zeilen s und t:

$$row_{s,t}(A) = A'$$

mit $a'_{sj} = a_{tj}$, $a'_{tj} = a_{sj}$, $a'_{ij} = a_{ij}$ für $i \neq s$ und $i \neq t$.

(2) Vertauschen der Spalten p und q:

$$column_{p,q}(A) = A'$$

mit $a'_{ip} = a_{iq}$, $a'_{iq} = a_{ip}$, $a'_{ij} = a_{ij}$ für $j \neq p$ und $j \neq q$.

(3) Multiplikation der Zeile s mit dem Faktor α:

$$row_{s=*\alpha}(A) = A'$$

mit $a'_{sj} = \alpha \cdot a_{sj}$.

(4) Multiplikation der Spalte p mit dem Faktor α:

$$column_{p=*\alpha}(A) = A'$$

mit $a'_{ip} = \alpha \cdot a_{ip}$.

(5) Addition des α-fachen der Zeile t zur Zeile s:

$$row_{s=+\alpha t}(A) = A'$$

mit $a'_{sj} = a_{sj} + \alpha a_{tj}$.

(6) Addition des α-fachen der Spalte q zur Spalte p:

$$column_{p=+\alpha q}(A) = A'$$

mit $a'_{ip} = a_{ip} + \alpha a_{iq}$. □

Folgerung 16.4 Die Operationen (5) und (6) können auch mithilfe von Elementarmatrizen ausgedrückt werden. So gilt z.B.:

$$row_{s=+\alpha t}(A) = E_{st}(\alpha) \cdot A$$

□

Definition 16.6 Zwei Matrizen $A, B \in \mathcal{M}_{mn}^{\mathcal{K}}$ heißen äquivalent, falls es endlich viele elementare Matrizenumformungen op_k, $1 \le k \le l, l \ge 0$, gibt, so dass

$$B = op_l(op_{l-1}(\dots op_1(A) \dots))$$

gilt. Schreibweise: $A \equiv B$. $\qquad\qquad\qquad\qquad\qquad\qquad\qquad\qquad\qquad\square$

Der folgende Satz besagt, dass die Anwendung elementarer Umformungen auf eine Matrix deren Rang nicht ändert. Bei den Tauschoperationen (1) und (2) ist das offensichtlich, und da bei den anderen Operationen Zeilen- bzw. Spaltenvektoren linear miteinander verknüpft werden, kann man überlegen, dass die lineare Unabhängigkeit oder die lineare Abhängigkeit der Zeilen- bzw. der Spaltenvektoren insgesamt dadurch nicht verändert werden.

Satz 16.3 Sind $A, B \in \mathcal{M}_{mn}^{\mathcal{K}}$ Matrizen mit $A \equiv B$, dann ist

$$rang(A) = rang(B) \qquad\qquad\qquad\qquad\qquad\qquad\square$$

Satz 16.4 Jede Matrix $A \in \mathcal{M}_{mn}^{\mathcal{K}}$ mit $rang(A) = r$ ist äquivalent zur Matrix

$$E_{m,n} = \begin{pmatrix} E_r & 0_{r,n-r} \\ 0_{m-r,r} & 0_{m-r,n-r} \end{pmatrix}$$
$$\qquad\qquad\qquad\qquad\qquad\qquad\qquad\qquad\qquad\square$$

Dieser Satz ist Grundlage für ein Verfahren, den Rang, d.h. die Anzahl der linear unabhängigen Zeilenvektoren bzw. die Anzahl der linear unabhängigen Spaltenvektoren einer Matrix $A \in \mathcal{M}_{mn}^{\mathcal{K}}$ zu bestimmen: Wende auf A (zielgerichtet) so lange elementare Matrizenumformungen an, bis $E_{m,n}$ erreicht ist.

16.2   Lineare Gleichungssysteme

Definition 16.7 Es sei $m, n \in \mathbb{N}$. Ein System $g_{mn}(x)$ von m *linearen Gleichungen* mit n Unbekannten $x_1, \dots, x_n$ über einem Körper $\mathcal{K}$ ist gegeben durch:

$$
\begin{array}{ccccccccc}
a_{11}x_1 & + & a_{12}x_2 & + & \dots & + & a_{1n}x_n & = & b_1 \\
a_{21}x_1 & + & a_{22}x_2 & + & \dots & + & a_{2n}x_n & = & b_2 \\
\vdots & & \vdots & & \vdots & & \vdots & & \vdots \\
a_{m1}x_1 & + & a_{m2}x_2 & + & \dots & + & a_{mn}x_n & = & b_m
\end{array}
$$

Dabei heißen die $a_{ij}, b_i \in \mathcal{K}$, $1 \le i \le m$, $1 \le j \le n$, *Koeffizienten* des Gleichungssystems, $b = (b_1, \dots, b_m) \in \mathcal{K}^m$ heißt auch *Ergebnisvektor* von $g_{mn}(x)$.

Ist $b_i = 0$, $1 \le i \le m$, dann heißt $g_{mn}(x)$ *homogen*, sonst *inhomogen*.

Für $x = (x_1, \dots, x_n)$ sei $\mathcal{GL}_{mn}^{\mathcal{K}}[x]$ die Menge aller $(m \times n)$-*Gleichungssysteme* über dem Körper $\mathcal{K}$.

Die Matrix

$$A = (a_{ij})_{\substack{1 \le i \le m \\ 1 \le j \le n}} = \begin{pmatrix} a_{11} & a_{12} & \cdots & a_{1n} \\ a_{21} & a_{22} & \cdots & a_{2n} \\ \vdots & \vdots & \vdots & \vdots \\ a_{m1} & a_{m2} & \cdots & a_{mn} \end{pmatrix}$$

heißt *Koeffizientenmatrix* von $g_{mn}(x)$, und die Matrix

$$(A, b) = \begin{pmatrix} a_{11} & a_{12} & \cdots & a_{1n} & b_1 \\ a_{21} & a_{22} & \cdots & a_{2n} & b_2 \\ \vdots & \vdots & \vdots & \vdots & \vdots \\ a_{m1} & a_{m2} & \cdots & a_{mn} & b_m \end{pmatrix}$$

heißt *erweiterte Koeffizientenmatrix* von $g_{mn}(x)$. $\qquad\square$

Wenn wir $b = (b_1, \ldots, b_m) \in \mathcal{K}^m$ und $x = (x_1, \ldots, x_n)$ als $(m \times 1)$- bzw. als $(n \times 1)$-Matrizen auffassen, lässt sich ein $(m \times n)$-Gleichungssystem $g_{mn}(x)$ auch als Matrizenprodukt darstellen:

$$A \cdot x^T = b^T$$

Da es sich bei x und b um Vektoren und nicht um „echte Matrizen" handelt, schreibt man in der Regel allerdings:

$$A \cdot x = b$$

Das heißt: $g_{mn}(x)$ ist durch die Koeffizientenmatrix A und den Ergebnisvektor b eindeutig bestimmt, weshalb wir anstelle von $g_{mn}(x)$ oder $A \cdot x = b$ auch $(A, b)_{mn}$ schreiben können, und falls auf die Angabe von m und n verzichtet werden kann, schreiben wir (A, b) anstelle von $(A, b)_{mn}$.

Definition 16.8 Ein lineares Gleichungssystem (A, b) über dem Körper $\mathcal{K}$ heißt *lösbar*, falls es einen Vektor $r = (r_1, \ldots, r_n) \in \mathcal{K}^n$ gibt, so dass $A \cdot r = b$ gilt. r heißt *Lösung* von (A, b) in $\mathcal{K}$.

Die Menge

$$L(A, b) = \{\, r \in \mathcal{K}^n \mid A \cdot r = b \,\}$$

aller Lösungen von (A, b) in $\mathcal{K}$ heißt *Lösungsmenge* von (A, b) in $\mathcal{K}$. Gibt es keine Lösung, d.h. ist $L(A, b) = \emptyset$, dann heißt (A, b) *nicht lösbar* in $\mathcal{K}$.

Zwei Gleichungssysteme (A_1, b_1) und (A_2, b_2) heißen *äquivalent* genau dann, wenn sie die selben Lösungen besitzen, d.h. wenn $L(A_1, b_1) = L(A_2, b_2)$ gilt. Schreibweise: $(A_1, b_1) \equiv (A_2, b_2)$. $\qquad\square$

Folgerung 16.5 Jedes homogene Gleichungssystem $(A, 0)$ ist lösbar.

Beweis Es gilt $0 = (0, \ldots, 0) \in L(A, 0)$, da $A \cdot 0 = 0$ ist. $\qquad\square$

Satz 16.5 Sind $r, r_1, r_2 \in L(A, 0)$, dann gilt $r_1 + r_2 \in L(A, 0)$ sowie $\alpha \cdot r \in L(A, 0)$ für alle $\alpha \in \mathcal{K}$.

Beweis Da r, r_1, r_2 Lösungen von $(A, 0)$ sind, gilt

$$A \cdot r_1 = 0, \ A \cdot r_2 = 0 \text{ und } A \cdot r = 0$$

Daraus folgt

$$A \cdot (r_1 + r_2) = A \cdot r_1 + A \cdot r_2 = 0 + 0 = 0$$

d.h. $r_1 + r_2$ ist Lösung von $(A, 0)$, sowie

$$A \cdot (\alpha \cdot r) = \alpha \cdot (A \cdot r) = \alpha \cdot 0 = 0$$

d.h. $\alpha \cdot r$ ist Lösung von $(A, 0)$. $\square$

Folgerung 16.6 $L(A, 0)$ ist ein Vektorraum über $\mathcal{K}$, genauer ein Unterraum von $\mathcal{K}^n$. $\square$

Definition 16.9 Es sei $(A, b) \in \mathcal{GL}_{mn}^{\mathcal{K}}[x]$. Wir definieren die Transformationen $row_{s,t}$, $column_{p,q}$, $row_{s=+t}$ und $row_{s=*\alpha}$ mit $1 \leq s, t \leq m$, $1 \leq p, q \leq n$, $\alpha \in K$, $\alpha \neq 0$, wie folgt (siehe auch Definition 16.5):

(1) $row_{s,t}(A, b) = (A', b')$ mit $a'_{sj} = a_{tj}$, $a'_{tj} = a_{sj}$, $a'_{ij} = a_{ij}$ für $i \neq s$ und $i \neq t$, sowie $b'_s = b_t$, $b'_t = b_s$ und $b'_i = b_i$ für $i \neq s$ und $i \neq t$ (Vertauschen von Gleichungen, d.h. Vertauschen von Zeilen von (A, b)).

(2) $column_{p,q}(A, b) = (A', b')$ mit $a'_{ip} = a_{iq}$, $a'_{iq} = a_{ip}$, $a'_{ij} = a_{ij}$ für $j \neq p$ und $j \neq q$ (Umnummerieren von Unbekannten, d.h. Vertauschen von Spalten von (A, b)).

(3) $row_{s=+\alpha t}(A, b) = (A', b')$ mit $a'_{sj} = a_{sj} + \alpha a_{tj}$, sowie $b'_s = b_s + \alpha \cdot b_t$ (Addition des Vielfachen einer Gleichung zu einer anderen, d.h. Addition eines Vielfachen einer Zeile zu einer anderen in (A, b)).

(4) $row_{s=*\alpha}(A, b) = (A', b')$ mit $a'_{sj} = \alpha \cdot a_{sj}$, sowie $b'_s = \alpha \cdot b_s$ (Multiplikation einer Gleichung mit einem Faktor, d.h. Multiplikation einer Zeile von (A, b) mit einem Faktor). $\square$

Die Anwendung dieser Transformationen auf ein Gleichungssystem lässt dessen Lösungsraum unverändert.

Satz 16.6 Es sei $(A, b) \in \mathcal{GL}_{mn}^{\mathcal{K}}[x]$ sowie $1 \leq s, t \leq m$, $1 \leq p, q \leq n$. Dann gilt

$$(A, b) \equiv row_{s,t}(A, b) \equiv column_{p,q}(A, b) \equiv row_{s=+t}(A, b) \equiv row_{s=*\alpha}(A, b)$$
$\square$

Aus diesem Grund können wir diese Transformationen verwenden, um die Lösungsmenge eines Gleichungssystems zu bestimmen.

Satz 16.7 Jedes Gleichungssystem $(A, b) \in \mathcal{GL}^{\mathcal{K}}_{mn}[x]$ lässt sich durch endliche Anwendung obiger Transformationen in ein äquivalentes Gleichungssystem der Art

$$
\begin{pmatrix}
1 & 0 & \cdots & 0 & a'_{1,r+1} & \cdots & a'_{1,n} & b'_1 \\
0 & 1 & \cdots & 0 & a'_{2,r+1} & \cdots & a'_{2,n} & b'_2 \\
\vdots & \vdots & \vdots & \vdots & \vdots & & \vdots & \vdots \\
0 & 0 & \cdots & 1 & a'_{r,r+1} & \cdots & a'_{r,n} & b'_r \\
0 & 0 & \cdots & 0 & 0 & \cdots & 0 & b'_{r+1} \\
\vdots & \vdots & \vdots & \vdots & \vdots & & \vdots & \vdots \\
0 & 0 & \cdots & 0 & 0 & \cdots & 0 & b'_m
\end{pmatrix}
$$

umformen.[2] □

Dieser Satz ist Grundlage für ein Verfahren zur Lösung linearer Gleichungssysteme, dem *Gauss[3]-Jordan[4]-Verfahren*:

(1) Wende auf ein Gleichungssystem $(A, b) \in \mathcal{GL}^{\mathcal{K}}_{mn}[x]$ die obigen Transformationen (zielgerichtet) so lange an, bis es die Form wie im Satz 16.7 hat.

(2) Ist eines der $b_i \neq 0$ für $i \geq r + 1$, dann besitzt (A, b) keine Lösung.

(3) Ist $r = n$, dann hat das Gleichungssystem die Form (genauer: dann ist das Gleichungssystem äquivalent zum Gleichungssystem):

$$
\begin{aligned}
x_1 & & &= b_1 \\
& x_2 & &= b_2 \\
& & \cdots & \quad \vdots \quad \vdots \\
& & x_n &= b_n
\end{aligned}
$$

Hieraus ergibt sich die eindeutige Lösung $r = (b_1, \ldots, b_n)$.

(4) Ist $r < n$, dann ergibt sich eine mehrdeutige Lösung, d.h. es gibt unendlich viele Lösungen: Man wählt die $n - r$ Unbekannten $x_{r+k} = \lambda_k$, $1 \leq k \leq n - r$.

Die Lösungen für x_k, $1 \leq k \leq r$, ergeben sich dann durch:

$$
x_k = b_k - a_{k,r+1}\lambda_1 - a_{k,r+2}\lambda_2 - \ldots - a_{k,n}\lambda_{n-r}
$$

Wählt man konkrete $\lambda_k \in \mathcal{K}$, spricht man von einer *speziellen Lösung*.

---

[2] Im Folgenden lassen wir der besseren Lesbarkeit wegen die Striche (Apostrophe) weg.

[3] Carl Friedrich Gauss (1777 - 1855), deutscher Astronom und Physiker, zählt nach wie vor zu den größten Mathematikern aller Zeiten, der in allen drei Gebieten vielseitig tätig war und fundamentale Beiträge lieferte, wobei er bei vielen seiner Erkenntnisse deren praktische Anwendungsmöglichkeiten im Auge hatte.

[4] Camille Jordan (1838 - 1922), französischer Ingenieur und Mathematiker lieferte Beiträge zu fast allen Gebieten der Mathematik.

Aus dem Verfahren lassen sich folgende Sätze ableiten.

Satz 16.8 a) Das Gleichungssystem $(A, b) \in \mathcal{GL}^{\mathcal{K}}_{mn}[x]$ ist genau dann lösbar, wenn $rang(A) = rang(A, b)$ ist.

b) Gilt $rang(A) = n$, dann besitzt (A, b) eine eindeutig bestimmte Lösung.   □

Satz 16.9 Ist $rang(A) = rg$, dann ist $dim(L(A, 0)) = n - rg$.   □

Satz 16.10 Jede Lösung eines Gleichungssystems (A, b) ist Summe einer speziellen Lösung und einer Lösung des zugehörigen homogen Systems $(A, 0)$.   □

Beispiel 16.3 a) Das Gleichungssystem

$$
\begin{array}{rcrcrcr}
x_1 & & & - & x_3 & = & 5 \\
& & x_2 & + & x_3 & = & 0 \\
3x_1 & & & - & 3x_3 & = & 10
\end{array}
$$

ist ein Element aus $\mathcal{GL}^{\mathbb{R}}_{3,3}$. Es hat die erweiterte Koeffizientenmatrix

$$
(A, b) = \left(\begin{array}{ccc|c}
1 & 0 & -1 & 5 \\
0 & 1 & 1 & 0 \\
3 & 0 & -3 & 10
\end{array} \right)
$$

Transformation mit $row_{1=*-3}$, $row_{3=+1}$ und $row_{1=*-\frac{1}{3}}$ führt zur äquivalenten Matrix

$$
\left(\begin{array}{ccc|c}
1 & 0 & -1 & 5 \\
0 & 1 & 1 & 0 \\
0 & 0 & 0 & -5
\end{array} \right)
$$

Es ist $rang(A) = 2 \neq 3 = rang(A, b)$. Das Gleichungssystem ist also nicht lösbar.

b) Das Gleichungssystem

$$
\begin{array}{rcrcrcr}
x_1 & + & 2x_2 & + & 3x_3 & = & 14 \\
2x_1 & + & 3x_2 & + & x_3 & = & 11 \\
5x_1 & - & x_2 & + & 2x_3 & = & 9
\end{array}
$$

ist ein Element aus $\mathcal{GL}^{\mathbb{R}}_{3,3}$. Es hat die erweiterte Koeffizientenmatrix

$$
(A, b) = \left(\begin{array}{ccc|c}
1 & 2 & 3 & 14 \\
2 & 3 & 1 & 11 \\
5 & -1 & 2 & 9
\end{array} \right)
$$

Transformationen führen zu den äquivalenten Matrizen

$$
\left(\begin{array}{ccc|c}
1 & 2 & 3 & 14 \\
0 & -1 & -5 & -17 \\
0 & -11 & -13 & -61
\end{array} \right)
\equiv
\left(\begin{array}{ccc|c}
1 & 2 & 3 & 14 \\
0 & 1 & 5 & 17 \\
0 & -11 & -13 & -61
\end{array} \right)
$$

$$
\equiv
\left(\begin{array}{ccc|c}
1 & 2 & 3 & 14 \\
0 & 1 & 5 & 17 \\
0 & 0 & 42 & 126
\end{array} \right)
$$

Es ist $rang(A) = rang(A, b) = n = 3$. Hieraus folgt, dass das Gleichungssystem eindeutig lösbar ist. Weitere Transformationen ergeben:

$$\begin{pmatrix} 1 & 2 & 3 & | & 14 \\ 0 & 1 & 5 & | & 17 \\ 0 & 0 & 42 & | & 126 \end{pmatrix} \equiv \begin{pmatrix} 1 & 2 & 3 & | & 14 \\ 0 & 1 & 5 & | & 17 \\ 0 & 0 & 1 & | & 3 \end{pmatrix} \equiv \begin{pmatrix} 1 & 2 & 3 & | & 14 \\ 0 & 1 & 0 & | & 2 \\ 0 & 0 & 1 & | & 3 \end{pmatrix}$$

$$\equiv \begin{pmatrix} 1 & 2 & 0 & | & 5 \\ 0 & 1 & 0 & | & 2 \\ 0 & 0 & 1 & | & 3 \end{pmatrix} \equiv \begin{pmatrix} 1 & 0 & 0 & | & 1 \\ 0 & 1 & 0 & | & 2 \\ 0 & 0 & 1 & | & 3 \end{pmatrix}$$

Hieraus ist die eindeutige Lösung $r = (1, 2, 3)$ sofort ablesbar.

c) Das Gleichungssystem

$$\begin{array}{rcrcrcrcl} x_1 & & & + & x_4 & + & 2x_5 & = & 1 \\ & 2x_2 & & + & 2x_4 & + & 3x_5 & = & 1 \\ & & x_3 & + & 2x_4 & + & 3x_5 & = & 1 \\ 3x_1 & & & + & 3x_4 & + & 6x_5 & = & 3 \end{array}$$

ist ein Element von $\mathcal{GL}_{4,5}^{\mathbb{R}}$. Es hat die erweiterte Koeffizientenmatrix

$$(A, b) = \begin{pmatrix} 1 & 0 & 0 & 1 & 2 & | & 1 \\ 0 & 2 & 0 & 2 & 3 & | & 1 \\ 0 & 0 & 1 & 2 & 3 & | & 1 \\ 3 & 0 & 0 & 3 & 6 & | & 3 \end{pmatrix}$$

Transformationen führen zu den äquivalenten Matrizen

$$\begin{pmatrix} 1 & 0 & 0 & 1 & 2 & | & 1 \\ 0 & 1 & 0 & 1 & \frac{3}{2} & | & \frac{1}{2} \\ 0 & 0 & 1 & 2 & 3 & | & 1 \\ 3 & 0 & 0 & 3 & 6 & | & 3 \end{pmatrix} \equiv \begin{pmatrix} 1 & 0 & 0 & 1 & 2 & | & 1 \\ 0 & 1 & 0 & 1 & \frac{3}{2} & | & \frac{1}{2} \\ 0 & 0 & 1 & 2 & 3 & | & 1 \\ 0 & 0 & 0 & 0 & 0 & | & 0 \end{pmatrix}$$

Es ist $rang(A) = rang(A, b) = 3 < 5 = n$. Das Gleichungssystem ist also lösbar, aber nicht eindeutig.

Wir wählen $n - rang(A) = 5 - 3 = 2$ Lösungen $x_4 = \lambda_1$ und $x_5 = \lambda_2$ und erhalten damit die allgemeinen Lösungen:

$$\begin{array}{rcrcrcr} x_1 & = & 1 & - & \lambda_1 & - & 2\lambda_2 \\ x_2 & = & \frac{1}{2} & - & \lambda_1 & - & \frac{3}{2}\lambda_2 \\ x_3 & = & 1 & - & 2\lambda_1 & - & 3\lambda_2 \\ x_4 & = & & & \lambda_1 & & \\ x_5 & = & & & & & \lambda_2 \end{array}$$

Als Lösungsvektor geschrieben:

$$x = (1 - \lambda_1 - 2\lambda_2, \frac{1}{2} - \lambda_1 - \frac{3}{2}\lambda_2, 1 - 2\lambda_1 - 3\lambda_2, \lambda_1, \lambda_2)$$

Wir fassen nun die Konstaten der Komponenten von x sowie die Koeffizienten von λ_1 und die Koeffizienten von λ_2 der Komponenten von x jeweils zu Vektoren r, r_1 bzw. r_2 zusammen und erhalten:

$$r = (1, \frac{1}{2}, 1, 0, 0)$$

$$r_1 = (-1, -1, -2, 1, 0)$$

$$r_2 = (-2, -\frac{1}{2}, -3, 0, 1)$$

Damit lässt sich die Lösungsmenge des Gleichungssystems wie folgt schreiben:

$$L(A, b) = \{\, x \mid x = r + \lambda_1 \cdot r_1 + \lambda_2 \cdot r_2, \, \lambda_1, \lambda_2 \in \mathbb{R} \,\} \qquad (16.10)$$

Dabei ist r eine spezielle Lösung (für $\lambda_1 = \lambda_2 = 0$) des inhomogenen Systems (A, b), und $\lambda_1 \cdot r_1 + \lambda_2 \cdot r_2$ ist Lösungsmenge des homogenen Systems $(A, 0)$:

$$L(A, 0) = \{\, x \mid x = \lambda_1 \cdot r_1 + \lambda_2 \cdot r_2, \, \lambda_1, \lambda_2 \in \mathbb{R} \,\}$$

Es ist: $dim(L(A, 0)) = n - rang(A) = 5 - 3 = 2$. r_1 und r_2 sind Basisvektoren von $L(A, 0)$. $\qquad\qquad\qquad\qquad\qquad\qquad\qquad\qquad\qquad\qquad\qquad\qquad$ $\square$

Die Erkenntnisse in den letzten Sätzen hätten wir auch bereits aus Kenntnissen über lineare Abbildungen in Kapitel 15.4 herleiten können. Ist nämlich $A \in \mathcal{M}_{mn}^{\mathcal{K}}$ eine $(m \times n)$-Matrix über dem Körper $\mathcal{K}$, dann ist die Funktion $F_A : \mathcal{K}^n \to \mathcal{K}^m$ definiert durch

$$y = F_A(x) = A \cdot x$$

eine lineare Abbildung vom Vektorraum $\mathcal{K}^n$ in den Vektorraum $\mathcal{K}^m$, denn es gilt:

$$\begin{aligned} F_A(\alpha_1 x_1 + \alpha_2 x_2) &= A \cdot (\alpha_1 x_1 + \alpha_2 x_2) \\ &= \alpha_1 \cdot A \cdot x_1 + \alpha_2 \cdot A \cdot x_2 \\ &= \alpha_1 \cdot F_A(x_1) + \alpha_2 \cdot F_A(x_2) \end{aligned}$$

Für den Kern von F_A gilt

$$kern(F_A) = \{\, x \in \mathcal{K}^n \mid F_A(x) = 0 \,\} = \{\, x \in \mathcal{K}^n \mid A \cdot x = 0 \,\} = L(A, 0)$$

Das heißt: Der Kern von F_A ist der Lösungsraum des homogenen linearen Gleichungssystems $A \cdot x = 0$.

Des Weiteren gilt:

$$\begin{aligned} Bild(F_A) &= \{\, b \in \mathcal{K}^m \mid \text{es existiert } x \in \mathcal{K}^n \text{ mit } F_A(x) = b \,\} \\ &= \{\, b \in \mathcal{K}^m \mid \text{es existiert } x \in \mathcal{K}^n \text{ mit } A \cdot x = b \,\} \end{aligned}$$

Aus Satz 15.12 wissen wir, dass dann, wenn die Dimension des Bildraums einer linearen Abbildung rg ist, die Dimension des Kerns $n - rg$ ist. rg heißt dort der

Rang der linearen Abbildung. Dieser stimmt – im Nachhinein nicht anders als zu erwarten – mit dem Rang des durch die Matrix bestimmten Gleichungssystems überein.

Ist $b \in Bild(F_A)$, d.h. $A \cdot x = b$ hat mindestens eine Lösung $x = r$, dann ergibt sich die Menge aller Lösungen als additive Nebenklasse (siehe auch Beispiel 16.3 c), Gleichung (16.10))

$$L(A, b) = r + L(A, 0)$$

16.3 Determinanten

Definition 16.10 Sei $A \in \mathcal{M}_m^K$, $m \geq 2$, dann ist die Matrix $A_{ij} \in \mathcal{M}_{m-1}^K$, $1 \leq i, j \leq m$, definiert durch

$$A_{ij} = \begin{pmatrix} a_{11} & \cdots & a_{1j-1} & a_{1j+1} & \cdots & a_{1m} \\ \vdots & \vdots & \vdots & \vdots & \vdots & \vdots \\ a_{i-11} & \cdots & a_{i-1j-1} & a_{i-1j+1} & \cdots & a_{i-1m} \\ a_{i+11} & \cdots & a_{i+1j-1} & a_{i+1j+1} & \cdots & a_{i+1m} \\ \vdots & \vdots & \vdots & \vdots & \vdots & \vdots \\ a_{m1} & \cdots & a_{mj-1} & a_{mj+1} & \cdots & a_{mm} \end{pmatrix}$$

A_{ij} entsteht also aus A durch Streichen der i-ten Zeile und der j-ten Spalte. □

Definition 16.11 Es sei $A \in \mathcal{M}_{11}^K$, dann ist $det(A) = a_{11}$. Ist $A \in \mathcal{M}_m^K$ mit $m \geq 2$, dann ist

$$det(A) = a_{11} \cdot det(A_{11}) - a_{12} \cdot det(A_{12}) + \ldots + (-1)^{1+m} \cdot a_{1m} \cdot det(A_{1n})$$

$$= \sum_{j=1}^{m} (-1)^{1+j} \cdot a_{1j} \cdot det(A_{1j})$$

$det(A)$ heißt *m-reihige Determinante* von A.

Weitere Schreibweisen:

$$det(A) = det(a_{ij}) = |A| = \begin{vmatrix} a_{11} & a_{12} & \cdots & a_{1m} \\ \vdots & \vdots & \vdots & \vdots \\ a_{m1} & a_{m2} & \cdots & a_{mm} \end{vmatrix}$$

□

Folgerung 16.7 Für $A \in \mathcal{M}_2^K$ gilt

$$\begin{vmatrix} a_{11} & a_{12} \\ a_{21} & a_{22} \end{vmatrix} = a_{11}a_{22} - a_{12}a_{21}$$

□

Beispiel 16.4 a) Für $A \in \mathcal{M}_3^K$ gilt:

$$det(A) = \begin{vmatrix} a_{11} & a_{12} & a_{13} \\ a_{21} & a_{22} & a_{23} \\ a_{31} & a_{32} & a_{33} \end{vmatrix}$$

$$= a_{11} \begin{vmatrix} a_{22} & a_{23} \\ a_{32} & a_{33} \end{vmatrix} - a_{12} \begin{vmatrix} a_{21} & a_{23} \\ a_{31} & a_{33} \end{vmatrix} + a_{13} \begin{vmatrix} a_{21} & a_{22} \\ a_{31} & a_{32} \end{vmatrix}$$

$$= a_{11}(a_{22}a_{33} - a_{23}a_{32}) - a_{12}(a_{21}a_{33} - a_{23}a_{31})$$
$$+ a_{13}(a_{21}a_{32} - a_{22}a_{31})$$

$$= a_{11}a_{22}a_{33} - a_{11}a_{23}a_{32} - a_{12}a_{21}a_{33} + a_{12}a_{23}a_{31}$$
$$+ a_{13}a_{21}a_{32} - a_{13}a_{22}a_{31}$$

Diese Berechnung der Determinante geschieht durch „Entwicklung nach der ersten Zeile".

b) Die Entwicklung nach der zweiten Spalte führt zum selben Ergebnis:

$$det(A) = \begin{vmatrix} a_{11} & a_{12} & a_{13} \\ a_{21} & a_{22} & a_{23} \\ a_{31} & a_{32} & a_{33} \end{vmatrix}$$

$$= -a_{12} \begin{vmatrix} a_{21} & a_{23} \\ a_{31} & a_{33} \end{vmatrix} + a_{22} \begin{vmatrix} a_{11} & a_{13} \\ a_{31} & a_{33} \end{vmatrix} - a_{32} \begin{vmatrix} a_{11} & a_{13} \\ a_{21} & a_{23} \end{vmatrix}$$

$$= -a_{12}(a_{21}a_{33} - a_{23}a_{31}) + a_{22}(a_{11}a_{33} - a_{13}a_{31})$$
$$- a_{32}(a_{11}a_{23} - a_{13}a_{21})$$

$$= -a_{12}a_{21}a_{33} + a_{12}a_{23}a_{31} + a_{22}a_{11}a_{33} - a_{22}a_{13}a_{31}$$
$$- a_{32}a_{11}a_{23} + a_{32}a_{13}a_{21}$$

$$= a_{11}a_{22}a_{33} - a_{11}a_{23}a_{32} - a_{12}a_{21}a_{33} + a_{12}a_{23}a_{31}$$
$$+ a_{13}a_{21}a_{32} - a_{13}a_{22}a_{31}$$

c) Entwicklung nach der ersten Zeile:

$$\begin{vmatrix} 1 & 2 & 3 \\ 4 & 5 & 6 \\ 7 & 8 & 9 \end{vmatrix} = 1 \begin{vmatrix} 5 & 6 \\ 8 & 9 \end{vmatrix} - 2 \begin{vmatrix} 4 & 6 \\ 7 & 9 \end{vmatrix} + 3 \begin{vmatrix} 4 & 5 \\ 7 & 8 \end{vmatrix} = -3 - 2 \cdot -6 + 3 \cdot -3 = 0$$

d) Die Entwicklung nach der zweiten Spalte führt zum selben Ergebnis:

$$\begin{vmatrix} 1 & 2 & 3 \\ 4 & 5 & 6 \\ 7 & 8 & 9 \end{vmatrix} = -2 \begin{vmatrix} 4 & 6 \\ 7 & 9 \end{vmatrix} + 5 \begin{vmatrix} 1 & 3 \\ 7 & 9 \end{vmatrix} - 8 \begin{vmatrix} 1 & 3 \\ 4 & 6 \end{vmatrix}$$

$$= -2 \cdot -6 + 5 \cdot -12 - 8 \cdot -6$$
$$= 0 \qquad\qquad\qquad\qquad\qquad \square$$

Der folgende Satz, der etwa durch Induktion über die Anzahl der Zeilen oder die Anzahl der Spalten bewiesen werden kann, bestätigt die Vermutung, die man nach diesem Beispiel haben kann: Die Determinante einer Matrix ist unabhängig davon, nach welcher Zeile oder nach welcher Spalte sie entwickelt wird.

Satz 16.11 (Entwicklungssatz) Für jede Matrix $A \in \mathcal{M}_m^K$ gilt für $1 \leq k, l \leq m$:

$$det(A) = \sum_{j=1}^{m} (-1)^{k+j} \cdot a_{kj} \cdot det(A_{kj})$$

$$= \sum_{i=1}^{m} (-1)^{i+l} \cdot a_{il} \cdot det(A_{il}) \qquad \square$$

Der folgende Satz gibt Hilfen für die Berechnung von Determinanten.

Satz 16.12 Sei $A \in \mathcal{M}_m^K$ sowie $1 \leq p, q, s, t \leq m$ und $\alpha \in \mathcal{K}^*$. Es gilt:

a) Ist eine Zeile oder eine Spalte von A gleich Null, dann ist die Determinante gleich Null, d.h. ist $a_{pj} = 0$, $1 \leq j \leq m$, oder $a_{iq} = 0$, $1 \leq i \leq m$, dann gilt $det(A) = 0$.

b) Die Determinante einer Matrix ist gleich der Determinante ihrer Transponierten: $det(A) = det(A^T)$.

c) Wird eine Zeile oder eine Spalte mit einem Skalar multipliziert, verändert sich auch die Determinante um diesen Faktor:

$$det(row_{s=*\alpha}(A)) = det(column_{t=*\alpha}(A)) = \alpha \cdot det(A)$$

d) Gilt $a_{sj} = b_{sj} + c_{sj}$, $1 \leq j \leq m$, und ist B eine Matrix mit $b_{ij} = a_{ij}$ für $i \neq s$, und C eine Matrix mit $c_{ij} = a_{ij}$ für $i \neq s$, dann gilt: $det(A) = det(B) + det(C)$.

Für Spalten gilt die analoge Aussage.

e) Hat A zwei identische benachbarte Zeilen, dann ist ihre Determinante gleich Null: Gilt $a_{sj} = a_{s+1j}$, $1 \leq j \leq m$, dann gilt $det(A) = 0$.

Für Spalten gilt die analoge Aussage.

f) Wird zu einer Zeile (Spalte) das α-fache einer Nachbarzeile (-spalte) addiert, dann ändert sich der Wert der Determinante nicht:

$$det(row_{s=+\alpha(s+1)}(A)) = det(column_{q=+\alpha(q+1)}(A)) = det(A)$$

g) Werden zwei benachbarte Zeilen (Spalten) von A vertauscht, dann wird die Determinante negativ: $det(A) = -det(row_{s,s+1}(A)) = -det(column_{p,p+1}(A))$.

Beweis a) Die Behauptung wird einsichtig, wenn man die Determinante nach der p-ten Zeile bzw. nach der q-ten Spalte entwickelt.

b) Folgt sofort aus dem Entwicklungssatz.

c) Folgt sofort mit dem Entwicklungssatz, wenn man nach der Transformation nach der Zeile s bzw. nach der Spalte t entwickelt.

d) Folgt sofort aus dem Entwicklungssatz, wenn man die Determinante nach der Zeile s entwickelt.

e) Wenn die Zeilen s und $s + 1$ identisch sind, dann sind auch die Matrizen A_{sj} und A_{s+1j} für $1 \leq j \leq m$ jeweils gleich. Die Entwicklung der Determinante von A nach der s-ten Zeile ergibt also

$$det(A) = \sum_{j=1}^{m} (-1)^{s+j} \cdot a_{sj} \cdot det(A_{sj}) \tag{16.11}$$

und die Entwicklung nach der $s + 1$-ten Zeile

$$det(A) = \sum_{j=1}^{m} (-1)^{s+1+j} \cdot a_{s+1j} \cdot det(A_{s+1j}) \tag{16.12}$$

Nach Voraussetzung ist $a_{s+1j} = a_{sj}$ und $det(A_{s+1j}) = det(A_{sj})$, und außerdem ist $(-1)^{s+1+j} = -(-1)^{s+j}$. Durch Einsetzen dieser Identitäten in (16.12) erhalten wir:

$$det(A) = -\sum_{j=1}^{m} (-1)^{s+j} \cdot a_{sj} \cdot det(A_{sj}) \tag{16.13}$$

Aus (16.11) und (16.13) folgt dann $det(A) = -det(A)$ und daraus die Behauptung $det(A) = 0$.

f) Wir teilen die Matrix $B = row_{s=+\alpha(s+1)}(A)$ in zwei Matrizen B_1 und B_2 auf: B_1 ist gleich der Matrix A. B_2 ist ebenfalls identisch zu A bis auf die Zeile s, hier steht das α-fache der Zeile $(s + 1)$ von A. Gemäß d) gilt: $det(B) = det(B_1) + det(B_2)$. B_2 enthält – bis auf den Faktor α in der Zeile s – zwei identische Zeilen (Zeile s und Zeile $s + 1$ sind gleich der Zeile $s + 1$ von A), gemäß e) gilt also $det(B_2) = 0$. Da die Matrizen B_1 und A identisch sind, folgt insgesamt $det(A) = det(B) = det(row_{s=+\alpha(s+1)}(A))$.

g) Die Vertauschung $row_{s,s+1}(A)$ kann erreicht werden durch

$$row_{s,s+1}(A) = \tag{16.14}$$
$$row_{(s+1)=*-1}(row_{s=+(s+1)}(row_{(s+1)=-s}(row_{s=+(s+1)}(A))))$$

Es gilt wegen f)

$$det(row_{s=+(s+1)}(row_{(s+1)=-s}(row_{s=+(s+1)}(A)))) = det(A)$$

sowie wegen c)

$$det(row_{(s+1)=*-1}(row_{s=+(s+1)}(row_{(s+1)=-s}(row_{s=+(s+1)}(A))))) = -det(A)$$

Aus diesen beiden Gleichungen folgt mit der Gleichung (16.14) unmittelbar die Behauptung. □

Folgerung 16.8 a) Addiert man zu einer Zeile (Spalte) das Vielfache einer anderen Zeile (Spalte), so ändert sich der Wert der Determinante dadurch nicht (Verallgemeinerung der Aussage f) im Satz 16.12).

b) Vertauscht man zwei verschiedene Zeilen (Spalten), so wird die Determinante negativ. (Verallgemeinerung der Aussage g) im Satz 16.12).

c) Sind zwei Zeilen (Spalten) einer Matrix identisch, dann ist ihre Determinante gleich Null (Verallgemeinerung der Aussage e) im im Satz 16.12).

d) Sind die Zeilen (Spalten) einer Matrix linear abhängig, dann hat ihre Determinante den Wert Null.

e) Addiert man zu einer Zeile (Spalte) einer Matrix eine Linearkombination anderer Zeilen (Spalten), dann ändert sich der Wert ihrer Determinante nicht. □

Beispiel 16.5 Im Beispiel 16.4 c) und d) sind die Zeilen linear abhängig: die erste Zeile ergibt sich durch Subtraktion der dritten vom Doppelten der zweiten. Gemäß Folgerung 16.8 d) muss die Determinante gleich Null sein, was wir im Beispiel 16.4 schon ausgerechnet hatten. □

Satz 16.13 Jede Matrix $A \in \mathcal{M}_m^K$ kann durch endlich viele Anwendungen der Operationen $row_{s,t}$, $column_{s,t}$, $row_{s=+\alpha t}$ und $column_{s=+\alpha t}$ in eine Matrix B transformiert werden, für die gilt:

(1) $b_{ij} = 0$ für $i > j$,

(2) $det(B) = \prod_{i=1}^{m} b_{ii}$ sowie

(3) $det(A) = (-1)^k det(B)$, falls bei der Transformation von A in B die Tauschoperationen $row_{s,t}$ und $column_{s,t}$ insgesamt k-mal ausgeführt wurden. □

Folgerung 16.9 Die Determinanten von Einheits- und Elementarmatrizen sind gleich Eins:

a) $det(E) = 1$.

b) $det(E_{ij}(a)) = 1$. □

Beispiel 16.6 Es gilt

$$\begin{vmatrix} 1 & 2 & 1 \\ 1 & 2 & 3 \\ 2 & 3 & 1 \end{vmatrix} = 1 \cdot (2 \cdot 1 - 3 \cdot 3) - 2 \cdot (1 \cdot 1 - 2 \cdot 3) + 1 \cdot (1 \cdot 3 - 2 \cdot 2) = 2$$

berechnet mithilfe der Entwicklung nach der ersten Zeile. Die Berechnung mit Satz 16.13 liefert:

$$\begin{vmatrix} 1 & 2 & 1 \\ 1 & 2 & 3 \\ 2 & 3 & 1 \end{vmatrix} = \begin{vmatrix} 1 & 2 & 1 \\ 0 & 0 & 2 \\ 2 & 3 & 1 \end{vmatrix} = \begin{vmatrix} 1 & 2 & 1 \\ 0 & 0 & 2 \\ 0 & -1 & -1 \end{vmatrix}$$

$$= - \begin{vmatrix} 1 & 2 & 1 \\ 0 & -1 & -1 \\ 0 & 0 & 2 \end{vmatrix} = -(1 \cdot -1 \cdot 2) = 2$$

$\square$

Der folgende Satz bzw. die darauf folgende Folgerung bringt Matrizen, lineare Gleichungssysteme und Determinanten in Bezug.

Satz 16.14 Sei $A \in \mathcal{M}_m^{\mathcal{K}}$. Folgende Aussagen sind äquivalent:

(1) Die Zeilenvektoren (Spaltenvektoren) von A sind linear unabhängig.

(2) $rang(A) = m$.

(3) $det(A) \neq 0$. $\hspace{4cm}\square$

Folgerung 16.10 Sei $(A, b) \in \mathcal{GL}_m^{\mathcal{K}}$. Folgende Aussagen sind äquivalent:

(1) $det(A) = 0$.

(2) $rang(A) = rang(A, b) < m$.

(3) $(A, 0)$ besitzt nicht nur die triviale Lösung.

(4) Falls (A, b) lösbar ist, dann ist die Lösung mehrdeutig. $\hspace{2cm}\square$

Der folgende Satz, *Cramersche Regel* genannt, gibt die Grundlage für ein Verfahren zur Lösung von Gleichungssystemen mit m Gleichungen und m Unbekannten mithilfe von Determinanten an. Im Allgemeinen ist die Anwendung dieses Verfahrens allerdings ineffizienter als andere Verfahren. Für spezielle Fälle oder für allgemeine Betrachtungen kann die Cramersche Regel hilfreich sein (siehe folgendes Kapitel).

Satz 16.15 (Cramersche Regel)[5] Es sei $(A, b) \in \mathcal{GL}_m^{\mathcal{K}}$ eindeutig lösbar (also $det(A) \neq 0$), und die Matrizen $B_j \in \mathcal{M}_m^{\mathcal{K}}$ seien definiert durch $b_{it} = a_{it}$ für $1 \leq i, t \leq m$ sowie $t \neq j$ sowie $b_{ij} = b_j$.[6] Der eindeutige Lösungsvektor $r = (r_1, \ldots, r_m)$ von (A, b) ist dann gegeben durch:

$$r_j = \frac{det(B_j)}{det(A)}, \ 1 \leq j \leq m$$

$\square$

---

[5]Gabriel Cramer (1704 - 1752), schweizerischer Mathematiker, mit 20 Jahren Professor für Mathematik und Philosophie, beschäftigte sich unter anderem mit algebraischen Kurven und Lösungsverfahren für lineare Gleichungssysteme.

[6]B_j entsteht aus A, indem man in A die j-te Spalte durch b ersetzt.

16.4 Invertierbare Matrizen

Zum Abschluss dieses Teils über Lineare Algebra beschäftigen wir uns mit der im Anschluss von Satz 16.1 gestellten Frage nach der Existenz bezüglich der Multiplikation invertierbarer Matrizen.

Definition 16.12 Wir nennen eine Matrix $A \in \mathcal{M}_m^{\mathcal{K}}$ *regulär* genau dann, wenn $det(A) \neq 0$ ist. Wir bezeichnen mit $\mathcal{GL}_m(\mathcal{K})$ die Menge der regulären Matrizen über dem Körper $\mathcal{K}$.[7] □

Aus Satz 16.14 und Folgerung 16.10 folgt unmittelbar

Folgerung 16.11 Ist $A \in \mathcal{GL}_m(\mathcal{K})$ und ist $b \in \mathcal{K}^m$, dann ist das Gleichungssystem $(A, b) \in \mathcal{GL}_m^{\mathcal{K}}$ eindeutig lösbar. □

Wir verallgemeinern nun ein lineares Gleichungssystem $A \cdot x = b$ mit dem Unbekannten-Vektor $x = (x_1, \ldots, x_n)$ und dem Konstanten-Vektor $b = (b_1, \ldots, b_m)$ zu einem linearen Matrizen-Gleichungssystem $A \cdot X = B$ mit $A, B \in \mathcal{M}_m^{\mathcal{K}}$ sowie mit der Unbekannten-Matrix $X = (x_{ij})_{1 \leq i,j \leq m}$.

Als Verallgemeinerung von Folgerung 16.11 gilt dann der folgende Satz:

Satz 16.16 Die Matrizengleichung $A \cdot X = B$ besitzt für $A \in \mathcal{GL}_m(\mathcal{K})$ eine eindeutige Lösung $X = R \in \mathcal{GL}_m(\mathcal{K})$. □

Beispiel 16.7 Wir wollen die Lösung der Matrizengleichung

$$\begin{pmatrix} -1 & 2 \\ 3 & 2 \end{pmatrix} \cdot X = \begin{pmatrix} -1 & 2 \\ 3 & 2 \end{pmatrix} \cdot \begin{pmatrix} x_{11} & x_{12} \\ x_{21} & x_{22} \end{pmatrix} = \begin{pmatrix} 4 & 5 \\ -2 & 1 \end{pmatrix}$$

berechnen. Dies erledigen wir „spaltenweise" durch Lösen der beiden linearen Gleichungssysteme

$$\begin{pmatrix} -1 & 2 \\ 3 & 2 \end{pmatrix} \cdot \begin{pmatrix} x_{11} \\ x_{21} \end{pmatrix} = \begin{pmatrix} 4 \\ -2 \end{pmatrix} \text{ und } \begin{pmatrix} -1 & 2 \\ 3 & 2 \end{pmatrix} \cdot \begin{pmatrix} x_{12} \\ x_{22} \end{pmatrix} = \begin{pmatrix} 5 \\ 1 \end{pmatrix}$$

Diese beiden Systeme lassen sich simultan mit dem Gauss-Jordan-Verfahren lösen:

-1	2	4	5
3	2	-2	1
1	-2	-4	-5
0	8	10	16
1	0	$-\frac{3}{2}$	-1
0	1	$\frac{5}{4}$	2

---

[7]Der Grund für die Bezeichnung der regulären $(m \times m)$-Matrizen über dem Körper $\mathcal{K}$ mit $\mathcal{GL}_m(\mathcal{K})$ wird am Ende des Kapitels erläutert.

Daraus ergibt sich die Lösung

$$X = \begin{pmatrix} -\frac{3}{2} & -1 \\ \frac{5}{4} & 2 \end{pmatrix}$$

□

Mit Satz 16.16 und Folgerung 16.3 gilt

Folgerung 16.12 a) Für $A \in \mathcal{GL}_m(\mathcal{K})$ besitzt die Matrizengleichung $A \cdot X = A$ genau eine Lösung: $X = E_m$.

b) Für alle regulären Matrizen $A \in \mathcal{GL}_m(\mathcal{K})$ gilt: $A \cdot E_m = E_m \cdot A = A$.   □

Definition 16.13 Es sei $A \in \mathcal{GL}_m(\mathcal{K})$ eine reguläre Matrix. Die eindeutige Lösung der Gleichung $A \cdot X = E$ heißt die zu A *inverse Matrix*. Diese wird mit A^{-1} bezeichnet.   □

Beispiel 16.8 a) Wir berechnen mit dem „simultanen Gauss-Jordan-Verfahren" die Inverse zur regulären Matrix

$$A = \begin{pmatrix} 1 & 0 & 1 \\ 2 & -2 & 0 \\ -3 & 2 & 2 \end{pmatrix} \in \mathcal{GL}_3(\mathbb{R})$$

1	0	1	1	0	0
2	-1	0	0	1	0
-3	2	2	0	0	1
1	0	1	1	0	0
0	-1	-2	-2	1	0
0	2	5	3	0	1
1	0	1	1	0	0
0	1	2	2	-1	0
0	0	1	-1	2	1
1	0	0	2	-2	-1
0	1	0	4	-5	-2
0	0	1	-1	2	1

Es ist also:

$$A^{-1} = \begin{pmatrix} 2 & -2 & -1 \\ 4 & -5 & -2 \\ -1 & 2 & 1 \end{pmatrix}$$

b) Wir berechnen allgemein für reguläre (2×2)-Matrizen über einem Körper $\mathcal{K}$ das Inverse. Die allgemeine Gestalt von $A \in \mathcal{GL}_2(\mathcal{K})$ ist

$$A = \begin{pmatrix} a & b \\ c & d \end{pmatrix} \text{ und es gilt } det(A) = ad - bc \neq 0$$

Wir suchen die Matrix

$$A^{-1} = \begin{pmatrix} e & f \\ g & h \end{pmatrix}$$

so dass $A \cdot A^{-1} = E_2$ gilt. Wir berechnen die unbekannte Matrix $X = A^{-1}$ mithilfe zweimaliger, simultaner Anwendung der Cramerschen Regel (Satz 16.15). Dabei entspricht der Konstantenvektor b einmal der ersten Spalte sowie einmal der zweiten Spalte der Einheitsmatrix E_2. Damit ergibt sich für den ersten Fall

$$B_1^1 = \begin{pmatrix} 1 & b \\ 0 & d \end{pmatrix} \quad \text{und} \quad B_2^1 = \begin{pmatrix} a & 1 \\ c & 0 \end{pmatrix}$$

sowie für den zweiten Fall

$$B_1^2 = \begin{pmatrix} 0 & b \\ 1 & d \end{pmatrix} \quad \text{und} \quad B_2^2 = \begin{pmatrix} a & 0 \\ c & 1 \end{pmatrix}$$

Der obere Index bei diesen Matrizen kennzeichnet den Fall, der untere ergibt sich aus der Cramerschen Regel und gibt an, welche Spalte von A durch den Konstantenvektor ersetzt wird.

Wir müssen nun die Determinanten bestimmen:

$$det(B_1^1) = d$$
$$det(B_2^1) = -c$$
$$det(B_1^2) = -b$$
$$det(B_2^2) = a$$

Außerdem ist $det(A) = ad - bc$.

Mit der Cramerschen Regel ergeben sich jetzt die Elemente von A^{-1} wie folgt:

$$e = \frac{d}{ad - bc}$$
$$g = \frac{-c}{ad - bc}$$
$$f = \frac{-b}{ad - bc}$$
$$h = \frac{a}{ad - bc}$$

Als Inverse von A ergibt sich also

$$A^{-1} = \frac{1}{ad - bc} \begin{pmatrix} d & -b \\ -c & a \end{pmatrix} = \frac{1}{det(A)} \begin{pmatrix} d & -b \\ -c & a \end{pmatrix}$$

$\square$

Folgerung 16.13 Für $A \in \mathcal{GL}_m(\mathcal{K})$ gilt:

a) $A \cdot A^{-1} = A^{-1} \cdot A = E$.

b) $(A^{-1})^T = (A^T)^{-1}$.

c) Für die Elementarmatrizen gilt: $(E_{ij}(a))^{-1} = E_{ij}(-a)$.

Beweis a) Wir betrachten die Gleichung $Y \cdot A = E$. Durch Rechtsmultiplikation mit A^{-1} folgt $Y = E \cdot A^{-1} = A^{-1}$. Damit gilt die Behauptung.

b) Es gilt (siehe Gleichung (16.3)):

$$A^T \cdot (A^{-1})^T = (A^{-1} \cdot A)^T = E^T = E$$

Hieraus folgt $(A^{-1})^T = (A^T)^{-1}$.

c) Durch Nachrechnen verifiziert man $E_{ij}(a) \cdot E_{ij}(-a) = E$, woraus die Behauptung folgt. □

Satz 16.17 Zu jeder Matrix $A \in \mathcal{GL}_m(\mathcal{K})$ gibt es ein Produkt B von Elementarmatrizen sowie eine Diagonalmatrix D mit $det(D) = det(A)$ und $A = B \cdot D$. Die Matrix D kann dabei so gewählt werden, dass $d_{ii} = 1$ für $1 \leq i \leq m - 1$ und $d_{mm} = det(A)$ ist.

Beweis Da $det(A) \neq 0$ ist, steht in jeder Spalte von A mindestens ein Element ungleich Null. Wir konstruieren jetzt schrittweise aus A die Diagonalmatrix D und verwenden dabei Folgerung 16.4:

```
//Initialisierung
C := A
//für jede Spalte
for i := 1 to m
  //für jede Zeile
  for i := 1 to m
    //falls Zeilenanfang Null
    if aᵢᵢ = 0 then
      //addiere eine Zeile k, in der das erste
      //Element a_ki ungleich Null ist,
      //zur Zeile i
      C := E_ki(1)·C
    endif
    //mache die Elemente a_li, i+1≤l≤m, in der
    //Spalte unter a_ii zu Null, indem die Zeile
    //i von den Zeilen i+1,...,m subtrahiert wird
    for l := i+1 to m do
      C := E_li(a_li/a_ii)·C
    endfor
  endfor
endfor
```

Wegen Folgerungen 16.4 und 16.9 gilt $det(C) = det(A)$, und wegen Satz 16.13 gilt $det(C) = \prod_{i=1}^{m} c_{ii}$. Wir setzen nun

$$d_{ii} = \frac{1}{c_{ii}} \cdot c_{ii} = 1 \text{ für } 1 \leq i \leq m - 1 \text{ sowie } d_{mm} = det(C) = det(A)$$

dann gilt wegen Satz 16.13 bzw. wegen Satz 16.12 c):

$$det(D) = \prod_{i=1}^{m} d_{ii} = \prod_{i=1}^{m-1} 1 \cdot det(C) = det(C) = det(A)$$

Wir erhalten also eine Diagonalmatrix D mit $det(A) = det(D)$, in der alle Diagonalelemente bis auf das letzte gleich Eins sind, und das letzte Element ist gleich $det(A)$, womit der zweite Teil der Behauptung gezeigt ist.

Des Weiteren entsteht in obigem Algorithmus die Matrix C aus der Matrix A alleine durch Multiplikation mit Elementarmatrizen. Wenn wir das Gesamtprodukt der Elementarmatrizen mit P bezeichnen, dann gilt also $D = P \cdot A$. Da alle Elementarmatrizen invertierbar sind (siehe Folgerung 16.13 c), ist auch das Produkt P invertierbar. Wir setzen $B = P^{-1}$ und erhalten die erste Behauptung des Satzes: $A = B \cdot D$. □

Der folgende wichtige Satz über Determinanten dient als Grundlage für die weiteren Überlegungen zur algebraischen Struktur regulärer Matrizen.

Satz 16.18 (Multiplikationssatz) Es seien $A, B \in \mathcal{GL}_m(\mathcal{K})$. Dann gilt

$$det(A \cdot B) = det(A) \cdot det(B)$$

(*det* ist also ein Homomorphismus von $\mathcal{GL}_m(\mathcal{K})$ nach $\mathcal{K}$).

Beweis Für den Fall, dass $det(A) = 0$ ist, folgt die Behauptung sofort aus der Übung 16.7 (2).

Sei also $det(A) \neq 0$. Gemäß Satz 16.17 gibt es zu A eine Diagonalmatrix D mit $d_{ii} = 1$ für $1 \leq i \leq m - 1$ und $d_{mm} = det(A)$ sowie ein Produkt Q von Elementarmatrizen mit $A = Q \cdot D$. Es gilt also

$$det(A \cdot B) = det(Q \cdot D \cdot B) = det(D \cdot B)$$

Dabei gilt die letzte Gleichheit, weil die Matrix $D \cdot B$ aus der Matrix $Q \cdot D \cdot B$ alleine durch Multiplikation mit Elementarmatrizen (Invertierung von Q) entsteht, und diese Multiplikation die Determinante nicht verändert (siehe Folgerungen 16.4 und 16.8 e). Das Produkt $D \cdot B$ ist eine Matrix, in der die ersten $m - 1$ Zeilen identisch mit den ersten $m - 1$ Zeilen von B sind und in der die letzte Zeile gleich der letzten Zeile von B multipliziert mit $d_{mm} = det(A)$ ist. Damit gilt (siehe Satz 16.12 c): $det(D \cdot B) = det(A) \cdot det(B)$. Insgesamt folgt

$$det(A \cdot B) = det(Q \cdot D \cdot B) = det(D \cdot B) = det(A) \cdot det(B)$$

und damit die Behauptung. □

Folgerung 16.14 $(\mathcal{GL}_m(\mathcal{K}), \cdot)$ bildet ein Monoid.

Beweis Sind $A, B \in \mathcal{GL}_m(\mathcal{K})$, dann ist $det(A) \neq 0$ und $det(B) \neq 0$ und damit $det(A) \cdot det(B) \neq 0$. Mit dem Multiplikationssatz folgt sofort, dass dann auch $det(A \cdot B) \neq 0$ ist. Somit ist $A \cdot B \in \mathcal{GL}_m(\mathcal{K})$, d.h. die regulären Matrizen sind gegenüber Multiplikation abgeschlossen.

Die Multiplikation von Matrizen ist assoziativ und die Einheitsmatrix ist das Eins-element bezüglich der Matrizenmultiplikation. Insgesamt folgt somit die Behauptung. $\qquad\qquad\square$

Folgerung 16.15 Für $A \in \mathcal{GL}_m(\mathcal{K})$ gilt:

a) $det(A^{-1}) = (det(A))^{-1}$.

b) $A^{-1} \in \mathcal{GL}_m(\mathcal{K})$, d.h. die regulären Matrizen sind abgeschlossen gegenüber Inversenbildung.

Beweis a) Es ist $A \cdot A^{-1} = E$. Mit dem Multiplikationssatz gilt:

$$1 = det(E) = det(A \cdot A^{-1}) = det(A) \cdot det(A^{-1})$$

Daraus folgt

$$det(A^{-1}) = \frac{1}{det(A)} = (det(A))^{-1}$$

und damit die Behauptung.

b) folgt unmittelbar aus a). $\qquad\qquad\square$

Reguläre $(m \times m)$-Matrizen besitzen also ein Inverses. Aus den Folgerungen 16.14 und 16.15 folgt

Satz 16.19 a) $(\mathcal{GL}_m(\mathcal{K}), \cdot)$ bildet eine (im Allgemeinen nicht kommutative) Gruppe.

b) Die Einheiten im Ring der quadratischen Matrizen (siehe Satz 16.1) sind genau die regulären Matrizen: $(\mathcal{M}_{mm}^{\mathcal{K}})^* = \mathcal{GL}_m(\mathcal{K})$. $\qquad\qquad\square$

Die Gruppe $(\mathcal{GL}_m(\mathcal{K}), \cdot)$ wird auch m-dimensionale *allgemeine lineare Gruppe* genannt. Mit der Bezeichnung dieser Gruppe mit $\mathcal{GL}_m(\mathcal{K})$ werden die Zusammenhänge deutlich, die zwischen Matrizen, Gleichungssystemen, die wir ähnlich mit $\mathcal{GL}_{mn}^{\mathcal{K}}$ bezeichnet haben, und Determinanten einerseits untereinander sowie andererseits zu linearen Abbildungen zwischen den Vektorräumen $\mathcal{K}^n$ und $\mathcal{K}^m$ (siehe Bemerkungen im Anschluss von Beispiel 16.3) bestehen. In Satz 15.13 hatten wir bereits allgemein festgestellt, dass die linearen Abbildungen zwischen Vektorräumen über einem Körper bezüglich der Addition eine Gruppe bilden.

16.5 Übungen

16.1 Beweisen Sie Folgerung 16.4.

16.2 Beweisen Sie Satz 16.4.

16.3 Beweisen Sie die Aussagen in Folgerung 16.8.

16.4 Sei $\mathcal{K}$ ein Körper. Zeigen Sie, dass für zwei Matrizen $A, B \in \mathcal{GL}_m(\mathcal{K})$ gilt: $det(A \cdot B) = det(B \cdot A)$.

16.5 Zeigen Sie, dass für $A \in \mathcal{GL}_m(\mathcal{K})$ gilt:

(1) $A \cdot X = B \Rightarrow X = A^{-1} \cdot B$.

(2) $Y \cdot A = B \Rightarrow Y = B \cdot A^{-1}$.

Durch diese Eigenschaften ist im Übrigen ein weiteres Lösungsverfahren für lineare Gleichungssysteme $A \cdot x = b$ mit regulärer Koeffizientenmatrix A, die wir als Spezialfälle von Matrizengleichungen $A \cdot X = B$ betrachten können, gegeben:

1. Berechne die Inverse A^{-1} zu A.

2. Berechne $x = A^{-1} \cdot b$.

16.6 Zeigen Sie für Matrizen $A, B \in \mathcal{M}_m^{\mathcal{K}}$: Ist in A die Zeile i linear von anderen Zeilen abhängig, dann ist auch in $A \cdot B$ diese Zeile von den anderen abhängig. Analoges gilt für Spalten.

16.7 Überlegen Sie, dass als Folgerungen aus der vorherigen Übung gelten:

(1) Ist $rang(A) < m$, dann ist auch $rang(A \cdot B) < m$ sowie

(2) ist $det(A) = 0$, dann auch ist auch $det(A \cdot B) = 0$.

16.8 Es seien a_i, $1 \leq i \leq r$, Elemente eines Körpers. Zeigen Sie, dass dann

$$det(a_i^j) \underset{0 \leq j \leq r-1}{\underset{1 \leq i \leq r}{}} = \begin{vmatrix} 1 & 1 & \dots & 1 \\ a_1 & a_2 & \dots & a_r \\ a_1^2 & a_2^2 & \dots & a_r^2 \\ \vdots & \vdots & \vdots & \vdots \\ a_1^{r-1} & a_2^{r-1} & \dots & a_r^{r-1} \end{vmatrix} = \prod_{1 \leq k < l \leq r} (a_l - a_k)$$

gilt.[8]

---

[8]Diese Determinante heißt *Vandermonde Determinante*.

Teil V

Einführung in die Codierungstheorie

Die Codierung von Daten spielt eine zentrale Rolle bei der Anwendung von Informations- und Kommunikationstechnologien. Daten müssen so dargestellt werden, dass sie von der eingesetzten Hard- und Software verarbeitet werden können. Codierungen begegnen uns aber nicht nur mittelbar in der Informations- und Kommunikationstechnologie, sondern unmittelbar auch ständig in vielen Lebensbereichen. Geldscheinnummern, Strichcode (EAN - europäische Artikelnummerierung), ISBN-Nummern bei Büchern, Personen identifizierende Schlüssel (z.B. Passnummern und Versicherungsnummern), Audio- und Video-Codes sowie der DNS-Code sind einige Beispiele dafür. Beim Thema Kryptologie im Teil III haben wir bereits Codierungen betrachtet: Zeichenketten werden so codiert, dass deren Vertraulichkeit, Authentizität und Verbindlichkeit garantiert sind. Bei den Betrachtungen in diesem Teil spielen andere Qualitätsanforderungen die zentrale Rolle: Fehlererkennung und Fehlerkorrektur. Wie können Daten so codiert werden, dass Fehler bei deren Verarbeitung erkannt und möglicherweise sogar korrigiert werden können? Wir werden sehen, dass wir die zahlentheoretischen und algebraischen Grundlagen, die wir bisher kennen gelernt haben, verwenden können, um Fehler erkennende und Fehler korrigierende Codierungen zu realisieren.

Allgemein betrachtet ist eine *Codierung* eine injektive Abbildung

$$c : A \to B^*$$

wobei A und B zwei Alphabete, d.h. nicht leere, endliche Mengen von Symbolen sind. $c(a)$ heißt *Codewort*. A heißt *Senderalphabet* oder *Quellenalphabet* und B heißt *Codealphabet* oder *Kanalalphabet*. Die Abbildung c muss injektiv sein, damit die Umkehrabbildung c^{-1} von c eine Funktion ist, d.h. eine eindeutige Decodierung $c^{-1}(c(a)) = a$ soll für jedes Codewort $c(a)$ möglich sein. c wird auf Wörter über A erweitert:

$$c^* : A^* \to B^*$$

Dabei wird c^* buchstabenweise durch c festgelegt:

$$c^*(\varepsilon) = \varepsilon$$
$$c^*(wa) = c^*(w) \circ c(a), \ w \in A^*, a \in A$$

Wir werden im Folgenden, falls es zum Verständnis nicht erforderlich ist, nicht mehr zwischen c^* und c unterscheiden.

Für die Decodierung reicht es nicht, dass c injektiv ist, sondern c^* muss ebenfalls injektiv sein. Ist z.B. $A = \{a, b\}$ und $B = \{|\}$ sowie $c(a) = |$ und $c(b) = ||$, dann ist zwar c injektiv, aber das empfangene Wort $|||$ könnte Codierung von aaa, von ab oder von ba sein, denn es gilt:

$$c^*(aaa) = c^*(ab) = c^*(ba) = |||$$

c^* ist also nicht injektiv und damit nicht eindeutig decodierbar. Auf diese Problematik gehen wir in den folgenden Abschnitten bei der Betrachtung verschiedener Codiermethoden noch näher ein.

244

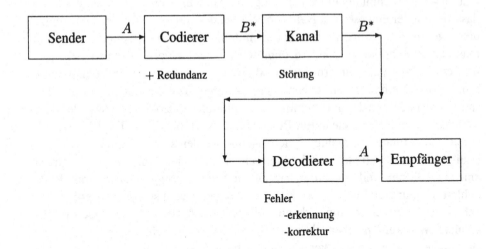

Die obige Skizze veranschaulicht die elementaren Begriffe der Codierungstheorie: Es findet eine Übertragung von Daten zwischen einem *Sender* (auch: *Nachrichtenquelle*) und einem *Empfänger* (auch: *Nachrichtensenke*) über ein Medium, *Kanal* genannt, statt. Dazu müssen die Eingabesymbole des Senders, repräsentiert durch das Alphabet *A*, codiert werden durch Wörter über dem Kanalalphabet *B*. Für den Empfänger müssen die Codewörter eindeutig decodierbar sein. Der Kanal kann aktiv sein wie bei der Übertragung von Daten, oder er kann passiv sein wie z.B. Datenspeicher, CD-ROMs, DVDs oder ISBN-Nummern.

Codes sollten folgende wesentliche Anforderungen erfüllen:

(1) Die Codewörter sollten ziemlich kurz sein, damit ihre Übertragung oder ihre Speicherung möglichst effizient durchgeführt werden kann.

(2) Die Codierung und die Decodierung, d.h. die Abbildung c sowie ihre Umkehrung, sollten möglichst effizient berechenbar sein.

(3) Eine Decodierung und eine Veränderung eines Codes sollte für Unberechtigte nicht möglich sein.

(4) Ein Code sollte fehlertolerant sein, d.h. Übertragungsfehler sollten – zumindest in einem gewissen Maß – erkennbar und nach Möglichkeit korrigierbar sein.

Bei der Übertragung von Daten über einen Kanal bzw. bei der Speicherung von Daten auf einem Medium können durch Störungen Fehler auftreten (in der Nachrichtentechnik spricht man auch von *Rauschen*). Deshalb ist man insbesondere an Codes interessiert, die es erlauben, bei der Decodierung Fehler zu erkennen und nach Möglichkeit sogar zu korrigieren. So sollten z.B. „leichte" Kratzer auf DVDs die Qualität der darauf gespeicherten Daten (z.B. Musik, Filme, Software) nicht beeinträchtigen. Wir betrachten in den folgenden Kapiteln einführend Codes, die in gewissen Maßen Fehlererkennung und Fehlerkorrektur gestatten. Ein Codewort enthält dazu neben der Codierung der eigentlich zu übertragenden Daten, den *Nutzdaten*, weitere Bestandteile, die sogenannte *Redundanz*. Das Verhältnis der Größe der Nutzdaten zur Größe ihrer Codierung ist die *Informationsrate*. Die Güte der Fehlertoleranz und die Informationsrate einer Codierung beeinflussen sich gegenseitig.

Kapitel 17

Einfache Codes

In diesem Kapitel führen wir Grundbegriffe der Codierungstheorie ein. Dazu betrachten wir beispielhaft so genannte Block-Codes und betrachtend einführend Linearcodes, die uns in diesem Teil und aus Anwendungssicht hauptsächlich interessieren. Dabei lernen wir Begriffe kennen, die benötigt werden, um bestimmte Qualitäten von Codes, wie Fehelererkennung und -korrektur, zu beschreiben. Obwohl viele der Definitionen, Sätze und Folgerungen allgemein für Codes $C \subseteq B^*$ oder $C \subseteq B^n$, $n \in \mathbb{N}$, formuliert werden können, wählen wir als (Empfänger-) Alphabet einen Köper $\mathcal{K}$. Denn bei den Verfahren zur Fehlererkennung und zur Fehlerkorrektur „muss gerechnet" werden. Codewörter betrachten wir also als Vektoren über einem Körper $\mathcal{K}$, die man addieren und multiplizieren kann. Insbesondere in den Beispielen legen wir Zahlenkörper $\mathbb{F}_p^n$, $p \in \mathbb{P}$, zugrunde. Dabei werden wir – aus Anwendungsgründen – oft $p = 2$ wählen. Vektoren $x = (x_1, \ldots, x_n) \in \mathcal{K}^n$ notieren wir auch als Wörter: $x = x_1 \ldots x_n$.

17.1 Block-Codes

Blockcodes sind Codes, bei denen alle Codewörter dieselbe Länge besitzen, womit die Injektivität der Wortcodierung c^* gegeben ist.

Definition 17.1 Sei $\mathcal{K}$ ein Körper. Dann heißt jede Menge $C \subseteq \mathcal{K}^n$ ein *Block-Code* der Länge n über $\mathcal{K}$.

Ist $\mathcal{K} = \mathbb{F}_2$, dann heißt $C \subseteq \mathbb{F}_2^n$ auch *Dualcode* (der Länge n). □

Für die Fehlererkennung müssen wir Codewörter mit einander vergleichen können. Dazu führen wir eine Funktion ein, die den Abstand zwischen Codewörtern misst.

Definition 17.2 Sei $\mathcal{K}$ ein Körper. Die Funktion

$$h : \mathcal{K}^n \times \mathcal{K}^n \to \mathbb{N}_0$$

definiert durch

$$h(x,y) = |\{\, i \mid x_i \neq y_i,\ 1 \leq i \leq n \,\}|$$

heißt *Hamming-Abstand* von $x = x_1 \ldots x_n$ und $y = y_1 \ldots y_n$. $h(x,y)$ ist gleich der Anzahl der Komponenten, an denen x und y differieren. So gilt z.B. (für $\mathcal{K} = \mathbb{F}_2^5$): $h(01101, 10011) = 4$.

$w(x) = h(x,0)$, die Anzahl der von Null verschiedenen Komponenten in x, heißt das *(Hamming-) Gewicht* von x. ☐

Folgerung 17.1 Der Hamming-Abstand definiert auf $\mathcal{K}^n \times \mathcal{K}^n$ eine Metrik, denn es gilt:

(i) $h(x,x) = 0$ für alle $x \in \mathcal{K}^n$,

(ii) $h(x,y) = h(y,x)$ für alle $x, y \in \mathcal{K}^n$,

(iii) $h(x,z) \leq h(x,y) + h(y,z)$ für alle $x, y, z \in \mathcal{K}^n$. ☐

Definition 17.3 Für einen Block-Code $C \subseteq \mathcal{K}^n$ heißt

$$h(C) = min\{\, h(x,y) \mid x, y \in C, x \neq y \,\}$$

Minimalabstand von C, und

$$w(C) = min\{\, w(x) \mid x \in C, x \neq 0 \,\}$$

Minimalgewicht von C. ☐

17.1.1 Repetitionscode

Der duale Repetitionscode $C_{R_n} \subseteq \mathbb{F}_2^n$, $n \geq 1$, enthält nur die beiden Codewörter $\underbrace{0 \ldots 0}_{n}$ und $\underbrace{1 \ldots 1}_{n}$. Es gilt also z.B. $C_{R_5} = \{\, 00000, 11111 \,\}$.

Im Allgemeinen ist der Repetitionscode der Länge $n \in \mathbb{N}_0$ über dem Körper $\mathbb{F}_p^n$ definiert durch

$$C_{R_n}(p) = \{\, \underbrace{0 \ldots 0}_{n}, \underbrace{1 \ldots 1}_{n}, \ldots, \underbrace{p-1 \ldots p-1}_{n} \,\}$$

$C_{R_n}(p)$ enthält genau p Codewörter der Länge n. Es gilt $h(x,y) = n$ für alle $x, y \in C_{R_n}(p)$ mit $x \neq y$.

Ein mögliches *Decodierungsritual* für den Reptitionscode C_{R_n} (d.h. $p = 2$) mit $n = 2d + 1$, $d \in \mathbb{N}_0$ ist das folgende:

- *Fehlererkennung:* Jedes fehlerhafte Codewort kann erkannt werden, denn jedes übertragene Wort, welches nicht nur aus Nullen oder nicht nur aus Einsen besteht, ist fehlerhaft.

  Es können also $n - 1$-Bit-Fehler erkannt werden.

- *Fehlerkorrektur:* Die Decodierung erfolgt so: Gilt $w(x) = k$, mit $k \leq d$, d.h. das übertragene Wort enthält $k \leq d$ Einsen, dann wird es zum Codewort $\underbrace{0 \ldots 0}_{n}$ korrigiert. Entsprechend wird es zum Codewort $\underbrace{1 \ldots 1}_{n}$ korrigiert, falls $k \geq d + 1$ ist.

  Es können also bis zu $d = \lfloor \frac{n}{2} \rfloor$-Bit-Fehler korrigiert werden.

Diese Decodierung ist ein Beispiel für eine *Maximum likelihood-Decodierung*: Jedes empfangene Wort y wird zu dem Codewort x decodiert, dem es am „meisten ähnelt".

Der Repetitionscode C_{R_n} ermöglicht also die Übertragung von zwei Informationen, für die die Wörter 0 und 1 ausreichen würden. Diese werden mit so viel *Redundanz* versehen – $n - 1$ Nullen bzw. $n - 1$ Einsen –, so dass jeder Übertragungsfehler erkannt und korrigiert werden kann. Die *Informationsrate*, d.h. das Verhältnis der Länge der zu übertragenden Information zur Länge der entsprechenden Codewörter, beträgt $\frac{1}{n}$.

17.1.2 Codes mit Paritätsbit

Die Anzahl der Einsen in einem Codewort $x = x_1 \ldots x_n \in C \subseteq \mathbb{F}_2^n$, d.h. sein Gewicht $w(x)$, bestimmt seine Parität.

Definition 17.4 Sei $C \subseteq \mathbb{F}_2^n$ ein Blockcode. Dann hat $x \in C$ *gerade Parität*, falls $w(x)$ gerade (also $w(x) = 0\,(2)$) ist, x hat *ungerade Parität*, falls $w(x)$ ungerade (also $w(x) = 1\,(2)$) ist. $\qquad \square$

Die Parität von Codewörtern kann zur Fehlererkennung benutzt werden. Dazu wird jedes Codewort $x = x_1 \ldots x_n$ um ein *Prüf-* oder *Paritätsbit* zum Codewort $x' = x_1 \ldots x_n x_{n+1}$ erweitert, wobei das Prüfbit

$$x_{n+1} = \begin{cases} 1 & \text{falls } w(x) \text{ ungerade} \\ 0 & \text{falls } w(x) \text{ gerade} \end{cases}$$

gesetzt wird. Für $n = 4$ sind 1100 0, 0001 1, 0010 1, 0011 0 Beispiele für um Prüfbits erweiterte Codewörter.

Folgerung 17.2 Die in der beschriebenen Art um das Prüfbit erweiterten Codewörter haben immer gerade Parität. Man spricht von einem Code mit *gerader Parität*. $\qquad \square$

Durch die komplementäre Definition des Paritätsbits kommt man analog zu Codes mit *ungerader Parität*.

Mithilfe des Prüfbits können 1-Bit-Fehler erkannt werden. Zu einem übertragenen Wort $x = x_1 \ldots x_n x_{n+1}$ wird das Gewicht $w(x)$ berechnet. Bei gerader Parität gilt: Ist $w(x)$ gerade, dann wird x als korrektes Codewort interpretiert. Ist $w(x)$ ungerade, dann wird x als fehlerhaft angesehen. Im Fall, dass x als korrektes Codewort angesehen wird, muss es nicht das gesendete sein, da das gesendete Codewort so „verfälscht" werden kann, dass wieder ein – von x verschiedenes, aber korrektes – Codewort entsteht.

Codes mit Paritätsbit besitzen eine minimale Redundanz, nämlich nur ein zusätzliches Bit, die Informationsrate ist also $\frac{n}{n+1}$. Sie erlauben die Erkennung von 1-Bit-Fehlern. Eine Fehlerkorrektur ist nicht möglich.

17.1.3 Codes mit Blocksicherung

Bei Codes $C \subseteq \mathbb{F}_2^n$ mit Blocksicherung werden m mit Prüfbits versehene Codewörter

$$x_i = x_{i,1} \ldots x_{i,n} x_{i,n+1}, \ 1 \leq i \leq m$$

sowie das Prüfwort

$$x_{m+1} = x_{m+1,1} \ldots x_{m+1,n} x_{m+1,n+1}$$

zu einem Block zusammengefasst. $x_{m+1,j}$, $1 \leq j \leq n+1$, ist dabei das Prüfbit, das sich für das Wort $x_{1,j} \ldots x_{m,j}$, das aus den j-ten Komponenten der Codewörter x_i, $1 \leq i \leq m$, besteht, ergibt.

Ein Block kann als Matrix wie folgt veranschaulicht werden:

$$
\begin{array}{ccccc|c}
x_1 & = & x_{1,1} & \cdots & x_{1,n} & x_{1,n+1} \\
\vdots & \vdots & \vdots & \ddots & \vdots & \vdots \\
x_m & = & x_{m,1} & \cdots & x_{m,n} & x_{m,n+1} \\
\hline
x_{m+1} & = & x_{m+1,1} & \cdots & x_{m+1,n} & x_{m+1,n+1}
\end{array}
$$

Wird für die Bildung der „Prüfzeile" $x_{m+1} = x_{m+1,1} \ldots x_{m+1,n} x_{m+1,n+1}$ eine andere Parität verwendet als für die Prüfspalte $x_{1,n+1} \ldots x_{m,n+1} x_{m+1,n+1}$, können sich für das Bit $x_{m+1,n+1}$ zwei verschiedene Werte ergeben.

Im folgenden Beispiel mit $n = 4$ und $m = 6$ ist sowohl für die Bildung der Prüfspalte als auch für die Bildung der Prüfzeile gerade Parität vorausgesetzt.

0110	0
1011	1
0101	0
0111	1
1000	1
0011	0
0100	1

Wird in einem Block $(x_{i,j})_{\substack{1 \le i \le m+1 \\ 1 \le j \le n+1}}$ genau ein Bit verfälscht, so kann dies erkannt und korrigiert werden. Wird z.B. das Bit $x_{i,j}$, $1 \le i \le m$, $1 \le j \le n$, verfälscht, dann stimmt die Parität der Zeile i nicht und die Parität der Spalte j nicht. Es können also 1-Bit-Fehler erkannt und korrigiert werden. Die Informationsrate beträgt $\frac{mn}{(m+1)(n+1)}$.

17.2   Linearcodes

Definition 17.5 Sei $\mathcal{K}$ ein Körper. Ist $C \subseteq \mathcal{K}^n$ ein k-dimensionaler Unterraum von $\mathcal{K}^n$, dann heißt C ein (n, k)-*Linearcode über* $\mathcal{K}$.   □

Beispiel 17.1 $C = \{\,100, 010, 110, 000\,\} \subset \mathbb{F}_2^3$ ist ein $(3, 2)$-Linearcode, denn C bildet einen zweidimensionalen Unterraum von $\mathbb{F}_2^3$.   □

Definition 17.6 Sei C ein (n, k)-Linearcode über dem Körper $\mathcal{K}$ und $\{\,x_1, \dots, x_k\,\}$ mit $x_i = x_{i1} \dots x_{in}$, $1 \le i \le k$, eine Basis von C, dann heißt

$$G_C = \begin{pmatrix} x_1 \\ \vdots \\ x_k \end{pmatrix} = \begin{pmatrix} x_{1,1} & \cdots & x_{1,n} \\ \vdots & \vdots & \vdots \\ x_{k,1} & \cdots & x_{k,n} \end{pmatrix}$$

Generatormatrix von C. Die Vektoren einer Basis von C bilden also die Zeilenvektoren einer Generatormatrix von C.   □

Beispiel 17.2 Die Vektoren $\{\,100, 010\,\}$ bilden eine Basis des Linearcodes C in Beispiel 17.1. Somit ist

$$G_C = \begin{pmatrix} 100 \\ 010 \end{pmatrix}$$

eine Generatormatrix von C.   □

Folgerung 17.3 Es sei C ein (n, k)-Linearcode über dem Körper $\mathcal{K}$. Die Menge aller Linearkombinationen der Vektoren $\{\,x_1, \dots, x_k\,\}$ einer Basis von C, d.h. der Zeilenvektoren von G_C, bildet den Code C. Es gilt also

$$\begin{aligned} C &= Span_{\mathcal{K}}(G_C) \\ &= \{\,\alpha_1 x_1 + \dots + \alpha_k x_k \mid \alpha_i \in \mathcal{K}, 1 \le i \le k\,\} \\ &= \{\,\alpha \cdot G_C \mid \alpha \in \mathcal{K}^k\,\} \end{aligned}$$

Durch die Multiplikation der Vektoren $\alpha \in \mathcal{K}^k$ mit der $(k \times n)$-Generatormatrix G_C entstehen Vektoren der Länge n, d.h. es wird der eigentlichen Nachricht α der Länge k eine *Redundanz* der Länge $n - k$ hinzugefügt. Hat G_C sogar die Gestalt

$$G_C = \begin{pmatrix} 1 & 0 & \cdots & 0 & r_{1,k+1} & \cdots & r_{1,n} \\ 0 & 1 & \cdots & 0 & r_{2,k+1} & \cdots & r_{2,n} \\ \vdots & \vdots & \ddots & \vdots & \vdots & \vdots & \vdots \\ 0 & 0 & \cdots & 1 & r_{k,k+1} & \cdots & r_{k,n} \end{pmatrix}$$

dann ergibt sich für $\alpha = \alpha_1 \ldots \alpha_k \in \mathcal{K}^k$

$$\alpha \cdot G_C = \alpha_1 \ldots \alpha_k r_1 \ldots r_{n-k}$$

Die Nachricht α bleibt also unverändert, ihr wird die Redundanz $r_1 \ldots r_{n-k}$ angehängt.   □

Beispiel 17.3 Für den Linearcode aus Beispiel 17.1 und seiner Generatormatrix G_C aus Beispiel 17.2 gilt:

$$00 \cdot G_C = 00 \cdot \begin{pmatrix} 100 \\ 010 \end{pmatrix} = 000$$

$$10 \cdot G_C = 10 \cdot \begin{pmatrix} 100 \\ 010 \end{pmatrix} = 100$$

$$01 \cdot G_C = 01 \cdot \begin{pmatrix} 100 \\ 010 \end{pmatrix} = 010$$

$$11 \cdot G_C = 11 \cdot \begin{pmatrix} 100 \\ 010 \end{pmatrix} = 110$$

Jeder Nachricht $\alpha \in \{\, 00, 10, 10, 11 \,\} = \mathbb{F}_2^2$ wird das Bit 0 als Redundanz angehängt.   □

Es gilt der

Satz 17.1 C ist ein (n, k)-Linearcode über dem Körper $\mathcal{K}$ mit Generatormatrix G_C genau dann, wenn

$$C = \{\, \alpha \cdot G_C \mid \alpha \in \mathcal{K}^k \,\}$$

gilt.   □

Codes, die sich durch Permutation von Komponenten ihrer Elemente ergeben, heißen *gleichwertig*.

Beispiel 17.4 Der $(3, 2)$-Linearcode $C' = \{\, 001, 010, 011, 000 \,\}$ ist gleichwertig zum Code im Beispiel 17.1. C' ergibt sich aus C, indem in jedem Wort von C die erste und die dritte Komponente miteinander vertauscht werden.   □

Man kann zeigen, dass jeder (n, k)-Linearcode gleichwertig zu einem (n, k)-Linearcode ist, der durch die *kanonische Generatormatrix* (auch *normierte Generatormatrix* oder *Generatormatrix in Normalform*)

$$G_{norm} = \begin{pmatrix} 1 & 0 & \ldots & 0 & r_{1,k+1} & \cdots & r_{1,n} \\ 0 & 1 & \ldots & 0 & r_{2,k+1} & \cdots & r_{2,n} \\ \vdots & \vdots & \ddots & \vdots & \vdots & \ddots & \vdots \\ 0 & 0 & \ldots & 1 & r_{k,k+1} & \cdots & r_{k,n} \end{pmatrix}$$

erzeugt wird. Eine kanonische Generatormatrix G besteht also aus der k-dimensionalen Einheitsmatrix E_k und einer Restmatrix $R_{n-k} = (r_{i,j})_{\substack{1 \leq i \leq k \\ k+1 \leq j \leq n}}$, wofür wir im Folgenden auch kurz $G = (E_k \mid R_{n-k})$ schreiben werden.

Beispiel 17.5 Für den $(3, 2)$-Linearcode C aus dem Beispiel 17.1 ist

$$G_{norm} = \begin{pmatrix} 1 & 0 & 0 \\ 0 & 1 & 0 \end{pmatrix}$$

eine kanonische Generatormatrix. G hat also die Gestalt

$$G = (E_2 \mid R_1) \text{ mit } R_1 = \begin{pmatrix} 0 \\ 0 \end{pmatrix}$$

Für den zu C gleichwertigen Code C' aus dem Beispiel 17.2 existiert keine kanonische Generatormatrix. $\square$

Die Relation *gleichwertig* zwischen (n, k)-Linearcodes ist eine Äquivalenzrelation. So gibt es also mit der obigen Behauptung über die Existenz kanonischer Generatormatrizen für jede Äquivalenzklasse gleichwertiger (n, k)-Linearcodes eine kanonische Generatormatrix. Deshalb gehen wir im Folgenden immer davon aus, dass wir für einen Linearcode eine kanonische Generatormatrix zur Verfügung haben.

Fehlererkennung und Fehlerkorrektur

Wir wollen nun Möglichkeiten der Fehlererkennung und -korrektur bei (n, k)-Linearcodes C betrachten. Für die Fehlererkennung benutzen wir den zu C *dualen Code* (siehe Definition 15.14 und Satz 15.16)

$$C^\perp = \{ y \in \mathcal{K}^n \mid y \cdot x = 0, \, x \in C \} \qquad (17.1)$$

$C^\perp$ ist der zu C orthogonale Vektorraum. Er ist ein $(n, n - k)$-Linearcode, und es gilt $(C^\perp)^\perp = C$.

Da der $(n, n - k)$-Linearcode $C^\perp$ ein $n - k$-dimensionaler Vektorraum ist, besitzt er eine Basis $\{ y_1, \ldots, y_{n-k} \}$. Aus dieser Basis kann man eine Generatormatrix $G_{C^\perp}$ für $C^\perp$ bilden:

$$G_{C^\perp} = \begin{pmatrix} y_1 \\ \vdots \\ y_{n-k} \end{pmatrix}$$

Es ist klar, dass der folgende Satz gilt, da G_C die Basisvektoren von C und $G_{C^\perp}$ die Basisvektoren von $C^\perp$ enthält und diese die Gleichung (17.1) erfüllen müssen.

Satz 17.2 Für jeden (n, k)-Linearcode C gilt $G_{C^\perp} \cdot G_C^T = 0$. $\square$

Folgerung 17.4 Sei C ein (n, k)-Linearcode. Dann gilt einerseits, wenn $x \in C$ ist, dass $x \cdot G_{C^\perp}^T = 0$ ist, da $G_{C^\perp}$ Generatormatrix von $C^\perp$ ist. Andererseits gilt, falls $x \cdot G_{C^\perp}^T = 0$ ist, dass $x \in (C^\perp)^\perp = C$ ist.

Insgesamt gilt also

$$x \in C \text{ genau dann, wenn } x \cdot G_{C^\perp}^T = 0$$

ist.   □

Die Generatormatrix $G_{C^\perp}$ von $C^\perp$ kann also dazu benutzt werden zu testen, ob $x \in \mathcal{K}^n$ zu C gehört oder nicht. Dies rechtfertigt die folgende Definition.

Definition 17.7 Sei C ein Linearcode. Dann heißt die Generatormatrix $G_{C^\perp}$ von $C^\perp$ *Kontrollmatrix* von C. Wir wollen diese im Folgenden mit H_C oder, wenn klar ist, auf welchen Code sich diese Matrix bezieht, mit H bezeichnen.   □

Aus Folgerung 17.4 folgt unmittelbar, dass jeder Linearcode Lösungsraum eines homogenen Gleichungssystems ist:

Folgerung 17.5 Sei H Kontrollmatrix des (n, k)-Linearcodes C über dem Körper $\mathcal{K}$, dann gilt:

$$C = \{x \in \mathcal{K}^n \mid x \cdot H^T = 0\}$$ □

Der folgende Satz gibt an, wie aus der kanonischen Generatormatrix G eines Linearcodes dessen Kontrollmatrix H – rein schematisch – konstruiert werden kann.

Satz 17.3 Ist $G = (E_k \mid R_{n-k})$ kanonische Generatormatrix des (n, k)-Linearcodes C, dann ist

$$H = (-(R_{n-k})^T \mid E_{n-k})$$

Kontrollmatrix von C.[1]

Beweis Nach Satz 17.2 muss $H \cdot G^T = 0$ gelten. Wenn wir H wie in der Behauptung des Satzes wählen, gilt (siehe auch Beispiel 16.1):

$$H \cdot G^T = \left(-(R_{n-k})^T \mid E_{n-k}\right) \cdot \left(\frac{E_k}{R_{n-k}^T}\right) = \ldots = -(R_{n-k})^T + R_{n-k}^T = 0$$
                                                                                                  □

Beispiel 17.6 Mit dieser schematischen Transformation ergibt sich aus der kanonischen Generatormatrix G_{norm} aus Beispiel 17.2 sofort die Kontrollmatrix des Codes C aus dem Beispiel 17.1:

$$H = \begin{pmatrix} 0 & 0 & 1 \end{pmatrix}$$ □

Definition 17.8 Sei H die Kontrollmatrix eines (n, k)-Linearcodes C über dem Körper $\mathcal{K}$. Dann heißt die Abbildung $S_H : \mathcal{K}^n \to \mathcal{K}^{n-k}$ definiert durch

$$S_H(x) = x \cdot H^T$$

das *Syndrom* von x bezüglich H.   □

Es ergibt sich unmittelbar der folgende Satz.

---

[1] Zur Erinnerung: In $\mathbb{F}_2$ gilt $-x = x$, $x \in \{0, 1\}$. Wenn wir uns in $\mathbb{F}_2^n$ befinden, gilt also $-(R_{n-k})^T = R_{n-k}^T$.

Satz 17.4 Sei H die Kontrollmatrix eines (n, k)-Linearcodes C über dem Körper $\mathcal{K}$. Dann gilt:

a) S_H ist eine lineare Abbildung von $\mathcal{K}^n$ nach $\mathcal{K}^{n-k}$.

b) $kern(S_H) = C$. $\qquad\qquad\qquad\qquad\qquad\qquad\qquad\qquad\qquad\qquad$ □

Wir werden im Folgenden zeigen, wie das Syndrom zur Fehlererkennung und zur Fehlerkorrektur benutzt werden kann.

Sei C ein (n, k)-Linearcode über dem Körper $\mathcal{K}$. Die Relation

$$\sim_C \subseteq \mathcal{K}^n \times \mathcal{K}^n \text{ definiert durch } x \sim_C y \text{ genau dann, wenn } S_H(x) = S_H(y)$$

ist, bildet eine Kongruenzrelation auf $\mathcal{K}^n$ (siehe Folgerung 2.5 b). Offensichtlich ist diese Relation eine Äquivalenzrelation auf $\mathcal{K}^n$. Des Weiteren erfüllt sie die Substitutionseigenschaft: Ist $a \sim_C b$ und $c \sim_C d$, dann gilt $S_H(a) = S_H(b)$ und $S_H(c) = S_H(d)$, d.h. es gilt $a \cdot H^T = b \cdot H^T$ bzw. $c \cdot H^T = d \cdot H^T$. Daraus folgt $(a + c) \cdot H^T = (b + d) \cdot H^T$ und damit $a + c \sim_C b + d$, was zu zeigen war.

Es folgt unmittelbar (siehe auch Sätze 2.9 und 3.12 sowie 3.7 und 3.10)

Folgerung 17.6 a) $\mathcal{K}^n / kern(S_H) \cong Bild(S_H)$.

b) Die Äquivalenzklassen von $\sim_C$ sind gegeben durch die Nebenklassen von $C = kern(S_H)$. Es gilt

$$y \in C + x \text{ genau dann, wenn } S_H(y) = S_H(x)$$

ist. Diese Nebenklassen fassen jeweils alle Vektoren mit demselben Syndrom zusammen. Ist $\mathcal{K}$ endlich, dann enthalten alle diese Nebenklassen dieselbe Anzahl von Elementen, und diese ist gegeben durch die Anzahl $|C|$ der Codewörter.

c) Es gilt $S_H(x) = S_H(y)$ genau dann, wenn $x - y \in C$ ist, denn es gilt

$$\begin{aligned} S_H(x) = S_H(y) \quad &\text{genau dann, wenn} \quad x \cdot H^T = y \cdot H^T \\ &\text{genau dann, wenn} \quad (x - y) \cdot H^T = 0 \\ &\text{genau dann, wenn} \quad x - y \in C \end{aligned}$$

ist. $\qquad\qquad\qquad\qquad\qquad\qquad\qquad\qquad\qquad\qquad\qquad\qquad\qquad$ □

Definition 17.9 Sei C ein (n, k)-Linearcode über einem endlichen Körper $\mathcal{K}$. Die durch die Kongruenzrelation $\sim_C$ festgelegten Nebenklassen von C heißen *Fehlerklassen* von C. Ein Element der Fehlerklasse $C + x$ mit minimalem Gewicht heißt *Führer* von $C + x$. $\qquad\qquad\qquad\qquad\qquad\qquad\qquad\qquad\qquad\qquad\qquad$ □

Die Syndrome charakterisieren die Äquivalenzklassen von $\sim_C$ bzw. die Nebenklassen von C: Eine solche umfasst genau alle Wörter mit demselben Syndrom, d.h. mit derselben *Fehlergüte*. Durch Multiplikation mit der Kontrollmatrix wird ein Wort $x \in \mathcal{K}^n$ einer *Fehlerklasse* („Krankheit") zugeordnet. Es gehört zur Klasse $[0]_{\sim_C}$ genau dann, wenn es ein Codewort ist. Gehört es zu einer anderen Fehlerklasse, ist zu überlegen, ob und, wenn ja, wie es decodiert werden kann.

Beispiel 17.7 Wir betrachten den Code $C \subset \mathbb{F}_2^5$ mit den Codewörtern

$$x_1 = 000\,00 = 0$$

$$x_2 = 010\,01$$

$$x_3 = 001\,01$$

$$x_4 = 100\,11$$

$$x_5 = 011\,00 = x_2 + x_3$$

$$x_6 = 110\,10 = x_2 + x_4$$

$$x_7 = 101\,10 = x_3 + x_4$$

$$x_8 = 111\,11 = x_2 + x_3 + x_4 = 1$$

Die Wörter x_4, x_2 und x_3 bilden eine Basis von C. Daraus ergibt sich die kanonische Generatormatrix

$$G = \begin{pmatrix} 100\,11 \\ 010\,01 \\ 001\,01 \end{pmatrix}$$

C ist also ein $(5,3)$-Linearcode. Aus der kanonischen Generatormatrix ergibt sich mit Satz 17.3 die Kontrollmatrix

$$H = \begin{pmatrix} 100\,10 \\ 111\,01 \end{pmatrix}$$

von C. Wird das Codewort $x_2 = 010\,01$ übertragen, aber das Wort $y = 01\mathbf{1}01$ (drittes Bit verfälscht) empfangen, so wird durch das Syndrom

$$S_H(y) = y \cdot H^T = 01101 \cdot \begin{pmatrix} 1 & 1 \\ 0 & 1 \\ 0 & 1 \\ 1 & 0 \\ 0 & 1 \end{pmatrix} = 01 \neq 0$$

festgestellt, dass ein Übertragungsfehler vorliegt. Soll ein fehlerhaft übertragenes Wort zu einem nächst liegenden Codewort decodiert werden (Maximum likelihood-Decodierung), kann im vorliegenden Fall y zu x_2 oder zu x_5 (hier wäre das letzte Bit als verfälscht angenommen worden) decodiert werden.   □

Im Folgenden wird auf der Basis von Folgerung 17.6 ein Algorithmus (ein *Decodierungsritual*) skizziert, der die Decodierung eines empfangenen Wortes $y \in \mathcal{K}^n$ beschreibt:

1. Gegeben sei ein (n,k)-Linearcode C mit der Kontrollmatrix H, und das Wort $y \in \mathcal{K}^n$ sei empfangen.

2. Berechne das Syndrom $S_H(y) = y \cdot H^T \in \mathcal{K}^{n-k}$.

3. $S_H(y)$ legt die Fehlerklasse $[y]_{\sim_C}$ von y fest.

4. Bestimme in $[y]_{\sim_C}$ ein Element f mit dem kleinsten Gewicht als „Führer" von $[y]_{\sim_C}$.

5. Interpretiere f als Übertragungsfehler und decodiere y zu $x = y - f$.

Da das empfangenen Wort y und der Führer f in derselben, nämlich in der durch das Syndrom $S_H(y)$ bestimmten Fehlerklasse liegen, gilt mit Folgerung 17.6 c)

Satz 17.5 Sei C ein (n, k)-Linearcode. Das durch das oben beschriebene Decodierungsritual ermittelte Wort x ist ein Codewort, d.h. es ist $x \in C$. $\qquad\square$

Beispiel 17.8 Für den Code aus dem Beispiel 17.7 sind in der folgenden Tabelle Syndrome, Fehlerklassen und Führer zusammengestellt.

Syndrome	Führer	Weitere Elemente der Fehlerklasse						
00	00000	01001	00101	10011	01100	11010	10110	11111
11	10000	00110	01111	00011	10101	01010	11100	11001
10	00010	01011	00111	10001	01110	11000	10100	11101
01	01000	00100	01101	00001	10111	11110	10010	11011

In der letzten Klasse können als Führer auch 00100 oder 00001 gewählt werden. Die Decodierung im Fehlerfalle hängt von dem gewählten Führer ab.

Das Wort $y = 01101$ hat (siehe Beispiel 17.7) das Syndrom 01. Folgende Decodiermöglichkeiten bestehen: $01101 - 01000 = 00101 = x_3$ (mit Führer laut Tabelle), $01101 - 0000 = 01100 = x_5$ sowie $01101 - 00100 = 01001 = x_2$ (das in Beispiel 17.7 gesendete Codewort). Die Berechnung von Fehlerklassen wollen wir am Beispiel des Syndroms 01 erklären. Für die Elemente $y = y_1 y_2 y_3 y_4 y_5$ der zum Syndrom 01 gehörigen Fehlerklasse gilt $y \cdot H^T = 01$ also in unserem Falle

$$y_1 y_2 y_3 y_4 y_5 \cdot \begin{pmatrix} 1 & 1 \\ 0 & 1 \\ 0 & 1 \\ 1 & 0 \\ 0 & 1 \end{pmatrix} = 01$$

Ausmultipliziert ergibt sich das Gleichungssystem

$$\begin{array}{ccccccccc} y_1 & + & & & y_4 & & & = & 0 \\ y_1 & + & y_2 & + & y_3 & & + & y_5 & = & 1 \end{array}$$

dessen Lösungsmenge gleich der Fehlerklasse ist, zu der y gehört.

Wegen Folgerung 17.6 b) reicht es, eine Lösung zu berechnen, weil sich alle anderen Elemente der Fehlerklasse durch Addition dieser Lösung zu allen Codewörtern ergeben. In unserem Beispiel ist etwa $y_1 = y_4 = 1$, $y_2 = y_3 = y_5 = 0$, d.h. $y = 10010$, eine Lösung. Addiert man diese zu allen Codewörtern, erhält man alle Elemente der Fehlerklasse, die durch das Syndrom 01 bestimmt ist. $\qquad\square$

17.3 Übungen

17.1 Es sei $x \in \mathbb{F}_2^n$, „$\cdot$" das Operatorsymbol zur Multiplikation von Matrizen und „$\otimes$" das Operatorsymbol für das Skalarprodukt. Zeigen Sie: Es gilt $x \cdot x^T = 0$ genau dann, wenn $w(x \otimes x)$ eine gerade Zahl ist.

17.2 Es sei $x, y \in \mathbb{F}_2^n$, „$\cdot$" das Operatorsymbol zur komponentenweisen Multiplikation von Vektoren und „$\oplus$" das Operatorsymbol für die komponentenweise Addition von Vektoren. Zeigen Sie, dass gilt:

$$w(x \oplus y) = w(x) + w(y) - 2w(x \cdot y)$$

17.3 Gegeben sei der Code

$$C = \{\, 000\,000, 001\,011, 010\,101, 011\,110, 100\,110, 101\,101, 110\,011, 111\,000 \,\}$$

über $\mathbb{F}_2^6$.

(1) Zeigen Sie, dass C ein (n, k)-Linearcode ist, und bestimmen Sie n und k.

(2) Geben Sie zu C eine Generatormatrix in Normalform und die zugehörige Kontrollmatrix an.

(3) Geben Sie den zu C dualen Code $C^\perp$ an.

(4) Geben Sie alle Fehlerklassen von C jeweils mit Syndrom und Führer an.

(5) Decodieren Sie mithilfe von (4) die Wörter $010\,110$ und $010\,010$.

17.4 Codieren Sie die vier Symbole A, B, C und D so mit Elementen aus $\mathbb{F}_2^5$, dass 1-Bit-Fehler erkannt und korrigiert werden können und der Code einen $(5, k)$-Linearcode bildet (k ist zu bestimmen). Geben Sie eine Generator- und die zugehörige Kontrollmatrix zu diesem Code an.

17.5 Geben Sie für die vier Symbole A, B, C und D einen dualen $(n, 2)$-Linearcode C an, so dass 2-Bitfehler korrigiert werden können und n minimal ist. Geben Sie zu C eine kanonische Generatormatrix G sowie eine Kontrollmatrix H an.

17.6 Zeigen Sie: Der Repetitionscode C_{R_n} ist ein Linearcode für jedes n. Geben sie die Dimension sowie die kanonische Generatormatrix und die zugehörige Kontrollmatrix an.

17.7 Zeigen Sie, dass jeder Code mit gerader Parität einen Linearcode bildet. Geben Sie die Dimension sowie die kanonische Generatormatrix und die zugehörige Kontrollmatrix an. Warum bilden Codes mit ungerader Parität keinen Linearcode?

17.8 Sei $C \subseteq \mathbb{F}_2^n$ ein (n, k)-Linearcode. Zeigen Sie: Entweder gilt

$$C \subseteq \{\, x \in \mathbb{F}_2^n \mid w(x) \text{ ist gerade} \,\}$$

oder es gilt

$$|\{\, x \in C \mid w(x) \text{ ist gerade} \,\}| = |\{\, x \in C \mid w(x) \text{ ist ungerade} \,\}|$$

d.h. entweder besitzen alle Codewörter eines (n, k)-Linearcodes gerades Gewicht oder die Anzahl der Codewörter mit geradem Gewicht ist identisch mit der Anzahl der Codewörter mit ungeradem Gewicht.

17.9 Es sollen stets fünf Codeworte $x_i \in \mathbb{F}_2^2$, $1 \le i \le 5$, in einem Block übertragen werden, wobei jede Zeile und jede Spalte des Blocks durch ein Paritätsbit erweitert wird, so dass jede Zeile und jede Spalte gerade Parität besitzt. Ein solcher Block sieht beispielsweise wie folgt aus:

	1	2	Paritätsbit (Zeile)
x_1	1	0	1
x_2	1	0	1
x_3	0	1	1
x_4	1	1	0
x_5	0	0	0
Paritätsbit (Spalte)	1	0	1

Ein so um Paritätsbits erweiterter Block heißt *gesicherter Block*.

(1) Zeigen Sie, dass die Menge C der gesicherten Blöcke ein (n, k)-Linearcode ist. Geben Sie n und k an.

(2) Bestimmen Sie eine Generatormatrix von C.

17.10 Sei $G = \begin{pmatrix} g_1 \\ g_2 \end{pmatrix} = \begin{pmatrix} 1 & 0 & 2 & 0 \\ 0 & 1 & 0 & 2 \end{pmatrix}$ die Generatormatrix eines (n, k)-Linearcodes $C \subseteq \mathbb{Z}_3^4$.

(1) Geben Sie alle Elemente von C sowie n und k sowie eine Kontrollmatrix für C an.

(2) Bestimmen Sie das Syndrom von 2222 sowie die Elemente der Fehlerklasse, zu der 2222 gehört, und alle möglichen Führer dieser Klasse.

(3) Korrigieren Sie 2222 gemäß dem Decodierungsritual für Linearcodes mit allen Führern.

(4) Bestimmen Sie den zu C dualen Code $C^\perp$.

(5) Zeigen Sie, dass $C = \{\, x_1 x_2 x_3 x_4 \in \mathbb{Z}_3^4 \mid x_1 + x_3 = x_2 + x_4 = 0 \,\}$ gilt.

(6) Zeigen Sie: Ist $x_1 x_2 x_3 x_4 \in C$, dann ist auch $x_4 x_1 x_2 x_3 \in C$ (C ist zyklisch).

Kapitel 18

Perfekte Codes

Das Decodierungsritual im letzten Kapitel erkennt Fehler und korrigiert ein fehlerhaft empfangenes Wort zu einem Codewort, wobei dieses decodierte Wort nicht das ursprünglich gesendete sein muss (siehe Beispiel 17.8). Der Grund liegt darin, dass das Decodierungsritual die Fehlerstelle nicht lokalisiert. Wir wollen nun Codes betrachten, die es erlauben, Übertragungsfehler zu lokalisieren und damit zu korrigieren. Dazu führen wir zunächst perfekte Codes ein. Perfekte Codes zerlegen den Raum $\mathcal{K}^n$ in disjunkte Teilmengen. Jede Teilmenge ist eine Umgebung um ein Codewort. Ein empfangenes Wort wird zu dem Codewort decodiert, in dessen Umgebung es liegt.

Definition 18.1 a) Es sei $d \in \mathbb{N}_0$. Die Menge $S_d^n(x) = \{\, y \in \mathcal{K}^n \mid h(x, y) \le d \,\}$ heißt *d-Hammingsphäre* um x.

b) Ein Code $C \subseteq \mathcal{K}^n$ heißt *d-fehlererkennend*, falls für alle $x, y \in C$ mit $x \ne y$ gilt: $y \notin S_d^n(x)$.

c) Ein Code $C \subseteq \mathcal{K}^n$ heißt *d-fehlerkorrigierend*, falls für alle $x, y \in C$ mit $x \ne y$ gilt: $S_d^n(x) \cap S_d^n(y) = \emptyset$. □

Wenn sich je zwei Codewörter an mindestens d Komponenten unterscheiden, können Verfälschungen an bis zu d Komponenten festgestellt werden. Für $x \in C$ können alle Wörter $z \in S_H^n(x)$ durch k Fehler, $0 \le k \le d$, aus x entstanden sein. Liegt kein weiteres Codewort y in der d-Spähre von x, kann das Wort z als fehlerhaft erkannt werden. Ist $z \in S_d^n(x) \cap S_d^n(y)$, dann kann das Wort z aus x oder aus y entstanden sein. Wenn wir zusätzlich fordern, dass die d-Sphären um die Codewörter disjunkt sind, kann eine eindeutige Decodierung erfolgen (mit Maximum likelihood-Strategie): z wird zu dem Codewort decodiert, in dessen d-Sphäre es sich befindet. Wörter, die nicht in der d-Sphäre eine Codewortes liegen, können nicht decodiert und müssen als „fehlerhaft" festgestellt werden, man spricht auch von einem *Decodierausfall*.

Aus diesen Überlegungen resultiert der folgende Satz.

Satz 18.1 a) Ein Code $C \subseteq \mathcal{K}^n$ ist d-fehlererkennend genau dann, wenn $h(C) \geq d + 1$ ist.

b) Ein Dualcode $C \subseteq \mathcal{K}^n$ ist d-fehlerkorrigierend genau dann, wenn $h(C) \geq 2d + 1$ ist.

Beweis a) „$\Rightarrow$": C erkenne bis zu d Fehler. Wir nehmen an, es gelte $h(C) \leq d$, d.h. es gibt zwei Codewörter $x, y \in C$ mit $h(x, y) \leq d$. Dann ist $y \in S^n_H(x)$ und das Codewort x könnte zum Codewort y verfälscht worden sein, ohne dass dieser Fehler erkannt wird. Dies widerspricht der Voraussetzung, dass C bis zu d Fehler erkennt.

„$\Leftarrow$": Es gelte $h(C) \geq d + 1$. Daraus folgt unmittelbar, dass $h(x, y) \geq d + 1$ für alle Codewörter $x, y \in C$ mit $x \neq y$ gilt. Das bedeutet: Für alle $x, y \in C$ mit $x \neq y$ gilt $y \notin S^n_d(x)$, d.h. C ist d-fehlererkennend.

b) „$\Rightarrow$": C korrigiere bis zu d Fehler. Wäre $h(C) \leq 2d$, dann gibt es zwei Codewörter $x, y \in C$ mit $h(x, y) = k \leq 2d$. Für k und d gilt $k - d \leq d$. Wir betrachten nun zwei Fälle: (1) $k < d$ sowie (2) $k \geq d$. Zu (1): Es folgt unmittelbar, dass $y \in S^n_d(x)$ gilt und damit $S^n_d(x) \cap S^n_d(y) \neq \emptyset$. Zu (2): Wir konstruieren ein Wort z, indem wir von den k Komponenten, in denen sich x und y unterscheiden, d so ändern, dass sie mit den entsprechenden Komponenten von y übereinstimmen. Es gilt dann für z: $d(x, z) = d$ und $d(y, z) = k - d$. Somit ist $z \in S^n_d(x)$ und, da $k - d \leq d$ ist, auch $z \in S^n_d(y)$, d.h. es ist $z \in S^n_d(x) \cap S^n_d(y)$, damit $S^n_d(x) \cap S^n_d(y) \neq \emptyset$, und damit ist C nicht d-fehlerkorrigierend, ein Widerspruch zur Voraussetzung.

„$\Leftarrow$": Es gelte $h(C) \geq 2d + 1$. Es sei $x \in C$ gesendet und z mit höchstens d Fehlern empfangen worden, d.h. es gelte $h(x, z) \leq d$. Für ein weiteres Codewort $y \in C$, $x \neq y$, gilt dann $h(z, y) \geq d + 1$. Denn, wäre $h(z, y) \leq d$, dann wäre wegen Folgerung 17.1 (iii) $h(x, y) \leq h(x, z) + h(z, y) = d + d = 2d$, was der Voraussetzung $h(C) \geq 2d + 1$ widerspräche. Also gilt $z \in S^n_d(x)$ und $z \notin S^n_d(y)$. Analog kann man zeigen, dass für jedes $z \in S^n_d(y)$ gilt $z \notin S^n_d(x)$. Insgesamt folgt, dass $S^n_d(x) \cap S^n_d(y) = \emptyset$ gilt. C ist also d-fehlerkorrigierend. $\square$

Zur Fehlerkorrektur ist es also erstrebenswert, den Minimalabstand zwischen zwei Codewörtern möglichst groß zu machen. Das geht aber nur auf Kosten der Anzahl der Codewörter, denn der Abstand bestimmt die Anzahl der möglichen Codewörter:

Satz 18.2 a) Sei Sei $\mathcal{K}$ endlicher Körper, $x \in \mathcal{K}^n$ und $k \leq n$. Dann gilt:

$$|\{\, y \in \mathcal{K}^n \mid h(x, y) \leq k \,\}| = \sum_{i=0}^{k} \binom{n}{i}$$

b) Sei $\mathcal{K}$ endlicher Körper und $C \subseteq \mathcal{K}^n$ ein Blockcode mit $h(C) = 2k + 1$, dann gilt:

$$|C| \leq \frac{|\mathcal{K}|^n}{\sum_{i=0}^{k} \binom{n}{i}}$$

Diese obere Schranke für Blockcodes der Länge n gibt eine maximale Anzahl von möglichen Codewörtern für einen Code mit gegebenem Minimalabstand an. Die Codes, die diese Maximalzahl erreichen, heißen *perfekte Codes*. Perfekte Codes haben keine Decodierausfälle.

Definition 18.2 Ein Blockcode $C \subseteq \mathcal{K}^n$ heißt *d-perfekt*, falls er die beiden Bedingungen

(1) $\mathcal{K}^n = \bigcup_{x \in C} S_d^n(x)$ und

(2) $S_d^n(x) \cap S_d^n(y) = \emptyset$, $x \neq y$, $x, y \in C$

erfüllt. □

Aus dieser Definition und dem vorhergehenden Satz folgt unmittelbar

Satz 18.3 Jeder d-perfekte Code C hat den Minimalabstand $h(C) = 2d + 1$. □

Ein d-perfekter Blockcode partitioniert den Raum $\mathcal{K}^n$ in $|C|$ n-dimensionale Kugeln $S_d^n(x)$ mit dem Radius d um jedes Codewort $x \in C$. Jede dieser Kugeln enthält $\sum_{i=0}^{d} \binom{n}{i}$ Wörter, und alle dieser Wörter werden zum „Mittelpunkt" decodiert.

Wir wollen im Folgenden einige perfekte Linearcodes näher betrachten.

18.1 Triviale perfekte Codes

Wir betrachten zunächst drei für die Praxis wenig taugliche perfekte Codes. Ihre Extremität veranschaulicht aber gut die definierenden Eigenschaften perfekter Codes (siehe Definition 18.2).

Der Code

$$C = \{\underbrace{0 \ldots 0}_{n}\}$$

der nur den Nullvektor enthält, ist ein $(n, 0)$-Linearcode. Er ist n-perfekt, alle Bitfehler können korrigiert werden. Es ist $S_n^n(0) = \mathcal{K}^n$.

Der Code $C = \mathcal{K}^n$ ist ein (n, n)-Linearcode. Er ist 0-perfekt, kein Bitfehler kann korrigiert werden. Es ist $S_0^n(x) = \{x\}$, für alle $x \in \mathcal{K}^n$, sowie $h(x, y) = 1$ für alle $x, y \in \mathcal{K}^n$ mit $x \neq y$.

Der Repetitionscode (siehe Abschnitt 17.1.1)

$$C_{R_n} = \{\underbrace{0 \ldots 0}_{n}, \underbrace{1 \ldots 1}_{n}\}$$

ist ein $(n, 1)$-Linearcode. Er ist $d = \lfloor \frac{n}{2} \rfloor$-perfekt für $h(C) = n = 2d + 1$.

18.2   Hamming-Codes

Wir betrachten nun einführend Hamming-Codes[1], die es erlauben, fehlerhafte Bits zu lokalisieren und damit zu korrigieren. In späteren Kapiteln werden wir noch weiter auf Hamming-Codes eingehen.

Es sein $C \subseteq \mathbb{F}_2^n$ ein $(n, n-l)$-Linearcode. Falls $x \in C$ gesendet und $y = x + e$ empfangen wird, wobei $e = e_1 \ldots e_n$ der Übertragungsfehler (*Fehlervektor*) ist mit

$$e_i = \begin{cases} 1 & \text{falls Fehler an der Stelle } i \\ 0 & \text{sonst} \end{cases}$$

dann gilt mit der Kontrollmatrix $H = (h_{i,j})_{\substack{1 \le i \le l \\ 1 \le j \le n}}$ von C:

$$\begin{aligned}
S_H(y) &= y \cdot H^T \\
&= (x + e) \cdot H^T \\
&= x \cdot H^T + e \cdot H^T \\
&= e \cdot H^T \\
&= e_1 \cdot (h_{11}, \ldots, h_{l1}) + e_2 \cdot (h_{12}, \ldots, h_{l2}) + \ldots + e_n \cdot (h_{1n}, \ldots, h_{ln}) \\
&= e_1 \cdot h_1 + e_2 \cdot h_2 \ldots + e_n \cdot h_n \\
&= \sum_{\substack{1 \le i \le n \\ e_i = 1}} h_i
\end{aligned}$$

Dabei ist $h_i = (h_{1i}, \ldots, h_{li})$, $1 \le i \le n$, die i-te Spalte der Kontrollmatrix $H = (h_1, \ldots, h_n)$.

Das Syndrom des übertragenen y ist also gleich der Summe der Spalten i von H, an denen im gesendeten x ein Fehler aufgetreten ist. Ist sicher, dass nur ein Fehler auftreten kann, dann gilt

$$S_H(y) = y \cdot H^T = h_i$$

genau dann, wenn das Bit i fehlerhaft übertragen wird. Ergibt also die Berechnung des Syndroms von y die Spalte h_i, dann muss das i-te Bit korrigiert werden.

Um diese Art der Fehlererkennung und -korrektur zu vereinfachen, wählen wir in geschickter Weise eine Kontrollmatrix H: Die i-te Spalte h_i von H soll die Dualzahl mit dem Wert i sein, d.h. $wert(h_i) = wert(h_{1,i} \ldots h_{l,i}) = i$.

---

[1]Richard Hamming (1915 - 1998), amerikanischer Mathematiker und Ingenieur, arbeitete längere Zeit mit C. Shannon (siehe Fußnote auf Seite 282) zusammen. Hamming entwickelte die Grundlagen für fehlertolerante Codes. Außerdem leistete er u.a. Beiträge zur nummerischen Analysis und zur Lösung von Differentialgleichungen, und er war an der Entwicklung der ersten IBM 650-Rechner beteiligt.

Beispiel 18.1 Die folgende Kontrollmatrix H enthält als Spalten alle Wörter aus $\mathbb{F}_2^3 - \{000\}$ mit $wert(h_i) = i, 1 \le i \le 7$:

$$H = \begin{pmatrix} 0001111 \\ 0110011 \\ 1010101 \end{pmatrix}$$

$\square$

Für den durch eine derart gestaltete Kontrollmatrix bestimmten $(7, 4)$-Linearcode kann der folgende Decodierungsalgorithmus verwendet werden:

1. Empfange $y \in \mathbb{F}_2^n$.

2. Berechne das Syndrom $S_H(y) = y \cdot H^T = h_i$.

3. Falls $h_i = 0$ ist, decodiere y zu y, denn es ist kein Fehler aufgetreten. Falls $h_i \ne 0$ ist, dann korrigiere in y die Stelle $i = wert(h_i)$.

Wir wollen nun beispielhaft betrachten, wie aus der gegebenen Kontrollmatrix die Codewörter berechnet werden können. Dazu bringen wir die Kontrollmatrix H durch geeignete Spaltenvertauschungen in kanonische Form H'. Für die Kontrollmatrix aus dem Beispiel 18.1 ergibt sich durch Vertauschen der Spalte 1 mit der Spalte 7, der Spalte 2 mit der Spalte 6 sowie der Spalte 4 mit der Spalte 5 die Matrix

$$H' = \begin{pmatrix} 1101\,100 \\ 1110\,010 \\ 1011\,001 \end{pmatrix}$$

Hieraus lässt sich (siehe Satz 17.3) die kanonische Generatormatrix

$$G' = \begin{pmatrix} 1000\,111 \\ 0100\,110 \\ 0010\,011 \\ 0001\,001 \end{pmatrix}$$

bestimmen. Durch Rückgängigmachen der obigen Spaltenvertauschungen ergibt sich die Generatormatrix des Codes

$$G = \begin{pmatrix} 1101\,001 \\ 0101\,010 \\ 1110\,000 \\ 1001\,100 \end{pmatrix} = \begin{pmatrix} x_1' \\ x_2' \\ x_3' \\ x_4' \end{pmatrix}$$

Durch die Basistransformationen

$$x_1 = x_1' + x_2'$$
$$x_2 = x_1' + x_4'$$
$$x_3 = x_2' + x_3' + x_4'$$
$$x_4 = x_1' + x_2' + x_4'$$

ergibt sich die kanonische Generatormatrix

$$G_{norm} = \begin{pmatrix} 1000\,011 \\ 0100\,101 \\ 0010\,110 \\ 0001\,111 \end{pmatrix} = \begin{pmatrix} x_1 \\ x_2 \\ x_3 \\ x_4 \end{pmatrix}$$

Alle möglichen Linearkombinationen der Basisvektoren x_1, x_2, x_3, x_4 bilden die Menge der Codewörter:

$$C = \left\{ \sum_{i=1}^{4} a_i \cdot x_i \,\middle|\, a_i \in \mathbb{F}_2 \right\} = \left\{ a \cdot G_{norm} \,\middle|\, a \in \mathbb{F}_2^4 \right\}$$

C hat also vier Informationsstellen und drei Prüfstellen. Es gilt $h(C) = 3 = 2 \cdot 1 + 1$, es sind also 1-Bitfehler korrigierbar. Damit ist natürlich nicht garantiert, dass der „richtige" Fehler entdeckt und korrigiert wird. Auf Wahrscheinlichkeiten für Decodierfehler beim $(7, 4)$-Hammingcode gehen wir in Beispiel 20.8 c) noch näher ein. $\square$

Codes, die gemäß der beschriebenen Art gebildet werden, wobei allgemein von einer $l \times 2^l - 1$-Kontrollmatrix H ausgegangen wird, deren Spalten h_i, $1 \leq i \leq 2^l - 1$, genau die Elemente aus $\mathbb{F}_2^l - \{0\}$ enthalten, heißen *Hamming-Codes* mit l Prüfstellen. Ihr Minimalabstand ist gleich l. Jeder Hamming-Code ist 1-perfekt.

In Kapitel 22.4 werden wir uns noch eingehender mit Hamming-Codes beschäftigen.

18.3 Übungen

18.1 Es liege eine $(7, 4)$-Hamming-Codierung vor, und das Wort $y = 1000001$ sei empfangen worden.

(1) Ist y ein Codewort? Begründen Sie Ihre Antwort.

(2) Falls y kein Codewort ist und, vorausgesetzt, es liegt nur ein Bitfehler vor, geben Sie die Stelle des Fehlers an, und korrigieren Sie das empfangene Wort y.

Kapitel 19

Präfixcodes

Wir haben Codes als injektive Abbildungen $c : A \to B^*$ definiert, die jedem Symbol des Senderalphabetes A eindeutig ein Wort über dem Kanalalphabet B zuordnen. c wird zu einer buchstabenweisen Codierung $c^* : A^* \to B^*$ von Wörtern erweitert:

$$c^*(\varepsilon) = \varepsilon$$
$$c^*(aw) = c^*(w)c(a), \ w \in B^*, a \in A$$

Die Decodierung von $c^*(w)$ ist im Allgemeinen nicht mehr eindeutig, da c^* nicht mehr injektiv sein muss, auch wenn c injektiv ist.

Beispiel 19.1 Gegeben sei die Codierung $c : \{ A, B, C, D \} \to \{ 0, 1 \}^*$ mit

$$c(A) = 0 \quad c(B) = 10 \quad c(C) = 11 \quad c(D) = 1$$

c ist injektiv. Trotzdem lässt sich etwa das Codewort 1010 nicht eindeutig decodieren, denn es gilt

$$c^*(DADA) = c(D)c(A)c(D)c(A) = 1010$$
$$c^*(BB) = c(B)c(B) \qquad\quad = 1010$$
$$c^*(BDA) = c(B)c(D)c(A) \quad = 1010$$
$$c^*(DAB) = c(B)c(D)c(A) \quad = 1010$$

□

In den bisherigen Kapiteln haben wir fast ausschließlich Blockcodes, insbesondere Linearcodes betrachtet. Die Wörter dieser Codes haben allesamt dieselbe Länge. Dadurch ist in jedem Fall eine eindeutige Decodierung gewährleistet. Codieren wir z.B. $c : \{ A, B, C, D \} \to \{ 0, 1 \}^*$ mit

$$c(A) = 000 \quad c(B) = 011 \quad c(C) = 100 \quad c(D) = 110$$

dann ist klar, dass das Codewort 100011 das Wort CB codiert; das Infix 000 kann nicht Codierung von A sein, da die Decodierung in Dreierblöcken geschieht.

Die Einschränkung auf eine feste gleiche Wortlänge für alle Codewörter ist allerdings nicht erforderlich, um in jedem Fall eindeutige Decodierbarkeit zu erreichen. Es reicht die Forderung, dass kein Codewort Präfix eines anderen Codewortes ist.

Definition 19.1 Ein Code C über dem Alphabet A mit $|A| = k$ heißt (k-ärer) *Präfix-Code* (auch *irreduzibler Code*), wenn kein Codewort aus C Präfix eines anderen Codewortes von C ist. □

Folgerung 19.1 a) Jeder Code, dessen Wörter alle gleiche Länge haben, ist ein Präfix-Code.

b) Blockcodes sind Präfixcodes. □

Satz 19.1 Jeder Präfixcode ist eindeutig decodierbar. □

Durch Einführung eines Sonderzeichens, eines „Kommas", kann man die Präfixeigenschaft von Codewörtern erreichen.

Definition 19.2 Sei $B = B' \cup \{\$\}$ ein Codealphabet und $\$ \notin B'$. $C \subseteq B^*$ heißt *Komma-Code*, falls für jedes Codewort $x \in C$ gilt:

(i) $x = x_1 \ldots x_n \$, x_i \neq \$, 1 \leq i \leq n, n \geq 1$, oder

(ii) $x = x_1 \ldots x_n, x_i \neq \$, 1 \leq i \leq n, n \geq 1$, und $|x| \geq |y|$ für alle $y \in C$, oder

(iii) $x = \$^k$ für genau ein $k \geq 1$. □

Folgerung 19.2 Jeder Komma-Code ist ein Präfixcode. □

Eine endliche Menge L von Wörtern über einem Alphabet $\Sigma = \{a_1, \ldots, a_m\}$ lässt sich durch einen m-ären Baum T_L wie folgt repräsentieren: Für jedes Wort $w = w_1 \ldots w_n, w_i \in \Sigma, 1 \leq i \leq n$, beginnt man bei der Wurzel, die das leere Wort repräsentiert. Falls in T_L bereits eine mit w_1 markierte Kante existiert, folgt man dieser. Falls eine solche Kante nicht existiert, dann führt man eine solche ein. In beiden Fällen fährt man bei dem Endknoten der Kante mit dem Suffix $w_2 \ldots w_n$ in gleicher Weise fort, bis das Wort komplett abgearbeitet ist. Den Knoten, bei dem die Abarbeitung eines Wortes endet, markiert man mit w.

Die Knoten von T_L, die keine Nachfolger haben, heißen Blätter, der Knoten, der keinen Vorgänger hat, heißt Wurzel, und alle anderen Knoten heißen innere Knoten von T_L. Wenn alle innere Knoten m Nachfolger haben, dann heißt T_L *regulär*. Ein regulärer Baum heißt *vollständig*, falls alle Blätter denselben Abstand von der Wurzel haben.

Codes $C \subseteq B^*$ über einem Codealphabet $B = \{b_1, \ldots, b_m\}$ können in dieser Art und Weise in so genannten Codebäumen repräsentiert werden. Abbildung 19.1

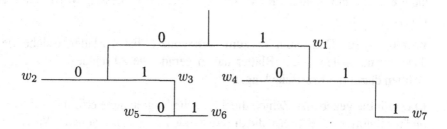

Abbildung 19.1: Codebaum T_C zu $C = \{\,1, 00, 01, 10, 010, 011, 111\,\}$

zeigt einen (nicht regulären) Codebaum T_C für den Code $C = \{\,w_1, \dots, w_7\,\}$ über $B = \{\,0, 1\,\}$ mit $w_1 = 1$, $w_2 = 00$, $w_3 = 01$, $w_4 = 10$, $w_5 = 010$, $w_6 = 011$, $w_7 = 111$.

Aus diesen Definitionen folgt unmittelbar der folgende Satz.

Satz 19.2 Ein Code C ist genau dann ein Präfixcode, wenn die Codewörter im Codebaum T_C ausschließlich von den Blättern repräsentiert werden. □

Für die Existenz von Präfixcodes für gegebene Codewortlängen hat die so genannte Kraftsche Ungleichung wesentliche Bedeutung.

Satz 19.3 (Kraftsche Ungleichung) Es seien $m_1, \dots, m_n \in \mathbb{N}_0$. Es existiert genau dann ein binärer Baum T mit n Blättern, deren Abstand von der Wurzel $m_1, \dots, m_n$ beträgt, wenn

$$\sum_{i=1}^{n} 2^{-m_i} \leq 1$$

ist. Falls T regulär ist, dann gilt $\sum_{i=1}^{n} 2^{-m_i} = 1$.

Beweisskizze Wenn man in einem regulären binären Baum jeden Knoten mit Abstand d von der Wurzel mit 2^{-d} bewertet, dann gilt, dass die Summe der Gewichte der Blätter immer 1 ergibt. Ist der Baum nicht regulär, dann fehlen Zweige, und damit wird die Summe der Gewichte kleiner als 1. Aus diesen Überlegungen folgt unmittelbar die Gültigkeit des Satzes. □

Den Zusammenhang zwischen der Kraftschen Ungleichung und der Existenz von Präfixcodes macht der Satz von McMillan deutlich.

Satz 19.4 (Satz von McMillan) a) Jeder binäre Präfixcode C mit $|C| = n$, dessen Wörter die Längen $m_1, \dots, m_n$ haben, erfüllt die Kraftsche Ungleichung.

b) Seien $n, m_1, \ldots, m_n \in \mathbb{N}_0$ Zahlen, die die Kraftsche Ungleichung erfüllen, dann existiert ein binärer Präfixcode C mit $|C| = n$, dessen Wörter die Längen $m_1, \ldots, m_n$ haben.

Beweis a) Ein Codebaum T_C zum Präfixcode C hat n Blätter, welche die Codewörter darstellen. Diese Blätter haben gerade die Abstände $m_1, \ldots, m_n$ und erfüllen damit die Kraftsche Ungleichung.

b) Da für die gegebenen Zahlen die Kraftsche Ungleichung erfüllt ist, existiert ein binärer Baum mit n Blättern, die die Abstände $m_1, \ldots, m_n$ von der Wurzel haben. Jetzt können wir jedem Blatt durch „Aufsammeln" der Bits auf dem Weg von der Wurzel zum Blatt Codewörter zuordnen. so erhalten wir einen Präfixcode mit n Wörtern der Längen $m_1, \ldots, m_n$. $\square$

Beispiel 19.2 Wir wollen die zehn Symbole $A, B, \ldots, J$ durch einen binären Präfixcode codieren. Die Abbildungen 19.2 und 19.3 zeigen zwei Möglichkeiten.

Für den Codebaum in Abbildung 19.2 gilt: Die vier Symbole A, B, C, D werden durch Codewörter der Länge 4 und die sechs anderen Symbole werden durch Codewörter der Länge 3 codiert. Die Kraftsche Ungleichung liefert

$$4 \cdot \frac{1}{2^4} + 6 \cdot \frac{1}{2^3} = \frac{1}{4} + \frac{6}{8} = 1$$

Für den Codebaum in Abbildung 19.3 gilt: $c(A) = 0$, $c(B) = 10$, $c(C) = 110$, $\ldots, c(I) = 111111110$ sowie $c(J) = 111111111$. Die Kraftsche Ungleichung liefert:

$$\sum_{i=1}^{9} \frac{1}{2^i} + \frac{1}{2^9} = \frac{1 - (\frac{1}{2})^{10}}{1 - \frac{1}{2}} - 1 + \frac{1}{2^9} = 2 - (\frac{1}{2})^9 - 1 + \frac{1}{2^9} = 1$$

Würden wir J durch 1111111110 anstelle durch 111111111 codieren, dann liefert die Kraftsche Ungleichung

$$\sum_{i=1}^{10} \frac{1}{2^i} = \frac{1 - (\frac{1}{2})^{11}}{1 - \frac{1}{2}} - 1 = 2 - (\frac{1}{2})^{10} - 1 = 1 - (\frac{1}{2})^{10} < 1$$

$\square$

Übungen

19.1 Sei B ein Codealphabet. Zeigen Sie: Ein Code $C \subseteq B^*$ ist präfixfrei genau dann, wenn $C \cap C \circ B^+ = \emptyset$ ist.

19.2 Gibt es zu jedem $n \in \mathbb{N}$ einen Präfixcode mit n Codewörtern der Längen $1, 2, \ldots, n$? Falls ja, geben Sie ihn an, und begründen Sie, dass jeder solche Code genau eine überflüssige Ziffer hat (siehe auch Beispiel 19.2).

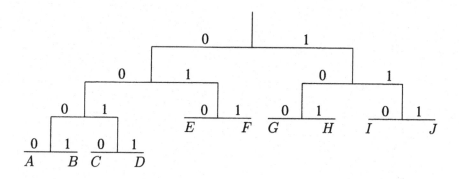

Abbildung 19.2: 1. Codebaum zu Beispiel 19.2

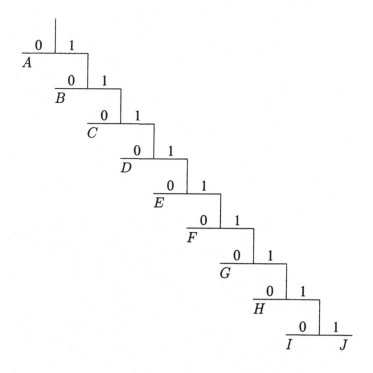

Abbildung 19.3: 2. Codebaum zu Beispiel 19.2

Kapitel 20

Information, Entropie und Sätze von Shannon

Bisher haben wir Codierungen von Zeichen eines Senderalphabets bzw. von Wörtern über einem Senderalphabet durch Wörter eines Kanalalphabets betrachtet, wobei Möglichkeiten zur Fehlererkennung und -korrektur im Mittelpunkt der Betrachtungen standen. Dazu werden die Codewörter mit redundanten Daten versehen. Die Wörter können dabei als Nachrichten verstanden werden, die über einen Kanal übertragen oder auf einem Medium gespeichert werden sollen. Man spricht deshalb auch von *Kanalcodierung*.

In diesem Kapitel beschäftigen wir uns einführend mit der *Quellencodierung*. Das heißt, nicht die Übertragung von Nachrichten über einen Kanal und die Erkennung von Fehlern und deren Korrekturmöglichkeiten stehen im Mittelpunkt der Betrachtungen, sondern die Frage, wie Nachrichten so codiert werden können, dass möglichst wenige ihrer Informationen verloren gehen. Dabei soll nicht Fehlertoleranz, sondern Effizienz ein Qualitätsziel sein, d.h. die Codewörter sollen möglichst kurz sein. Es geht um die Frage, in welchem Maße Nachrichten komprimiert werden können, ohne Informationen zu verlieren.

Für diese Betrachtungen müssen zunächst die Begriffe *Nachricht* und *Information* festgelegt werden.

Definition 20.1 Eine *diskrete Informationsquelle ohne Gedächtnis* $Q = (A, p)$ ist gegeben durch

(1) ein Quellenalphabet $A = \{ a_1, \ldots, a_N \}$ und

(2) eine Wahrscheinlichkeitsverteilung $p : A \to [0, 1]$, d.h. für $p_i = p(a_i) \neq 0$, $1 \leq i \leq N$, gilt $\sum_{i=1}^{N} p_i = 1$.

Schreibweise:

$$Q = \begin{pmatrix} a_1 & \cdots & a_N \\ p_1 & \cdots & p_N \end{pmatrix}$$

□

Eine solche Quelle stellt einen *diskreten Wahrscheinlichkeitsraum* $(A, \mathcal{P}(A), p)$ dar. Das heißt (siehe auch Einleitung von Kapitel 13.2):

- A ist eine endliche Menge,

- p ist eine Abbildung $p : A \to [0,1]$ mit $p(a) \neq 0$ für alle $a \in A$ und $\sum_{a \in A} p(a) = 1$, sowie $p(X) = \sum_{x \in X} p(x)$ für $X \in \mathcal{P}(A)$,

- für $X, Y \in \mathcal{P}(A)$ mit $X \cap Y = \emptyset$ gilt $p(X \cup Y) = p(X) + p(Y)$.

Eine diskrete *Zufallsvariable* ist eine Abbildung $x : A \to \mathbb{Z}$ (Schreibweise: $x_i = x(a_i)$, $1 \leq i \leq N$).

Der Wert $E(x) = \sum_{i=1}^{N} p_i x_i$ heißt *Erwartungswert* von x.

Eine Nachricht der Quelle Q ist ein Wort $x = x_1 \ldots x_n$, $x_i \in A$, $1 \leq i \leq n$. Durch

$$p^n(x) = p^n(x_1 \ldots x_n) = \prod_{j=1}^{n} p(x_j)$$

wird jeder Nachricht der Länge n eine Wahrscheinlichkeit zugeordnet, denn $Q^n = (A^n, \mathcal{P}(A^n), p^n)$, die n-te Potenz von Q, bildet für jedes n wieder einen Wahrscheinlichkeitsraum. Q^n heißt *Produktquelle*.

Quelle ohne Gedächtnis bedeutet, dass das Senden des Symbols x_j, $2 \leq j \leq n$, unabhängig vom Senden der Symbole x_i, $1 \leq i < j$, ist: Die Wahrscheinlichkeit einer Folge unabhängiger Ereignisse ergibt sich als Produkt der Einzelwahrscheinlichkeiten. Wenn wir im Folgenden *Informationsquelle* schreiben, ist *diskrete Informationsquelle ohne Gedächtnis* gemeint.

Definition 20.2 Sei $A = \{ a_1, \ldots, a_N \}$ Quellenalphabet, $Q = \begin{pmatrix} a_1 & \cdots & a_N \\ p_1 & \cdots & p_N \end{pmatrix}$ eine Informationsquelle, B ein Codealphabet und $c : A \to B^*$ eine Codierung sowie $\ell : A \to \mathbb{N}_0$ definiert durch $\ell_i = \ell(a_i) = |c(a_i)|$, $1 \leq i \leq n$, die Abbildung, die jedem Codewort seine Länge zuordnet, dann heißt

$$\overline{\ell_c} = \sum_{i=1}^{N} p_i \ell_i$$

die *mittlere Codewortlänge* (*mittlerer Codieraufwand, reale Entropie*) von c ($\overline{\ell_c}$ ist der Erwartungswert der Zufallsvariablen ℓ). Bei Binärcodes ist *Bit/Symbol* ein Maß für $\overline{\ell}$.

□

Beispiel 20.1 Für eine Bildübertragung seien die Grautöne Weiß, Hellgrau, Grau und Schwarz als Bitfolgen zu codieren und zu übertragen, dabei seien diese unabhängig voneinander, und ihre Wahrscheinlichkeiten seien: $p(W) = 0.4$, $p(S) = 0.3$, $p(G) = 0.2$ und $p(H) = 0.1$. Es liegt also die diskrete Informationsquelle

$$Q = \begin{pmatrix} W & H & G & S \\ 0.4 & 0.1 & 0.2 & 0.3 \end{pmatrix}$$

vor. Nehmen wir folgende Präfix-Codierung $c : \{ W, H, G, S \} \to \{ 00, 01, 10, 11 \}$ mit

$$c(W) = 00 \quad c(H) = 01 \quad c(G) = 10 \quad c(S) = 11$$

dann gilt:

$$\bar{\ell} = 0.4 \cdot 2 + 0.1 \cdot 2 + 0.2 \cdot 2 + 0.3 \cdot 2 = 2$$

Die mittlere Codelänge ist also 2 *Bit/Symbol*, was offensichtlich ist.

Wählen wir als Präfix-Codierung $c : \{ W, H, G, S \} \to \{ 0, 1 \}^*$ mit

$$c(W) = 0 \quad c(H) = 1101 \quad c(G) = 111 \quad c(S) = 10$$

dann gilt

$$\bar{\ell} = 0.4 \cdot 1 + 0.1 \cdot 4 + 0.2 \cdot 3 + 0.3 \cdot 2 = 2$$

und damit erhalten wir denselben Codieraufwand.

Wählen wir als Präfix-Codierung $c : \{ W, H, G, S \} \to \{ 0, 1 \}^*$ mit

$$c(W) = 1 \quad c(H) = 001 \quad c(G) = 000, \quad c(S) = 01$$

dann gilt

$$\bar{\ell} = 0.4 \cdot 1 + 0.1 \cdot 3 + 0.2 \cdot 3 + 0.3 \cdot 2 = 1.9$$

womit wir einen kleineren Codieraufwand erhalten. □

Nicht nur für dieses Beispiel, sondern generell stellt sich die Frage, wie weit sich eine Quellencodierung hinsichtlich der mittleren Codewortlänge optimieren lässt, und ob es ein Verfahren gibt, welches in jedem Fall optimale Codierungen generieren kann.

20.1 Huffman-Code

Ein solches Verfahren ist die Huffman-Codierung,[1] sie ist ein Beispiel für eine optimale statistische Datenkompression: Gegeben sei eine diskrete Informationsquelle

$$Q = \begin{pmatrix} a_1 & \cdots & a_N \\ p_1 & \cdots & p_N \end{pmatrix}$$

---

[1]David Huffman (1925 - 1996), amerikanischer Mathematiker, leistete u.a. wesentliche Beiträge zur Informations- und Signaltheorie und deren Anwendungen sowie zum Entwurf asynchroner Schaltkreise.

Hieraus erzeugt das folgende Verfahren einen Codebaum für einen Code

$$c : \{a_1, \dots, a_N\} \rightarrow \{0,1\}^*$$

mit optimaler mittlerer Codewortlänge $\overline{l_c}$.

```
algorithm HUFFMAN(Q : diskrete Quelle) : Tree
    t,t₁,t₂ : Tree
    T : Set of Tree
    T := {maketree(<>,(pᵢ,aᵢ) <>) | 1 ≤ i ≤ N}
    while |T| > 1 do
        Bestimme Baum t₁ ∈ T mit
                   root(t₁) = min{root(t) | t ∈ T}
        T := T − {t₁}
        Bestimme Baum t₂ ∈ T mit
                   root(t₂) = min{root(t) | t ∈ T}
        T := T − {t₂}
        T := T ∪ {maketree(t₁,root(t₁)+root(t₂),t₂)}
    endwhile
    return T
endalgorithm HUFFMAN
```

Zunächst wird die Menge T generiert, die für jedes Paar, bestehend aus dem Symbol a_i und seiner Wahrscheinlichkeit p_i, einen einknotigen Baum enthält. Solange diese Menge mehr als einen Baum enthält, werden aus ihr zwei Bäume mit kleinsten Wurzeln entnommen und aus diesen ein neuer Baum generiert, dessen Wurzel als Wert die Summe der Wurzeln der beiden Teilbäume erhält. Dieser Baum wird wieder der Menge T hinzugefügt.

Beispiel 20.2 Abbildung 20.1 stellt die Generierung eines Huffman-Codes mit obiger Prozedur für die Quelle

$$Q = \begin{pmatrix} W & H & G & S \\ 0.4 & 0.1 & 0.2 & 0.3 \end{pmatrix}$$

aus dem Beispiel 20.1 dar. Das Ergebnis ist der Code c mit:

$$c(W) = 0 \quad c(S) = 10 \quad c(H) = 110 \quad c(G) = 111$$

Dessen mittlere Codewortlänge ist

$$\overline{l} = 0.4 \cdot 1 + 0.3 \cdot 2 + 0.1 \cdot 3 + 0.2 \cdot 3 = 1.9 \qquad \square$$

Es ist unmmittelbar einsichtig, dass der Codebaum im Allgemeinen nicht eindeutig sein muss und dass die Wurzel des Codebaums immer den Wert $\sum_{i=1}^{N} p_i = 1$ hat.

Initialisierung

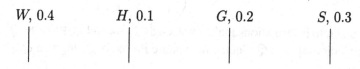

1. Schritt

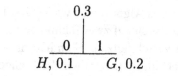

2. Schritt

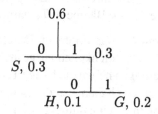

3. Schritt

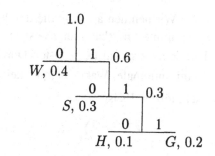

Abbildung 20.1: Beispiel für eine Huffman-Codierung der Quelle Q aus dem Beispiel 20.2

Dass die Huffman-Codierung eine optimale Codierung unter allen möglichen Präfixcodes für eine diskrete Informationsquelle ohne Gedächtnis ist, besagt der folgende Satz.

Satz 20.1 Sei

$$Q = \begin{pmatrix} a_1 & \cdots & a_N \\ p_1 & \cdots & p_N \end{pmatrix}$$

eine diskrete Informationsquelle ohne Gedächtnis und HUFFMAN(Q) sei eine Huffman-Codierung von Q. Sei c eine weitere Präfixcodierung von Q. Dann gilt:

$$\overline{l}_{\text{HUFFMAN}(Q)} \le \overline{l}_c$$

Beweis Die Schleife des Algorithmus wird $(N-1)$-mal durchlaufen. Dabei werden jeweils in einem Durchlauf zwei Bäume mit minimaler Wahrscheinlichkeit zu einem neuen Baum verschmolzen. T enthält nach dem k-ten Durchlauf $N - k$ Bäume. Zur Unterscheidung wollen wir die Menge T nach dem k-ten Durchlauf mit T_k bezeichnen. Die Summe der Wahrscheinlichkeiten der Bäume in T_k ist immer gleich 1. Wir zeigen durch vollständige Induktion über k, dass die mittlere Länge der durch die $N - k$ Bäume in T_k dargestellten Codewörter minimal ist.

Induktionsanfang mit $k = 1$: Im ersten Durchlauf werden zwei Symbole von Q mit geringsten Wahrscheinlichkeiten ausgesucht. Sie werden durch 0 sowie durch 1 codiert, die Codierungen haben die Länge 1. Alle anderen Wörter sind noch nicht codiert, ihre Codierungen haben also die Länge 0. Offensichtlich hat der erreichte Stand der Codierung in T_1 eine mittlere Wortlänge, die nicht unterschritten werden kann.

Induktionsschritt: Wir nehmen an, dass die durch die Bäume in T_k dargestellten Codewörter eine minimale mittlere Länge besitzen. Wir zeigen, dass das dann auch in T_{k+1} der Fall sein muss. Im $(k+1)$-ten Durchlauf werden zwei Bäume $t_1^{(k)}$ und $t_2^{(k)}$ aus T_k mit minimaler Wahrscheinlichkeit $p_{t_1^{(k)}}$ bzw. $p_{t_2^{(k)}}$ zu einem neuen Baum $t^{(k)}$ verschmolzen. Es ist

$$\overline{l}_{t_1^{(k)}} = \sum_{a \in t_1^{(k)}} l(c(a)) \cdot p(a) \tag{20.1}$$

die mittlere Länge der in $t_1^{(k)}$ dargestellten Codewörter, entsprechend ist

$$\overline{l}_{t_2^{(k)}} = \sum_{a \in t_2^{(k)}} l(c(a)) \cdot p(a) \tag{20.2}$$

die mittlere Länge der in $t_2^{(k)}$ dargestellten Codewörter. Des Weiteren sind

$$p_{t_1^{(k)}} = \sum_{a \in t_1^{(k)}} p(a) \tag{20.3}$$

und

$$p_{t_2^{(k)}} = \sum_{a \in t_2^{(k)}} p(a) \tag{20.4}$$

die Werte von $t_1^{(k)}$ bzw. von $t_2^{(k)}$.

$\bar{\ell}_{rest_k}$ sei die mittlere Codewortlänge über alle anderen Bäume in T_k. Dann gilt, dass

$$\bar{\ell}_{T_k} = \bar{\ell}_{rest_k} + \bar{\ell}_{t_1^{(k)}} + \bar{\ell}_{t_2^{(k)}} \tag{20.5}$$

die mittlere Länge der in T_k dargestellten Codewörter ist.

Durch das Verschmelzen von $t_1^{(k)}$ und $t_2^{(k)}$ zu $t^{(k)}$ werden alle Wörter aus $t_1^{(k)}$ und $t_2^{(k)}$ um 1 länger, und es gilt:

$$p_{t^{(k)}} = p_{t_1^{(k)}} + p_{t_2^{(k)}} \tag{20.6}$$

Somit gilt nach dem Verschmelzen, d.h. nach dem $(k+1)$-ten Durchlauf:

$$
\begin{aligned}
\bar{\ell}_{T_{k+1}} &= \bar{\ell}_{rest_k} + \sum_{a \in t_1^{(k)}} (l(c(a)) + 1) \cdot p(a) \\
&\quad + \sum_{a \in t_2^{(k)}} (l(c(a) + 1) \cdot p(a) \\
&= \bar{\ell}_{rest_k} + \sum_{a \in t_1^{(k)}} l(c(a)) \cdot p(a) + \sum_{a \in t_1^{(k)}} p(a) \\
&\quad + \sum_{a \in t_2^{(k)}} l(c(a)) \cdot p(a) + \sum_{a \in t_2^{(k)}} p(a) \\
&= \bar{\ell}_{rest_k} + \bar{\ell}_{t_1^{(k)}} + p_{t_1^{(k)}} + \bar{\ell}_{t_2^{(k)}} + p_{t_2^{(k)}} \qquad \text{mit (20.1 - 4)} \\
&= \bar{\ell}_{rest_k} + \bar{\ell}_{t_1^{(k)}} + \bar{\ell}_{t_2^{(k)}} + p_{t_1^{(k)}} + p_{t_2^{(k)}} \\
&= \bar{\ell}_{T_k} + p_{t^{(k)}} \qquad \text{mit (20.5) und (20.6)}
\end{aligned}
$$

Damit haben wir eine Rekursionsformel für die Berechnung der mittleren Wortlänge nach dem $(k+1)$-ten Durchlauf des HUFFMAN-Algorithmus hergeleitet. Wenn wir diese umstellen, dann gilt

$$\bar{\ell}_{T_k} = \bar{\ell}_{T_{k+1}} - p_{t^{(k)}} \tag{20.7}$$

Wir nehmen nun an, dass es eine bessere Codierung T'_{k+1} nach dem $(k+1)$-ten Durchlauf gibt, d.h. es ist $\bar{\ell}_{T'_{k+1}} < \bar{\ell}_{T_k}$. Dann folgt mit Gleichung (20.7)

$$\bar{\ell}_{T'_k} = \bar{\ell}_{T'_{k+1}} - p_{t^{(k)}} < \bar{\ell}_{T_{k+1}} - p_{t^{(k)}} = \bar{\ell}_{T_k}$$

Dies ist aber ein Widerspruch gegen die Induktionsvoraussetzung, dass die durch die Bäume in T_k dargestellten Codewörter eine minimale mittlere Länge $\bar{\ell}_{T_k}$ besitzen. Somit besitzen auch die durch die Bäume in T_{k+1} dargestellten Codewörter eine minimale mittlere Länge.

Wir haben also gezeigt, dass die durch die Bäume in T_k dargestellten Codewörter jeweils nach dem k-ten Durchlauf des HUFFMAN-Algorithmus eine minimale mittlere Wortlänge besitzen. Das gilt somit auch für die Menge T_1, die den Codebaum enthält, den der Algorithmus für die eingegebene diskrete Quelle ohne Gedächtnis erzeugt.   □

Wir wollen nun nicht nur Symbole des Quellenalphabetes A codieren, sondern Wörter über A.

Beispiel 20.3 Als Beispiel nehmen wir die Quelle aus Beispiel 20.2.

$$Q = \begin{pmatrix} W & H & G & S \\ 0.4 & 0.1 & 0.2 & 0.3 \end{pmatrix}$$

Anstelle wie bisher die Symbole einzeln zu codieren, codieren wir Wörter der Länge 2. Wegen der Unabhängigkeit ergibt sich die diskrete Quelle ohne Gedächtnis:

$$Q^2 = \begin{pmatrix} WW & WS & WG & WH & SW & SS & SG & SH \\ 0.16 & 0.12 & 0.08 & 0.04 & 0.12 & 0.09 & 0.06 & 0.03 \\ \\ GW & GS & GG & GH & HW & HS & HG & HH \\ 0.08 & 0.06 & 0.04 & 0.02 & 0.04 & 0.03 & 0.02 & 0.01 \end{pmatrix}$$

HUFFMAN(Q^2) liefert z.B. den folgenden Code:

$$
\begin{aligned}
c(HH) &= 000100 & c(HG) &= 000101 \\
c(GH) &= 10100 & c(HS) &= 10101 \\
c(SH) &= 00011 & c(GG) &= 00110 \\
c(HW) &= 00111 & c(GW) &= 0000 \\
c(WH) &= 1011 & c(WG) &= 0010 \\
c(GS) &= 0100 & s(SG) &= 0101 \\
c(WW) &= 011 & c(SS) &= 100 \\
c(SW) &= 110 & c(WS) &= 111
\end{aligned}
$$

Seine mittlere Codewortlänge ist:

$$\bar{\ell}_2 = \frac{1}{100}(3\cdot(16+12+12+9)+4\cdot(8+8+6+6+4)+5\cdot(4+4+3+3+2)+6\cdot(2+1)) = 3.73$$

Dabei ist das Maß $Bit/Paar$. Daraus folgt:

$$\bar{\ell} = 3.73/2 = 1.865\,[Bit/Symbol]$$

Die Paarcodierung ist in diesem Fall also effizienter als die Einzelcodierung. Die Frage ist, ob eine Wortcodierung durch weitere Verlängerung der zu codierenden Wörter zu effizienteren Codes führt. Damit werden wir uns im Folgenden beschäftigen.   □

20.2 Information

Das Verständnis des Begriffs *Information* in der Codierungs- und Informationstheorie ist anders als im „normalen" Sprachgebrauch. In der Codierungs- und Informationstheorie soll das Maß der Information nur abhängen von der Wahrscheinlichkeit des Auftretens der Quellensymbole (Nachrichten[2]): Je kleiner die Wahrscheinlichkeit eines Quellensymbols, je größer ist die Unsicherheit über sein Auftreten, d.h. je größer ist die Information über die Beseitigung dieser Unsicherheit, d.h. je größer ist die Information, wenn dieses Symbol auftritt.

Wenn wir mit $I(a)$ die Information der Nachricht $a \in A$ bezeichnen, dann sollte $I(a_i) > I(a_j)$ sein, falls $p_i < p_j$ ist, d.h. I sollte eine antitonische Funktion sein. Des Weiteren ist es sinnvoll zu verlangen, dass, wenn p_i und p_j nahe beieinander liegen, auch $I(a_i)$ und $I(a_j)$ nahe beieinander liegen, d.h. dass I eine stetige Funktion ist, und außerdem sollte die Gesamtinformation zweier aufeinander folgender Nachrichten gleich der Summe der Einzelinformationen sein: $I(a_i a_j) = I(a_i) + I(a_j)$.

Aus diesen Überlegungen resultieren folgende Forderungen an ein Maß I zum Messen der Information der Quellensymbole: Sei die diskrete Informationsquelle

$$Q = \begin{pmatrix} a_1 & \cdots & a_N \\ p_1 & \cdots & p_N \end{pmatrix}$$

mit $N \geq 2$ gegeben, dann soll I folgende Anforderungen erfüllen:

(1) I ist eine Funktion, die ausschließlich von den Wahrscheinlichkeiten der Quellensymbols abhängt: $I(a_i) = f(p(a_i)) = f(p_i)$.

Für diese Funktion f soll gelten:

(2) $f : [0, 1] \to \mathbb{R}$ ist stetig und monoton fallend sowie

(3) $f(p_i \cdot p_j) = f(p_i) + f(p_j)$ für alle $p_i, p_j \in]0, 1[$, und zudem

(4) $f(\frac{1}{2}) = 1$ als Normierung, d.h. die Information einer Nachricht, deren Erscheinen und deren Nichterscheinen gleichwahrscheinlich ist, sei 1.

Wir suchen also eine Funktion f, welche die Eigenschaften (2), (3) und (4) erfüllt.

Wenn f stetig ist, dann ist auch die Funktion $h = f \circ exp$ stetig, da $exp(x) = e^x$ eine stetige Funktion ist.[3] Außerdem gilt für $x, y \in exp^{-1}(]0, 1[)$

$$h(x+y) = f(exp(x+y)) = f(e^{x+y}) = f(e^x \cdot e^y) = f(e^x) + f(e^y) = h(x) + h(y)$$

---

[2]Man beachte den Unterschied der Begriffe *Nachricht* und *Information* in der Informationstheorie: Eine *Nachricht* ist ein Symbol oder ein Wort der Quelle, ihre *Information* wird durch die Wahrscheinlichkeit ihres Auftretens bestimmt.

[3]Die Zahl $e = \lim_{n \to \infty} (1 + \frac{1}{n})^n$ heißt Eulersche Zahl, ihre ersten Stellen sind $e = 2.71828\ldots$

Man kann zeigen, dass die Funktionen $h_k(x) = k \cdot x$, $k \in \mathbb{R}$, die einzigen sind, die diese Gleichung erfüllen. Damit gilt

$$k \cdot y = h_k(y) = f(exp(y)) = f(e^y)$$

woraus mit $y = \ln x$ folgt[4]

$$f(x) = f(e^{\ln x}) = k \cdot \ln x \qquad (20.8)$$

Damit ist f bis auf den konstanten Faktor k eindeutig bestimmt, wobei, da f streng monoton fallend sein soll, $k < 0$ sein muss.

Wegen der Normierung (4) folgt

$$1 = f(\frac{1}{2}) = k \cdot \ln \frac{1}{2} \text{ und daraus } k = \frac{1}{-\ln 2}$$

Mit (20.8) und der Beziehung[5] $\ln x = \ln 2 \cdot \log_2 x$ folgt hieraus:

$$f(x) = k \cdot \ln x = k \cdot \ln 2 \cdot \log_2 x = -\frac{1}{\ln 2} \cdot \ln 2 \cdot \log_2 x = -\log_2 x = \log_2(\frac{1}{x})$$

Diese Funktion f erfüllt also alle die an ein Informationsmaß gestellten Anforderungen.

Definition 20.3 (Shannon)[6] Sei $Q = \begin{pmatrix} a_1 & \cdots & a_N \\ p_1 & \cdots & p_N \end{pmatrix}$ eine diskrete Informationsquelle ohne Gedächtnis. Dann ist die *Information* (der *Informationsgehalt*) $I(a_i)$ von a_i, $1 \leq i \leq N$, definiert durch

$$I(a_i) = \log_2(\frac{1}{p_i}) = -\log_2 p_i$$

mit der Maßeinheit *bit*. $\qquad\qquad\qquad\qquad\qquad\qquad\qquad\qquad\qquad\qquad\qquad\square$

Beispiel 20.4 Wir betrachten die Quelle $Q = \begin{pmatrix} a_1 & \cdots & a_N \\ p_1 & \cdots & p_N \end{pmatrix}$ mit $N = 2^m$ und $p_i = p_j$, $1 \leq i, j \leq N$, d.h. alle Quellensymbole haben dieselbe Wahrscheinlichkeit p. Es gilt also $N \cdot p = 1$, d.h. $p = \frac{1}{N} = \frac{1}{2^m}$.

Für jedes Quellensymbol a gilt also: $I(a) = -\log_2 p = -\log_2 2^{-m} = m$: Jedes Quellensymbol hat einen Informationsgehalt von m *bit*.

Q kann durch $C = \{0, 1\}^m$ codiert werden, auch die Huffman-Codierung führt genau zu diesem Code: Der Codebaum ist ein vollständiger Baum der Tiefe m. $\square$

---

[4]Die Umkehrfunktion von e^x ist der natürliche Logarithmus $\ln x$. Es gilt: $\ln e^x = x = e^{\ln x}$.

[5]Es gilt: $y = \log_2 x \Rightarrow x = 2^y \Rightarrow \ln x = \ln(2^y) = y \cdot \ln 2 \Rightarrow y = \frac{\ln x}{\ln 2}$ und damit $\log_2 x = \frac{\ln x}{\ln 2}$.

[6]Claude Shannon (1916 - 2001), amerikanischer Ingenieur und Mathematiker, ist Begründer der Informationstheorie. Er beschäftige sich zudem unter anderem mit der Digitalisierung von analogen Signalen („Abtasttheorem"), mit Schachcomputern und mit Verschlüsselungsalgorithmen. Auf ihn geht der Begriff „Bit" zurück.

20.3 Entropie

Analog wie bei den Codierungen, bei denen wir nicht an den Längen der einzelnen Codewörter interessiert sind, sondern an der mittleren Codewortlänge eines Codes, so betrachten wir jetzt nicht nur den Informationsgehalt einzelner Quellensymbole, sondern den mittleren Informationsgehalt einer Quelle, deren so genannte Entropie.

Definition 20.4 Sei $Q = \begin{pmatrix} a_1 & \cdots & a_N \\ p_1 & \cdots & p_N \end{pmatrix}$ eine diskrete Informationsquelle ohne Gedächtnis. Dann heißt

$$H(Q) = \sum_{i=1}^{n} -p_i \, log_2 \, p_i = -\sum_{i=1}^{n} p_i \, log_2 \, p_i$$

die *(ideelle) Entropie* (der *mittlere Informationsgehalt*) von Q. Ihre Maßeinheit ist *bit/Symbol*. □

$H(Q)$ hängt ausschließlich von den Wahrscheinlichkeiten $p = (p_1, \ldots, p_N)$ der Quellensymbole ab, deshalb schreibt man anstelle von $H(Q)$ auch $H(p)$ oder $H(p_1, \ldots, p_N)$.

Beispiel 20.5 a) Für die Quelle $Q = \begin{pmatrix} a_1 & \cdots & a_N \\ \frac{1}{N} & \cdots & \frac{1}{N} \end{pmatrix}$ gilt:

$$H(\frac{1}{N}, \ldots, \frac{1}{N}) = -\sum_{i=1}^{N} \frac{1}{N} \, log_2(\frac{1}{N}) = -N \cdot \frac{1}{N} \cdot log_2(\frac{1}{N}) = -log_2(\frac{1}{N})$$

$$= log_2 N$$

b) Für $N = 2^m, p_i = p = \frac{1}{N} = \frac{1}{2^m}$ gilt damit:

$$H(\frac{1}{N}, \ldots, \frac{1}{N}) = log_2 N = log_2 2^m = m = I(a_i), \, 1 \le i \le N$$

c) Für die Quelle $Q = \begin{pmatrix} a_1 & a_2 \\ p & 1-p \end{pmatrix}$ gilt

$$H(Q) = H(p, 1-p) = -p \, log_2 \, p - (1-p) \, log_2(1-p)$$

$H(p, 1-p)$ ist maximal für $p = 1 - p = \frac{1}{2}$.

d) Die Quelle der Schwarz-Weiß-Werte

$$Q = \begin{pmatrix} W & H & G & S \\ 0.4 & 0.1 & 0.2 & 0.3 \end{pmatrix}$$

hat die Entropie $H(Q) \approx 1.846 \, bit/Symbol$. □

Der folgende Satz verallgemeinert die Aussage von Beispiel 20.5 c).

Satz 20.2 Unter allen diskreten Quellen ohne Gedächtnis mit N Symbolen, hat diejenige die größte Entropie, deren Signale alle die gleiche Wahrscheinlichkeit haben. □

Diese maximale Entropie bei festgehaltenem Alphabet wird auch mit H_0 oder mit H_{max} bezeichnet.

Satz 20.3 Seien $Q = (A,p)$, $Q_1 = (A_1,p_1)$ und $Q_2 = (A_2,p_2)$ diskrete Informationsquellen ohne Gedächtnis.

a) Für die (Produkt-) Quelle $Q_1 \times Q_2 = (A_1 \times A_2, p_{12})$ mit

$$p(a_1,a_2) = p_{12}(a_1,a_2) = p_1(a_1) \cdot p_2(a_2), \ a_1 \in A_1, \ a_2 \in A_2$$

gilt

$$H(Q_1 \times Q_2) = H(Q_1) + H(Q_2)$$

b) Für die Quelle $Q^k = \underbrace{Q \times \ldots Q}_{k\text{-mal}}$, deren Symbole aus allen Folgen der Länge k

über Q bestehen, gilt

$$H(Q^k) = k \cdot H(Q)$$

Beweis a) Nach Definition der Entropie gilt:

$$H(Q_1 \times Q_2) = -\sum_{(a_1,a_2) \in A_1 \times A_2} p_{12}(a_1,a_2) \, log_2 \, p_{12}(a_1,a_2)$$

Wegen $p_{12}(a_1,a_2) = p_1(a_1) \cdot p_2(a_2)$, $a_1 \in A_1$, $a_2 \in A_2$, folgt:

$$H(Q_1 \times Q_2) = -\sum_{(a_1,a_2) \in A_1 \times A_2} p_1(a_1)p_2(a_2) \, log_2(p_1(a_1)p_2(a_2))$$

$$= -\sum_{a_1 \in A_1} \sum_{a_2 \in A_2} p_1(a_1)p_2(a_2) \, log_2(p_1(a_1)p_2(a_2))$$

$$= -\sum_{a_1 \in A_1} \sum_{a_2 \in A_2} p_1(a_1)p_2(a_2)(log_2 \, p_1(a_1) + log_2 \, p_2(a_2))$$

$$= -\sum_{a_1 \in A_1} p_1(a_1) \, log_2 \, p_1(a_1) \cdot \sum_{a_2 \in A_2} p_2(a_2)$$

$$\quad - \sum_{a_2 \in A_2} p_2(a_2) \, log_2 \, p_2(a_2) \cdot \sum_{a_1 \in A_1} p_1(a_1)$$

$$= -\sum_{a_1 \in A_1} p_1(a_1) \, log_2 \, p_1(a_1) - \sum_{a_2 \in A_2} p_2(a_2) \, log_2 \, p_2(a_2)$$

$$= H(Q_1) + H(Q_2)$$

b) Folgt durch Induktion über k mithilfe von a). □

Dieser Satz, insbesondere Teil b), besagt, dass man die Entropie linear steigern kann – allerdings auf Kosten einer exponentiellen Nachrichtenvermehrung.

20.4 Quellencodierung

Wir beschäftigen uns nun mit der Frage, wie die mittlere Codewortlänge einer Quelle und deren Entropie zusammenhängen. Dabei greifen wir auch die am Ende von Beispiel 20.3 gestellte Frage auf, wie weit die mittlere Codewortlänge – etwa wie in diesem Beispiel durch Wortcodierung – gesteigert werden kann.

Zunächst betrachten wir die Quelle Q mit 2^m Symbolen, die alle die Wahrscheinlichkeit $p = \frac{1}{2^m}$ haben. Im Beispiel 20.5 b) haben wir berechnet, dass

$$H(Q) = m = I(a_i), 1 \le i \le 2^m$$

gilt.

Desgleichen haben wir ebenda überlegt, dass Q durch $C = \{0,1\}^m$ codiert werden kann. Für die mittlere Codewortlänge $\bar{\ell}_C(Q)$ dieses Codes gilt:

$$\bar{\ell}_C(Q) = \sum_{i=1}^{2^m} p_i \ell_i = \sum_{i=1}^{2^m} \frac{1}{2^m} m = 2^m \frac{1}{2^m} m = m$$

Für die Quelle Q mit 2^m Symbolen, die alle die Wahrscheinlichkeit $p = \frac{1}{2^m}$ haben, gilt also, dass die Entropie, d.h. der mittlere Informationsgehalt, von Q und die mittlere Codewortlänge von Q übereinstimmen:

$$H(Q) = \bar{\ell}_C(Q)$$

Der folgende Satz gibt eine allgemein gültige Beziehung zwischen der Entropie $H(Q)$ einer diskreten Informationsquelle ohne Gedächtnis Q und deren optimale mittlere Codewortlänge bei Einzelcodierung an. Wir bezeichnen dabei die optimale mittlere Codewortlänge der Quelle Q bei Einzelcodierung mit $\bar{\ell}_{opt}(Q)$.

Satz 20.4 (Schranken für die mittlere Codewortlänge) Sei Q eine diskrete Informationsquelle ohne Gedächtnis, dann gilt

$$H(Q) \le \bar{\ell}_{opt}(Q) < H(Q) + 1$$

Beweis Die Verteilung von Q sei $p = (p_1, \ldots, p_N)$, und C sei eine Präfixcodierung von Q. Nach dem Satz von McMillan (Satz 19.4) existiert ein aus N Wörtern bestehender Präfixcode C mit den Codewortlängen $\ell_1, \ldots \ell_N$ genau dann, wenn die Kraftsche Ungleichung für N und $\ell_1, \ldots \ell_N$ gilt:

$$\sum_{i=1}^{N} 2^{-\ell_i} \le 1 = \sum_{i=1}^{N} p_i \tag{20.9}$$

Für den natürlichen Logarithmus ln gilt: $ln\, x \le x - 1$. Daraus folgt wegen $ln\, x = ln\, 2 \cdot log_2 x$

$$log_2 x \le \frac{1}{ln\, 2}(x - 1) \tag{20.10}$$

Diese Ungleichungen benutzen wir bei der folgenden Abschätzung:

$$H(Q) - \bar{\ell} = -\sum_{i=1}^{N} p_i \, log_2 \, p_i - \sum_{i=1}^{N} p_i \ell_i$$

$$= -\sum_{i=1}^{N} (p_i \, log_2 \, p_i + p_i \ell_i)$$

$$= -\sum_{i=1}^{N} (p_i \, log_2 \, p_i + p_i \, log_2(2^{\ell_i}))$$

$$= -\sum_{i=1}^{N} p_i (log_2 \, p_i + log_2(2^{\ell_i}))$$

$$= -\sum_{i=1}^{N} p_i \, log_2(p_i \cdot 2^{\ell_i})$$

$$= \sum_{i=1}^{N} p_i \, log_2(\frac{1}{p_i} \cdot 2^{-\ell_i})$$

$$\leq \frac{1}{ln \, 2} \cdot \sum_{i=1}^{N} p_i (\frac{1}{p_i} \cdot 2^{-\ell_i} - 1) \qquad \text{wegen (20.10)}$$

$$= \frac{1}{ln \, 2} \cdot (\sum_{i=1}^{N} 2^{-\ell_i} - \sum_{i=1}^{N} p_i)$$

$$\leq 0 \qquad\qquad\qquad\qquad\qquad \text{wegen (20.9)}$$

Damit gilt $H(Q) \leq \bar{\ell}$ für jede Präfixcodierung von Q, also auch für eine optimale.
Wir wählen nun N Zahlen ℓ_i, so dass

$$-log_2 \, p_i \leq \ell_i < -log_2 \, p_i + 1, \; 1 \leq i \leq N \qquad\qquad (20.11)$$

gilt. Es ist

$$-log_2 \, p_i \leq \ell_i \quad \text{genau dann, wenn} \quad log_2 \frac{1}{p_i} \leq \ell_i$$

$$\text{genau dann, wenn} \quad \frac{1}{p_i} \leq 2^{\ell_i}$$

$$\text{genau dann, wenn} \quad 2^{-\ell_i} \leq p_i$$

$$\text{genau dann, wenn} \quad \sum_{i=1}^{N} 2^{-\ell_i} \leq \sum_{i=1}^{N} p_i$$

$$\text{genau dann, wenn} \quad \sum_{i=1}^{N} 2^{-\ell_i} \leq 1$$

gilt. N und die gewählten ℓ_i erfüllen also die Kraftsche Ungleichung. Nach dem Satz von McMillan (Satz 19.4) gibt es also eine Präfixcodierung von Q mit diesen Wortlängen.

Für die mittlere Codewortlänge dieses Codes gilt:

$$\bar{\ell}_{opt}(Q) \leq \bar{\ell}$$

$$= \sum_{i=1}^{N} p_i \ell_i$$

$$< \sum_{i=1}^{N} p_i(-log_2\, p_i + 1) \qquad \text{wegen (20.11)}$$

$$= \sum_{i=1}^{N} (-p_i\, log_2\, p_i + p_i)$$

$$= \sum_{i=1}^{N} -p_i\, log_2\, p_i + \sum_{i=1}^{N} p_i$$

$$= -\sum_{i=1}^{N} p_i\, log_2\, p_i + \sum_{i=1}^{N} p_i$$

$$= H(Q) + 1$$

Womit auch der zweite Teil der Behauptung gezeigt ist. $\qquad\qquad\qquad\square$

Am Beispiel 20.3, der Schwarz-Weiß-Quelle, haben wir gesehen, dass sich in diesem Fall bei einer Paarcodierung die mittlere Codewortlänge gegenüber der Einzelcodierung reduziert, und zwar sogar gegenüber der optimalen Codierung. Wir greifen nun die Frage auf, ob durch weitere Vergrößerung der Länge die mittlere Codewortlänge noch weiter reduziert werden, und wenn ja, wie weit diese Reduzierung gehen kann. Eine Antwort auf diese Frage gibt der sogenannte *1. Hauptsatz der Informationstheorie*. Er besagt zum einen, dass der mittlere Codierungsaufwand pro Quellenzeichen (bei Präfixcodierung der Quellenwörter der Länge k) nach unten durch die Entropie beschränkt ist. Zum anderen besagt er, dass der mittlere Codieraufwand durch Vergrößerung der Wortlänge beliebig der Entropie angenähert werden kann.

Satz 20.5 (Fundamentalsatz über die Quellencodierung nach Shannon) Sei Q eine diskrete Informationsquelle ohne Gedächtnis. Dann gilt:

$$H(Q) \leq \frac{1}{k} \cdot \bar{\ell}_{opt}(Q^k) < H(Q) + \frac{1}{k}$$

Beweis Anstelle von Q betrachten wir die Quelle Q^k, d.h. alle Wörter der Länge k über Q. Es gilt nach Satz 20.3 b): $H(Q^k) = k \cdot H(Q)$.

Da Q^k eine diskrete Informationsquelle ohne Gedächtnis ist, gilt für diese der Satz 20.4 über die Schranken für die mittlere Codewortlänge:

$$H(Q^k) \leq \overline{\ell}_{opt}(Q^k) < H(Q^k) + 1$$

Damit erhalten wir für den mittleren Codieraufwand (bei Quellenwörtern der Länge k) pro Quellenzeichen die Abschätzung:

$$H(Q) = \frac{1}{k} \cdot H(Q^k) \leq \frac{1}{k} \cdot \overline{\ell}_{opt}(Q^k)$$

$$< \frac{1}{k} \cdot (H(Q^k) + 1) = \frac{1}{k} \cdot (k \cdot H(Q) + 1) = H(Q) + \frac{1}{k} \qquad \square$$

Bemerkungen 20.1 (1) Dieser Satz gilt nur für unabhängige Symbolfolgen, in der Realität gibt es oft Abhängigkeiten.

(2) Es werden nur Wortcodierungen fester Länge betrachtet.

(3) Die Differenz $\overline{\ell}_C(Q) - H(Q)$, für eine Codierung C von Q, heißt absolute Redundanz von C, ein Maß dafür, wie C die Quelle komprimiert (Gütemaß der Kompression mittels Präfixcodes).

(4) $1 - \frac{H(Q)}{\overline{\ell}_C(Q)}$ heißt relative Redundanz der Codierung C. $\frac{H(Q)}{\overline{\ell}_C(Q)}$ ist die im Mittel pro Codesymbol übertragene Information.

(5) $1 - \frac{H(Q)}{H_0}$ ist die relative Redundanz der Quelle Q, die die Abweichung der Entropie von Q von der Entropie einer Quelle mit gleich vielen, gleich wahrscheinlichen Symbolen misst.

Für die deutsche Schriftsprache (Buchstaben, Zwischenraum, Interpunktion) ergibt sich eine Redundanz von ca. 67 %, d.h. für das Verständnis eines deutschen Textes sind etwa Zweidrittel der Buchstaben überflüssig. $\qquad \square$

20.5 Kanalcodierung

Wir haben im vorigen Abschnitt nur die Quellencodierung betrachtet, d.h. wir waren an Effizienz, d.h. an Kompression von Codewörtern interessiert. Eine Nachrichtenübertragung ist dabei nicht Gegenstand der Betrachtungen.

In diesem Abschnitt kehren wir zur Übertragung von Nachrichten zurück, d.h. wir betrachten Kanalcodierungen, und interessieren uns auch hier für die Frage nach optimalen (Kanal-) Codierungen.

Definition 20.5 Ein *diskreter Kanal ohne Gedächtnis* (DMC: discrete memoryless channel) $K = (X, Y, p)$ ist gegeben durch zwei endliche Mengen X und Y sowie durch die Übergangswahrscheinlichkeit

$$p_{ij} = p(y_j | x_i),\ x_i \in X,\ y_j \in Y$$

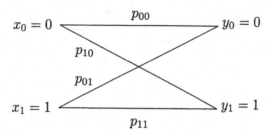

Abbildung 20.2: BMC: binärer gedächtnisloser Kanal

$p(y_j|x_i)$ bedeutet die Wahrscheinlichkeit, dass y_j empfangen wird unter der Voraussetzung, dass x_i gesendet wurde. Dabei gilt:

$$\sum_j p(y_j|x_i) = 1 \qquad (20.12)$$

$$\sum_i p(y_j|x_i) = 1 \qquad (20.13)$$

Wir sind im Folgenden interessiert an *binären Kanälen* (BMC: binary memoryless channel): $X = Y = \{0,1\}$ sowie $p = (p_{00}, p_{01}, p_{10}, p_{11})$, wobei $x_0 = y_0 = 0$ und $x_1 = y_1 = 1$ ist (siehe Abbildung 20.2). $\square$

Beispiel 20.6 Der Spezialfall eines BMC ist der *binäre symmetrische Kanal* (BSC: binary symmetric channel): Sei $0 \leq p \leq \frac{1}{2}$ (die Bit-Fehlerwahrscheinlichkeit), dann ist $p_{00} = p_{11} = 1 - p$ und $p_{01} = p_{10} = p$ (siehe Abbildung 20.3). Beim BSC wird also eine 0-1-Folge gesendet. Der Empfänger erhält mit der Wahrscheinlichkeit p ein falsches Ergebnis. Ist z.B. $p = 0.05$, dann tritt in 5 % aller Fälle das Kippen eines Bits auf, in 95 % der Fälle werden die Bits korrekt übertragen.

Ist $p = 0$, dann liegt ein *ungestörter Kanal* vor, ist $p = \frac{1}{2}$, dann liegt ein *total gestörter Kanal* vor. $\square$

Bemerkungen 20.2 Da wir es mit unabhängigen Wahrscheinlichkeiten zu tun haben, gilt für DMCs

$$p(x_i, y_j) = p(x_i) \cdot p(y_j|x_i) = p(y_j) \cdot p(x_i|y_j) = p(y_j, x_i) \qquad (20.14)$$

sowie

$$p(y_j) = \sum_{x_i \in X} p(x_i) p(y_j|x_i) \qquad (20.15)$$

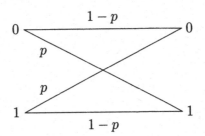

Abbildung 20.3: BSC: binärer symmetrischer Kanal

□

Wir betrachten im Folgenden nur (n, k)-Blockcodes $C : X^k \to Y^n$ (siehe Kapitel 17) und nennen $R_C = \frac{k}{n}$ die (Übertragungs-) Rate von C. Zu einer Nachricht der Länge k werden also $n - k$ Bits als Redundanz angefügt, welche der Fehlererkennung und -korrektur dienen sollen.

Als Decodierungsstrategien bei der Verwendung von Blockcodes bei DMCs verwenden wir die folgenden: Falls ein Wort $y \in Y^n$ der Länge n empfangen wird, so wählen wir als Decodierung das Wort $x \in X^k$ der Länge k, für das

(1) $p(x|y)$ am größten ist: Diese Strategie heißt MED (minimum error probability decoding).

(2) $p(y|x)$ am größten ist: Diese Strategie heißt MLD (maximum likelihood decoding).

Beispiel 20.7 Gegeben sei der DMC $K = (X, Y, p)$ mit $X = \{ a, b, c \}$ und $Y = \{ d, e, f, g \}$ sowie mit

$$p(a|e) = \tfrac{1}{4} \quad p(b|e) = \tfrac{1}{2} \quad p(c|e) = \tfrac{1}{4}$$
$$p(d|a) = \tfrac{1}{2} \quad p(d|b) = \tfrac{1}{4} \quad p(d|c) = \tfrac{1}{4}$$

sowie den weiteren Wahrscheinlichkeiten $p(x|y)$, die wir nicht angeben, weil sie für das Beispiel nicht interessieren.

Falls e empfangen wird, wird es bei Anwendung von MED zu b decodiert, da $p(b|e) = max\{\, p(x|e) \mid x \in X \,\}$ ist.

Falls d empfangen wird, wird es bei Anwendung von MLD zu a decodiert, da $p(d|a) = max\{\, p(d|x) \mid x \in X \,\}$ ist.   □

In den folgenden Beispielen vergleichen wir den Repetitionscode und den $(7, 4)$-Hamming-Code hinsichtlich Decodier-Fehlerwahrscheinlichkeit und hinsichtlich Übertragungsrate.

Beispiel 20.8 a) Wir betrachten den Repetitionscode C_{R_3}, d.h. 0 wird zu 000 und 1 zu 111 codiert. Es liegt also ein $(3,1)$-Linearcode (siehe Übung 17.6) vor mit der Übertragungsrate $R = \frac{1}{3}$ (siehe Abschnitt 17.1.1).

Folgende Tabelle zeigt die Decodierung mit MED, d.h. ein empfangenes Tripel wird zu dem häufiger vorkommenden Symbol decodiert:

Empfangenes Wort	korrigiert zu	decodierte Nachricht
000, 100, 010, 001	000	0
111, 110, 101, 011	111	1

Die Fehlerwahrscheinlichkeit p_{BE} dafür, dass ein Block falsch decodiert wird, d.h. dass folgende Übertragungen stattfinden

$$0 \;\to\; 000 \;\to\; y_1 y_2 y_3 \;\to\; 1$$
$$1 \;\to\; 111 \;\to\; y_1 y_2 y_3 \;\to\; 0$$

ist gegeben durch

$$p_{BE} = p(2\text{ Übertragungsfehler}) + p(3\text{ Übertragungsfehler})$$
$$= \binom{3}{2} \cdot p^2 \cdot (1-p) + \binom{3}{3} \cdot p^3$$
$$= p^2(3 - 2p)$$

Dabei ist $p < \frac{1}{2}$ die Wahrscheinlichkeit dafür, dass ein Bit verfälscht wird. Für $p = 0.02$ ergibt sich z.B. $p_{BE} = 0.001184$, d.h. in 0.12 % der Fälle wird ein gesendeter Block falsch decodiert.

b) Betrachten wir den allgemeinen Repetitionscode C_{R_n} mit $n = 2N + 1$ (in a) ist $N = 1$), d.h. die Codierung erfolgt durch

$$0 \;\to\; \underbrace{0 \ldots 0}_{(2N+1)\text{-mal}}$$

$$1 \;\to\; \underbrace{1 \ldots 1}_{(2N+1)\text{-mal}}$$

Dann gilt: C_{R_n} ist ein $(2N + 1, 1)$-Blockcode mit der Rate $R = \frac{1}{2N+1}$ und mit der Wahrscheinlichkeit

$$p_{BE} = \sum_{i=1}^{N+1} \binom{2N+1}{N+i} p^{N+i}(1-p)^{N+1-i} \qquad (20.16)$$

für die falsche Decodierung eines Blockes, denn Decodierung gemäß MED bedeutet: Decodierung zum häufiger vorkommenden Symbol. Falsche Decodierung bedeutet also, dass zum weniger vorkommenden Symbol decodiert wird. Daraus folgt:

$$p_{BE} = p(N+1 \text{ Übertragungsfehler}) + p(N+2 \text{ Übertragungsfehler}) + \ldots$$

$$\ldots + p(2N+1 \text{ Übertragungsfehler})$$

$$= \binom{2N+1}{N+1} p^{N+1}(1-p)^{2N+1-(N+1)}$$

$$+ \binom{2N+1}{N+2} p^{N+2}(1-p)^{2N+1-(N+2)} + \ldots$$

$$\ldots + \binom{2N+1}{2N+1} p^{2N+1}(1-p)^{2N+1-(2N+1)}$$

$$= \binom{2N+1}{N+1} p^{N+1}(1-p)^{N} + \binom{2N+1}{N+2} p^{N+2}(1-p)^{N-1} + \ldots$$

$$\ldots + \binom{2N+1}{2N+1} p^{2N+1}(1-p)^{0}$$

$$= \sum_{i=N+1}^{2N+1} \binom{2N+1}{i} p^{i}(1-p)^{2N+1-i} \tag{20.17}$$

Wir führen folgende Indextransformation durch: $j = 2N+1-i$. Damit gilt:

$$i = N+1 \quad \text{und damit} \quad j = N \tag{20.18}$$
$$i = 2N+1 \quad \text{und damit} \quad j = 0 \tag{20.19}$$

Des Weiteren gilt:

$$\binom{n}{n-k} = \binom{n}{k} \tag{20.20}$$

Aus (20.17) folgt mit (20.18), (20.19) und (20.20) die Gleichung (20.16):

$$p_{BE} = \sum_{j=0}^{N} \binom{2N+1}{j} (1-p)^{j} p^{2N+1-j}$$

Für $p < \frac{1}{2}$ gilt – was auch intuitiv klar ist –, dass $\lim_{N\to\infty} p_{BE} = 0$ ist, d.h. durch Vergrößerung der Redundanz kann die Decodier-Fehlerwahrscheinlichkeit für Blöcke beliebig klein gemacht werden.

c) Als weiteres Beispiel betrachten wir den $(7,4)$-Hamming-Code (siehe Kapitel 18.2). Hierfür wollen wir die Block-Fehlerwahrscheinlichkeit p_{BE} sowie die Symbol-Fehlerwahrscheinlichkeit p_{SE} berechnen.

Sei $x = (x_1, \ldots, x_4)$ die zu sendende Quellennachricht und $x' = (x'_1, \ldots, x'_4)$ die empfangene, decodierte Nachricht. Dann ist

(1) $p_{BE} = p(x' \neq x)$ und

(2) p_{SE} der Durchschnit aller $p(x'_i \neq x_i)$, $1 \leq i \leq 4$.

Für den $(7, 4)$-Hamming-Code gilt, dass bei einem gesendeteten Codewort

$$\overline{x} = (x_1, \ldots, x_4, x_5, \ldots, x_7)$$

ein empfangenes Codewort

$$\overline{x'} = (x'_1, \ldots, x'_4, x'_5, \ldots, x'_7)$$

genau dann richtig decodiert wird, falls

$$\overline{x'} = \overline{x} + e \text{ mit } w(e) = 1$$

ist, d.h. falsch decodiert wird, falls $w(e) > 1$ ist. Daraus folgt:

$$p_{BE} = \sum_{i=2}^{7} \binom{7}{i} p^i (1 - p)^{7-i}$$

Für $p = 0.02$ (gewählt wie in Beispiel a) ergibt sich $p_{BE} \approx 0.008$.

Die Überlegungen zur Bestimmung von p_{SE} sind aufwendiger, wir müssen $p(x'_i \neq x_i)$, $1 \leq i \leq 7$, bestimmen.

Die Kontrollmatrix des $(7, 4)$-Hamming-Codes habe die Spalten $h_1, \ldots, h_7$. Dann ist

$$S_H(\overline{x'}) = \overline{x'} \cdot H^T = e_1 h_1 + \ldots + e_7 h_7 = h_i$$

falls der Fehler an der Stelle i aufgetreten ist, d. h. $e_i = 1$ ist.

Wir haben die sechs Fälle $w(e) = s$, $2 \leq s \leq 7$ zu betrachten:

1. $w(e) = 2$: Falls $e_i = e_j = 1$ ist, dann ist $S_H(\overline{x'}) = h_i + h_j \neq h_i$ und der Fehler in Position i wird nicht korrigiert. Es gibt sechs Möglichkeiten für e_j bzw. h_j mit $j \in \{1, \ldots, 7\}$, $i \neq j$.

   Falls $e_j = e_k = 1$ ist mit $j \neq i$ und $k \neq i$, wird das korrekt empfangene Bit $x'_i = x_i$ fälschlicherweise geändert, wenn $h_j + h_k = h_i$ gilt. Es gibt drei Paare $\{j, k\}$ mit dieser Eigenschaft.

   Insgesamt gibt es also neun Fehlervektoren, die ein falsches Ergebnis für x'_i liefern. Jeder tritt davon mit der Wahrscheinlichkeit $p^2(1 - p)^5$ auf.

2. $w(e) = 3$: Falls $e_i = e_j = e_k = 1$ ist, dann ist auf jeden Fall $S_H(\overline{x'}) = h_i + h_j + h_k \neq h_i$ und der Fehler in Position i wird nicht korrigiert. Es gibt $\binom{6}{2} = 15$ solche Paare $\{j, k\}$.

   Falls $e_j = e_k = e_l = 1$ ist mit $j \neq i$, $k \neq i$ und $l \neq i$, wird das korrekt empfangene Bit $x'_i = x_i$ fälschlicherweise geändert, wenn $h_j + h_k + h_l = h_i$ gilt. Es gibt vier Tripel $\{j, k, l\}$ mit dieser Eigenschaft.

   Insgesamt gibt es also neunzehn Fehlervektoren, die ein falsches Ergebnis für x'_i liefern. Jeder tritt davon mit der Wahrscheinlichkeit $p^3(1 - p)^4$ auf.

3. Für den Fall $w(e) = 4$ erhält man 16 Fälle, die mit der Wahrscheinlichkeit $p^4(1-p)^3$, auftreten. Für $w(e) = 5$ erhält man 12, für $w(e) = 6$ erhält man 7 und für $w(e) = 7$ erhält man einen Fall.

Insgesamt ergibt sich

$$p_{SE} = 9p^2(1-p)^5 + 19p^3(1-p)^4 + 16p^4(1-p)^3 + 12p^5(1-p)^2 + 7p^6(1-p) + p^7$$

Für $p = 0.02$ ergibt sich $p_{SE} \approx 0.0033$.

Im Vergleich mit dem Repetitionscode C_{R_3} ist der $(7, 4)$-Hamming-Code hinsichtlich Übertragungssicherheit von etwa gleicher Güte, aber der Hamming-Code hat eine wesentlich bessere Rate.   □

Es stellt sich nun wie bei der Quellencodierung die Frage nach der Existenz guter Kanalcodierungen. Wenn wir y_j empfangen, ist x_i mit der bedingten Wahrscheinlichkeit $p(x_i|y_j)$ gesendet worden. Analog zu den Überlegungen bei der Quellencodierung ordnen wir x_i unter der Voraussetzung, dass y_j empfangen wurde, den Informationsgehalt

$$log_2 \frac{1}{p(x_i|y_j)}$$

zu. Wir gewichten diesen Informationsgehalt mit der Wahrscheinlichkeit $p(x_i, y_j)$, dass x_i gesendet und y_j empfangen wird, und nennen

$$H(X|Y) = - \sum_{x_i \in X, y_j \in Y} p(x_i, y_j) \, log_2 \, p(x_i|y_j) \qquad (20.21)$$

die *bedingte Entropie* von x bei gegebenem y. $H(x|y)$ misst die Unsicherheit darüber, dass x gesendet wurde, falls y empfangen wird.

Die mittlere Information pro Zeichen, die als Teil der ursprünglichen durch den Kanal gelangt, ist festgelegt durch

$$T(X) = H(X) - H(X|Y)$$

und heißt *Transinformation* oder auch *gegenseitige Information* zwischen X und Y. Anstelle von $T(X)$ schreiben wir auch $H(X, Y)$. $T(X)$ bzw. $H(X, Y)$ ist ein Maß für die Menge der Information, die ein Kanal (im Mittel) überträgt.

Wir wollen für einen binären gedächtnislosen Kanal die Transinformation berechnen. Sei also $K = (X, Y, p)$ ein BMC, d.h. $X = Y = \{0, 1\}$, $x_0 = y_0 = 0$, $x_1 = y_1 = 1$ und $p = \{p_{00}, p_{01}, p_{10}, p_{11}\}$ (siehe Abbildung 20.2).

Es gilt:

(1) y_j wird am Ende des Kanals empfangen.

(2) Die Wahrscheinlichkeit, dass x_i gesendet wurde, ist $p(x_i|y_j)$.

(3) Die Information über diese Nachricht (bei bekanntem y_j) ist $-log_2 p(x_i|y_j)$. Diese Information geht im Kanal verloren.

(4) Das Ereignis (x_i, y_j) hat die Wahrscheinlichkeit $p(x_i, y_j) = p(y_j) \cdot p(x_i|y_j)$, siehe Gleichung (20.14).

Damit ergibt sich gemäß (20.21):

$$H(X|Y) = - \sum_{x_i \in X, y_j \in Y} p(x_i, y_j) \, log_2 \, p(x_i|y_j)$$

$$= - \sum_{i,j=0}^{1} p(x_i, y_j) \, log_2 \, p(x_i|y_j) \qquad (20.22)$$

Folgerung 20.1 Sei die Quelle X gegeben durch

$$X = \begin{pmatrix} 0 & 1 \\ p_0 & p_1 \end{pmatrix} \text{ mit } p_0 + p_1 = 1 \qquad (20.23)$$

Es gilt mit (20.14) und (20.15):

$$p(x_i, y_j) = p(x_i) \cdot p(y_j|x_i) = p_i \cdot p_{ij} \qquad (20.24)$$
$$p(y_j) = p(0, y_j) + p(1, y_j) = p_0 p_{0j} + p_1 p_{1j} \qquad (20.25)$$

Wir berechnen nach einander $H(X)$, $H(X|Y)$, $H(Y)$, $H(Y|X)$ sowie $T(X)$ für die Quelle X:

(1) Die Entropie von X ist; $H(X) = -p_0 \cdot log_2 \, p_0 - p_1 \cdot log_2 \, p_1$

(2) Mithilfe von (20.14), (20.21) und (20.24) berechnen wir die bedingte Entropie

$$H(X|Y) = - \sum_{i,j=0}^{1} p(x_i, y_j) \, log_2 \frac{p(x_i, y_j)}{p(y_j)}$$

$$= - \sum_{i,j=0}^{1} p(x_i, y_j)(log_2 \, p(x_i, y_j) - log_2 \, p(y_j))$$

$$= - \sum_{i,j=0}^{1} p(x_i, y_j)(log_2 \, (p_i p_{ij}) - log_2 \, p(y_j))$$

$$= - \sum_{i,j=0}^{1} p(x_i, y_j)(log_2 \, p_i + log_2 \, p_{ij} - log_2 \, p(y_j))$$

$$= - \sum_{i,j=0}^{1} p_i p_{ij}(log_2 \, p_i + log_2 \, p_{ij} - log_2 \, p(y_j))$$

(3) Mithilfe von (20.25) berechnen wir die Entropie von Y

$$H(Y) = -\sum_{j=0}^{1} p(y_j)\, log_2\, p(y_j) = -\sum_{i,j=0}^{1} p_i p_{ij}\, log_2\, p(y_j)$$

(4) Durch Vertauschen der Rollen von X und Y erhält man aus (20.21) mit (20.24) die bedingte Entropie

$$H(Y|X) = -\sum_{i,j} p(x_i, y_j)\, log_2\, p(y_j|x_i) = -\sum_{i,j} p_i p_{ij}\, log_2\, p_{ij}$$

(5) Mit den Zwischenergebnissen (1) – (4) berechnen wir:

$$H(X) - H(X|Y) - (H(Y) - H(Y|X))$$

$$= -\sum_{i} p_i\, log_2\, p_i + \sum_{i,j} p_i p_{ij}(log_2\, p_i + log_2\, p_{ij} - log_2\, p(y_j))$$

$$-\left(-\sum_{i,j} p_i p_{ij}\, log_2\, p(y_j) + \sum_{i,j} p_i p_{ij}\, log_2\, p_{ij}\right)$$

$$= -\sum_{i} p_i\, log_2\, p_i + \sum_{i,j} p_i p_{ij} log_2\, p_i$$

$$= -\sum_{i} p_i\, log_2\, p_i + (p_{00} + p_{01})p_0\, log_2\, p_0 + (p_{10} + p_{11})p_1\, log_2\, p_1$$

$$= -p_0\, log_2\, p_0 - p_1\, log_2\, p_1 + p_0\, log_2\, p_0 + p_1\, log_2\, p_1 \quad \text{mit (20.23)}$$

$$= 0$$

Also gilt:

$$H(X) - H(X|Y) = T(X) = H(Y) - H(Y|X)$$

Aus dieser Gleichung folgt mit (3) und (4) sowie mit (20.25):

$$T(X) = -\sum_{i,j} p_i p_{ij}(log_2(p_0 p_{0j} + p_1 p_{1j}) - log_2\, p_{ij}) \qquad (20.26)$$

Damit haben wir die Transinformation der Quelle X bestimmt. $\qquad\qquad$ □

In den folgenden Beispielen berechnen wir mit der Gleichung (20.26) die Transinformation für die in Beispiel 20.6 eingeführten binären Kanäle.

Beispiel 20.9 a) Wir betrachten zunächst den ungestörten binären Kanal: $p_{00} = p_{11} = 1$, $p_{01} = p_{10} = 0$. Dafür erhalten wir mit (20.26):

$$T(X) = -p_0 p_{00}(log_2 p_0 p_{00} - log_2 p_{00}) - p_1 p_{11}(log_2 p_1 p_{11} - log_2 p_{11})$$
$$= -p_0(log_2 p_0 - 0) - p_1(log_2 p_1 - 0)$$
$$= -p_0 log_2 p_0 - p_1 log_2 p_1$$
$$= H(X)$$

Wie nicht anders zu erwarten, geht beim ungestörten Kanal nichts vom Informationsgehalt der Quelle verloren.

b) Wir betrachten nun den total gestörten binären Kanal: $p_{00} = p_{11} = p_{01} = p_{10} = \frac{1}{2}$. Dafür erhalten wir mit (20.23) und (20.25):

$$p(y_j) = \frac{p_0 + p_1}{2} = \frac{1}{2}$$

Aus (20.23) und (20.25) sowie mit (4) folgt $H(Y) = 1$.

Mit diesen Zwischenergebnissen erhalten wir durch Einsetzen in (20.26)

$$T(X) = H(Y) - H(Y|X) = 1 - H(Y|X) = 1 + \sum_{i,j} \frac{p_i}{2} log_2 \frac{1}{2} = 1 - 1 = 0$$

Auch hier stimmt die Rechnung mit unserer intuitiven Erwartung überein: Ein total gestörter Kanal überträgt keine Information der Quelle.

c) Zuletzt betrachten wir den BSC: $p_{01} = p_{10} = p$, $p_{00} = p_{11} = 1 - p$. Dafür erhalten wir

$$H(Y|X) = - \sum_{i=0, j \neq i}^{1} p_i p \, log_2 p - \sum_{i=0, j=i}^{1} p_i(1-p) \, log_2(1-p)$$
$$= -(p_0 + p_1)p \, log_2 p - (p_0 + p_1)(1-p)log_2(1-p)$$
$$= -p \, log_2 p - (1-p)log_2(1-p)$$
$$= H(p, 1-p)$$

und damit mit (20.26)

$$T_{BSC} = H(Y) - H(Y|X) = H(Y) + p \, log_2 p + (1-p)log_2(1-p) \qquad \square$$

Die Transinformation hängt vom Kanal und von der Quelle X ab. Die maximale Transformation in Abhängigkeit von allen möglichen Quellen heißt die Kapazität des Kanals.

Definition 20.6 Sei $K = (X, Y, p)$ ein BMC. Dann heißt

$$C = max\{ T(X) \mid X \text{ diskrete Quelle ohne Gedächtnis} \}$$

die *Kapazität* von K. $\qquad \square$

Folgerung 20.2 Es gilt: $0 \leq C \leq 1$. $\square$

Beispiel 20.10 a) Beim ungestörten Kanal gilt: $T(X) = H(X)$ (siehe Beispiel 20.9 a). $H(X)$ wird maximal für $p_0 = p_1 = \frac{1}{2}$: $H(\frac{1}{2}, \frac{1}{2}) = 1$ (siehe Beispiel 20.5 c).

b) Beim total gestörten Kanal gilt (siehe Beispiel 20.9 b): $T(X) = 0$, d.h. $T(X)$ ist unabhängig von der Quelle X, die Kapazität C des total gestörten Kanals ist $C = 0$.

c) Beim BSC gilt (siehe Beispiel 20.9 c): $H(Y|X)$ ist unabhängig von X, d.h. $T(X)$ wird maximal für maximales $H(Y)$. Für eine gleichverteilte Quelle X, $p_0 = p_1 = \frac{1}{2}$, ergibt sich

$$p(y_j) = p_0 p_{0j} + p_1 p_{1j} = \frac{1}{2}(p_{0j} + p_{1j}) = \frac{1}{2}$$

Damit ist Y auch gleichverteilt, also $H(Y) = 1$. Insgesamt folgt also: $C_{BSC} = 1 + p \, log_2 \, p + (1 - p) \, log_2(1 - p)$. $\square$

Bemerkungen 20.3 Ein BSC mit $p = \frac{1}{2}$ (total gestörter Kanal) hat also die Kapazität 0, überträgt somit keine Information. Diese Tatsache kann man wie folgt ausnutzen: Sei $x \in \{0, 1\}^*$ eine Nachricht, addiere zu x eine Zufallsfolge über $\{0, 1\}$ (Addition von 0 und 1 gleich wahrscheinlich, d.h. $p = \frac{1}{2}$) zu x hinzu. Betrachten wir diese Addition als Störung, dann liegt ein total gestörter Kanal vor, d.h. aus dieser Codierung ist keinerlei Information über die ursprüngliche Nachricht zu gewinnen. Dies ist die Grundlage für die One-Time-Pad-Verschlüsselung in der Kryptografie, die prinzipiell nicht zu brechen ist (siehe Kapitel 13.2). $\square$

Zum Schluss geben wir noch den Fundamentalsatz der Kanalcodierung an, der postuliert, dass es im Hinblick auf minimale Übertragungsfehlerwahrscheinlichkeiten optimale Kanalcodierungen gibt. Den Beweis führen nicht an. Zum einen, weil er aufwändig ist, und zum anderen, weil er ein reiner Existenzbeweis ist, d.h. kein Konstruktionsverfahren für solche Codes angibt – im Gegensatz zum Beweis über optimale Quellencodes, in dem der Hufman-Algorithmus als ein Verfahren zur Konstruktion von Präfixcodes mit minimaler mittlerer Codewortlänge angegeben wird.

Satz 20.6 (Fundamentalsatz der Kanalcodierung nach Shannon) Gegeben sei ein DMC $K = (X, Y, p)$ mit Kapazität C. Für jede Rate $R < C$ und für jedes $\epsilon > 0$ gibt es ein $n \in \mathbb{N}_0$ und einen Code $C = \{c_1, \ldots, c_N\}$ mit $|c_i| = n$, $1 \leq i \leq N$, so dass $N \geq 2^{\lfloor R \cdot n \rfloor}$ ist, und die Decodier-Fehlerwahrscheinlichkeit für jedes c_i, $1 \leq i \leq N$, ist kleiner als ϵ. $\square$

Folgerung 20.3 Für einen BSC gibt es zu $\epsilon > 0$, zu einer Rate R mit $0 < R < C_{BSC}$ und zu einem genügend großen $n \in \mathbb{N}_0$ einen Code $C \subseteq \{0, 1\}^n$, so dass sich die am Kanalausgang empfangenen Wörter mit einer Wahrscheinlichkeit größer als $1 - \epsilon$ richtig decodieren lassen. $\square$

20.6 Übungen

20.1 Konstruieren Sie den Huffman-Baum zur Quelle Q^2 in Beispiel 20.3.

20.2 Geben Sie eine längenoptimale binäre Präfixcodierung (Huffman-Code) des Textes

$$ESELESSENEIERNIE$$

an. Gehen Sie wie folgt vor:

(1) Bestimmen Sie die relativen Häufigkeiten der einzelnen Buchstaben im Text.

(2) Bestimmen Sie einen Huffman-Baum für diese Verteilung.

(3) Geben Sie die Codewörter zu den einzelnen Buchstaben an.

(4) Geben Sie die mittlere Codewortlänge Ihrer Codierung an.

20.3 Geben Sie die Entropie der diskreten Quelle ohne Gedächtnis

$$Q = \begin{pmatrix} A & B & C & D & E \\ \frac{1}{16} & \frac{1}{16} & \frac{2}{16} & \frac{4}{16} & \frac{8}{16} \end{pmatrix}$$

sowie die Entropie von Q^3 an.

Kapitel 21

Prüfzeichencodierung

In diesem Kapitel beschäftigen wir uns mit Prüfzeichenverfahren, d.h. mit der Erkennung von Fehlern bei der Eingabe von Zeichenfolgen, wobei in der Regel deren Korrektur nicht automatisch, sondern durch Wiederholung der Eingabe erfolgt. Beispiele solcher Codierungen sind: ISBN-Nummern (International Standard Book Number), EAN-Nummern (European Article Number), Banknotenkennzeichnungen, Konto-, Versicherungs- und Ausweisnummern. Die bei diesen Codierungen verwendeten Symbole sind Ziffern, wir sprechen deshalb anstelle allgemein von Prüfzeichenverfahren, speziell von Prüfziffersystemen.

Empirische haben Untersuchungen ergeben, dass bei der Eingabe bzw. beim Lesen einer Prüfziffernfolge $x_1 \ldots x_n$, $n \geq 2$, die falsche Eingabe oder das falsche Lesen einer Ziffer, ein so genannter *Einzelfehler*, d.h. anstelle von x_i wird $y_i \neq x_i$ für ein i eingegeben oder gelesen, in etwa 80% aller Fehler die Ursache ist. Bei etwa 10% der Fälle liegt eine so genannte *Nachbartransposition* („Zahlendreher") vor: anstelle von $x_i x_{i+1}$ wird $x_{i+1} x_i$ eingegeben. Daneben gibt es noch weitere Fälle, allerdings mit Häufigkeiten unter 1%: z.B. *Sprungtranspositionen*, d.h. Eingabe von $x_{i+2} x_{i+1} x_i$ anstelle von $x_i x_{i+1} x_{i+2}$, oder *Zwillingsfehler*, d.h. Eingabe von $y_i y_{i+1}$ anstelle von $x_i x_{i+1}$ mit $x_i \neq y_i$ und $x_{i+1} \neq y_{i+1}$.

Die Eingabe von Prüfziffernfolgen geschieht zwar heutzutage kaum noch per Hand, so dass die aufgezählten Fehlerarten und deren Häufigkeiten nicht mehr so akut sind bzw. andere Wahrscheinlichkeiten haben. Aber auch beim Einlesen über Lesegeräte sowie bei der Speicherung, Verarbeitung und Übertragung von Prüfziffernfolgen können Fehler auftreten, so dass es sich weiter lohnt, Möglichkeiten für die Fehlererkennung zu betrachten. Dabei werden wir an einem Beispiel, der ISBN-Nummer, sehen, wie man unter welchen Bedingungen mit zusätzlichen Eigenschaften auch Möglichkeiten zur Fehlerkorrektur realisieren kann. Es überrascht nicht, dass wir dabei auf Konzepte und Methoden zurückgreifen, die wir bereits bei Linearcodes (siehe Kapitel 17) kennen gelernt haben.

21.1 Prüfzeichenverfahren:
Definition und allgemeine Eigenschaften

Alle praktisch verwendeten Prüfzeichenverfahren können auf die folgende allgemeine Definition zurückgeführt werden.

Definition 21.1 Sei A ein Alphabet und $G = (A, *)$ eine Gruppe über A. Eine *Prüfzeichencodierung* (der Länge n) $P_G = (\pi_1, \ldots, \pi_n; c)$ über G ist gegeben durch

(1) n Permutationen $\pi_1, \ldots, \pi_n$ von A sowie

(2) durch ein Element $c \in A$, das so genannte *Kontrollzeichen*, so dass

(3) die *Kontrollgleichung*

$$\pi_1(x_1) * \ldots * \pi_n(x_n) = c$$

für alle $x_1, \ldots, x_n \in G$ erfüllt ist.   □

Folgerung 21.1 Sei eine Prüfzeichencodierung $P_G = (\pi_1, \ldots, \pi_n; c)$ über der Gruppe $G = (A, *)$ gegeben. Dann gilt:

a) Jede Menge $\{ x_1, \ldots, x_n \} - \{x_i\} \subseteq A$ bestimmt eindeutig x_i, $1 \le i \le n$.

b) P_G erkennt alle Einzelfehler.

c) P_G erkennt eine Nachbartransposition, falls

$$x * \pi_{i+1}(\pi_i^{-1}(y)) \ne y * \pi_{i+1}(\pi_i^{-1}(x))$$

für alle $x, y \in G$, $x \ne y$, und für alle i gilt.

d) P_G erkennt eine Sprungtransposition, falls

$$x * y * \pi_{i+2}(\pi_i^{-1}(z)) \ne z * y * \pi_{i+2}(\pi_i^{-1}(x))$$

für alle $x, y, z \in G$, $x \ne z$, und für alle i gilt.

e) P_G erkennt einen Zwillingsfehler, falls

$$x * \pi_{i+1}(\pi_i^{-1}(x)) \ne y * \pi_{i+1}(\pi_i^{-1}(y))$$

für alle $x, y \in G$, $x \ne y$, und für alle i gilt.

Beweis a) Für alle $x_1, \ldots, x_n \in G$ muss gelten:

$$\pi_1(x_1) * \ldots * \pi_{i-1}(x_{i-1}) * \pi_i(x_i) * \pi_{i+1}(x_{i+1}) * \ldots * \pi_n(x_n) = c$$

Daraus folgt wegen der Existenz der Inversen und wegen der Bijektivität der Permutationen:

$$x_i = \pi_i^{-1}((\pi_{i-1}(x_{i-1}))^{-1} * \ldots * (\pi_1(x_1))^{-1} * c * (\pi_n(x_n))^{-1} * \ldots * (\pi_{i+1}(x_{i+1}))^{-1})$$

Dies gilt für $1 < i < n$. Für $i = 1$ und $i = n$ folgt der Beweis analog.

b) Wir nehmen einen Einzelfehler an: Anstelle von x_i sei $y_i \neq x_i$ an der Stelle i, alle anderen Ziffern $x_1, \ldots, x_{i-1}, x_{i+1}, \ldots, x_n$ seien korrekt. Da $x_i \neq y_i$ und π_i eine Permutation ist, gilt $\pi_i(x_i) \neq \pi_i(y_i)$. $x_1, \ldots, x_{i-1}, x_i, x_{i+1}, \ldots, x_n$ muss die Kontrollgleichung erfüllen:

$$\pi_i(x_i) = (\pi_{i-1}(x_{i-1}))^{-1} * \ldots * (\pi_1(x_1))^{-1} * c * (\pi_n(x_n))^{-1} * \ldots * (\pi_{i+1}(x_{i+1}))^{-1}$$

Wäre y_i korrekt, müsste $x_1, \ldots, x_{i-1}, y_i, x_{i+1}, \ldots, x_n$ ebenfalls die Kontrollgleichung erfüllen:

$$\pi_i(y_i) = (\pi_{i-1}(x_{i-1}))^{-1} * \ldots * (\pi_1(x_1))^{-1} * c * (\pi_n(x_n))^{-1} * \ldots * (\pi_{i+1}(x_{i+1}))^{-1}$$

Daraus folgt $\pi_i(x_i) = \pi_i(y_i)$, was ein Widerspruch zu $\pi_i(x_i) \neq \pi_i(y_i)$ ist.

c) Eine Nachbartransposition $x_i x_{i+1} \rightarrow x_{i+1} x_i$ wird entdeckt, falls

$$\pi_i(x_i) * \pi_{i+1}(x_{i+1}) \neq \pi_i(x_{i+1}) * \pi_{i+1}(x_i)$$

ist. Für $\pi_i(x_i) = x$ und $\pi_i(x_{i+1}) = y$ ist dies äquivalent zu

$$x * \pi_{i+1}(\pi_i^{-1}(y)) \neq y * \pi_{i+1}(\pi_i^{-1}(x))$$

Diese Bedingung muss für alle $x, y \in G$, $x \neq y$, und für alle i erfüllt sein.

Die Beweise zu d) und e) erfolgen analog zum Beweis von c). $\qquad\square$

21.2 Prüfziffercodierung in additiven Restklassen

Als Spezialfall von Prüfzeichencodierungen betrachten wir in diesem Kapitel Prüfziffercodierungen. Wir wählen

(1) als Gruppe $G = (\mathbb{Z}_m, +)$, d.h. die additive Restklassengruppe modulo m,

(2) n Zahlen (Gewichte) $w_1, \ldots, w_n$ mit $(w_i, m) = 1$. Dann ist jede Abbildung $\pi_i : \mathbb{Z}_m \rightarrow \mathbb{Z}_m$, $1 \leq i \leq n$, definiert durch $\pi_i(x) = w_i x$ eine Permutation von $\mathbb{Z}_m$.

(3) $c = 0$ als Prüfziffer und $w_n = 1$ oder $w_n = -1$.[1]

---

[1] Beachte: In $\mathbb{Z}_m$ ist $-1 = m - 1$.

Mit diesen Vorgaben wird aus der allgemeinen Kontrollgleichung aus Definition 21.1 die Kontrollgleichung

$$w_1 x_1 + \ldots + w_{n-1} x_{n-1} \pm x_n = 0 \quad \text{oder} \quad x_n = \pm \sum_{i=1}^{n-1} w_i x_i$$

wobei modulo m gerechnet wird, da wir uns in $\mathbb{Z}_m$ befinden.

Wir betrachten zwei Beispiele für Prüfzeichencodierungen etwas näher: ISBN-Nummern und EAN-Nummern.

21.2.1   ISBN-Codierung

Jedes Buch besitzt eine zehnstellige internationale Buchnummer. So hat z.B. das Buch

> G. Vossen, K.-U. Witt: *Grundkurs Theoretische Informatik, 4. Auflage;*
> Braunschweig/Wiesbaden, 2006

die ISBN-Nummer 3-8348-0153-4. Dabei gibt 3 den Sprachraum (3 steht für die Schweiz, Österreich und Deutschland), 8348 den Verlag (hier Vieweg) und 0153 das Buch an. Die letzte Ziffer, hier 4, ist die Prüfziffer modulo 11 (d.h. $m = 11$). ISBN-Nummern $x_1 \ldots x_{10}$ sind festgelegt durch die Kontrollgleichung

$$x_{10} = \sum_{i=1}^{9} i \cdot x_i \tag{21.1}$$

Für unser Beispiel ist also:

$$4 = 1 \cdot 3 + 2 \cdot 8 + 3 \cdot 3 + 4 \cdot 4 + 5 \cdot 8 + 6 \cdot 0 + 7 \cdot 1 + 8 \cdot 5 + 9 \cdot 3$$

Ergibt sich $x_{10} = 10$, dann wird als Prüfziffer X verwendet (wie z.B. bei der ISBN-Nummer 0-7167-1079-X).

ISBN ist also eine Prüfzeichencodierung über $\mathbb{Z}_{11}$ (d.h. $\mathbb{F}_{11}$) mit $n = 10$, $w_i = i$, $1 \leq i \leq 9$, und $w_{10} = +1$. Wenn wir die Kontrollgleichung (21.1) umstellen, dann erhalten wir (siehe Fußnote 1 auf Seite 303):

$$0 = \sum_{i=1}^{9} i \cdot x_i - x_{10} = \sum_{i=1}^{9} i \cdot x_i + 10 \cdot x_{10} = \sum_{i=1}^{10} i \cdot x_i \tag{21.2}$$

Die Menge der korrekten ISBN-Nummern ist also die Lösungsmenge der Gleichung (21.2):[2]

$$ISBN = \left\{ x_1 \ldots x_n \in \mathbb{Z}_{11}^{10} \mid 1x_1 + 2x_2 + 3x_3 + \ldots + 9x_9 + 10x_{10} = 0 \right\} \tag{21.3}$$

---

[2]Diese Aussage ist nicht ganz korrekt, da bei ISDN-Nummer nur die Ziffer X mit dem Wert 10 sein darf. Für die weiteren Betrachtungen lassen wir diesen Wert für alle Ziffern zu.

Aus Folgerung 16.6 wissen wir, dass die Lösungsmenge eines homogenen Gleichungssystems einen Vektorraum bildet. Das Gleichungssystem (21.3), dass den ISBN-Code bestimmt, hat den Rang 1. Aus Satz 16.9 folgt, dass *ISBN* einen 9-dimensionalen Unterraum von $\mathbb{F}_{11}^{10}$ bildet.

Folgerung 21.2 a) *ISBN* ist ein $(10,9)$-Linearcode über $\mathbb{F}_{11}$.

b) Die Matrix

$$H = \begin{pmatrix} 1 & 2 & 3 & 4 & 5 & 6 & 7 & 8 & 9 & 10 \end{pmatrix}$$

ist eine Kontrollmatrix von *ISBN*.

c) Die Matrix

$$G = \begin{pmatrix} 1 & 0 & 0 & 0 & 0 & 0 & 0 & 0 & 0 & 1 \\ 0 & 1 & 0 & 0 & 0 & 0 & 0 & 0 & 0 & 2 \\ \vdots & \vdots & \vdots & \vdots & \vdots & \vdots & \vdots & \vdots & \vdots & \vdots \\ 0 & 0 & 0 & 0 & 0 & 0 & 0 & 0 & 1 & 9 \end{pmatrix}$$

ist die kanonische Generatormatrix von *ISBN*.

d) Die ISBN-Codierung entdeckt alle Einzelfehler.

e) Die ISBN-Codierung entdeckt alle Transpositionen.

Beweis a) Die Begründung haben wir bereits vor der Folgerung überlegt.

b) Folgt unmittelbar aus der Gleichung (21.2).

c) Man kann leicht überlegen und nachrechnen, dass auch

$$H_s = \begin{pmatrix} 10 & 9 & 8 & 7 & 6 & 5 & 4 & 3 & 2 & 1 \end{pmatrix}$$

eine Kontrollmatrix von *ISBN* ist. Dann folgt mit der schematischen Transformation aus Satz 17.3, dass G die kanonische Generatormatrix von *ISBN* ist.

d) Es sei $x = x_1 \ldots x_{10} \in ISBN$. Wir nehmen nun einen Fehler bei der Ziffer i an: $y_i = x_i + e$, $e \neq 0$, für ein i, $1 \leq i \leq 10$. Mit $y = x_1 \ldots x_{i-1} y_i x_{i+1} \ldots x_{10}$ folgt, dass das Syndrom $S_H(y) = y \cdot H^T = i \cdot e$ ungleich Null ist, da $\mathbb{F}_{11}$ keine Nullteiler enthält. Somit werden also alle Einzelfehler entdeckt.

e) Es sei $x = x_1 \ldots x_i \ldots x_j \ldots x_{10} \in ISBN$ mit $i < j$ und $x_i \neq x_j$ sowie $x' = x_1 \ldots x_j \ldots x_i \ldots x_{10}$. Es gilt

$$\begin{aligned} S_H(x') &= x' \cdot H^T \\ &= 1x_1 + \ldots + i \cdot x_j + \ldots + j \cdot x_i + \ldots + 10 \cdot x_{10} \\ &= 1x_1 + \ldots + i \cdot x_i + \ldots + j \cdot x_j + \ldots + 10 \cdot x_{10} \\ &\quad + i \cdot x_j - i \cdot x_i + j \cdot x_i - j \cdot x_j \\ &= x \cdot H^T + i \cdot x_j - i \cdot x_i + j \cdot x_i - j \cdot x_j \\ &= (i - j)(x_j - x_i) \end{aligned}$$

Da $i \neq j$ und $x_i \neq x_j$ ist, ist das Syndrom $S_H(x')$ ungleich Null, da in $\mathbb{F}_{11}$ keine Nullteiler existieren. Somit wird diese Art der Transposition entdeckt.   □

Wenn wir die Kontrollmatrix erweitern zu

$$H' = \begin{pmatrix} 1 & 2 & 3 & 4 & 5 & 6 & 7 & 8 & 9 & 10 \\ 1 & 1 & 1 & 1 & 1 & 1 & 1 & 1 & 1 & 1 \end{pmatrix} \tag{21.4}$$

dann werden Einzelfehler entdeckt und eine Korrektur kann vorgenommen werden. Es sei *ISBN'* der durch H' festgelegte $(10,8)$-Linearcode über $\mathbb{F}_{11}$. Für $x = x_1 \ldots x_{10} \in \mathbb{F}_{11}^{10}$ ist $S_{H'}(x) = x \cdot H^T = (S_1 \ S_2)$ mit

$$S_1 = \sum_{i=1}^{10} i \cdot x_i \quad \text{und} \quad S_2 = \sum_{i=1}^{10} x_i$$

das Syndrom von x. x ist eine korrekte ISBN-Nummer genau dann, wenn $S_1 = 0$ und $S_2 = 0$ ist.

Es sei $x = x_1 \ldots x_{10} \in$ *ISBN'*. Wir nehmen nun einen Fehler bei der Ziffer i an: $y_i = x_i + e, e \neq 0$, für ein i, $1 \leq i \leq 10$. Mit $y = x_1 \ldots x_{i-1} y_i x_{i+1} \ldots x_{10}$ folgt, dass

$$S_1 = i \cdot e \quad \text{und} \quad S_2 = e$$

ist. Durch Einsetzen folgt $S_1 = i \cdot S_2$ und damit

$$i = S_1 \cdot S_2^{-1} \tag{21.5}$$

Falls $S_1 \neq 0$ und $S_2 \neq 0$ ist, kann i aus (21.5) eindeutig („wir befinden uns in $\mathbb{F}_{11}$, einem Primkörper!") bestimmt werden.

Es muss dann gelten: $y_i = x_i + e = x_i + S_2$, d.h.

$$x_i = y_i - S_2 \tag{21.6}$$

Für den erweiterten ISBN-Code haben wir nun für Einzelfehler folgendes Decodierungsritual entwickelt: Sei $x = x_1 \ldots x_{10}$ eingegeben und $y = y_1 \ldots y_{10}$ gelesen:

1. Berechne $S_{H'}(y) = y \cdot H'^T = (S_1 \ S_2)$.

2. Ist $S_1 = 0$ und $S_2 = 0$, dann nehme an, dass kein Fehler vorliegt, und decodiere $x = y$.

3. Ist $S_1 \neq 0$ und $S_2 \neq 0$, dann berechne $i = S_1 \cdot S_2^{-1}$ und decodiere

$$x = y_1 \ldots y_{i-1} \ y_i - S_2 \ y_{i+1} \ldots y_{10}$$

4. In allen anderen Fällen wird keine Decodierung vorgenommen.

Wir wenden das Decodierungsverfahren auf die ISBN'-Nummer $x = 3528031425$ an. Es sei $y = 3528037425$ gelesen worden. Das Syndrom von y ist $S_{H'}(y) = y \cdot H' = (S_1 \; S_2)$ mit

$$S_1 = 1 \cdot 3 + 2 \cdot 5 + 3 \cdot 2 + 4 \cdot 8 + 5 \cdot 0 + 6 \cdot 3 + 7 \cdot 7 + 8 \cdot 4 + 9 \cdot 2 + 10 \cdot 5$$
$$= 9$$
$$S_2 = 3 + 5 + 2 + 8 + 0 + 3 + 7 + 4 + 2 + 5$$
$$= 6$$
$$S_2^{-1} = 6^{-1} = 2$$
$$-S_2 = -6 = 5$$

Damit gilt mit (21.5) $i = S_1 \cdot S_2^{-1} = 9 \cdot 2 = 7$ und mit (21.6) gilt $x_7 = y_7 - S_2 = 7 + 5 = 1$. 3528037425 wird also „richtigerweise" korrigiert zu 3528031425.

Wir wollen noch die kanonische Generatormatrix G' für *ISBN'* bestimmen. Dazu führen wir zunächst folgende Operationen auf H' (siehe 21.4) aus: Addition der 2. zur 1. Zeile, dann Multiplikation der 1. Zeile mit 10 und schließlich Subtraktion der 2. von der 1. Zeile. Damit erhalten wir die zu H' äquivalente Kontrollmatrix

$$H'' = \begin{pmatrix} 9 & 8 & 7 & 6 & 5 & 4 & 3 & 2 & 1 & 0 \\ 3 & 4 & 5 & 6 & 7 & 8 & 9 & 10 & 0 & 1 \end{pmatrix}$$

für $ISBN'$. Durch Anwendung der schematischen Transformation aus Satz 17.3 hierauf erhalten wir die kanonische Generatormatrix

$$G = \begin{pmatrix} 1 & 0 & 0 & 0 & 0 & 0 & 0 & 0 & 2 & 8 \\ 0 & 1 & 0 & 0 & 0 & 0 & 0 & 0 & 3 & 7 \\ 0 & 0 & 1 & 0 & 0 & 0 & 0 & 0 & 4 & 6 \\ 0 & 0 & 0 & 1 & 0 & 0 & 0 & 0 & 5 & 5 \\ 0 & 0 & 0 & 0 & 1 & 0 & 0 & 0 & 6 & 4 \\ 0 & 0 & 0 & 0 & 0 & 1 & 0 & 0 & 7 & 3 \\ 0 & 0 & 0 & 0 & 0 & 0 & 1 & 0 & 8 & 2 \\ 0 & 0 & 0 & 0 & 0 & 0 & 0 & 1 & 9 & 1 \end{pmatrix}$$

Die Erweiterung geht natürlich auf Kosten der Anzahl der Codewörter. Der ISBN-Code enthält im Prinzip 10^9, der erweiterte ISBN-Code 10^8 Wörter, wobei Fußnote 2 auf Seite 304 zu berücksichtigen ist.

21.2.2 EAN-Codierung

Bei der ISBN-Codierung können wir „ganz normal" rechnen, da wir uns in einem Körper, nämlich in $\mathbb{F}_{11}$, befinden, und, da dieser Code sogar einen Vektorraum bildet, hat er alle Eigenschaften eines Linearcodes. Ein Nachteil des ISBN-Codes ist allerdings, dass er elf Ziffern benötigt und damit eine mehr als das Dezimalsystem, in dem wir normalerweise rechnen und deshalb im „täglichen Leben" Codierungen vornehmen möchten. Das ist bei der europäischen Artikelnummer anders, sie benutzt die Dezimalziffern als Symbole. Die Artikelnummer besteht aus dreizehn Ziffern, dabei bezeichnet die erste Ziffer das Ursprungsland, und die letzte Ziffer ist eine Prüfziffer, die wie folgt gebildet wird:

$$x_{13} = -(x_1 + 3x_2 + x_3 + 3x_4 + \ldots + x_{11} + 3x_{12}) \,(10) \qquad (21.7)$$

Im Hinblick auf die Definition von Prüfferncodierungen ist also $m = 10$, $n = 13$ und

$$w_i = \begin{cases} 1, & i \text{ ungerade} \\ 3, & i \text{ gerade} \end{cases}, \ 1 \leq i \leq n$$

Da $(10, 1) = 1$ und $(10, 3) = 1$ ist, bilden die Abbildungen $\pi_i(x) = x$ für $i = 2k+1, 0 \leq k \leq 6$ (jeweils die Identität) sowie $\pi_i(x) = 3x$ für $i = 2k, 1 \leq k \leq 6$, Permutationen von $\mathbb{Z}_{10}$.

Beim EAN-Code rechnen wir in $\mathbb{Z}_{10}$, der additiven Restklassengruppe modulo 10, die kein Körper ist. Durch Umstellen der Gleichung (21.7) folgt, dass eine Ziffernfolge $x = x_1 \ldots x_{13}$ eine korrekte EAN-Nummer genau dann ist, wenn

$$S(x) = \sum_{i=1}^{13} w_i x_i = 0$$

ist.

Folgerung 21.3 Für den EAN-Code gilt:

a) Jeder Einzelfehler wird erkannt.

b) Nicht alle Nachbartranspositionen $x_i x_{i+1} \rightarrow x_{i+1} x_i$, $1 \leq i \leq 12$, werden erkannt. Sind z.B. die Ziffern 0 und 5 benachbart, dann gilt

$$1 \cdot 0 + 3 \cdot 5 = 5$$
$$1 \cdot 5 + 3 \cdot 0 = 5$$

d.h. ihre Vertauschung bleibt in der Kontrollsumme S unbemerkt, da sie in jeder Reihenfolge denselben Beitrag zur Summe liefern. Wir bestimmen im Beweis alle weitere Ziffernpaare, deren Transposition nicht erkannt wird.

Beweis a) Es sei $x = x_1 \ldots x_{13}$ korrekt und $y = x_1 \ldots x_j + e \ldots x_{13}$ mit $0 < e \leq 9$ für ein j, $1 \leq j \leq 13$.

Dann gilt für ungerades j: $S(y) = S(x) + e \neq S(x)$, da $0 < e \leq 9$ ist.

Für gerades j gilt: $S(y) = S(x) + 3e$. Da $(3, 10) = 1$ ist, ist $3e$ für $0 < e \leq 9$ eine Permutation der Folge $< 0, \ldots, 9 >$ (nämlich $< 0, 3, 6, 9, 2, 5, 8, 1, 4, 7 >$), d.h. $3e$ ist für alle e, $0 < e \leq 9$, verschieden (siehe Übung 21.1).

Somit werden also in allen Fällen Einzelfehler erkannt.

b) Wir setzen $a = x_i$ und $b = x_{i+1}$. Wir suchen a und b, so dass

$$1 \cdot a + 3 \cdot b = 3 \cdot a + 1 \cdot b$$

gilt, d.h. so dass $2a = 2b$ gilt. 2 ist nicht invertierbar in $\mathbb{Z}_{10}$, wir können also diese Gleichung nicht einfach mit 2^{-1} multiplizieren, und da $\mathbb{Z}_{10}$ kein Integritätsbereich ist, gilt auch die Kürzungsregel nicht. Deshalb suchen wir ein c mit $a = b + c$, so dass $2a = 2b$ ist:

$$2(b + c) = 2b \text{ genau dann, wenn } 2b + 2c = 2b \text{ genau dann, wenn } 2c = 0$$

Hieraus folgt $c = 5$, denn 2 und 5 sind Nullteiler in $\mathbb{Z}_{10}$, d.h. die gesuchten Paare a, b sind die, für die $a = b+5$ gilt. Das sind: 0 und 5, 1 und 6, 2 und 7, 3 und 8 sowie 4 und 9 und deren Umkehrungen, also insgesamt 10 Paare. Das sind ungefähr 11 % von allen verschiedenen Paaren. □

21.3 Fehlererkennung mit abelschen Gruppen

Im vorigen Abschnitt haben wir gesehen, dass der ISBN-Code alle Einzelfehler und alle Nachbartranspositionen erkennt und mit der Erweiterung sogar alle Einzelfehler korrigiert. Die EAN-Codierung erkennt ebenfalls alle Einzelfehler, aber nicht alle Nachbartranspositionen. Es stellt sich nun die Frage nach notwendigen und hinreichenden Bedingungen dafür, dass Prüfzeichencodierungen Nachbartranspositionen erkennen. Die Bedingung für die Erkennung von Nachbartranspositionen (siehe Folgerung 21.1 c)

$$x * \pi_{i+1}(\pi_i^{-1}(y)) \neq y * \pi_{i+1}(\pi_i^{-1}(x))$$

lässt sich mit der Festsetzung $\delta_i = \pi_{i+1} \cdot \pi_i^{-1}$ schreiben als

$$x * \delta_i(y) \neq y * \delta_i(x)$$

Falls die Gruppe G eines Prüfzeichencodes abelsch ist, kann diese Bedingung umgestellt werden zu

$$x^{-1} * \delta_i(x) \neq y^{-1} * \delta_i(y) \tag{21.8}$$

für alle $x, y \in G$, $x \neq y$.

Definition 21.2 Sei $G = (A, *)$ eine abelsche Gruppe.[3]

a) Eine Abbildung $\delta : G \to G$, die die Bedingung (21.8) erfüllt, heißt *Orthomorphismus*. Ein Orthomorphismus ist also eine Permutation δ, für die die Abbildung $\eta : G \to G$ definiert durch $\eta(x) = x^{-1}\delta(x)$ wieder eine Permutation ist.

---

[3]Wir schreiben im Folgenden, falls dadurch keine Missverständnisse entstehen, die Verknüpfung $x * y$ ohne Verknüpfungssymbol: xy.

b) Eine *vollständige Abbildung* ist eine Permutation δ, für die die Abbildung γ : $G \rightarrow G$ definiert durch $\gamma(x) = x\delta(x)$ wieder eine Permutation ist. $\square$

Der folgende Satz besagt, dass durch Orthomorphismen vollständige Abbildungen gegeben sind, und umgekehrt, dass aus einer vollständigen Abbildung unmittelbar ein Orthomorphismus abgeleitet werden kann.

Satz 21.1 a) Ist δ ein Orthomorphismus der abelschen Gruppe G, dann ist η : $G \rightarrow G$ definiert durch $\eta(x) = x^{-1}\delta(x)$ eine vollständige Abbildung.

b) Ist δ eine vollständige Abbildung der abelschen Gruppe G, dann ist $\gamma : G \rightarrow G$ definiert durch $\gamma(x) = x\delta(x)$ ein Orthomorphismus.

Beweis a) Sei δ ein Orthomorphismus, dann ist $\eta(x) = x^{-1}\delta(x)$ eine Permutation. Für $\gamma(x) = x\eta(x)$ gilt $\gamma(x) = \delta(x)$, d.h. γ ist eine Permutation. $\gamma(x) = x\eta(x)$ ist also eine Permutation und damit ist γ vollständig, was zu zeigen war.

b) Sei δ eine vollständige Abbildung, d.h. die Abbildung $\gamma(x) = x\delta(x)$ ist eine Permutation. Wir setzen $\eta(x) = x^{-1}\gamma(x)$. Damit ist $\eta(x) = \delta(x)$, d.h. η ist eine Permutation und somit γ ein Orthomorphismus, was zu zeigen war. $\square$

Der folgende Satz gibt eine Antwort auf die eingangs des Abschnitts gestellte Frage nach Kriterien für die Erkennung von Nachbartranspositionen.

Satz 21.2 Sei $G = (A, *)$ eine abelsche Gruppe. Es gibt eine Prüfzeichencodierung über G, die jede Nachbartransposition erkennt, genau dann, wenn es eine vollständige Abbildung für G gibt.

Beweis „$\Rightarrow$": Sei $P_G = (\pi_1, \ldots, \pi_n; c)$ eine Prüfzeichencodierung über G, die jede Nachbartransposition erkennt. Auf sie trifft Folgerung 21.1 c) zu und, weil G abelsch ist, auch die Eigenschaft (21.8). Hierauf beruht ja gerade die Definition 21.2 a), dass $\delta_i = \pi_{i+1} \circ \pi_i^{i^{-1}}$ ein Orthomorphismus ist. Aus der Existenz eines Orthomorphismus folgt mit Satz 21.1 a) die Existenz einer vollständigen Abbildung.

„$\Leftarrow$": Sei nun δ eine vollständige Abbildung für G. Wir setzen $\pi_i = \delta^{-1}$. Dann gilt

$$(\pi_{i+1} \circ \pi_i^{-1})^{-1} = (\delta^{-i-1} \circ \delta^i)^{-1} = (\delta^{-1})^{-1} = \delta$$

Mit dieser Gleichheit folgt

$$x * \delta(x) = x * (\pi_{i+1} \circ \pi_i^{-1})^{-1}(x)$$

Da δ vollständig ist, ist $x\delta(x)$ eine Permutation und deshalb ist wegen der letzten Gleichung auch π_i für jedes i eine Permutation. Außerdem folgt aus dieser Gleichung, dass diese Permutationen Folgerung 21.1 c) erfüllen, womit eine Prüfzeichencodierung gegeben ist, die alle Nachbartranspositionen erkennt. $\square$

Für die Erkennung von Nachbartranspositionen ist also die Existenz von vollständigen Abbildungen bzw. die Existenz von Orthomorphismen von Interesse. Der folgende Satz charakterisiert die abelschen Grupen, die Orthomorphismen besitzen.

Satz 21.3 a) Hat die Gruppe G ungerade Ordnung, so ist die Identität vollständig auf G.

b) Sei G eine endliche abelsche Gruppe der Ordnung m. G besitzt eine vollständige Abbildung genau dann, wenn m ungerade ist oder wenn G mindestens zwei verschiedene Involutionen enthält.[4]

c) Für Gruppen der Ordnung $n = 2m$ mit m ungerade gibt es keine vollständigen Abbildungen.

Beweis a) Sei $m = 2k+1$ die Ordnung von G. Gemäß dem Satz 3.16 gilt $y^m = 1$ für alle $y \in G$. Es gilt damit

$$(y^{k+1})^2 = y^{2k+2} = y^{2k+1}y = y^m y = y$$

Es gibt also zu jedem $y \in G$ ein $x = y^{k+1}$ mit $x^2 = y$, d.h. die Abbildung $\gamma : G \to G$ definiert durch $\gamma(x) = x^2$ ist surjektiv. Wir zeigen noch, dass γ injektiv ist: Sei $\gamma(x) = \gamma(y)$, d.h. $x^2 = y^2$, also ist $x^{2k} = y^{2k}$. Daraus folgt

zum einen $\quad y^{2k}x = x^{2k+1} = x^m = 1 \quad$ und damit $\quad y^{2k} = x^{-1}$
sowie zum anderen $\quad x^{2k}y = y^{2k+1} = y^m = 1 \quad$ und damit $\quad x^{2k} = y^{-1}$

Wegen $x^{2k} = y^{2k}$, ist $x^{-1} = y^{-1}$ und damit $x = y$. γ ist also injektiv.

Die Identität $id : G \to G$, $id(x) = x$, ist eine Permutation. Wir haben gezeigt, dass $\gamma(x) = x^2 = x\, id(x)$ eine Permutation ist. Daraus folgt, dass id Definition 21.2 b) erfüllt, d.h. eine vollständige Abbildung ist.

b) Wir betrachten nur den Fall m ungerade. Dann ist die Abbildung $\delta(x) = x^2$ nach dem Beweis a) eine Permutation. Es gilt: $x^{-1}\delta(x) = x^{-1}x^2 = x = id(x)$ ist eine Permutation, also ist δ nach Definition 21.2 a) ein Orthomorphismus. $\quad\square$

Folgerung 21.4 a) Wenn die Ordnung einer abelschen Gruppe G gleich 2 modulo 4 ist, d.h. $|G| = 2m$ mit m ungerade, dann gibt es keine Prüfzeichencodierung über G, die alle Nachbartranspositionen erkennt.

b) Die zyklischen Gruppen der Ordnung 10, wie z.B. die additive Restklassengruppe modulo 10, eignen sich nicht besonders für eine Prüfziffercodierung, da sie prinzipiell nicht alle Nachbartranspositionen erkennen können, was wir in Abschnitt 21.2.2 bereits am Beispiel der EAN-Codierung nachgerechnet haben.

c) Es gibt keine Prüfziffercodierung modulo 10, die alle Einzelfehler und alle Nachbartranspositionen erkennt.

---

[4] $x \in G$, $x \neq 1$, heißt Involution, falls $x^2 = 1$ gilt, d.h. wenn x selbstinvers ist.

d) Die ISBN-Codierung ist geeignet (siehe Abschnitt 21.2.1). Wir rechnen im Körper $\mathbb{F}_{11}$ mit den Permutationen $\pi_i(x) = i \cdot x$, $1 \leq i \leq 10$. Mit diesen ist

$$\delta_i(x) = \pi_{i+1}(\pi_i^{-1}(x)) = (i+1)i^{-1}x$$

ein Orthomorphismus, denn es gilt:[5][6]

$$-x + \delta_i(x) = -y + \delta_i(y)$$
$$\text{genau dann, wenn} \quad (i+1)i^{-1}x - x = (i+1)i^{-1}y - y$$
$$\text{genau dann, wenn} \quad (i+1)i^{-1}(x-y) = x - y$$

Für $x \neq y$ kann dies nur gelten, falls $(i+1)i^{-1} = 1$ ist, d.h., falls $i+1 = i$ ist, was für kein i in $\mathbb{F}_{11}$ erfüllt sein kann. Damit ist Folgerung 21.1 c) bzw. Gleichung (21.8) erfüllt, d.h. die ISBN-Codierung erkennt Nachbartranspositionen, was wir in Folgerung 21.2 e) bereits gezeigt haben; hier haben wir diese Eigenschaft durch allgemeine Betrachtungen hergeleitet.   □

21.4   Prüfziffercodierung in Diedergruppen

Die ISBN-Codierung erkennt Einzelfehler und Nachbartranspositionen, benötigt aber neben unseren gängigen Ziffern $0, 1, \ldots, 9$ die Ziffer X mit dem Wert 10. Da wir für Prüfziffercodierungen aber gerne ausschließlich die gängigen Ziffern verwenden möchten, stellt sich die Frage nach (nicht abelschen) Gruppen der Ordnung 10, die zur Prüfziffercodierung geeignet sind. Wir betrachten dazu die Diedergruppen D_n.

Definition 21.3 Eine *Diedergruppe D_n* ist gegeben durch

$$D_n = \{\, 1, a, a^2, \ldots, a^{n-1}, b, ab, a^2b, \ldots, a^{n-1}b \,\}$$

wobei a und b zwei erzeugende Elemente sind und folgende Relationen gelten: $a^n = 1$ und $a^m \neq 1$, für $1 \leq m < n$ (es ist also $ord_{D_n}(a) = n$), $b^2 = 1 \neq b$ (b ist also Involution) sowie $ba = a^{n-1}b$. D_n kann notiert werden als: $D_n = \langle\, a, b \mid a^n = 1 = b^2,\, ba = a^{n-1}b \,\rangle$.   □

D_n kann geometrisch als Symmetriegruppe des regelmäßigen n-Ecks interpretiert werden.

Beispiel 21.1 a) Die Diedergruppe $D_3 = \{\, 1, a, a^2, b, ab, a^2b \,\}$ mit $ba = a^2b$ ist auffassbar als Symmetriegruppe des gleichseitigen Dreiecks, wobei wir a als Drehung um $\frac{360^0}{3} = 120^0$ um den Schwerpunkt des Dreiecks und b als Klappung, die eine Ecke festlässt und die beiden anderen vertauscht, auffassen.

---

[5] i^{-1} ist das multiplikative Inverse von i in $\mathbb{F}_{11}$. Da $\mathbb{F}_{11}$ Primkörper ist, existiert das multiplikative Inverse zu jedem $i \neq 0$.

[6] Das additive Inverse von x notieren wir wie üblich mit $-x$ und nicht mit x^{-1}.

b) Die Diedergruppe $D_5 = \langle a, b \mid a^5 = 1 = b^2,\ ba = a^4 b \rangle$ ist auffassbar als die Symmetriegruppe des regelmäßigen Fünfecks. Dabei interpretieren wir a als eine Drehung um $\frac{360^0}{5} = 72^0$ und b als eine Klappung des Fünfecks auf sich, d.h. um eine fest gewählte Symmetrieachse (Senkrechte von einer Ecke auf die gegenüberliegende Seite). a^i, $0 \le i \le 4$, repräsentieren dann die fünf möglichen Drehungen, und $a^i b$, $0 \le i \le 4$, stellen die fünf Klappungen an den fünf Symmetrieachsen dar. Die Diedergruppe D_5 hat also insgesamt zehn Elemente – eine solche Gruppe suchen wir gerade. □

Für die Anwendung der Diedergruppen bei der Nummerierung von Banknoten benötigen wir folgende Eigenschaften.

Folgerung 21.5 In den Diedergruppen $D_n = \langle a, b \mid a^n = 1 = b^2,\ ba = a^{n-1}b \rangle$ gilt

a) $ba = a^{-1}b$ und

b) $a^k b = ba^{-k}$.

Beweis a) Es gilt mit den vorausgesetzten Beziehungen $a^n = 1$ und $ba = a^{n-1}b$:
$ba = a^{n-1}b = a^n a^{-1}b = a^{-1}b$.

b) Für $k = 0$ gilt die Behauptung offensichtlich. Nach a) gilt $ba = a^{-1}b$. Daraus folgt $b = a^{-1}ba^{-1}$ und daraus $ab = ba^{-1}$. Damit gilt die Behauptung für $k = 1$. Wir führen noch den Induktionsschritt aus und benutzen dabei die Aussage a):

$$a^{k+1}b = a^k ab = a^k ba^{-1} = ba^{-k}a^{-1} = ba^{-(k+1)} \qquad □$$

Wir codieren nun die zehn Elemente von D_5 mit den Ziffern $0, \ldots, 9$ wie folgt:

$$
\begin{aligned}
a^j &\rightarrow j, & 0 \le j \le 4 \\
a^j b &\rightarrow j + 5, & 0 \le j \le 4
\end{aligned}
$$

Wir definieren nun auf der Menge dieser Ziffern die Operation $*$ durch:

$i * j$	$0 \le j \le 4$	$5 \le j \le 9$
$0 \le i \le 4$	$i + j\ (5)$	$5 + i + j\ (5)$
$5 \le i \le 9$	$5 + i - j\ (5)$	$i - j\ (5)$

Daraus ergibt für $(\{0, \ldots, 9\}, *)$ bzw. für $(D_5, \cdot)$ die in Tabelle 21.1 dargestellte Verknüpfungstafel.

Nummerierung der deutschen Geldscheine

Die D-Mark ist zwar kein Zahlungsmittel mehr, trotzdem wollen wir die Prüfzeichencodierung der Geldscheine, die die deutsche Bundesbank seit 1990 herausgegeben hatte, betrachten, da sie eine interessante Anwendung der Gruppe $(D_5, *)$ darstellt.

	$i*j$	a^j 0	1	2	3	4	a^jb 5	6	7	8	9
a^i	0	0	1	2	3	4	5	6	7	8	9
	1	1	2	3	4	0	6	7	8	9	5
	2	2	3	4	0	1	7	8	9	5	6
	3	3	4	0	1	2	8	9	5	6	7
	4	4	0	1	2	3	9	5	6	7	8
a^ib	5	5	9	8	7	6	0	4	3	2	1
	6	6	5	9	8	7	1	0	4	3	2
	7	7	6	5	9	8	2	1	0	4	3
	8	8	7	6	5	9	3	2	1	0	4
	9	9	8	7	6	5	4	3	2	1	0

Tabelle 21.1: Verknüpfungstafel für die Diedergruppe D_5.

Die Geldscheine sind mit 11-stelligen Nummern $x = x_1 \ldots x_{11}$ über dem Alphabet $\{A, D, G, K, L, N, S, U, Y, Z, 0, 1, \ldots, 9\}$ nummeriert. Dabei werden die in diesen Nummern vorkommenden Buchstaben wie folgt durch Ziffern über diesem Alphabet ersetzt:

$$
\begin{array}{c|c|c|c|c|c|c|c|c|c}
A & D & G & K & L & N & S & U & Y & Z \\
\hline
0 & 1 & 2 & 3 & 4 & 5 & 6 & 7 & 8 & 9
\end{array}
\qquad (21.9)
$$

π sei die folgende Permutation der Ziffern $0, \ldots, 9$:

$$
\pi = \begin{pmatrix} 0 & 1 & 2 & 3 & 4 & 5 & 6 & 7 & 8 & 9 \\ 1 & 5 & 7 & 6 & 2 & 8 & 3 & 0 & 9 & 4 \end{pmatrix}
$$

Die Permutation π erfüllt die Bedingung

$$
x * \pi(y) \neq y * \pi(x) \text{ für alle } x, y \in \{0, 1, \ldots, 9\} \text{ mit } x \neq y
$$

Gemäß Folgerung 21.1 b) und c) erkennt diese Codierung alle Einzelfehler und alle Nachbartranspositionen.

Wir setzen nun $\pi_i = \pi^i$ für $1 \leq i \leq 10$ sowie $\pi_{11} = \pi^0 = id$ (es gilt also $\pi^9 = \pi$ und $\pi^{10} = \pi^2$).

Jede korrekte Geldscheinnummer $x = x_1 x_2 \ldots x_{11}$ erfüllt die Prüfgleichung

$$
\begin{aligned}
0 &= \pi_1(x_1) * \pi_2(x_2) * \ldots * \pi_{10}(x_{10}) * \pi_{11}(x_{11}) \qquad (21.10) \\
&= \pi(x_1) * \pi^2(x_2) * \ldots * \pi^{10}(x_{10}) * x_{11}
\end{aligned}
$$

und damit die Gleichung $x_{11}^{-1} = \pi(x_1) * \pi^2(x_2) * \ldots * \pi^{10}(x_{10})$.

Beispiel 21.2 Wir betrachten die Geldscheinnummer $AA6186305Z2$. Gemäß Tabelle (21.9) ist dies die Codierung der 11-stelligen Ziffernfolge 00618630592. Wir testen, ob für diese die Prüfgleichung (21.10) erfüllt ist:

$$\pi(0) * \pi^2(0) * \pi^3(6) * \pi^4(1) * \pi^5(8) * \pi^6(6) * \pi^7(3) * \pi^8(0) * \pi^9(5) * \pi^{10}(9) * 2$$
$$= \quad 1 * 5 * 3 * 4 * 0 * 6 * 6 * 0 * 8 * 2 * 2$$
$$= \quad 6 * 2 * 6 * 6 * 6 * 2$$
$$= \quad 9 * 0 * 9$$
$$= \quad 9 * 9$$
$$= \quad 0 \qquad\qquad\qquad \square$$

Diese Codierung erkennt alle Einzelfehler. Nicht alle Nachbartranspositionen

$$x_{10}x_{11} \rightarrow x_{11}x_{10}$$

werden erkannt: Betrachten wir z.B. $x_{10} = 1$ und $x_{11} = 8$, dann gilt

$$\pi^2(1) * 8 = 8 * 8 = 0 = 4 * 1 = \pi^2(8) * 1$$

Der folgende Satz gibt eine Permutation für Diedergruppen an, die Einzelfehler und alle Nachbartranspositionen erkennt.

Satz 21.4 Sei $D_n = \langle a, b \mid a^n = 1 = b^2, ba = a^{n-1}b \rangle$ Diedergruppe mit n ungerade und $n \geq 3$. Dann gilt:

a) Die Permutation $\pi : D_n \rightarrow D_n$ definiert durch

$$\pi(a^i) = a^{n-1-i} \text{ sowie } \pi(a^ib) = a^ib$$

erfüllt die Bedingung

$$x\pi(y) \neq y\pi(x) \text{ für alle } x, y \in D_n \text{ mit } x \neq y$$

b) Die Prüfzeichencodierung über D_n mit $\pi_i = \pi^i$, $1 \leq i \leq n$, ermöglicht die Erkennung von Einzelfehlern oder von Nachbartranspositionen.

Beweis a) Wir nehmen an, dass $x\pi(y) = y\pi(x)$ sei und betrachten für diese Annahme drei Fälle:

Fall 1: $x = a^i$, $y = a^j$, $i, j \in \{0, \ldots, n-1\}$, $i \neq j$. Daraus folgt $a^ia^{n-1-j} = a^ja^{n-1-i}$ und daraus $a^{2(i-j)} = 1$. Nach Satz 3.13 muss $ord_{D_n}(a) \mid 2(i-j)$ gelten. Nach Voraussetzung ist $ord_{D_n}(a) = n$ ungerade, also muss $n \mid (i - j)$ sein. Da $i, j \leq n - 1$ ist, folgt, dass $i = j$ sein muss, was einen Widerspruch zu der Voraussetzung $i \neq j$ bedeutet.

Fall 2: $x = a^i$, $y = a^jb$, $i, j \in \{0, \ldots, n-1\}$. Es gilt: $a^ia^jb = a^jba^{n-1-i}$. Mit Folgerung 21.5 b) und $a^n = 1$ folgt hieraus $a^{i+j}b = a^ja^{1+i}b$ und damit $a = 1$. Dies ist ein Widerspruch zu $ord_{D_n}(a) = n \geq 3$.

Fall 3: $x = a^ib$, $y = a^jb$, $i, j \in \{0, \ldots, n-1\}$, $i \neq j$. Für diesen Fall bedeutet die Annahme $x\pi(y) = y\pi(x)$, dass $xy = yx$, d.h. dass $a^iba^jb = a^jba^ib$ gelte. Daraus folgt mit Folgerung 21.6 b) $a^ib^2a^{-j} = a^jb^2a^{-i}$. Da $b^2 = 1$ ist, folgt hieraus $a^{2j-2i} = a^{2(i-j)} = 1$ und damit derselbe Widerspruch wie im Fall 1.

b) Folgt mit a) und Folgerungen 21.1 b) und c). $\qquad\qquad\qquad \square$

21.5 Übungen

21.1 Sei $G = (\mathbb{Z}_m, +)$ die additive Restklassengruppe modulo m, und es seien n Elemente $w_i \in \mathbb{Z}_m$ gegeben mit $(w_i, m) = 1, 1 \le i \le n$. Zeigen Sie, dass jede Abbildung $\pi_i : G \to G$, definiert durch $\pi_i(x) = w_i x$, eine Permutation ist, d.h. eine bijektive Abbildung auf G ist (siehe auch Beweis von Satz 3.6).

21.2 ISBN-Nummern bilden einen Linearcode über $\mathbb{F}_{11}$ mit der Kontrollmatrix

$$H = \begin{pmatrix} 1 & 2 & 3 & 4 & 5 & 6 & 7 & 8 & 9 & 10 \end{pmatrix}$$

Zeigen Sie, dass auch

$$H_s = \begin{pmatrix} 10 & 9 & 8 & 7 & 6 & 5 & 4 & 3 & 2 & 1 \end{pmatrix}$$

eine Kontrollmatrix ist, d.h. dass $x \cdot H^T = 0$ genau dann gilt, wenn $x \cdot H_s^T = 0$ ist. Machen Sie sich klar, dass dies bedeutet, dass eine „gespiegelte" korrekte ISBN-Nummer ebenfalls eine korrekte ISBN-Nummer ist.

21.3 Es sei $\mathbb{Z}_{10}$ die additive Restklassengruppe modulo 10, p_i die i-te Primzahl, d.h. $p_1 = 2, p_2 = 3, \ldots, p_9 = 23$, sowie

$$0 = \sum_{i=1}^{9} p_i \cdot x_i$$

mit $x_i \in \{0, 1, \ldots, 9\}, 1 \le i \le 9$, eine Kontrollgleichung für eine Prüfzifferncodierung über diese Gruppe.

(1) Analysieren Sie, welche Einzelfehler diese Prüfzifferncodierung erkennt und welche sie nicht erkennt.

(2) Analysieren Sie, welche Nachbartranspositionen diese Prüfzifferncodierung erkennt und welche sie nicht erkennt.

21.4 Die internationale Banknummer (IBAN – International Bank Account Number) besteht maximal aus 34 alphanummerischen Zeichen. Die ersten beiden stellen eine Länderkennung (CC – Country Code) dar, z.B. DE für Deutschland oder FR für Frankreich. Die nächsten beiden Ziffern sind die Kontrollziffern (CD – Check Digits), auf deren Berechnung wir im Folgenden noch eingehen. Darauf folgt die nationale Banknummer (BBAN – Basic Bank Account Number), die aus der Bankidentifikation (IID – Institute Identifikation, in Deutschland die Bankleitzahl, kurz BLZ) und der Kontonummer (BAN – Bank Account Number) besteht. Die BLZ ist achtstellig und die Kontonummer zehnstellig. Deutsche IBANs umfassen also insgesamt 22 Zeichen.

Zur Berechnung der beiden Kontrollziffern werden die beiden Buchstaben der Länderkennung wie folgt in zweistellige Zahlen übersetzt: $A = 10, B = 11$,

..., $Z = 35$. Für die deutsche Kennung ergibt sich also $DE = 1314$, für die französische $FR = 1527$. Die Kontonummer, die Bankleitzahl, die Länderkennung und zwei Nullen (quasi als Platzhalter für die beiden Kontrollziffern) werden nun in dieser Reihenfolge von links nach rechts zu einer (im deutschen Fall 24-stelligen) Zahl aneinander gereiht. Von dieser Zahl wird der Rest modulo 97 bestimmt, und dieser Rest wird von 98 subtrahiert. Ist das Ergebnis einstellig, wird eine Null davor gesetzt. Die in jedem Fall so entstandene zweistellige Zahl stellt die beiden Kontrollziffern (die Check Digits) dar.

Wir betrachten ein Beispiel: Es sei 1143033098 die Kontonummer und 37050299 die Bankleitzahl einer deutschen Bank. Durch Aneinanderreihung ergibt sich die Zahl 370502991143033098131400. Ihre Division durch 97 liefert den Rest 7, dieser subtrahiert von 98 ergibt die beiden Kontrollziffern 91, womit sich insgesamt als IBAN für dieses Konto die Zeichenfolge $DE91370502991143033098$ ergibt, die im Papierformat von links gelesen in Viererblöcken dargestellt wird: $IBAN\ DE91\ 3705\ 0299\ 1143\ 0330\ 98$.

Analysieren Sie die IBAN-Codierung auf Erkennung von Einzelfehlern sowie auf Erkennung von Nachbartranspositionen.

Kapitel 22

Zyklische Codes

Wir haben Codewörter $a = a_1 \ldots a_n$, insbesondere bei Blockcodes und speziell bei Linearcodes, als Vektoren betrachtet. Gemäß Folgerung 15.1 bilden bei einem gegebenen Körper $\mathcal{K}$ die Menge $\mathcal{K}^n$ und die Menge $\mathcal{K}[x]^{(n)}$ Vektorräume über $\mathcal{K}$, und gemäß Übung 15.8 sind diese Vektorräume isomorph. Somit können wir Codewörter $a = a_0, a_1, \ldots, a_{n-1}$ der Länge n aus $\mathcal{K}^n$ auch als Polynome über $\mathcal{K}$ vom Grad kleiner n betrachten:

$$a = a_0 a_1 \ldots a_{n-1} \longrightarrow a(x) = a_0 + a_1 x + \ldots + a_{n-1} x^{n-1}$$

Beispiel 22.1 Folgende Tabelle gibt diese Zuordnung für den Körper $\mathbb{F}_2^3$ und für $n = 3$ an:

$\mathbb{F}_2^3$	000	100	010	110	001	101	011	111
$\mathbb{F}_2[x]^{(3)}$	0	1	x	$1+x$	x^2	$1+x^2$	$x+x^2$	$1+x+x^2$

□

Wir gehen in diesem Kapitel einführend auf spezielle Linearcodes, auf so genannte zyklische Codes ein. Die Darstellung der Wörter dieser Codes als Polynome hat zumindest zwei Vorteile: Zum einen ergibt sich durch diese Darstellung eine „elegante" mathematische Theorie. Dazu können wir eine Reihe von Kenntnissen aus den Kapiteln über algebraische Strukturen verwenden, und wir werden auch noch neue Konzepte und Eigenschaften für diese Strukturen kennen lernen und verwenden. Zum anderen lassen sich diese Codes, d.h. Codierung und Decodierung, mithilfe von linearen Schieberegistern, also in Hardware, sehr effizient implementieren. Sehr ausgefeilte Varianten von zyklischen Codes werden sehr verbreitet in der Informations- und Kommunikationstechnologie angewendet. Beispiele sind Datenübertragungsprotokolle, Audio- und Daten-CDs und -DVDs.

Definition 22.1 **a)** Sei $\mathcal{K}$ ein endlicher Körper. Die Abbildung $z : \mathcal{K}^n \to \mathcal{K}^n$ definiert durch $z(a_0 \ldots a_{n-1}) = a_{n-1} a_0 \ldots a_{n-2}$ heißt *zyklische Rechtsverschiebung* auf $\mathcal{K}^n$.

b) Ein Linearcode $C \subseteq \mathcal{K}^n$ heißt *zyklisch* genau dann, wenn $z(a) \in C$ gilt für alle $a \in C$. □

Folgerung 22.1 Sei $\mathcal{K}$ ein Körper und z eine zyklische Rechtsverschiebung auf $\mathcal{K}^n$.

a) Wenn wir definieren $z^0(a) = a$ sowie $z^k(a) = z(z^{k-1}(a))$ für alle $k \in \mathbb{N}$, dann gilt für jeden zyklischen Code $C \subseteq \mathcal{K}^n$: Ist $c \in C$, dann ist auch $z^k(c) \in C$ für alle $k \in \mathbb{N}_0$.

b) Für jedes $k \in \mathbb{N}_0$ ist die Abbildung z^k eine lineare Abbildung von $\mathcal{K}^n$ nach $\mathcal{K}^n$.

c) Sei $C \subseteq \mathcal{K}^n$ ein (n, k)-Linearcode und $c_1, \ldots, c_k$ eine Basis von C. Dann ist C zyklisch genau dann, wenn $z(c_i) \in C$ für $1 \leq i \leq k$ gilt. □

Beispiel 22.2 Sei der Code $C \subseteq \mathbb{F}_2^7$ definiert durch die Generatormatrix

$$G = \begin{pmatrix} 0011101 \\ 0111010 \\ 1110100 \end{pmatrix} = \begin{pmatrix} c_1 \\ c_2 \\ c_3 \end{pmatrix}$$

Die Vektoren c_1, c_2, c_3 sind linear unabhängig. Es gilt $z(c_1) = c_1 + c_2$, $z(c_2) = c_1$ und $z(c_3) = c_2$, d.h. es ist $z(c_i) \in C$ für $1 \leq i \leq 3$. Somit ist C gemäß Folgerung 22.1 c) zyklisch. □

Die zyklische Rechtsverschiebung eines Vektors $a = a_0 \ldots a_{n-1} \in \mathcal{K}^n$ entspricht der Multiplikation $x \cdot a(x)$ modulo $x^n - 1$ in $\mathcal{K}[x]$, denn es gilt

$$x \cdot a(x) = a_{n-1}(x^n - 1) + a_{n-1} + a_0 x + a_1 x^2 + \ldots + a_{n-2} x^{n-1}$$

Das bedeutet, dass in $\mathcal{K}[x]/(x^n - 1)$

$$x \cdot a(x) = a_{n-1} + a_0 x + a_1 x^2 + \ldots + a_{n-2} x^{n-1}$$

gilt. Wenn wir die „zyklische Rechtsverschiebung" der Koeffizienten in $a(x)$ ebenfalls mit dem Operatorsymbol z bezeichnen, dann gilt also

$$x \cdot a(x) = z(a(x))$$

in $\mathcal{K}[x]/(x^n - 1)$.

Da die Abbildung $\varphi : \mathcal{K}^n \to \mathcal{K}[x]/(x^n - 1)$ definiert durch

$$\varphi(a_0 \ldots a_{n-1}) = [a(x)]_{/x^n - 1}$$

ein Vektorraumisomorphismus ist, können wir anstelle in $\mathcal{K}^n$ mit Codewörtern bzw. mit Vektoren auch in $\mathcal{K}[x]/(x^n - 1)$ mit Polynomen rechnen. Wir benutzen im Folgenden deshalb die Begriffe *Codewörter* bzw. *-vektoren* und *Codepolynome*, das sind die den Vektoren vermöge φ eindeutig zugeordneten Polynome, synonym. So schreiben wir z.B. für ein Codewort c eines zyklischen Codes C sowohl

$$c = c_0 c_1 \ldots c_{n-1} \in C$$

als auch

$$c(x) = \sum_{i=0}^{n-1} c_i x^i = c_0 + c_1 x + \ldots + c_{n-1} x^{n-1} \in C$$

Entsprechend schreiben wir für einen zyklischen (n, k)-Linearcode C über einem Körper $\mathcal{K}$ sowohl $C \subseteq \mathcal{K}^n$ als auch $C \subseteq \mathcal{K}[x]/(x^n - 1)$.

Nach diesen Überlegungen ist klar, dass eine Definition zyklischer Codes äquivalent zu Definition 22.1 auch wie in folgendem Satz gegeben werden kann. Dabei schreiben wir für die Multiplikation modulo $x^n - 1$, d.h. für die Multiplikation in $\mathcal{K}[x]/(x^n - 1)$, das Symbol $*$.

Satz 22.1 Ein (n, k)-Linearcode C über einem Körper $\mathcal{K}$ ist zyklisch genau dann, wenn für alle $c(x) \in C$ auch $x * c(x) \in C$ gilt. □

Aus diesem Satz folgt, dass für einen zyklischen Code $C \subseteq \mathcal{K}[x]/(x^n - 1)$ gilt: $p(x) * c(x) \in C$ für alle $p(x) \in \mathcal{K}[x]/(x^n - 1)$ und alle $c(x) \in C$. Der Unterraum C ist also bezüglich der Multiplikation mit den Elementen des Rings $R = (\mathcal{K}[x]/(x^n - 1), +, *)$ abgeschlossen. C ist also ein Ideal von R. Andererseits erfüllt jedes Ideal C von R auch die Defintion 22.1. Insgesamt folgt also

Satz 22.2 $C \subseteq \mathcal{K}[x]/(x^n - 1)$ ist genau dann ein zyklischer Code, wenn C ein Ideal von $R = (\mathcal{K}[x]/(x^n - 1), +, *)$ ist. □

22.1 Generatorpolynome und -matrizen

Es stellt sich nun die Frage nach der Generierung von Codewörtern bzw. nach der Überprüfung von Wörtern daraufhin, ob sie Codewörter sind oder nicht. Der folgende Satz beantwortet den ersten Teil dieser Frage.

Satz 22.3 Sei $\mathcal{K}$ ein Körper. Zu jedem zyklischen Code $C \subseteq \mathcal{K}^n$ existiert ein Polynom $g(x)$ mit $g(x) \mid x^n - 1$, so dass gilt: $c(x) \in \mathcal{K}[x]^{(n)}$ ist ein Codepolynom genau dann, wenn $g(x) \mid c(x)$ gilt.

Beweis Wir wählen $g(x) \in C - \{0\}$ mit minimalem Grad r und normiert. Dieses ist eindeutig. Denn wäre $g'(x)$ ein weiteres mit diesen Eigenschaften, dann wäre $g(x) - g'(x) \in C$ ein Codepolynom mit einem Grad echt kleiner als r, was ein Widerspruch dazu wäre, dass g ein Codepolynom mit minimalem Grad ist.

„$\Rightarrow$": Gemäß Satz 7.1 gibt es zu dem Polynom $c(x) \in C$ und einem Polynom $g(x) \in C - \{0\}$ Polynome $q(x), r(x) \in K[x]$ mit $c(x) = q(x) \cdot g(x) + r(x)$

und $grad(r(x)) < grad(g(x)) = r$. Da C zyklisch ist, ist mit $g(x) \in C$ auch $q(x) * g(x) \in C$. Also folgt, dass $r(x) = c(x) - q(x) \cdot g(x) \in C$ sein muss. Da $grad(r(x)) < grad(g(x))$ und g ein Polynom mit minimalem Grad in C ist, muss $r(x) = 0$ sein. Das bedeutet aber, dass $c(x) = q(x) \cdot g(x)$ gilt, d.h. $g(x) \mid c(x)$.

„$\Leftarrow$": Aus $g(x) \mid c(x)$ folgt die Existenz eines Polynoms $q(x)$ mit $c(x) = q(x) \cdot g(x)$. Da $g(x) \in C$ und C zyklisch ist, folgt $c(x) = q(x) \cdot g(x) \in C$. Wir müssen noch zeigen, dass $g(x) \mid x^n - 1$ gilt. Gemäß Satz 7.1 gibt es auch zu $x^n - 1$ und $g(x)$ Polynome $h(x)$ und $s(x)$ mit $x^n - 1 = h(x) \cdot g(x) + s(x)$ und $grad(s(x)) < grad(g(x)) = r$. Rechnen wir modulo $x^n - 1$, dann ist $s(x) = -h(x) \cdot g(x)$ und $s(x) \in C$, da C zyklisch ist. Da $grad(s(x)) < r$ ist, muss $s(x) = 0$ sein. Daraus folgt $g(x) \mid x^n - 1$. $\qquad\square$

Definition 22.2 Sei $C \subseteq \mathcal{K}^n$ zyklischer Code. Dann heißt das gemäß dem Beweis von Satz 22.3 existierende Polynom $g(x)$ *Generatorpolynom* von C. $\qquad\square$

Folgerung 22.2 a) Sei $C \subseteq \mathcal{K}^n, C \neq \{0\}$, ein zyklischer Code und $g(x)$ Generatorpolynom von C. Dann gilt

$$C = \{\, f(x) \cdot g(x) \mid f(x) \in \mathcal{K}\,[x]^{(n)}\,,\; grad(f) < n - grad(g) \,\}$$

b) Ist $\mathcal{K}$ ein Körper und $g(x) \in \mathcal{K}\,[x]$ normiert sowie $g(x) \mid x^n - 1$, dann ist $g(x)$ Generatorpolynom des zyklischen Codes $C = \mathcal{K}\,[x]^{(n)} * g(x)$.

c) Sei $\mathcal{K}$ ein Körper. Die zyklischen Codes der Länge n über $\mathcal{K}$ sind durch die Teiler von $x^n - 1$ gegeben. Dabei bestimmen die trivialen Teiler $x^n - 1$ und 1 die trivialen Codes $C = \{0\}$ bzw. $C = \mathcal{K}^n$. $\qquad\square$

Beispiel 22.3 Wir wählen $\mathcal{K} = \mathbb{F}_2$ und $n = 4$. Außer den trivialen Teilern besitzt $x^4 - 1 \,(= x^4 + 1)$ die Teiler $x + 1$, $(x + 1)^2 = x^2 + 1$ und $(x + 1)^3 = x^3 + x^2 + x + 1$. Damit existieren 5 zyklische Codes: die trivialen Codes $C_0 = \{0000\}$ und $C_5 = \mathbb{F}_2^4$ sowie

$$\begin{aligned}
C_2 &= \mathbb{F}_2\,[x]^{(4)} * (x + 1) \\
&= \{\, 0, 1 + x, 1 + x^2, x + x^2, 1 + x^3, x + x^3, x^2 + x^3, 1 + x + x^2 + x^3 \,\} \\
&= \{\, 0000, 1100, 1010, 0110, 1001, 0101, 0011, 1111 \,\} \\
C_3 &= \mathbb{F}_2\,[x]^{(4)} * (x + 1)^2 \\
&= \{\, 0, 1 + x^2, x + x^3, 1 + x + x^2 + x^3 \,\} \\
&= \{\, 0000, 1010, 0101, 1111 \,\} \\
C_4 &= \mathbb{F}_2\,[x]^{(4)} * (x + 1)^3 \\
&= \{\, 0, 1 + x + x^2 + x^3 \,\} \\
&= \{\, 0000, 1111 \,\}
\end{aligned}$$

Unter Ausnutzung von Folgerung 22.2 a) muss man nicht mit allen Elementen von $f(x) \in \mathbb{F}_2[x]^{(4)}$ multiplizieren, sondern jeweils nur mit denen, deren Grad kleiner als $4 - grad(g)$ ist. Die modulo $x^4 - 1$-Rechnung entfällt dann. So braucht man für die Bestimmung von C_4 das Generatorpolynom $g(x) = (x+1)^3$ nur mit den Polynomen vom Grad 0, also mit dem Nullpolynom 0 und dem Einspolynom 1, zu multiplizieren.

C_2 ist im Übrigen der Code mit gerader Parität der Länge 4, und es ist $C_4 = C_{R_4}$, der Repetitionscode der Länge 4. □

Der folgende Satz gibt an, wie aus einem Generatorpolynom eines zyklischen Codes C eine Generatormatrix für C konstruiert werden kann.

Satz 22.4 Sei $g(x) = \sum_{i=0}^{r} g_i x^i$ normiertes (d.h. $g_r = 1$) Generatorpolynom des zyklischen Codes C der Länge n mit $r < n$. Dann ist

$$
G = \begin{pmatrix}
g_0 & g_1 & \cdots & \cdots & g_{r-1} & 1 & 0 & \cdots \\
0 & g_0 & \cdots & \cdots & g_{r-1} & 1 & 0 & \cdots \\
\vdots & \ddots & \ddots & \ddots & \ddots & \ddots & \ddots & \ddots \\
0 & \cdots & 0 & g_0 & \cdots & \cdots & g_{r-1} & 1
\end{pmatrix}
= \begin{pmatrix}
g(x) \\
x \cdot g(x) \\
\vdots \\
x^{n-r-1} \cdot g(x)
\end{pmatrix}
$$

eine Generatormatrix von C.

Beweis Da C zyklisch ist, ist $x^i * g(x) \in C$, $0 \le i \le n-r-1$, und offensichtlich sind diese Zeilenvektoren von G linear unabhängig voneinander. Außerdem spannen diese Vektoren C auf, denn es gilt: Sei $c(x) \in C$. Nach Satz 22.3 gilt $g(x) \mid c(x)$, d.h. es gibt ein $q(x)$ mit $grad(q) \le n-r-1$ und $c(x) = q(x) \cdot g(x)$. Sei $q(x) = \sum_{i=0}^{n-r-1} q_i x^i$, dann gilt

$$
c(x) = q(x) \cdot g(x) = \left(\sum_{i=0}^{n-r-1} q_i x^i \right) \cdot g(x) = \sum_{i=0}^{n-r-1} q_i \cdot (x^i \cdot g(x))
$$

$c(x)$ wird also von den Zeilenvektoren von G erzeugt. Insgesamt folgt, dass G eine Generatormatrix von C ist. □

Folgerung 22.3 Für den zyklischen Code C aus Satz 22.4 gilt $dim(C) = n - grad(g) = n - r$, d.h. C ist ein zyklischer $(n, n-r)$-Linearcode. □

Beispiel 22.4 (Forts. von Beispiel 22.3) Für C_2, den Paritätscode der Länge 4, ist

$$
G_2 = \begin{pmatrix}
1 + x \\
x(1+x) \\
x^2(1+x)
\end{pmatrix}
= \begin{pmatrix}
1 & 1 & 0 & 0 \\
0 & 1 & 1 & 0 \\
0 & 0 & 1 & 1
\end{pmatrix}
$$

eine Generatormatrix. Es gilt $dim(C_2) = 4 - 1 = 3$, d.h. C_2 ist ein zyklischer $(4,3)$-Linearcode (siehe auch Übung 17.7). □

22.2   Kontrollpolynome und -matrizen

Nun betrachten wir die Fehlererkennung zyklischer Codes. Ausgangspunkt ist der folgende Satz, der auf Satz 22.3 basiert.

Satz 22.5 Sei C ein zyklischer (n, k)-Linearcode und $g(x)$ ein Generatorpolynom von C. Dann existiert, da $g(x) \mid x^n - 1$ gilt, ein normiertes Polynom $h(x)$ mit $g(x) \cdot h(x) = x^n - 1$, d.h. mit $g(x) * h(x) = 0$ in $\mathcal{K}[x]/(x^n - 1)$, sowie mit $grad(h) = n - grad(g) = n - (n - k) = k$.   □

Definition 22.3 Das gemäß Satz 22.5 zu einem zyklischen Linearcode C existierende Polynom $h(x)$ heißt *Kontrollpolynom* von C.   □

Satz 22.6 Sei C ein zyklischer Linearcode der Länge n über dem Körper $\mathcal{K}$. Dann gilt für alle $c(x) \in \mathcal{K}[x]^{(n)}$

$$c(x) \in C \text{ genau dann, wenn } c(x) \cdot h(x) = 0 \ (x^n - 1)$$

d.h. genau dann, wenn $c(x) * h(x) = 0$ gilt.   □

Beispiel 22.5 (Forts. Beispiel 22.3) $h_2(x) = 1 + x + x^2 + x^3$ ist ein Kotrollpolynom für den Code C_2.   □

Der folgende Satz gibt an, wie aus dem Kontrollpolynom eines zyklischen Linearcodes eine Kontrollmatrix für diesen Code konstruiert werden kann. Dazu benötigen wir einen Operator, der die Koeffizienten eines Polynoms in umgekehrter Reihenfolge erzeugt: Sei $\mathcal{K}$ ein Körper, $p = p_0 \ldots p_{n-1} \in \mathcal{K}^n$ und $p(x) = \sum_{i=0}^{n-1} p_i x^i \in \mathcal{K}[x]^{(n)}$, dann sei $\overline{p} = p_{n-1} \ldots p_0$ sowie $\overline{p(x)} = \sum_{i=0}^{n-1} p_{n-1-i} x^i$.

Satz 22.7 Sei $\mathcal{K}$ Körper und $h(x) = \sum_{i=0}^{k} h_i x^i$ Kontrollpolynom des zyklischen (n, k)-Linearcodes $C \subseteq \mathcal{K}^n$. Dann ist

$$H = \begin{pmatrix} \cdots & \cdots & 0 & 1 & h_{k-1} & \cdots & \cdots & h_1 & h_0 \\ \cdots & 0 & 1 & h_{k-1} & \cdots & & \cdots & h_1 & h_0 & 0 \\ \vdots & \ddots & \ddots & \ddots & \ddots & \ddots & \ddots & \ddots & \vdots \\ 1 & h_{k-1} & \cdots & \cdots & h_1 & h_0 & 0 & \cdots & 0 \end{pmatrix}$$

$$= \begin{pmatrix} \overline{h(x)} \\ \overline{x \cdot h(x)} \\ \vdots \\ \overline{x^{n-k-1} \cdot h(x)} \end{pmatrix}$$

eine Kontrollmatrix von C.   □

Beispiel 22.6 (Forts. Beispiele 22.3 und 22.5) Mit dem Satz ergibt sich, dass

$$H_2 = \begin{pmatrix} 1 & 1 & 1 & 1 \end{pmatrix}$$

eine Kontrollmatrix zum Code C_2 ist.   □

22.3 Erweiterungen endlicher Körper

Für die weiteren Betrachtungen zyklischer Codes, insbesondere im Hinblick auf erhöhte Fehlertoleranz beschäftigen wir uns mit Eigenschaften endlicher Körper. Dabei knüpfen wir an Kapitel 7.2 an. Dort hatten wir im Satz 7.6 gesehen, dass für einen Körper $\mathcal{K}$ und ein Polynom $p \in \mathcal{K}[x]$ der Polynomring $\mathcal{K}[x]/p$ ein Körper genau dann ist, wenn p irreduzibel ist (siehe auch Beispiel 7.5).

22.3.1 Beispiele

Wir wollen uns nun etwas näher mit irreduziblen Polynomen befassen und betrachten als ein erstes Beispiel das über $\mathbb{F}_2$ irreduzible Polynom $p(x) = x^2 + x + 1$. Im Kapitel 7.3 haben wir den Zusammenhang zwischen Nullstellen und Faktorisierung von Polynomen festgestellt, und im Abschnitt 4.1.4 haben wir Körper erweitert, um Gleichungen der Art $p(x) = 0$ zu lösen, d.h. Nullstellen von Polynomen bestimmen zu können. So führen wir also auch jetzt ein Element $\alpha \notin \mathbb{F}_2$ ein mit der Eigenschaft

$$p(\alpha) = 0, \quad \text{d.h. mit } \alpha^2 + \alpha + 1 = 0$$

Hieraus folgt, dass $\alpha^2 = \alpha + 1$ ist. Wir berechnen $p(\alpha^2)$ schrittweise:

$$\begin{aligned}
p(\alpha^2) &= \alpha^2 \cdot \alpha^2 + \alpha^2 + 1 \\
&= (\alpha + 1) \cdot (\alpha + 1) + (\alpha + 1) + 1 \\
&= \alpha^2 + 1 + \alpha \\
&= (\alpha + 1) + 1 + \alpha \\
&= 0
\end{aligned}$$

Mit α ist also auch α^2 eine Nullstelle von $p(x) = x^2 + x + 1$. Mit Satz 7.7 muss $p(x) = (x - \alpha)(x - \alpha^2)$ gelten, d.h., da wir in $\mathbb{F}_2$ rechnen, muss $p(x) = (x + \alpha)(x + \alpha^2)$ gelten. Wir rechnen nach:

$$\begin{aligned}
(x + \alpha)(x + \alpha^2) &= x^2 + x \cdot \alpha^2 + x \cdot \alpha + \alpha^3 \\
&= x^2 + x(\alpha + 1) + x \cdot \alpha + \alpha(\alpha + 1) \\
&= x^2 + x \cdot \alpha + x + x \cdot \alpha + \alpha^2 + \alpha \\
&= x^2 + x + \alpha + 1 + \alpha \\
&= x^2 + x + 1 \\
&= p(x)
\end{aligned}$$

Der um das Element α erweiterte Körper $\mathbb{F}_2$

$$\mathbb{F}_2(\alpha) = \{ a + b\alpha \mid a, b \in \mathbb{F}_2 \}$$

$\mathbb{F}_2(\alpha)$	$\mathbb{F}_2^2$	$\mathrm{GF}(4)$	$\mathbb{F}_2\left[x\right]/(x^2+x+1)$
0	00	0	0
$\alpha^0 = 1$	01	1	1
$\alpha^1 = \alpha$	10	2	x
$\alpha^2 = \alpha + 1$	11	3	$x + 1$
$\alpha^3 = (\alpha+1)\cdot\alpha = \alpha^2 + \alpha = \alpha+1+\alpha = 1$	01	1	1

Tabelle 22.1: Multiplikations- und Logarithmentafel für $\mathbb{F}_2\left[x\right]/(x^2+x+1)$

bildet wieder einen Körper. Die Elemente von $\mathbb{F}_2(\alpha)$ sind $0, 1, \alpha$ und $\alpha+1$; α und $\alpha+1$ sind invers zueinander. Da $\alpha^1 = \alpha$, $\alpha^2 = \alpha + 1$ sowie $\alpha^3 = 1$ ist, gilt auch $\mathbb{F}_2(\alpha) = \{0, \alpha^1, \alpha^2, \alpha^3\}$; in dieser Darstellung sind α und α^2 invers zueinander.

In der Tabelle 22.1 stellen wir mit diesen Ergebnissen einen Zusammenhang her zwischen $\mathbb{F}_2(\alpha)$, $\mathbb{F}_2^2$, $\mathrm{GF}(4)$ und $\mathbb{F}_2\left[x\right]/(x^2+x+1)$. $\mathrm{GF}(4)$ enthält die Elemente von $\mathbb{Z}_4$, allerdings ist die Multiplikation anders als in $\mathbb{Z}_4$ definiert: In $\mathbb{Z}_4$ ist $2\cdot3 = 2$, während in $\mathrm{GF}(4)$ $2\cdot3 = 1$ ist. $\mathrm{GF}(q)$ heißt *Galois-Feld* mit q Elementen. Auf diese Strukturen und ihre Bedeutung gehen wir in Abschnitt 22.3.5 noch näher ein. Wir werden dort sehen, dass q immer eine Primzahlpotenz sein muss: $q = p^s$, $p \in \mathbb{P}$, $s \in \mathbb{N}$. In unserem Fall ist $q = 2^2 = 4$.

α kann als ein erzeugendes Element von $\mathbb{F}_2(\alpha)$, $\mathbb{F}_2^2$, $\mathrm{GF}(4)$ und $\mathbb{F}_2\left[x\right]/(x^2+x+1)$ aufgefasst werden, d.h. wir können α als eine Primitivwurzel modulo x^2+x+1 auffassen (siehe auch Kapitel 11). Für α gilt:

$$\alpha^m \cdot \alpha^n = \alpha^{m+n\,(3)} \qquad (22.1)$$

α kann also als Basis für einen diskreten Logarithmus sowohl für $\mathbb{F}_2(\alpha)$ als auch für $\mathbb{F}_2\left[x\right]/(x^2+x+1)$ (natürlich auch für $\mathbb{F}_2^2$ und für $\mathrm{GF}(q)$) dienen:

$$\begin{aligned} log_\alpha \alpha &= 1 \quad\text{bzw.}\quad & log_\alpha x &= 1 \\ log_\alpha (\alpha+1) &= 2 \quad\text{bzw.}\quad & log_\alpha (x+1) &= 2 \\ log_\alpha 1 &= 3 \quad\text{bzw.}\quad & log_\alpha x &= 3 \end{aligned}$$

Wegen dieser Eigenschaft und wegen (22.1) haben wir die Tabelle 22.1 *Multiplikations-* und *Logarithmentafel* genannt.

Wir betrachten als weiteres Beispiel das über $\mathbb{F}_2$ irredzuible Polynom $p(x) = x^4 + x^3 + 1$. Sei $\alpha \notin \mathbb{F}_2$ ein Element mit der Eigenschaft

$$p(\alpha) = 0, \text{ d.h. mit } \alpha^4 + \alpha^3 + 1 = 0$$

Hieraus folgt, dass $\alpha^4 = \alpha^3 + 1$ ist. Wir können berechnen, dass auch α^2, α^4 und α^8 Nullstellen von p sind. Es gilt also

$$p(x) = (x + \alpha)(x + \alpha^2)(x + \alpha^4)(x + \alpha^8)$$

$\mathbb{F}_2(\alpha)$	$\mathbb{F}_2^4$	$GF(2^4)$	$\mathbb{F}_2\,[x]\,/(x^4+x^3+1)$
0	0000	0	0
$\alpha^0 = 1$	0001	1	1
$\alpha^1 = \alpha$	0010	2	x
α^2	0100	4	x^2
α^3	1000	8	x^3
$\alpha^4 = \alpha^3 + 1$	1001	9	$x^3 + 1$
$\alpha^5 = \alpha^3 + \alpha + 1$	1011	11	$x^3 + x + 1$
$\alpha^6 = \alpha^3 + \alpha^2 + \alpha + 1$	1111	15	$x^3 + x^2 + x + 1$
$\alpha^7 = \alpha^2 + \alpha + 1$	0111	7	$x^2 + x + 1$
$\alpha^8 = \alpha^3 + \alpha^2 + \alpha$	1110	14	$x^3 + x^2 + x$
$\alpha^9 = \alpha^2 + 1$	0101	5	$x^2 + 1$
$\alpha^{10} = \alpha^3 + \alpha$	1010	10	$x^3 + x$
$\alpha^{11} = \alpha^3 + \alpha^2 + 1$	1101	13	$x^3 + x^2 + 1$
$\alpha^{12} = \alpha + 1$	0011	3	$x + 1$
$\alpha^{13} = \alpha^2 + \alpha$	0110	6	$x^2 + x$
$\alpha^{14} = \alpha^3 + \alpha^2$	1100	12	$x^3 + x^2$
$\alpha^{15} = 1$	0001	1	1

Tabelle 22.2: Multiplikations- und Logarithmentafel für $\mathbb{F}_2\,[x]\,/(x^4+x^3+1)$

Als Multiplikations- und Logarithmentafel für $\mathbb{F}_2\,[x]\,/(x^4+x^3+1)$ ergibt sich die Tabelle 22.2. Hier gilt

$$\alpha^m \cdot \alpha^n = \alpha^{m+n\,(15)} \qquad (22.2)$$

und auch hier kann α als ein erzeugendes Element aufgefasst werden, nämlich von $\mathbb{F}_2(\alpha)$, $\mathbb{F}_2^4$, $GF(2^4)$ und $\mathbb{F}_2\,[x]\,/(x^4+x^3+1)$, und α kann als Basis für einen diskreten Logarithmus in diesen Strukturen gewählt werden. So gilt z.B.

$$log_\alpha\,(x+1) = 12 \text{ sowie } log_\alpha\,(x^3+x^2+x) = 8 \qquad (22.3)$$

Für Logarithmen gilt die Rechenregel (siehe Kapitel 11):

$$log_\alpha\,(a \cdot b) = log_\alpha\,a + log_\alpha\,b$$

Damit kann mithilfe von Logarithmen die Multiplikation auf die Addition zurückgeführt werden. Wenden wir diese Regel auf die Polynome $a(x) = x + 1$ und $b(x) = x^3 + x^2 + x$ aus (22.3) an, dann erhalten wir:

$$log_\alpha\,(a(x) \cdot b(x)) = log_\alpha\,a(x) + log_\alpha\,b(x) = 12 + 8 = 5$$

Dabei werden die Logarithmen modulo 15 addiert, siehe Gleichung (22.2). Da $5 = log_\alpha\,(x^3+x+1)$ ist, folgt unmittelbar

$$a(x) \cdot b(x) = (x^3+1) \cdot (x^3+x^2+x) = x^3+x+1$$

natürlich modulo $x^4 + x^3 + 1$ gerechnet. Eine Probe durch direkte Berechnung des Produktes der Polynome $a(x)$ und $b(x)$ verifiziert selbstverständlich dieses Ergebnis.

An diesen Beispielen wird deutlich, dass auf der Basis von (abgespeicherten) Multiplikations- und Logarithmentafeln eine sehr effiziente Multiplikation für Polynome implementiert werden kann.

Da $p(x) = x^4 + x^3 + 1$ irreduzibel ist, wissen wir, dass $\mathbb{F}_2[x]/(x^4 + x^3 + 1)$ ein Körper ist. Aus den obigen Überlegungen ergibt sich unmittelbar, dass damit auch $\mathbb{F}_2(\alpha)$, $\mathbb{F}_2^4$ und $GF(2^4)$ Körper sind sowie dass alle diese vier Körper isomorph zueinander sind. Dasselbe gilt natürlich auch für die vier in Tabelle 22.1 dargestellten Strukturen.

Wenn man des Weiteren andere irreduzible Polynome vom Grad 4 über $\mathbb{F}_2$ wählt, z.B. $q(x) = x^4 + x + 1$ oder $r(x) = x^4 + x^3 + x^2 + x + 1$, und dafür Nullstellen β bzw. γ einführt, so dass also $q(\beta) = 0$ und $r(\gamma) = 0$ und damit $\beta^4 = \beta + 1$ bzw. $\gamma^4 = \gamma^3 + \gamma^2 + \gamma + 1$ gilt, und damit die der Tafel 22.2 entsprechenden Tafeln berechnet, wird man feststellen, dass $\mathbb{F}_2(\beta)$ isomorph zu $\mathbb{F}_2^4$, $GF(2^4)$ und $\mathbb{F}_2[x]/(x^4 + x + 1)$ bzw. $\mathbb{F}_2(\gamma)$ isomorph zu $\mathbb{F}_2^4$, $GF(2^4)$ und $\mathbb{F}_2[x]/(x^4 + x^3 + x^2 + x + 1)$ sind, und damit sind auch die Körpererweiterungen $\mathbb{F}_2(\alpha)$, $\mathbb{F}_2(\beta)$ und $\mathbb{F}_2(\gamma)$ untereinander isomorph.

Wenn man weitere Beispiele dieser Art betrachtet, d.h. man betrachtet einen Körper $\mathbb{F}_q$, $q \in \mathbb{P}$, wählt ein monisches irreduzibles Polynom $p \in \mathbb{F}_q[x]$ vom Grad s, $s \geq 2$, führt für dieses eine Nullstelle α ein und stellt eine den Tabellen 22.1 und 22.2 entsprechende Tafel auf, so kann man zu folgenden Feststellungen, Vermutungen bzw. Fragen kommen:

- Bei Division durch p gibt es q^s Reste. Diese sind die Polynome

$$r(x) = \sum_{i=0}^{s-1} a_i x^i = a_{s-1} x^{s-1} + \ldots + a_1 x + a_0 \text{ mit } a_i \in \mathbb{F}_q, \ 0 \leq i \leq s-1$$

- Für jede Nullstelle α von $p(x)$ ist $F_q(\alpha)$ ein Körper. Dieser ist isomorph zu $\mathbb{F}_q^s$, $GF(q^s)$ und $\mathbb{F}_q[x]/(p(x))$. Sind α und β Nullstellen von p, dann sind $\mathbb{F}_q(\alpha)$ und $\mathbb{F}_q(\beta)$ isomorph.

- Sind alle endlichen Körper isomorph zu einer durch ein monisches irreduzibles Polynom über $\mathbb{F}_q$ bestimmten Körpererweiterung von $\mathbb{F}_q$ für ein $q \in \mathbb{P}$?

Wir wollen im Folgenden diese Vermutungen und Fragen schrittweise betrachten und beantworten.

22.3.2 Grundlegende Definitionen und Eigenschaften

Definition 22.4 Es sei $\mathcal{L}$ ein Körper und $\mathcal{K}$ sei ein weiterer Körper, der ein Teilkörper von $\mathcal{L}$ oder isomorph zu einem Teilkörper von $\mathcal{L}$ ist. Dann nennen wir $\mathcal{L}$ einen *Erweiterungskörper* von $\mathcal{K}$ und schreiben dafür $\mathcal{L} \mid \mathcal{K}$. □

Beispiel 22.7 Aus Abschnitt 4.1.4 wissen wir, dass $\mathbb{Q}(\sqrt{2}) \mid \mathbb{Q}$ und $\mathbb{R} \mid \mathbb{Q}$ sowie $\mathbb{C} \mid \mathbb{R}$ gelten. □

Folgerung 22.4 Sei $q \in \mathbb{P}$ und $p(x)$ ein über $\mathbb{F}_q$ irreduzibles Polynom, dann gilt $\mathbb{F}_q[x]/(p(x)) \mid \mathbb{F}_q$.

Beweis Die Menge der konstanten Polynome in $\mathbb{F}_q[x]/(p(x))$ ist offensichtlich isomorph zu $\mathbb{F}_q$. □

Es lässt sich leicht nachrechnen, dass der folgende Satz gilt.

Satz 22.8 Es seien $\mathcal{L}$ und $\mathcal{K}$ zwei Körper mit $\mathcal{L} \mid \mathcal{K}$. Dann ist $\mathcal{L}$ ein Vektorraum über $\mathcal{K}$. □

Falls der Vektorraum $\mathcal{L}$ eine endliche Dimension hat, heißt die Körpererweiterung $\mathcal{L} \mid \mathcal{K}$ *endlich*. Die Dimension von $\mathcal{L}$ heißt dann *Grad* der Körpererweiterung und wird mit $[\mathcal{L} : \mathcal{K}]$ bezeichnet.

Folgerung 22.5 Die Körpererweiterung $\mathbb{F}_q[x]/(p(x)) \mid \mathbb{F}_q$ ist endlich, und ihr Grad ist gleich dem Grad von $p(x)$.

Beweis Es sei $grad(p(x)) = s$, dann ist die Menge $\{1, x, x^2, \ldots, x^{s-2}, x^{s-1}\}$ eine Basis von $\mathbb{F}_q[x]/(p(x))$, woraus unmittelbar die Behauptung folgt. □

Wenn wir den Körper $\mathbb{F}_q$, $q \in \mathbb{P}$, um ein Element α zu $\mathbb{F}_q(\alpha)$ erweitern, muss $\mathbb{F}_q(\alpha)$, damit diese Menge abgeschlossen gegenüber den Körperoperationen ist, neben α auch alle Elemente

$$a = a_n \alpha^n + a_{n-1} \alpha^{n-1} + \ldots + a_1 \alpha + a_0 \tag{22.4}$$

für alle $a_i \in \mathbb{F}_q$, $0 \le i \le n$, $n \ge 0$, enthalten.

$p(x) = x^s + p_{s-1} x^{s-1} + \ldots + p_1 x + p_0$ sei nun ein über $\mathbb{F}_q$ irreduzibles monisches Polynom vom Grad s. Wir legen fest, dass α eine Nullstelle von p sein soll, d.h. es soll

$$p(\alpha) = \alpha^s + p_{s-1} \alpha^{s-1} + \ldots + \alpha_1 x + p_0 = 0$$

sein. Daraus folgt, dass sich jede Potenz α^n, $n \ge 0$, als Linearkombination der Potenzen α^i, $0 \le i \le s - 1$, darstellen lässt:

$$\alpha^n = r_{s-1} \alpha^{s-1} + r_{s-2} \alpha^{s-2} + \ldots + r_1 \alpha + r_0 \tag{22.5}$$

Aus (22.4) und (22.5) folgt nun, dass sich alle Elemente $a \in \mathbb{F}_q(\alpha)$ als Polynome vom Grad höchstens $s - 1$ darstellen lassen. Damit ergibt sich eine eineindeutige Zuordnung zwischen den Elementen von $\mathbb{F}_q(\alpha)$ und denen von $\mathbb{F}_q[x]/(p(x))$.

Der Festlegung, dass α eine Nullstelle von p ist, und der daraus folgenden Reduktion der Potenzen α^n entspricht dem Rechnen modulo $p(x)$, d.h. dem Rechnen in $\mathbb{F}_q\,[x]\,/(p(x))$. Dabei entspricht dem zu $\mathbb{F}_q$ adjungierten Element α das Polynom x.

Allgemein kann man zeigen:

Satz 22.9 Jede endliche Erweiterung eines Körpers $\mathcal{K}$ lässt sich als Quotientenkörper $\mathcal{K}\,[x]\,/(p(x))$ mit einem über $\mathcal{K}$ irreduziblen Polynom $p(x) \in \mathcal{K}\,[x]$ darstellen. $\qquad\square$

22.3.3 Minimalpolynome

Definition 22.5 a) Es seien $\mathcal{K}$ und $\mathcal{L}$ zwei Körper mit $\mathcal{K} \subseteq \mathcal{L}$ und $\alpha \in \mathcal{L}$. Ein monisches Polynom $m(x) \in \mathcal{K}\,[x]$ kleinsten Grades mit $m(\alpha) = 0$, d.h. α ist Nullstelle von m in $\mathcal{L}$, heißt *Minimalpolynom* von α über $\mathcal{K}$.

b) Sei $\mathcal{M}$ ein weiterer Oberkörper von $\mathcal{K}$ (der gleich $\mathcal{L}$ sein kann) und sei $\beta \in \mathcal{M}$ eine weitere Nullstelle von m, dann heißen α und β *konjugierte Nullstellen* von m. $\qquad\square$

Aus Teil a) der Definition kann unmittelbar gefolgert werden:

Folgerung 22.6 a) Sei $\mathcal{K}$ ein Körper und $a \in \mathcal{K}$, dann ist $m(x) = x - a$ das Minimalpolynom von a.

b) Jedes Minimalpolynom über einem Körper $\mathcal{K}$ ist irreduzibel über $\mathcal{K}$. $\qquad\square$

Der folgende Satz fasst die Überlegungen aus dem vorherigen Abschnitt zusammen und verdeutlich die Bedeutung von Minimalpolynomen dabei.

Satz 22.10 Sei $p(x)$ ein irreduzibles monisches Polynom über dem Körper $\mathbb{F}_q$, $q \in \mathbb{P}$, α sei eine Nullstelle von p und $\mathbb{F}_q(\alpha)$ der durch Adjunktion von α zu $\mathbb{F}_q$ entstandene Körper. Dann ist die Abbildung $\varphi : \mathbb{F}_q(\alpha) \to \mathbb{F}_q\,[x]\,/(p(x))$ definiert durch

$$\varphi(a_n\alpha^n + a_{n-1}\alpha^{n-1} + \ldots + a_1\alpha + a_0) = a_n x^n + a_{n-1}x^{n-1} + \ldots + a_1 x + a_0 \quad (p(x))$$

ein Isomorphismus, und $p(x)$ ist das Minimalpolynom von α. $\qquad\square$

Der folgende Satz besagt, dass das Minimalpolynom für ein Element eindeutig bestimmt ist.

Satz 22.11 Sei $m(x)$ ein Minimalpolynom von α über dem Körper $\mathcal{K}$. Dann gilt für jedes Polynom $p(x) \in \mathcal{K}\,[x]$ mit $p(\alpha) = 0$: $m(x) \mid p(x)$.

Beweis Es sei $p(x)$ ein Polynom mit $p(\alpha) = 0$. Zu p und m gibt es Polynome q und r mit $p(x) = m(x) \cdot q(x) + r(x)$ und $grad(r(x)) < grad(m(x))$ oder $r(x) = 0$. Es folgt: $p(\alpha) = m(\alpha) \cdot q(\alpha) + r(\alpha)$. Da $p(\alpha) = 0$ ist und $m(\alpha) = 0$ ist, folgt

$r(\alpha) = 0$. Daraus folgt, dass $r(x) = 0$ sein muss, sonst wäre r ein Polynom mit kleinerem Grad als der Grad von m mit der Nullstelle α, ein Widerspruch dazu, dass m Minimalpolynom von α ist. $\qquad\square$

Aus Satz 22.10 folgt unmittelbar

Satz 22.12 Sei m ein Minimalpolynom von α über dem Körper $\mathbb{F}_q$, $q \in \mathbb{P}$, und β eine zu α konjugierte Nullstelle von m, dann sind $\mathbb{F}(\alpha)$ und $\mathbb{F}(\beta)$ isomorph. $\quad\square$

22.3.4 Einheitengruppen endlicher Körper

In einem Körper $\mathcal{K}$ sind alle Elemente außer dem additiven Einselement invertierbar. Ist $\mathcal{K}$ endlich mit $|\mathcal{K}| = k$, dann gilt also $ord_{\mathcal{K}^*} = k - 1$.

Sei $a \in \mathcal{K}^*$ ein Element mit Ordnung s: $ord_{\mathcal{K}^*}(a) = s$ (siehe Abschnitt 3.3.6). s ist also der kleinste Exponent größer als Null, für den $a^s = 1$ gilt. Mit unseren Kenntnissen über Gruppen, Körper und Polynome können wir folgende Folgerungen ziehen.

Folgerung 22.7 Sei $\mathcal{K}$ ein endlicher Körper sowie $a \in \mathcal{K}^*$ mit $ord_{\mathcal{K}^*}(a) = s$. Dann gilt:

a) Die Elmente a^j sind für $1 \leq j \leq s$ alle von einander verschieden.

b) Alle Potenzen a^j, $1 \leq j \leq s$, sind Lösungen der Gleichung $x^s - 1 = 0$.

c) Es gilt die Zerlegung

$$x^s - 1 = (x - 1)(x - a)(x - a^2) \ldots (x - a^{s-1})$$

d) Aus $x^s - 1 = (x - 1)(x - a)(x - a^2) \ldots (x - a^{s-1}) = 0$ folgt $x = 1$ oder $x = a$ oder $\ldots$ oder $x = a^{s-1}$.

e) Genau die Potenzen a^l mit $(s, l) = 1$ besitzen die Ordnung s, und die Anzahl dieser Potenzen beträgt $\varphi(s)$. $\qquad\square$

Satz 22.13 Es sei $\mathcal{K}$ ein endlicher Körper mit $ord_{\mathcal{K}^*} = k - 1$, dann gilt:

a) Zu jedem Teiler s von $k - 1$ gibt es genau $\varphi(s)$ Elemente der Ordnung s,

b) $\mathcal{K}^*$ ist zyklisch, und

c) $\mathcal{K}^*$ besitzt $\varphi(k - 1)$ erzeugende Elemente.

Beweis a) Aus Satz 9.3 wissen wir, dass für alle $m \in \mathbb{N}$ gilt: $\sum_{d|m,\, d>0} \varphi(d) = m$. Für $m = k - 1$ und $d = s$ gilt also $\sum_{s|(k-1)} \varphi(s) = k - 1$. Des Weiteren wissen wir (siehe Folgerung 3.14), dass die Ordnungen der Elemente von $\mathcal{K}^*$ Teiler von

$k - 1$ sind. Wir nehmen an, dass es einen Teiler s' von $k - 1$ gibt, zu dem es in $\mathcal{K}^*$ kein Element der Ordnung s' gibt. Dann würde

$$k - 1 \leq \sum_{s|(k-1)\ s\neq s'} \varphi(s) < \sum_{s|(k-1)} \varphi(s) = k - 1$$

gelten, was offensichtlich einen Widerspruch darstellt. Zu jedem Teiler s von $k-1$ gibt es also ein Element der Ordnung s, und gemäß Teil e) der obigen Folgerung gibt es davon $\varphi(s)$ Stück.

b), c) Nach a) gibt es zu jedem Teiler s von $k-1$ genau $\varphi(s)$ Elemente der Ordnung s. Also gibt es für den Teiler $s = k-1$ genau $\varphi(k-1)$ Elemente der Ordnung $k-1$. Für jedes dieser Elemente a gilt: $a^{k-1} = 1$ und alle Potenzen a^i für $1 \leq i \leq k-1$ sind verschieden. Damit ist $\langle a \rangle = \mathcal{K}^*$, d.h. $\mathcal{K}$ ist zyklisch. $\qquad\square$

Definition 22.6 Sei $\mathcal{K}$ ein endlicher Körper sowie $a \in \mathcal{K}$ ein erzeugendes Element von $\mathcal{K}^*$, d.h. es ist $\langle a \rangle = \mathcal{K}^*$.

a) a heißt dann *primitives Element* von $\mathcal{K}$.

b) Ist a ein primitves Element von $\mathcal{K}$ und $m(x)$ ein Minimalpolynom von a über $\mathcal{K}$, dann heißt $m(x)$ *primitives Polynom* über $\mathcal{K}$. $\qquad\square$

22.3.5 Charakteristik von Körpern

Definition 22.7 Sei $\mathcal{K}$ ein Körper. Die kleinste Zahl $k \in \mathbb{N}$ mit $\sum_{i=1}^{k} 1 = 0$ heißt die *Charakteristik* von $\mathcal{K}$. Existiert ein solches k nicht, dann ist die Charakteristik von $\mathcal{K}$ gleich 0. $\qquad\square$

Folgerung 22.8 Sei k Charakteristik des Körpers $\mathcal{K}$. Dann gilt:

a) k ist die kleinste Zahl mit $\sum_{i=1}^{k} a = 0$ für alle $a \in \mathcal{K}^*$.

b) Es gilt $k \in \mathbb{P}$ oder $k = 0$.

Beweis   a) Für $k = 0$ gilt die Behauptung offensichtlich. Sei also $k \geq 1$ und $a \in \mathcal{K}^*$, dann gilt zum einen

$$\sum_{i=1}^{k} a = a \sum_{i=1}^{k} 1 = a \cdot 0 = 0$$

Sei zum anderen $k' < k$ mit $\sum_{i=1}^{k'} a = 0$. Dann gilt

$$0 = a^{-1} \cdot 0 = a^{-1} \sum_{i=1}^{k'} a = a^{-1} \cdot a \sum_{i=1}^{k'} 1 = \sum_{i=1}^{k'} 1$$

Da k die kleinste Zahl mit der Eigenschaft $\sum_{i=1}^{k} 1 = 0$ ist, kann es keine kleinere Zahl k' mit $\sum_{i=1}^{k'} 1 = 0$ geben. Also ist k auch die kleinste Zahl mit $\sum_{i=1}^{k} a = 0$.

b) Wir betrachten nur den Fall $k \in \mathbb{P}$. Wäre k eine zusammengesetzte Zahl, d.h. es gibt $r, s \in \mathbb{N}$ mit $k = r \cdot s$, und es sei $\sum_{i=1}^{s} 1 = a \neq 0$ (für $\sum_{i=1}^{r} 1 = a \neq 0$ folgt die Argumentation analog), dann gilt:

$$0 = \sum_{i=1}^{k} 1 = \sum_{i=1}^{r \cdot s} 1 = \sum_{i=1}^{r} \sum_{i=1}^{s} 1 = \sum_{i=1}^{r} a = a \sum_{i=1}^{r} 1$$

Daraus folgt, dass $\sum_{i=1}^{r} 1 = 0$ sein muss. Da $r < k$ ist, haben wir einen Widerspruch dagegen erhalten, dass k Charakteristik von $\mathcal{K}$ ist. □

Unmittelbar aus Teil b) dieser Folgerung folgt

Folgerung 22.9 Sei $q \in \mathbb{P}$ und $p(x)$ irreduzibel über $\mathbb{F}_q$, dann besitzen die Körper $\mathbb{F}_q$ und $\mathbb{F}_q[x]/(p(x))$ beide die Charakteristik q. □

Wir werden nun feststellen, dass jeder endliche Körper $\mathcal{K}$ als Erweiterung eines Körpers $\mathbb{F}_q$ für ein $q \in \mathbb{P}$ betrachtet werden kann.

Satz 22.14 Sei $\mathcal{K}$ ein endlicher Körper der Charakteristik q. Dann ist $\mathbb{F}_q$ isomorph zu einem Teilkörper von $\mathcal{K}$.

Beweis $\mathcal{K}$ enthält auf jeden Fall die q von einander verschiedenen Elemente $\sum_{i=1}^{k} 1, 0 \leq k \leq q - 1$, d.h. die Elemente

$$0, 1, 1 + 1, \ldots, \underbrace{1 + 1 + \ldots + 1}_{(q-1)\text{-mal}}$$

Wenn wir die Menge dieser Elemente mit $C(\mathcal{K})$ bezeichnen, dann kann man leicht nachrechnen, dass die Abbildung $\phi : C(\mathcal{K}) \to \mathbb{F}_q$ definiert durch

$$\phi(\underbrace{1 + 1 + \ldots + 1}_{k\text{-mal}}) = k, \quad 0 \leq k \leq q - 1$$

ein Isomorphismus ist, womit die Behauptung gilt. □

Wenn man von dem möglicherweise notwendigen Isomorphismus absieht, kann man also sagen, dass jeder endliche Körper der Charakteristik q den Körper $\mathbb{F}_q$ als Teilkörper enthält. Der folgende Satz beschreibt dieses Enthaltensein noch etwas deataillierter.

Satz 22.15 Es sei $\mathcal{K}$ ein endlicher Körper mit der Charakteristik q. Dann gilt $\mathbb{F}_q = \{a \in \mathcal{K} \mid a^q = a\}$.

Beweis Nach obigem Satz ist $\mathbb{F}_q$ ein Teilkörper von $\mathcal{K}$, und mit Satz 3.16 gilt $a^{q-1} = 1$ für alle $q - 1$ Elemente $a \in \mathbb{F}_q^*$. Alle diese Elemente sind Nullstellen des Polynoms $x^{q-1} - 1$, und mehr Nullstellen als sein Grad $q - 1$ kann das Polynom nicht haben. Es gilt also $a^q = a$ für alle $a \in \mathbb{F}_q^*$ sowie $0^q = 0$, und für kein weiteres Element aus $\mathcal{K}$ gilt diese Eigenschaft. Damit ist die Behauptung gezeigt. □

Der folgende Satz besagt, dass durch geeignete Erweiterung des Körper $\mathbb{F}_q$ quasi (genauer: bis auf Isomorphie) endliche Körper der Charakteristik q festgelegt sind.

Satz 22.16 Sei $\mathcal{K}$ ein endlicher Körper der Charakteristik q und a ein primitives Element von $\mathcal{K}$. Dann gilt $\mathcal{K} = \mathbb{F}_q(a)$ (genauer: dann sind $\mathcal{K}$ und $\mathbb{F}_q(a)$ isomorph).

Beweis Nach dem obigen Satz enthält $\mathcal{K}$ den Körper $\mathbb{F}_q$. Es sei $a \in \mathcal{K} - \mathbb{F}_q$ sowie $ord_{\mathcal{K}^*} = k - 1$. Dann gilt mit Satz 3.16 $a^{k-1} = 1$. Damit ist a Nullstelle des Polynoms $x^{k-1} - 1 \in \mathbb{F}_q[x]$, d.h. a ist Nullstelle eines monischen, über $\mathbb{F}_q$ irreduziblen Faktors $m(x)$ in der Zerlegung dieses Polynoms, und $m(x)$ ist das Minimalpolynom von a über $\mathbb{F}_q$. Es ist also $a \in \mathcal{K}$ und $m(a) = 0$ in $\mathcal{K}$. Es gilt also, dass $\mathbb{F}_q(a)$ Teilkörper von $\mathcal{K}$ ist: $\mathbb{F}_q(a) \subseteq \mathcal{K}$. Ist a sogar ein primitives Element von $\mathcal{K}$, d.h. alle Elemente von $\mathcal{K}$ (außer der Null) können als Potenzen von a dargestellt werden, dann gilt auch $\mathcal{K} \subseteq \mathbb{F}_q(a)$. Sind die Voraussetzungen des Satzes erfüllt, dann gilt also $\mathcal{K} = \mathbb{F}_q(a)$.   □

Aus dem Satz folgt unmittelbar

Folgerung 22.10 Sei $\mathcal{K}$ ein endlicher Körper der Charakteristik p, a und b seien primitive Elemente von $\mathcal{K}$ und $m_a(x)$ sei Minimalpolynom von a und $m_b(x)$ sei Minimalpolynom von b. Dann gilt:

a) $\mathcal{K} = \mathbb{F}_p(a) = \mathbb{F}_p(b)$.

b) Die Minimalpolynome von a und b stimmen im Allgemeinen nicht überein (siehe z.B. Abschnitt 22.3.1 und Übung 22.7).

c) $\mathbb{F}_p[x]/(m_a(x))$ und $\mathbb{F}_p[x]/(m_b(x))$ sind isomorph.

d) $|\mathcal{K}| = p^{grad(m_a)}$.   □

Alle endlichen Körper $\mathcal{K}$ sind also (isomorph zu einem) Erweiterungskörper eines geeigneten Körpers $\mathbb{F}_p$. Die Anzahl q der Elemente von $\mathcal{K}$ ist in jedem Fall eine Primzahlpotenz: $q = |\mathcal{K}| = p^s$ für ein $s \in \mathbb{N}$. s ist der Grad des Minimalpolynoms eines zu $\mathbb{F}_p$ adjungierten Elementes.

Sowohl die Elemente von $\mathbb{F}_p(a)^*$ als auch die Elemente von $\mathbb{F}_p(b)^*$ sind Nullstellen des Polynoms $f(x) = x^{p^s-1} - 1$ (siehe auch Folgerung 22.7). Über $\mathbb{F}_p(a)$ gilt damit die Zerlegung

$$f(x) = x^{p^s-1} - 1 = (x-a)(x-a^2)\ldots(x-a^{p^s-1})$$

und über $\mathbb{F}_p(b)$ die Zerlegung

$$f(x) = x^{p^s-1} - 1 = (x-b)(x-b^2)\ldots(x-b^{p^s-1}) \tag{22.6}$$

Es gilt $f(a^i) = f(b^j) = 0$ für $0 \le i,j \le p^s - 1 = q - 1$, d.h. insbesondere ist $f(a) = f(b) = 0$. Mit Satz 22.11 folgt, dass die Minimalpolynome $m_a(x)$ von a und $m_b(x)$ von b Teiler von $f(x)$ sind. Da $m_a(x)$ und $m_b(x)$ irreduzibel über $\mathbb{F}_p$ sind, gilt entweder $m_a(x) = m_b(x)$ oder $(m_a(x), m_b(x)) = 1$. Für den zweiten Fall gilt dann nicht nur $m_a(x) \mid f(x)$ und $m_b(x) \mid f(x)$, sondern auch $m_a(x) \cdot m_b(x) \mid f(x)$. Es gibt also ein Polynom $g(x)$, so dass

$$f(x) = m_a(x) \cdot g(x) \text{ und } f(x) = m_b(x) \cdot g(x) \text{ oder } f(x) = m_a(x) \cdot m_b(x) \cdot g(x)$$

über $\mathbb{F}_p$ gilt. Mit (22.6) folgt, dass $m_a(x)$ folgende Gestalt hat:

$$m_a(x) = (x - b^{e_1}) \ldots (x - b^{e_k})$$

wobei die Exponenten $e_1, \ldots, e_k$ verschiedene Elemente aus der Menge der Exponenten $\{1, 2, \ldots, p^s - 1\}$ der Zerlegung (22.6) sind. In den Überlegungen nach Folgerung 22.5, insbesondere mithilfe der Gleichungen (22.4) und (22.5) hatten wir festgestellt, dass sich jedes Element $r \in \mathbb{F}_p(a)$ als Linearkombination

$$r(a) = r_{s-1}a^{s-1} + \ldots + r_1 a + r_0 \tag{22.7}$$

für geeignete $r_i \in \mathbb{F}_p$, $0 \leq i \leq s - 1$, mit $s = grad(m_a(x))$ darstellen lässt.

Wir definieren nun die Abbildung $\phi : \mathbb{F}_p(a) \to \mathbb{F}_p(b)$ durch

$$\phi(r(a)) = r(b^{e_1}) \tag{22.8}$$

Diese Abbildung ist ein Isomorphismus zwischen $\mathbb{F}_p(a)$ und $\mathbb{F}_p(b)$. In Verbindung mit Satz 22.16 und Folgerung 22.10 a) folgt, dass endliche Körper, die dieselbe Anzahl von Elementen besitzen, isomorph sein müssen.

Satz 22.17 Es seien $\mathcal{K}$ und $\mathcal{L}$ zwei endliche Körper mit $|\mathcal{K}| = |\mathcal{L}|$. Dann sind $\mathcal{K}$ und $\mathcal{L}$ isomorph. □

In Folgerung 22.10 d) haben wir festgestellt, dass die Anzahl der Elemente eines endlichen Körpers in jedem Fall eine Primzahlpotenz ist. Der folgende Satz, den wir ohne Beweis angeben, besagt, dass es sogar zu jedem $p \in \mathbb{P}$ und zu jedem $s \in \mathbb{N}$ einen Körper mit $q = p^s$ Elementen gibt.

Satz 22.18 Zu jedem $p \in \mathbb{P}$ und zu jedem $s \in \mathbb{N}$ gibt es einen Körper mit p^s Elementen. □

Aus den beiden letzten Sätzen folgt

Folgerung 22.11 Zu jedem $p \in \mathbb{P}$ und zu jedem $s \in \mathbb{N}$ gibt es bis auf Isomorphie genau einen Körper mit p^s Elementen. □

Eine gängige Bezeichnung für einen bis auf Isomorphie eindeutigen Körper mit p^s Elementen ist $\mathbb{GF}(p^s)$. Dabei steht $\mathbb{GF}$ für *Galois-Feld*.[1] Diese Bezeichnung haben wir in Abschnitt 22.3.1 bereits verwendet.

---

[1] Benannt nach Evariste Galois (1811 - 1832). Galois beschäftigte sich schon in sehr jungen Jahren mit der Lösbarkeit algebraischer Gleichungen. Er war in revolutionären Aktivitäten dieser Zeit verwickelt und wurde deswegen mehrfach verhaftet. Noch nicht 21 Jahre alt starb er in einem Duell (das, so wird erzählt, wegen einer Liebesgeschichte stattfand). Wohl das Ende des Duells erahnend schrieb er in der Nacht davor die Grundideen der nach ihm benannten Galois-Theorie auf. Mit deren Hilfe lässt sich feststellen, ob algebraische Gleichungen lösbar sind. Durch die Ansätze von Galois wurde die Bedeutung von algebraischen Strukturen wie Gruppen und Körpern für die Darstellung und Lösung grundlegender mathematischer Probleme klar. Sie führte in der Folgezeit zu einer fruchtbaren Weiterentwicklung der Mathematik, die bis in die heutige Zeit reicht.

22.3.6 Automorphismen endlicher Köper

Die Körpererweiterungen $\mathcal{K} = \mathbb{F}_p(a)$ und $\mathcal{L} = \mathbb{F}_p(b)$ sind, z.B. vermöge der Abbildung (22.8), isomorph. Wenn man nun alle Isomorphismen von $\mathcal{K}$ auf sich selbst kennt, dann kennt man auch alle Isomorphismen zwischen $\mathcal{K}$ und $\mathcal{L}$. Wir betrachten in diesem Abschnitt diese Isomorphismen.

Definition 22.8 Sei $\mathcal{K}$ ein Körper. Ein Isomorphismus von $\mathcal{K}$ auf sich selbst heißt *Automorphismus* von $\mathcal{K}$. Es sei $\mathcal{AUT}(\mathcal{K})$ die Menge aller Automorphismen von $\mathcal{K}$. $\qquad\Box$

Folgerung 22.12 a) $\mathcal{AUT}(\mathcal{K})$ bildet eine Gruppe für jeden Körper $\mathcal{K}$, die sogenannte *Automorphismengruppe* von $\mathcal{K}$.

b) Für einen Automorphismus $\phi \in \mathcal{AUT}(\mathbb{F}_p(a))$ gilt:

(1) $\phi(0) = 0$ und $\phi(1) = 1$,

(2) $\phi\left(\sum_{i=1}^n 1\right) = \sum_{i=1}^n \phi(1) = \sum_{i=1}^n 1$,

(3) $\phi(r) = r$ für alle $r \in \mathbb{F}_p$,

(4) $\phi\left(\sum_{i=1}^n r_i a^i\right) = \sum_{i=1}^n r_i(\phi(a))^i$,

(5) $\phi(r(a)) = r(\phi(a))$ für alle $r \in \mathbb{F}_p(a)$.

(6) Sei $m_c(x)$ Minimalpolynom eines Körperelementes c, dann gilt

$$0 = \phi(0) = \phi(m_c(c)) = m_c(\phi(c))$$

d.h. $\phi(c)$ ist eine zu c konjugierte Nullstelle von c. $\qquad\Box$

Definition 22.9 Die Abbildung $Frob : \mathbb{F}_p(a) \to \mathbb{F}_p(a)$ mit $Frob(x) = x^p$ heißt *Frobenius-Abbildung*[2] von $\mathbb{F}_p(a)$. $\qquad\Box$

Folgerung 22.13 Für die Frobenius-Abbildung von $\mathbb{F}_p(a)$ gilt:

a) $Frob(x + y) = (x + y)^p = x^p + y^p$ (siehe Übung 6.6),

b) $Frob(xy) = (xy)^p = x^p y^p$,

c) $Frob^i \in \mathcal{AUT}(\mathbb{F}_p(a))$ für alle $i \geq 0$.

d) Jedes Element $y \in \mathbb{F}_p(a)$ besitzt eine p-te Wurzel, nämlich $Frob^{-1}(y)$. $\qquad\Box$

Mit dem folgenden, auch für Anwendungen im nächsten Kapitel wichtigen Satz beenden wir die Betrachtungen zu endlichen Körpern.

---

[2]Benannt nach dem deutschen Mathematiker Ferdinand Georg Frobenius (1849 - 1917), der wesentliche Beiträge zur Gruppen- und Zahlentheorie sowie zu Differentialgleichungen lieferte.

Satz 22.19 Sei $\mathbb{F}_p(a)$ eine Körpererweiterung vom Grad s. Dann gilt:

a) Die Automorphismengruppe $\mathcal{AUT}(\mathbb{F}_p(a))$ ist zyklisch und hat die Ordnung s.

b) Die Frobenius-Abbildung von $\mathbb{F}_p(a)$ ist erzeugendes Element von $\mathcal{AUT}(\mathbb{F}_p(a))$.

c) Die Konjugierten zu einem Element c sind die Elemente c^{p^i}, $0 \le i \le s - 1$.

Beweis Für ein primitives Element a sind die Elemente a^{p^i} für $0 \le i \le s - 1$ verschieden. Es folgt, da $Frob^i(a) = a^{p^i}$ ist, dass die Abbildungen $Frob^i$ ebenfalls verschieden für $0 \le i \le s - 1$ sind. Mit Folgerung 22.12 b) (6) gilt, dass alle a^{p^i}, $0 \le i \le s - 1$, zu a konjugierte Nullstellen sind. Da das Minimalpolynom von a den Grad s hat, kann es keine weiteren Nullstellen geben, und damit kann es auch keine weiteren Automorphismen als die Potenzen der Frobenius-Abbildung geben. $\qquad\square$

Folgerung 22.14 Sei $p \in \mathbb{P}$ sowie $m(x) \in \mathbb{F}_q$ irreduzibel mit $grad(m(x)) = s$, und α sei eine Nullstelle von $m(x)$. Dann gilt

$$m(x) = \prod_{i=0}^{s-1}(x - \alpha^{p^i}) = (x - \alpha)(x - \alpha^p)\ldots(x - \alpha^{p^{s-1}})$$

$\qquad\square$

Beispiel 22.8 a) Wir betrachten das über $\mathbb{F}_2$ irreduzible Polynom $m(x) = x^4 + x^3 + 1$ (siehe Abschnitt 22.3.1, inbesondere Tafel 22.2). Mit Satz 22.19 und Folgerung 22.14 gilt, dass außer α mit $\alpha^4 = \alpha^3 + 1$ noch die Konjugierten α^{2^i}, $0 \le i \le 3$, Nullstellen von $m(x)$ sind und damit

$$m(x) = (x - \alpha)(x - \alpha^2)(x - \alpha^4)(x - \alpha^8)$$

ist. Da wir in $\mathbb{F}_2$ rechnen, gilt auch $m(x) = (x + \alpha)(x + \alpha^2)(x + \alpha^4)(x + \alpha^8)$. Mithilfe der Tafel 22.2 kann man zur Probe nachrechnen:

$$(x + \alpha)(x + \alpha^2)(x + \alpha^4)(x + \alpha^8)$$
$$= (x^2 + x\alpha^2 + x\alpha + \alpha^3)(x^2 + x\alpha^8 + x\alpha^4 + \alpha^{12})$$
$$= x^4 + (\alpha^8 + \alpha^4 + \alpha^2 + \alpha)x^3 + (\alpha^{12} + \alpha^{10} + \alpha^9 + \alpha^6 + \alpha^5 + \alpha^3)x^2$$
$$+ (\alpha^{14} + \alpha^{13} + \alpha^{11} + \alpha^7) + 1$$
$$= x^4 + x^3 + 1$$

b) Wir betrachten das über $\mathbb{F}_3$ irreduzible Ploynom $m(x) = x^4 + x + 2$. Für die adjungierte Nullstelle α gilt $\alpha^4 = -\alpha - 2 = 2\alpha + 1$. Es folgt

$$m(x) = (x - \alpha)(x - \alpha^3)(x - \alpha^9)(x - \alpha^{27})$$

was sich durch Ausmultiplizieren (mithilfe einer entsprechenden Multiplikationstafel für $\mathbb{F}_3(\alpha)$) ebenfalls verifizieren lässt. $\qquad\square$

$\mathbb{F}_2(\alpha)$	$\mathbb{F}_2^3$	$\mathrm{GF}(2^3)$	$\mathbb{F}_2\,[x]\,/(x^3+x+1)$
0	000	0	0
$\alpha^0 = 1$	001	1	1
$\alpha^1 = \alpha$	010	2	x
α^2	100	4	x^2
$\alpha^3 = \alpha + 1$	011	3	$x + 1$
$\alpha^4 = \alpha^2 + \alpha$	110	6	$x^2 + x$
$\alpha^5 = \alpha^2 + \alpha + 1$	111	7	$x^2 + x + 1$
$\alpha^6 = \alpha^2 + 1$	101	5	$x^2 + 1$

Tabelle 22.3: Multiplikations- und Logarithmentafel für $\mathbb{F}_2\,[x]\,/(x^3+x+1)$

22.4   Hamming-Codes

In Kapitel 18.2 haben wir bereits einführend einen Hamming-Code betrachtet. Wir werden nun mithilfe der neuen Kenntnisse über endliche Körper auf diesen Code zurückkommen und weitere Eigenschaften untersuchen. Dazu betrachten wir das über $\mathbb{F}_2$ irreduzible Polynom $p(x) = x^3 + x + 1$ und erweitern $\mathbb{F}_2$ um die Nullstelle α von $p(x)$ zu $\mathbb{F}_2(\alpha)$. Für diese Nullstelle gilt $\alpha^3 = \alpha + 1$. Damit ergibt sich die in Tabelle 22.3 dargestellte Multiplikationstafel. Die in der Tafel dargestellten Körper sind Repräsentanten von $\mathrm{GF}(2^3)$. Aus der Tafel lassen sich unmittelbar sowie mit dem Wissen über endliche Körper aus dem vorherigen Kapitel folgende Aussagen ableiten.

Folgerung 22.15 a) $\mathrm{GF}(2^3)$ wird von α erzeugt: $\langle\,\alpha\,\rangle = \mathrm{GF}(2^3)$.

b) Die Elemente von $\mathrm{GF}(2^3)$ können repräsentiert werden durch:

$$\begin{aligned}
\mathrm{GF}(2^3) &= \{\,0, \alpha^0, \alpha^1, \alpha^2, \alpha^3, \alpha^4, \alpha^5, \alpha^6\,\} \\
&= \{\,0, 1, \alpha, \alpha^2, \alpha + 1, \alpha^2 + \alpha, \alpha^2 + \alpha + 1, \alpha^2 + 1\,\}
\end{aligned} \qquad (22.9)$$

c) $\mathrm{GF}(2^3)$ ist ein Vektorraum über $\mathrm{GF}(2)$. Eine Basis für diesen Vektorraum ist

$$\{\,1, \alpha, \alpha^2\,\} \qquad (22.10)$$

Der Grad $\left[\mathrm{GF}(2^3) : \mathrm{GF}(2)\right]$ der Körpererweiterung $\mathrm{GF}(2^3)\mid\mathrm{GF}(2)$, d.h. die Dimension des Vekroraums $\mathrm{GF}(2^3)$ über dem Körper $\mathrm{GF}(2)$, ist $3 = grad(p(x))$.

d) Die Koordinaten der Elemente von $\mathrm{GF}(2^3)$ bezüglich der Basis (22.10) sind (jeweils in der Reihenfolge der entsprechenden Elemente in (22.9) und (22.10) aufgeführt)

$$\{\,000, 100, 010, 001, 110, 011, 111, 101\,\}$$

denn es gilt, siehe auch Gleichung (22.7):

$$
\begin{aligned}
0 &= 0 \cdot 1 + 0 \cdot \alpha + 0 \cdot \alpha^2 & \alpha^3 &= 1 \cdot 1 + 1 \cdot \alpha + 0 \cdot \alpha^2 \\
\alpha^0 &= 1 \cdot 1 + 0 \cdot \alpha + 0 \cdot \alpha^2 & \alpha^4 &= 0 \cdot 1 + 1 \cdot \alpha + 1 \cdot \alpha^2 \\
\alpha^1 &= 0 \cdot 1 + 1 \cdot \alpha + 0 \cdot \alpha^2 & \alpha^5 &= 1 \cdot 1 + 1 \cdot \alpha + 1 \cdot \alpha^2 \\
\alpha^2 &= 0 \cdot 1 + 0 \cdot \alpha + 1 \cdot \alpha^2 & \alpha^6 &= 1 \cdot 1 + 0 \cdot \alpha + 1 \cdot \alpha^2
\end{aligned}
$$

$\square$

Wir schreiben nun die Koordinatenvektoren von $\mathbb{GF}(2^3)$ außer dem Nullvektor, d.h. die Koordinaten von $\mathbb{GF}(2^3)^*$, als Spalten einer Matrix:

$$
H' = \begin{pmatrix} 1 & 0 & 0 & 1 & 0 & 1 & 1 \\ 0 & 1 & 0 & 1 & 1 & 1 & 0 \\ 0 & 0 & 1 & 0 & 1 & 1 & 1 \end{pmatrix}
$$

Wenn wir anstelle der Koordinaten die entsprechenden Elemente aus $\mathbb{GF}(2^3)$ selbst schreiben, so können wir die Matrix H' auch wie folgt darstellen:

$$
H' = \begin{pmatrix} 1 & \alpha & \alpha^2 & \alpha^3 & \alpha^4 & \alpha^5 & \alpha^6 \end{pmatrix}
$$

Durch Vergleich mit der Matrix H im Beispiel 18.1 stellen wir fest, dass H' Kontrollmatrix eines zum $(7,4)$-Hamming-Code äquivalenten Codes ist. Wenn man nun noch die Spalten von H' bzw. von H so permutiert, dass die Kontrollmatrix die Gestalt

$$
H'' = \begin{pmatrix} 0 & 0 & 1 & 0 & 1 & 1 & 1 \\ 0 & 1 & 0 & 1 & 1 & 1 & 0 \\ 1 & 0 & 1 & 1 & 1 & 0 & 0 \end{pmatrix} = \begin{pmatrix} h_1 \\ h_2 \\ h_3 \end{pmatrix}
$$

hat, dann kann man leicht nachrechnen, dass $z(h_1) = h_1 + h_3$, $z(h_2) = h_1$ und $z(h_3) = h_2$ gilt. Mit Folgerung 22.1 c) und Übung 22.4 folgt, dass der $(7,4)$-Hamming-Code äquivalent zu einem zyklischen Code ist. Aus diesem Grund werden wir den $(7,4)$-Hamming-Code selbst als zyklisch bezeichnen. Im Folgenden bezeichenen wir diesen Code mit $\mathcal{H}_3$. Mit Satz 22.7 können wir aus der Matrix H'' das Polynom

$$
h(x) = x^4 + x^2 + x + 1
$$

als Kontrollpolynom für $\mathcal{H}_3$ bestimmen. Mithilfe von Satz 22.6 bestimmen wir damit

$$
g(x) = (x^7 - 1) : h(x) = x^3 + x + 1
$$

als Generatorpolynom von $\mathcal{H}_3$. $g(x)$ ist nun – wie zu erwarten war – identisch mit dem Polynom $p(x)$, mithilfe dessen Nullstelle α wir die Kontrollmarix H' von $\mathcal{H}_3$ ja gerade bestimmt haben. Gemäß Folgerung 22.14 gilt:

$$
g(x) = (x - \alpha)(x - \alpha^2)(x - \alpha^4) \tag{22.11}
$$

Mithilfe von Satz 22.4 bestimmen wir noch aus dem Generatorpolynom $g(x)$ eine Generatormatrix von $\mathcal{H}_3$:

$$G = \begin{pmatrix} 1 & 1 & 0 & 1 & 0 & 0 & 0 \\ 0 & 1 & 1 & 0 & 1 & 0 & 0 \\ 0 & 0 & 1 & 1 & 0 & 1 & 0 \\ 0 & 0 & 0 & 1 & 1 & 0 & 1 \end{pmatrix}$$

Eine Verallgemeinerung dieser beispielhaften Überlegungen führt zu dem folgenden Satz (dazu erinnern wir uns, dass wir nicht zwischen Codewörtern und entsprechenden Codepolynomen unterscheiden).

Satz 22.20 a) Sei α ein erzeugendes Element von $\mathbb{GF}(2^s)^*$. Dann ist

$$H_s = \begin{pmatrix} 1 & \alpha & \alpha^2 & \dots & \alpha^{2^s-2} \end{pmatrix}$$

Kontrollmatrix eines binären (zyklischen) $(2^s-1, 2^s-1-s)$-Hamming-Codes $\mathcal{H}_s$ (mit s Prüfstellen). Dabei werden in H_s die α^i, $i \in \{0, 1, 2, 2^2, 2^3, \dots, 2^s - 2\}$ repräsentiert durch die transponierten Koordinatenvektoren von α^i bezüglich einer Basis von $\mathbb{GF}(2^s)$.

b) Sei $c \in \mathbb{GF}(2)^{2^s-1}$, dann ist

$$c \in \mathcal{H}_s \text{ genau dann, wenn } c(\alpha) = 0$$

ist, denn es gilt $c \in \mathcal{H}_s$ genau dann, wenn

$$0 = c \cdot H_s^T = \sum_{i=0}^{2^s-2} c_i \cdot \alpha^i = c(\alpha)$$

d.h. genau dann, wenn $c(\alpha) = 0$ gilt. Hieraus folgt, dass α Nullstelle von genau allen Codepolynomen $c \in \mathcal{H}_s$ ist.

c) Für $d \in \mathbb{GF}(2)^{2^s-1}$ ist

$$S_{H_s}(d) = d \cdot H_s^T = d(\alpha)$$

das Syndrom von d (bezüglich H_s).

d) Tritt im Codewort $c = c_0 c_1 \dots c_{i-1} c_i c_{i+1} \dots c_{2^s-2}$ genau ein Fehler und zwar beim Bit i, d.h. beim Koeffizienten i auf, dann ist für das fehlerhafte Wort

$$d = c_0 \, c_1 \dots c_{i-1} \, c_i + 1 \, c_{i+1} \dots c_{2^s-2}$$

das Syndrom

$$S_{H_s}(d) = d \cdot H_s^T = (\alpha^i)^T$$

Unter der Voraussetzung, dass genau ein Fehler vorliegt, kann dieser also nicht nur festgestellt, sondern auch korrigiert werden.

e) Das Polynom
$$h(x) = (x^{2^s-1} - 1) : g(x)$$
ist Kontrollpolynom von $\mathcal{H}_s$.

f) Das Minimalpolynom $g(x)$ von α ist Generatorpolynom von $\mathcal{H}_s$. $\qquad\square$

Beispiel 22.9 Wir prüfen, ob das Wort $d = d_0 \ldots d_6 = 1101001$ zu $\mathcal{H}_3$ gehört:
Es gilt

$$
\begin{aligned}
d(\alpha) &= 1 + \alpha + \alpha^3 + \alpha^6 \\
&= 1 + \alpha + (1 + \alpha) + \alpha^6 \\
&= \alpha^6 \\
&\neq 0
\end{aligned}
$$

Wir wissen somit nicht nur, dass $d \notin \mathcal{H}_3$ ist, sondern auch, dass der Fehler bei Bit d_6 vorliegt. Dessen Korrektur ergibt das Codewort $c = 1101000$ (es ist gleich der ersten Zeile der obigen Genaratormatrix G). $\qquad\square$

Gemäß Satz 22.3 sind die zyklischen Codes $C \subseteq \mathcal{K}^n$ durch die Teiler von $x^n - 1$ bestimmt. Wir haben gesehen, dass der Code $\mathcal{H}_3$ durch den Teiler $x^3 + x + 1$ von $x^7 - 1$ generiert wird. Wir wollen nun einen weiteren Teiler betrachten, nämlich $f(x) = x^3 + x^2 + 1$:

$$x^7 - 1 = (x^3 + x^2 + 1)(x^4 + x^3 + x^2 + 1)$$

$f(x)$ ist irreduzibel über $\mathbb{F}_2$. Sei β eine Nullstelle der Funktion $f(x)$, d.h. es sei $f(\beta) = \beta^3 + \beta^2 + 1 = 0$ und damit $\beta^3 = \beta^2 + 1$. Wir adjungieren die Nullstelle β zu $\mathbb{F}_2$ und erhalten $\mathbb{F}_2(\beta)$. Wir wissen aus dem vorigen Kapitel (siehe u. a. Satz 22.16 und Folgerung 22.10), dass $\mathbb{F}_2(\alpha)$ und $\mathbb{F}_2(\beta)$ isomorph sind. Die Multiplikationstafeln von $\mathbb{F}_2(\alpha)$ (siehe Tabelle 22.3) und $\mathbb{F}_2(\beta)$ unterscheiden sich allerdings, was man durch Ausrechnen der Tafel für $\mathbb{F}_2(\beta)$ und Vergleich mit Tabelle 22.3 verifizieren kann.

Dass die Tafeln verschieden sind, folgt auch aus der Beobachtung, dass $\beta = \alpha^3$ gilt. Diese Beziehung gilt, denn es ist (siehe Tafel 22.3):

$$f(\alpha^3) = \alpha^9 + \alpha^6 + 1 = \alpha^2 + (\alpha^2 + 1) + 1 = 0$$

Die Abbildung $\phi(\beta) = \alpha^3$ stellt einen Isomorphismus zwischen $\mathbb{F}_2(\alpha)$ und $\mathbb{F}_2(\beta)$ dar (siehe auch Gleichung (22.8) und die Überlegungen davor, die zu dieser Gleichung geführt haben). Wir erhalten folgende Zuordnungen der Elemente von $\mathbb{F}_2(\alpha)$ und $\mathbb{F}_2(\beta)$:

$$
\begin{aligned}
\beta^0 &= \alpha^0 = 1 \\
\beta^1 &= \alpha^3 = \alpha + 1 \\
\beta^2 &= \alpha^6 = \alpha^2 + 1 \\
\beta^3 &= \alpha^2 = \alpha^2 \\
\beta^4 &= \alpha^5 = \alpha^2 + \alpha + 1 \\
\beta^5 &= \alpha^1 = \alpha \\
\beta^6 &= \alpha^4 = \alpha^2 + \alpha
\end{aligned}
$$

Gemäß Folgerung 22.14 und mit diesen Zuordnungen gilt:

$$f(x) = (x - \beta)(x - \beta^2)(x - \beta^4)$$
$$= (x - \alpha^3)(x - \alpha^6)(x - \alpha^5) \tag{22.12}$$

Mit der Nullstelle β erhalten wir eine weitere Kontrollmatrix H''' für den Hamming-Code $\mathcal{H}_3$;

$$H''' = \begin{pmatrix} 1 & \beta & \beta^2 & \beta^3 & \beta^4 & \beta^5 & \beta^6 \end{pmatrix}$$
$$= \begin{pmatrix} 1 & \alpha^3 & \alpha^6 & \alpha^2 & \alpha^5 & \alpha & \alpha^4 \end{pmatrix}$$
$$= \begin{pmatrix} 1 & 1 & 1 & 0 & 1 & 0 & 0 \\ 0 & 1 & 0 & 0 & 1 & 1 & 1 \\ 0 & 0 & 1 & 1 & 1 & 0 & 1 \end{pmatrix}$$

Wir wollen nun alle binären zyklischen Codes der Länge $n = 2^s - 1 = 7$ ermitteln. Gemäß Satz 22.3 sind diese bestimmt durch alle Teiler von $x^n - 1$ (gleich $x^n + 1$ über $\mathbb{GF}(2)$). $x^7 + 1$ besitzt die Zerlegung (siehe auch Gleichungen (22.11) und (22.12))

$$x^7 + 1 = (x + 1)(x^3 + x + 1)(x^3 + x^2 + 1)$$
$$= (x + 1) \cdot p(x) \cdot f(x)$$
$$= (x + 1) \cdot (x + \alpha)(x + \alpha^2)(x + \alpha^4) \cdot (x + \alpha^3)(x + \alpha^5)(x + \alpha^6)$$
$$= \prod_{i=0}^{6} (x + \alpha^i)$$

Außer den drei „echten" Polynomen $(x+1)$, $p(x)$ und $f(x)$ ist noch das konstante Polynom 1 sowie $x^7 + 1$ selbst ein Teiler von $x^7 + 1$. Tabelle 22.4 charakterisiert alle zyklischen Codes der Länge 7.

Wir zeigen noch, dass durch das Generatorpolynom $g(x) = x + 1$ genau der Paritätscode der Länge 7 bestimmt ist (siehe zweite Zeile der Tabelle). Gemäß Satz 22.5 ist

$$h(x) = (x^3 + x + 1)(x^3 + x^2 + 1) = x^6 + x^5 + x^4 + x^3 + x^2 + x + 1$$

Kontrollpolynom des durch $g(x)$ bestimmten Codes. Mit Satz 22.7 folgt, dass

$$H = \begin{pmatrix} 1 & 1 & 1 & 1 & 1 & 1 & 1 \end{pmatrix}$$

Kontrollmatrix für diesen Code ist. Es folgt für $c = c_0 \ldots c_6 \in \mathbb{GF}(2)^7 \colon c \cdot H^T = 0$ genau dann, wenn die Anzahl der Einsen in c gerade ist, und das gilt genau dann, wenn $w(c) = 0\,(2)$ ist, d.h. wenn c gerade Parität hat.

Generatorpolynom	Nullstellen	Code
1	–	$\mathbb{GF}(2)^7$
$x + 1$	1	$\{\, c \in \mathbb{GF}(2)^7 \mid w(c) = 0\,(2)\,\}$
$p(x) = x^3 + x + 1$	$\alpha, \alpha^2, \alpha^4$	Hamming-Code $\mathcal{H}_3$
$f(x) = x^3 + x^2 + 1$	$\alpha^3, \alpha^5, \alpha^6$	zu $\mathcal{H}_3$ äquivalenter Code $\mathcal{H}_3'$
$(x + 1)(x^3 + x + 1)$	$1, \alpha, \alpha^2, \alpha^4$	$\mathcal{H}_3$ mit gerader Parität
$(x + 1)(x^3 + x^2 + 1)$	$1, \alpha^3, \alpha^5, \alpha^6$	$\mathcal{H}_3'$ mit gerader Parität
$(x^3 + x + 1)(x^3 + x^2 + 1)$	$\alpha^i, 1 \le i \le 6$	C_{RC_7}
$x^7 + 1$	$\alpha^i, 0 \le i \le 6$	$\{0000000\}$

Tabelle 22.4: Alle zyklischen Codes der Länge 7

Wir wollen nun mithilfe der Nullstellen α und $\beta = \alpha^3$ 2-fehlerkorrigierende Codes konstruieren. Dazu setzen wir die Kontrollmatrizen H' und H''' übereinander:

$$H^{(iv)} = \begin{pmatrix} 1 & \alpha & \alpha^2 & \alpha^3 & \alpha^4 & \alpha^5 & \alpha^6 \\ 1 & \beta & \beta^2 & \beta^3 & \beta^4 & \beta^5 & \beta^6 \end{pmatrix}$$

$$= \begin{pmatrix} 1 & \alpha & \alpha^2 & \alpha^3 & \alpha^4 & \alpha^5 & \alpha^6 \\ 1 & \alpha^3 & \alpha^6 & \alpha^2 & \alpha^5 & \alpha & \alpha^4 \end{pmatrix}$$

Durch Einsetzen der zugehörigen Koordinaten ergibt sich

$$H^{(iv)} = \begin{pmatrix} 1 & 0 & 0 & 1 & 0 & 1 & 1 \\ 0 & 1 & 0 & 1 & 1 & 1 & 0 \\ 0 & 0 & 1 & 0 & 1 & 1 & 1 \\ 1 & 1 & 1 & 0 & 1 & 0 & 0 \\ 0 & 1 & 0 & 0 & 1 & 1 & 1 \\ 0 & 0 & 1 & 1 & 1 & 0 & 1 \end{pmatrix}$$

Der folgende Satz charakterisiert die Codes, die durch Kontrollmatrizen dieser Art festgelegt sind.

Satz 22.21 Es sei $s \ge 3$, α erzeugendes Element von $\mathbb{GF}(2^s)^*$ und Nullstelle des über $\mathbb{GF}(2)$ irreduziblen Polynoms $p(x)$, und α^3 sei Nullstelle des über $\mathbb{GF}(2)$ irreduziblen Polynoms $f(x)$. Dann ist der durch die Kontrollmatrix

$$H_s(\alpha, \alpha^3) = \begin{pmatrix} 1 & \alpha & \alpha^2 & \alpha^3 & \ldots & \alpha^{2^s - 2} \\ 1 & \alpha^3 & \alpha^6 & \alpha^9 & \ldots & (\alpha^3)^{2^s - 2} \end{pmatrix}$$

definierte Code C ein zyklischer $(2^s - 1, 2^s - 1 - 2s)$-Code mit Generatorpolynom $g(x) = p(x) \cdot f(x)$ und $w(C) \geq 5$. $\square$

Beispiel 22.10 Für unser obiges Beispiel gilt $s = 3$ sowie $H_3(\alpha, \alpha^3) = H^{(iv)}$. Des Weiteren ist $p(x) = x^3 + x + 1$ sowie $f(x) = x^3 + x^2 + 1$ und damit

$$g(x) = (x^3 + x + 1)(x^3 + x^2 + 1) = x^6 + x^5 + x^4 + x^3 + x^2 + x + 1$$

Generatorpolynom für den durch $H_3(\alpha, \alpha^3)$ festgelegten Code C (siehe auch Tabelle 22.4). C ist ein zyklischer $(7, 1)$-Code. Hieraus folgt (auch aus Satz 22.4) aus dem Generatorpolynom $g(x)$, dass die Generatormatrix von C die Matrix $G = (1\,1\,1\,1\,1\,1\,1)$ ist. Es gilt also: $C = C_{RC_7} = \{\,0000000, 1111111\,\}$, d.h. C ist der Repetitionscode der Länge 7. $\square$

Aus den Sätzen 18.1 und 22.21 folgt, dass die durch die Kontrollmatrizen $H_s(\alpha, \alpha_3)$ bestimmten zyklischen Codes 2-fehlerkorrigierend sind. Wir geben im Folgenden ein Decodierungsritual für diese Codes an. Dazu betrachten wir das Wort

$$c = c_0 c_1 \ldots c_{2^s - 1} \in \mathbb{GF}(2)^s$$

Es habe nun c genau zwei Bitfehler, und zwar an den Stellen r und t, $0 \leq r, t \leq 2^s - 1$, $r \neq t$, wobei $r < t$ sei. Das fehlerhafte Wort sei also

$$d = c_0 \ldots c_{r-1}\, c_r + 1\, c_{r+1} \ldots c_{t-1}\, c_t + 1\, c_{t+1} \ldots c_{2^s - 1}$$

Wir berechnen dessen Syndrom:

$$S_{H_s(\alpha, \alpha^3)}(d) = d \cdot (H_s(\alpha, \alpha^3))^T = (\alpha^r + \alpha^t, \alpha^{3r} + \alpha^{3t}) \neq (0, 0)$$

Wir setzen $a = \alpha^r + \alpha^t$ und $b = \alpha^{3r} + \alpha^{3t}$. Da wir von genau zwei Bitfehlern ausgehen, ist sowohl $a \neq 0$ als auch $b \neq 0$. Wir leiten daraus ein Verfahren zur Berechnung der Indizes r und t ab. Dazu setzen wir

$$\rho = \alpha^r \text{ und } \tau = \alpha^t \tag{22.13}$$

Damit gilt

$$a = \rho + \tau$$
$$b = \rho^3 + \tau^3$$

Daraus folgt $\tau = a + \rho$ und damit $\tau^3 = a^3 + 3a^2\rho + 3a\rho^2 + \rho^3$ und damit

$$b = \rho^3 + a^3 + 3a^2\rho + 3a\rho^2 + \rho^3$$

und daraus

$$b + a^3 + 3a^2\rho + 3a\rho^2 = 0$$

Durch Multiplikation mit a^{-1} und ρ^{-2} erhält man:

$$1 + a\frac{1}{\rho} + \left(a^2 + \frac{b}{a}\right)\left(\frac{1}{\rho}\right)^2 = 0$$

In analoger Art und Weise erhält man:

$$1 + a\frac{1}{\tau} + \left(a^2 + \frac{b}{a}\right)\left(\frac{1}{\tau}\right)^2 = 0$$

Das bedeutet, dass $x_1 = \frac{1}{\rho}$ und $x_2 = \frac{1}{\tau}$ Lösungen der Gleichung

$$1 + ax + \left(a^2 + \frac{b}{a}\right)x^2 = 0 \tag{22.14}$$

in $\mathbb{GF}(2^s)$ sind. Mit (22.13) folgt, dass

$$\alpha^{-r} \text{ sowie } \alpha^{-t} \tag{22.15}$$

Lösungen von (22.14) sind. Hieraus ergeben sich die fehlerhaften Stellen

$$r = 2^s - 1 + r \text{ sowie } t = 2^s - 1 + t \tag{22.16}$$

wobei wir modulo $2^s - 1$ rechnen.

Beispiel 22.11 Wir betrachten als Beispiel für eine Fehlerkorrektur den Code C aus Beispiel 22.10, auch wenn für diesen Code, da er der Repetionscode C_{RC_7} ist, mehr als zwei Fehler korrigiert werden können (siehe Abschnitt 17.1.1). Es sei also das fehlerhafte Wort $d = d_0 \ldots d_6 = 0011111$ empfangen worden. Wir berechnen zunächst das Syndrom:

$$\begin{aligned} S_{H_s(\alpha,\alpha^3)}(d) &= (\alpha^2 + \alpha^3 + \alpha^4 + \alpha^5 + \alpha^6, \alpha^6 + \alpha^2 + \alpha^5 + \alpha + \alpha^4) \\ &= (\alpha^3, \alpha) \end{aligned}$$

Wir erhalten damit $a = \alpha^3$ und $b = \alpha$. Durch Einsetzen in die Gleichung (22.14) erhalten wir die Gleichung

$$1 + \alpha^3 \cdot x + \left(\alpha^6 + \frac{\alpha}{\alpha^3}\right) \cdot x^2 = 0$$

welche sich zu

$$1 + (\alpha + 1) \cdot x + \alpha \cdot x^2 = 0$$

vereinfachen lässt. Diese Gleichung besitzt die beiden Lösungen $x_1 = 1$, d.h. $x_1 = \alpha^0$, sowie $x_2 = \alpha^6$. Daraus folgt mit (22.16) $r = 7 - 0 = 0$ bzw. $t = 7 - 6 = 1$, womit die fehlerhaften Bits lokalisiert sind. $\qquad\square$

22.5   BCH-Codes

Es sei α ein n-te Einheitswurzel von $\mathbb{GF}(q)$ sowie $A = \{\alpha^{i_1}, \ldots, \alpha^{i_m}\}$ eine Menge von Potenzen von α, dann sei $M(A)$ die Matrix

$$M(A) = \begin{pmatrix} 1 & \alpha^{i_1} & \alpha^{2i_1} & \ldots & \alpha^{(n-1)i_1} \\ 1 & \alpha^{i_2} & \alpha^{2i_2} & \ldots & \alpha^{(n-1)i_2} \\ \vdots & \vdots & \vdots & \vdots & \vdots \\ 1 & \alpha^{i_m} & \alpha^{2i_m} & \ldots & \alpha^{(n-1)i_m} \end{pmatrix}$$

Falls $A = \{\alpha^i, \alpha^{i+1}, \ldots, \alpha^{i+m-1}\}$, d.h. $i_j = i + j$, $0 \le j \le m-1$ ist, dann heißt A *lückenlos*. Ist A lückenlos, dann hat $M(A)$ die Gestalt

$$M(A) = \begin{pmatrix} 1 & \alpha^i & \alpha^{2i} & \ldots & \alpha^{(n-1)i} \\ 1 & \alpha^{i+1} & \alpha^{2(i+1)} & \ldots & \alpha^{(n-1)(i+1)} \\ \vdots & \vdots & \vdots & \vdots & \vdots \\ 1 & \alpha^{i+m-1} & \alpha^{2(i+m-1)} & \ldots & \alpha^{(n-1)(i+m-1)} \end{pmatrix} \qquad (22.17)$$

Satz 22.22 Es sei α eine primitive Einheitswurzel von $\mathbb{GF}(q)$ sowie

$$A = \{\alpha^i, \alpha^{i+1}, \ldots, \alpha^{i+m-1}\}$$

lückenlos. Dann sind je m Spalten von $M(A)$ linear unabhängig.

Beweis   Wir wählen irgendwelche Spalten $j_1, \ldots, j_m$ von $M(A)$ (siehe 22.17) aus und betrachten die dadurch entstehende Untermatrix

$$M = \begin{pmatrix} \alpha^{j_1 i} & \alpha^{j_2 i} & \ldots & \alpha^{j_m i} \\ \alpha^{j_1(i+1)} & \alpha^{j_2(i+1)} & \ldots & \alpha^{j_m(i+1)} \\ \vdots & \vdots & \vdots & \vdots \\ \alpha^{j_1(i+m-1)} & \alpha^{j_2(i+m-1)} & \ldots & \alpha^{j_m(i+m-1)} \end{pmatrix}$$

von $M(A)$. Zur Berechnung der Determinante von M klammern wir aus jeder Spalte den gemeinsamen Faktor $\alpha^{j_k i}$, $1 \le k \le m$, aus und erhalten (siehe Satz 16.12 c):

$$det(M) = \alpha^{j_1 i} \cdot \alpha^{j_2 i} \cdot \ldots \cdot \alpha^{j_m i} \cdot \begin{vmatrix} 1 & 1 & \ldots & 1 \\ \alpha^{j_1} & \alpha^{j_2} & \ldots & \alpha^{j_m} \\ \vdots & \vdots & \vdots & \vdots \\ \alpha^{j_1(m-1)} & \alpha^{j_2(m-1)} & \ldots & \alpha^{j_m(m-1)} \end{vmatrix}$$

Die Determinante ist eine Vandermonde-Determinante (siehe Übung 16.8). Es gilt also

$$det(M) = \alpha^{i \cdot \sum_{k=1}^m j_k} \cdot \prod_{r > s}(\alpha^{j_r} - \alpha^{j_s})$$

Da $\alpha^{j_r} \neq \alpha^{j_s}$ für $j_r \neq j_s$ gilt, folgt, dass $det(M) \neq 0$ ist. Mit Satz 16.14 (3) folgt, dass die Spalten von M linear unabhängig sind. Da wir für M eine beliebige Untermenge der Spalten von $M(A)$ gewählt haben, gilt diese Eigenschaft auch für die gesamte Matrix $M(A)$, womit die Behauptung gezeigt ist. □

Der folgende Satz besagt, dass aus der Anzahl „lückenloser" Nullstellen eines Generatorpolynoms eines zyklischen Codes dessen Minimalgewicht bestimmt werden kann.

Satz 22.23 Sei C ein zyklischer Code der Länge n über $\mathbb{GF}(q)$ mit Generatorpolynom $g(x)$ sowie α eine primitive n-te Einheitswurzel von $\mathbb{GF}(q)$. Gibt es Zahlen $b \geq 0$ und $\delta \geq 2$ mit $g(\alpha^{b+i}) = 0$ für $0 \leq i \leq b + \delta - 2$, dann ist $w(C) \geq \delta$.

Beweis Sei $c = c_0 \ldots c_{n-1} \in C$ ein Codewort. Da alle Nullstellen des Generatorpolynoms $g(x)$ auch Nullstellen des Codepolynoms $c(x)$ sind, gilt $c(\alpha^{b+i}) = 0$ für $0 \leq i \leq b + \delta - 2$. Es ist also

$$c(\alpha^{b+i}) = \sum_{l=0}^{n-1} c_l \cdot \alpha^{l(b+i)} \tag{22.18}$$

$$= c_0 + c_1 \cdot \alpha^{b+i} + c_2 \cdot \alpha^{2(b+i)} + \ldots + c_{n-1} \cdot \alpha^{(n-1)(b+i)}$$

Wir bilden die Menge $A = \{\alpha^b, \alpha^{b+1}, \ldots, \alpha^{b+\delta-2}\}$. Aus den Gleichungen (22.18) folgt

$$c \cdot M(A)^T = 0 \tag{22.19}$$

Wir nehmen nun an, dass es ein Codewort $d = d_0 \ldots d_{n-1} \in C - \{0\}$ mit $w(d) \leq \delta - 1 < \delta$ gibt. Wir wählen aus $M(A)$ die Spalten i_j aus, die das Gewicht von d bestimmen, d.h. die Spalten i_j, für die $d_j \neq 0$, $1 \leq j \leq w(d)$, ist. Mit diesen Spalten bilden wir die Matrix M. Da alle anderen Komponenten von d gleich 0 sind, folgt

$$d \cdot M^T = c \cdot M(A)^T$$

und daraus mit (22.19): $d \cdot M^T = 0$. Hieraus folgt, dass die $w(d)$ Spalten von $M(A)$ mit $d_{i_j} \neq 0$ linear abhängig sind. Da die Menge A lückenlos ist, ist dies ein Widerspruch zu Satz 22.22. Unsere Annahme, dass es ein Codewort ungleich 0 mit einem Gewicht kleiner als δ gibt, ist also falsch, womit die Behauptung des Satzes gezeigt ist. □

Beispiel 22.12 a) Aus dem vorigen Kapitel wissen wir, dass $g(x) = x^3 + x + 1$ Generatorpolynom des $(7, 4)$-Hamming-Codes $\mathcal{H}_3$ ist (siehe Tabelle 22.4). Für α mit $\alpha^3 = \alpha + 1$ gilt, dass α, α^2 und α^4 Nullstellen sind. Die beiden Ersten davon bilden die lückenlose Menge $A = \{\alpha, \alpha^2\}$ von Nullstellen von $g(x)$. Wir setzen somit $b = 1$ sowie $\delta = 3$ (es ist $b + \delta - 2 = 2$). Mit dem Satz 22.23 folgt dann, dass $w(\mathcal{H}_3) \geq \delta = 3$ ist (was wir schon aus früheren Überlegungen wissen).

b) Wir wählen $s = 4$ und damit $n = 2^s - 1 = 15$ und konstruieren einen Code über $\mathbb{GF}(2^4)$, dessen Minimalgewicht mindestens 5 beträgt. Es gilt

$$x^{15} + 1 = (x+1)(x^2 + x + 1)(x^4 + x + 1)(x^4 + x^3 + 1)(x^4 + x^3 + x^2 + x + 1)$$

Wir wählen davon die über $\mathbb{GF}(2)$ irreduziblen Polynome

$$g_1(x) = x^4 + x + 1$$
$$g_2(x) = x^4 + x^3 + x^2 + x + 1$$

aus. $g_1(x)$ hat die Nullstellen α (mit $\alpha^4 = \alpha + 1$) sowie α^2 und α^4. $g_2(x)$ hat die Nullstelle $\beta = \alpha^3$ (mit $\beta^4 = \beta^3 + \beta^2 + \beta + 1$). Wir wählen nun das Produkt $g(x) = g_1(x) \cdot g_2(x)$ als Generatorpolynom. Da $g(x)$ ein Teiler von $x^{15} - 1$ ist, bestimmt $g(x)$ gemäß Folgerung 22.2 c) einen zyklischen Code, diesen wollen wir C_g nennen. Die Nullstellen von $g(x)$ sind α, α^2, α^3 und α^4, sie bilden eine lückenlose Menge. Mit $b = 1$ und $\delta = 5$ (es ist $b + \delta - 2 = 4$) folgt mit Satz 22.23, dass $w(C_g) \geq 5$ ist. $\qquad\square$

Zyklische Codes, die durch lückenlose Nullstellen des Generatorpolynoms bestimmt werden, heißen *BCH-Codes*.

Definition 22.10 Sei α primitive n-te Einheitswurzel über $\mathbb{GF}(q)$. Sei $g(x)$ ein Generatorpolynom mit den lückenlosen Nullstellen α^b, α^{b+1}, ..., $\alpha^{b+\delta-2}$. Dann heißt der durch $g(x)$ bestimmte zyklische Code *BCH-Code*[3] zum Abstand δ. $\qquad\square$

22.6 Reed-Solomon-Codes

Wir betrachten nun spezielle binäre BCH-Codes, die sehr gute Fehlererkennungs- und Fehlerkorrektureigenschaften besitzen und deshalb Grundlage für Codes sind, die in Praxis, z.B. bei der Codierung von Daten auf CDs und DVDs, verbreitet angewendet werden. Bei einem Reed-Solomon-Code $RS(s, k, t)$ werden s Bits zu einem Block zusammengefasst. Jeder solche Block kann also als duale Codierung einer Zahl aus der Menge $\{0, 1, \ldots, 2^s - 1\}$ betrachtet werden. Da es zu jedem s einen (eindeutig bis auf Isomorphie) bestimmten Körper $\mathbb{GF}(2^s)$ gibt (siehe Satz 22.18), kann jeder Block auch als Element von $\mathbb{GF}(2^s)$ aufgefasst werden. k solcher Blöcke werden zu einem zu codierenden Datensatz c zusammengefasst:

$$c = c_0 c_1 \ldots c_{k-1}$$

Dabei sind die $c_i \in \mathcal{GF}(2^s)$, $0 \leq i \leq k-1$, die Blöcke von s Bits. Als Redundanz zur Fehlererkennung und -korrektur entstehen bei der Codierung weitere $2t$ Blöcke mit jeweils s Bits. Der codierte Datensatz c hat also die Gestalt

$$d = d_0 d_1 \ldots d_{k-1} d_k \ldots d_{k+2t-1}$$

---

[3]Benannt nach *Bose* und *Ray-Chaudhuri* sowie *Hocquenghem*, die 1960 bzw. 1959 diese Klasse von Codes veröffentlichten.

wobei $d_i \in \mathbb{GF}(2^s)$, $0 \leq i \leq k + 2t - 1$, gilt. Für s, k und t gilt die Beziehung $k + 2t \leq 2^s - 1$, wobei s frei wählbar ist bzw. durch die Anwendung bestimmt wird.

Wir betrachten c und d wieder als Polynome $c(x)$ bzw. $d(x)$. Die Codierung von $c(x)$ zu $d(x)$ erfolgt durch Multiplikation von $c(x)$ mit einem Generatorpolynom

$$g(x) = \prod_{i=1}^{2t}(x - \alpha^i) = (x - \alpha)(x - \alpha^2)\ldots(x - \alpha^{2t})$$

wobei α ein primitives Element von von $\mathbb{GF}(2^s)$ ist:

$$d(x) = c(x) \cdot g(x) = \sum_{i=0}^{k+2t-1} d_i x^i \tag{22.20}$$

Da $grad(g(x)) = 2t$ und $grad(c(x)) \leq k - 1$ ist, gilt $grad(d(x)) \leq k + 2t - 1$. Sind die Grade echt kleiner $k - 1$ bzw. echt kleiner $k + 2t - 1$, dann werden die Koeffizienten (Bits) c_i, $grad(c(x)) + 1 \leq i \leq k - 1$, bzw. die Koeffizienten (Bits) d_i, $grad(d(x)) + 1 \leq i \leq k + 2t - 1$, zu 0 gesetzt.

Aus (22.20) folgt, dass die Nullstellen α^i, $1 \leq i \leq 2t$, des Generatorpolynoms $g(x)$ auch Nullstellen des Codepolynoms $d(x)$ sind: $d(\alpha^i) = 0$, $1 \leq i \leq 2t$.

Mit diesen Überlegungen sowie mit Satz 22.23 folgt der

Satz 22.24 Für Zahlen $s, k, t \in \mathbb{N}$ mit $k + 2t \leq 2^s - 1$ ist der Reed-Solomon-Code $R(s, k, t)$ 2t-fehlererkennend und t-fehlerkorrigierend.

Beweis Da $\alpha, \alpha^2, \ldots, \alpha^{2t}$ lückenlose Nullstellen von g sind, folgt (siehe Beweis von Satz 22.23): $b = 1$, damit $2t = 1 + \delta - 2$ und damit $\delta = 2t + 1$. Mit dem Satz 22.23 folgt dann unmittelbar, dass $w(R(s, k, t)) \geq 2t + 1$ gilt. Mit Satz 18.1 folgen dann die Behauptungen. $\square$

In der praktischen Anwendung, etwa bei der Codierung von CDs und DVDs, werden Reed-Solomon-Codes mit weiteren Techniken versehen, um noch bessere Fehlererkennung und Fehlerkorrektur zu erreichen, z.B. Erkennung und Korrektur von sogenannten *Fehlerbündeln*. In der Praxis werden oft, z.B. durch Kratzer, hintereinander folgende Bits zerstört. Damit die Speichermedien nicht schon bei kleineren Beschädigungen wertlos werden, sind Verfahren von Interesse, die solche Fehler tolerieren. Zu diesen Verfahren gehören z.B. die *Verschachtelung (Interleaving)* und das Bilden von *Code-Produkten*.

Verschachtelung eines (n, k)-Linearcodes C zur Tiefe t bedeutet, dass man jeweils t Codewörter zu einer $t \times n$-Matrix gruppiert und davon die n Spalten als Wörter hintereinander speichert. Man erhält somit einen (nt, nk)-Code, bei dem die Bits der Codewörter von C auf t Wörter des verschachtelten Codes verteilt werden.

Werden bei diesen Wörtern hintereinander folgende Bits zerstört, sind dies nicht hintereinander folgende Bits aus Wörtern des eigentlichen Codes C.

Das Bilden eines Produktes $C_1 \otimes C_2$ eines (n_1, k_1)-Linearcodes C_1 mit einem (n_2, k_2)-Linearcode C_2 entspricht einer Verallgemeinerung von Codes mit Blocksicherung (siehe Abschnitt 17.1.3, hier ist $n_1 = n + 1$, $n_2 = m + 1$ sowie $k_1 = k_2 = 1$). Die Zeilen von $C_1 \otimes C_2$ sind Codewörter von C_1, die Spalten sind Codewörter von C_2. Sind C_1 und C_2 zyklische Codes und ist $(n_1, n_2) = 1$, dann ist der Produktcode $C_1 \otimes C_2$ wieder zyklisch.

Die Matrizen $C_1 \otimes C_2$ haben die Gestalt:

$$
\begin{array}{c}
I = \\
\\
R_2 =
\end{array}
\left[
\begin{array}{ccc|ccc}
x_{1,1} & \cdots & x_{1,k_1} & x_{1,k_1+1} & \cdots & x_{1,n_1} \\
\vdots & \ddots & \vdots & \vdots & \ddots & \vdots \\
x_{k_2,1} & \cdots & x_{k_2,k_1} & x_{k_2,k_1+1} & \cdots & x_{k_2,n_1} \\
\hline
x_{k_2+1,1} & \cdots & x_{k_2+1,k_1} & x_{k_2+1,k_1+1} & \cdots & x_{k_2+1,n_1} \\
\vdots & \ddots & \vdots & \vdots & \ddots & \vdots \\
x_{n_2,1} & \cdots & x_{n_2,k_1} & x_{n_2,k_1+1} & \cdots & x_{n_2,n_1}
\end{array}
\right]
\begin{array}{c}
= R_1 \\
\\
= R_{12}
\end{array}
$$

Die Teilmatrix I enthält die zu codierenden Daten, R_1 enthält die durch den Code C_1 angefügte Redundanz, R_2 die durch C_2 angefügte Redundanz, und die Teilmatrix R_{12} enthält die durch beide Codes bestimmte Redundanz. Dabei muss man die Reihenfolge der Anwendung von C_1 und C_2 festlegen.

22.7 Übungen

22.1 Beweisen Sie die Folgerungen 22.1.

22.2 Bestimmen Sie mit den Sätzen 22.5 und 22.7 Kontrollpolynome bzw. Kontrollmatrizen zu den Codes C_3 und C_4 aus Beispiel 22.3.

22.3 Zeigen Sie, dass der $(7, 4)$-Hamming-Code (siehe Kapitel 18.2) ein zyklischer Code ist. Geben Sie ein Generatorpolynom und eine Generatormatrix sowie ein Kontrollpolynom und eine Kontrollmatrix mithilfe der Sätze 22.3, 22.4, 22.5 und 22.7 an.

22.4 Beweisen Sie: Ist C ein zyklischer Code, dann ist auch der zu C duale Code C^* zyklisch.

22.5 Sei C ein zyklischer Code mit Generatorpolynom g und Kontrollpolynom h. Zeigen Sie: Ist $g(x) = h(x)$, dann ist C selbstdual, d.h. es ist $C = C^*$.

22.6 Das Polynom $p(x) = x^2 + 1$ ist irreduzibel über $\mathbb{F}_3$. Der Körper $\mathbb{F}_q[x]/(p(x))$ enthält also alle Polynome $r(x) = ax + b$ mit $a, b \in \mathbb{F}_3$. Berechnen Sie das Inverse $(ax + b)^{-1}$ zu $ax + b$, d.h. Koeffizienten c und d, so dass $(ax + b)(cx + d) = 1$ gilt.

22.7 $p(x) = x^2 + 1$ und $q(x) = x^2 + x + 2$ sind monische irreduzible Polynome über $\mathbb{F}_3$. Stellen Sie die Multiplikations- und Logarithmentafeln von p und q analog zu den Tabellen 22.1, 22.2 und 22.3 auf.

22.8 Lokalisieren Sie wie in Beispiel 22.11 mit dem davor vorgestellten Verfahren für den Code C aus Beispiel 22.10 die fehlerhaften Bits im Wort $d = 1110101$.

22.9 Konstruieren Sie mithilfe von Satz 22.21 einen zyklischen $(15, 7)$-Code. Sie können z.B. als irreduzibles Polynom $p(x)$ das Polynom aus Tabelle 22.2 wählen. Suchen Sie ein weiteres irreduzibles Polynom mit der Nullstelle α^3. Geben Sie die Kontrollmatrix $H_4(\alpha, \alpha^3)$ an, und führen Sie an Wörtern mit zwei Bitfehlern das Lokalisierungsverfahren durch.

Literaturverzeichnis

Es gibt natürlich sehr viel Literatur zu den im Buch behandelten Inhalten. Im Folgenden ist davon nur eine kleine Auswahl aufgeführt. Gründe für die Auswahl sind zum einen, dass ich diese Bücher für sehr geeignet als begleitende Literatur für entsprechende Kurse halte, und zum anderen, dass ich selbst insbesondere diese beim Schreiben dieses Buches als Unterstützung herangezogen habe. Des Weiteren habe ich die Literatur gemäß der folgenden Kriterien in vier Gruppen eingeteilt, wobei die inhaltlichen Abgrenzungen zwischen den Gruppen naturgemäß fließend sind:

(1) Unterhaltsame prosaische sowie wissenschaftstheoretische Werke und Darstellungen über die Vielfalt der Anwendungen mathematischer Konzepte und Methoden sollen zum einen einen Einblick in das mathematische Denken geben und zum anderen zur Beschäftigung mit Mathematik motivieren.

(2) Literatur zu mathematischen, insbesondere algebraischen und zahlentheoretischen Grundlagen der Informatik, die sich zum Teil mit den Inhalten dieses Buches decken, die zum Teil aber auch andere mathematische Gebiete wie z.B. Analysis, Stochastik und Statistik behandeln.

(3) Literatur zu Gebieten, aus denen Grundkenntnisse zum Verständnis einiger Darstellungen benötigt werden, wie z.B. Diskrete Mathematik und Stochastik.

(4) Einführende und vertiefende Literatur zu den in diesem Buch behandelten Anwendungen Kryptografie und Codierungstheorie.

Zu (1):

[1] Aigner, M., Behrends, E. (Hrsg.): *Alles Mathematik - Vom Pythagoras zum CD-Player, 2. Auflage;* Vieweg, Braunschweig/Wiesbaden 2002

[2] Aigner, M., Ziegler, G. M.: *Proofs from THE BOOK, Third Edition;* Springer, Berlin/Heidelberg/New York, 2004

[3] Beutelspacher, A.: *„In Mathe war ich immer schlecht ... ", 3. Auflage;* Vieweg, Braunschweig/Wiesbaden 2001

[4] Enzensberger, H. M.: *Der Zahlenteufel - Ein Kopfkissenbuch für alle, die Angst vor der Mathematik haben;* Hanser, München, 1997

[5] Michaels, J. G., K. H. Rosen: *Application of Discrete Mathematics;* McGraw-Hill, New York, 1991

[6] Waismann, E.: *Einführung in das mathematische Denken;* Wissenschaftliche Buchgesellschaft, Darmstadt, 1996

Zu (2):

[7] Artin, M.: *Algebra;* Birkhäuser, Basel, 1998

[8] Barnett, S.: *Discrete Mathematics - Numbers and Beyond;* Addison-Wesley, Harlow, 1998

[9] Baron, G., Kirschendorfer, P.: *Einführung in die Mathematik für Informatiker,*

Band 1: Springer, Berlin/Heidelberg, 1992

Band 2: Springer, Berlin/Heidelberg, 1996

Band 3: Springer, Berlin/Heidelberg, 1996

[10] Bartholome, A., Jung, J., Kern, H.: *Zahlentheorie für Einsteiger, 5. Auflage;* Vieweg, Braunschweig/Wiesbaden 2006

[11] Berendt, G.: *Mathematik für Informatiker;* Spektrum Akademischer Verlag, Heidelberg, 1995

[12] Beutelspacher, A.: *Lineare Algebra, 6. Auflage;* Vieweg, Braunschweig/Wiesbaden, 2003

[13] Brill, M.: *Mathematik für Informatiker;* Hanser, München, 2001

[14] Bundschuh, P.: *Einführung in die Zahlentheorie, 5. Auflage,* Springer, Berlin/Heidelberg, 2002

[15] Dietzfelbinger, M.: *Primality Testing in Polynomial Time;* Springer, Berlin/Heidelberg/New York, 2004

[16] Dörfler, W., Peschek,W.: *Einführung in die Mathematik für Informatiker;* Hanser, München, 1988

[17] Forster, O.: *Algorithmische Zahlentheorie;* Vieweg, Braunschweig/Wiesbaden, 1996

[18] Hartmann, P.: *Mathematik für Informatiker, 4. Auflage;* Vieweg, Braunschweig/Wiesbaden, 2006

[19] Lüneburg, H.: *Gruppen, Ringe, Körper;* Oldenbourg, München, 1999

[20] Matthes, R.: *Algebra, Kryptologie und Kodierungstheorie;* Fachbuch-verlag, Leipzig, 2003

[21] Pohlers, W.: *Mathematische Grundlagen der Informatik;* Oldenbourg, München, 1993

[22] Preuß, W., Wenisch, G.: *Lehr- und Übungsbuch Mathematik für Informatiker;* Fachbuchverlag Leipzig, 1997

[23] Reiss, K., Schmieder, G.: *Basiswissen Zahlentheorie – Eine Einführung in Zahlen und Zahlbereiche,* Springer, Berlin/Heidelberg, 2005

[24] Schwarz, F.: *Einführung in die Elementare Zahlentheorie;* Teubner, Stuttgart/Leipzig, 1998

[25] Stingl, P.: *Mathematik für Fachhochschulen - Technik und Informatik;* Hanser, München, 1996

[26] Truss, J.: *Discrete Mathematics for Computer Scientists;* Addision-Wesley, Harlow,1999

[27] Wolfart, J.: *Einführung in die Zahlentheorie und Algebra;* Vieweg, Braunschweig/Wiesbaden, 1996

Zu (3):

[28] Aigner, M.: *Diskrete Mathematik, 5. Auflage;* Vieweg, Braunschweig/Wiesbaden, 2004

[29] Beutelspacher, A., Zschiegner, M.-A.: *Diskrete Mathematik für Einsteiger, 2. Auflage;* Vieweg, Braunschweig/Wiesbaden, 2004

[30] Graham, R. L., Knuth, D. E., Patashnik, O.: *Concrete Mathematics;* Addison-Wesley, Reading, Massachusetts, USA, 1994

[31] Greiner, M., Tinhofer, T.: *Stochastik für Studienanfänger der Informatik;* Hanser, München, 1996

[32] Knuth, D. E.: *Arithmetik;* Springer, Berlin/Heidelberg, 2001

[33] Preuß, W., Wenisch, G.: *Lehr- und Übungsbuch Mathematik – Band 3: Lineare Algebra - Stochastik;* Fachbuchverlag Leipzig, 1996

[34] Schickinger, T., Steger, A.: *Diskrete Strukturen Band 2: Wahrscheinlichkeitstheorie und Statistik;* Springer, Berlin/Heidelberg, 2001

[35] Steger, A.: *Diskrete Strukturen Band 1: Kombinatorik – Graphentheorie – Algebra;* Springer, Berlin/Heidelberg, 2001

Zu (4):

[36] Bauer, F. L.: *Entzifferte Geheimnisse – Methoden und Maximen der Kryptologie, Zweite erweitere Auflage;* Springer, Berlin, 1997

[37] Betten, A., Fripertinger, H., Kerber, A., Wassermann, A., Zimmermann, K.-H.: *Codierungstheorie - Konstruktion und Anwendung Linearer Codes;* Springer, Berlin/Heidelberg, 1998

[38] Beutelspacher, A.: *Kryptologie, 7. Auflage;* Vieweg, Braunschweig/ Wiesbaden, 2005

[39] Beutelspacher, A., Schwenk, J., Wolfenstetter, K.-D.: *Moderne Verfahren der Kryptologie, 6. Auflage;* Vieweg, Braunschweig/Wiesbaden, 2006

[40] Brands, G.: *Verschlüsselungsalgorithmen;* Vieweg, Braunschweig/Wiesbaden, 2002

[41] Buchmann, J.: *Introduction to Cryptography, Second Edition;* Springer, New York/Berlin/Heidelberg, 2004

[42] Dankmeier, W.: *Codierung, 3. Auflage;* Vieweg, Braunschweig/Wiesbaden, 2006

[43] Heise, W., Quattrochi, P.: *Informations- und Codierungstheorie - Mathematische Grundlagen der Daten-Kompression und -sicherung in diskreten Kommunikationssystemen;* Springer, Berlin/Heidelberg, 1995

[44] Jungnickel, D.: *Codierungstheorie;* Spektrum Akademischer Verlag, Heidelberg, 1995

[45] Lütkebomert, W.: *Codierungstheorie;* Vieweg, Braunschweig/Wiesbaden, 2003

[46] Menezes, A. J., van Oorschot, P. C., Vanstone, S. A.: *Handbook of Applied Cryptography;* CRC Press, Boca Raton, FL, 1997

[47] Salomon, D.: *Coding for Data and Computer Communications;* Springer, New York, NY, 2005

[48] Salomon, D.: *Data Compression, 3rd Edition;* Springer, New York, NY, 2004

[49] Schneier, B.: *Applied Cryptography;* John Wiley & Sons, New York, 1996

[50] Schulz, R.-H.: *Codierungstehorie – Eine Einführung, 2. Auflage;* Vieweg, Braunschweig/Wiesbaden 2003

[51] Vossen, G., Witt, K.-U.: *Grundkurs Theoretische Informatik, 4. Auflage;* Vieweg, Braunschweig/Wiesbaden, 2006

Index